国家自然科学基金项目资助

对流层散射通信高速率调制解调技术

陈西宏　赵　宇　谢泽东
袁迪喆　张　爽　米新平　著

西安电子科技大学出版社

内 容 简 介

本书讨论对流层散射通信中的高速率调制解调技术，将多径干扰抑制能力强的多载波OQAM/OFDM技术、单载波SC-FDE频域均衡技术以及MIMO技术应用于对流层散射通信中，从而提高对流层散射通信的传输速率。主要内容包括对流层散射通信概念和基本原理，对流层散射信道特性及数学模型，OQAM/OFDM系统信道估计、峰均比降低、原型滤波器设计、时频偏估计技术，MIMO-SCFDE信道估计与频域均衡技术等。

本书可供微波、散射等无线通信领域的相关科研及教学人员学习参考，也可供相关专业的研究生参阅。

图书在版编目(CIP)数据

对流层散射通信高速率调制解调技术/陈西宏等著. —西安：西安电子科技大学出版社，2022.2
ISBN 978-7-5606-6241-1

Ⅰ. ①对…　Ⅱ. ①陈…　Ⅲ. ①对流层散射通信—调制技术　②对流层散射通信—解调技术　Ⅳ. ①TN929.2

中国版本图书馆CIP数据核字(2021)第233851号

策划编辑　李惠萍
责任编辑　郭　静　李惠萍
出版发行　西安电子科技大学出版社(西安市太白南路2号)
电　　话　(029)88242885　88201467　　邮　　编　710071
网　　址　www.xduph.com　　电子邮箱　xdupfxb001@163.com
经　　销　新华书店
印刷单位　陕西天意印务有限责任公司
版　　次　2022年2月第1版　2022年2月第1次印刷
开　　本　787毫米×960毫米　1/16　印张 20.75
字　　数　368千字
印　　数　1～2000册
定　　价　49.00元
ISBN 978-7-5606-6241-1/TN
XDUP 6543001-1

序

随着武器技术的不断发展和作战样式的持续创新，未来复杂电磁环境下的体系作战不仅要及时准确地传递快速变化的作战态势，更需要高速可靠地传输大容量目标融合数据、控制指令和指挥信息。利用对流层散射通信系统进行大区域复杂地形环境下的机动无线组网和信息传输，已成为防空反导体系作战中的一种主要超视距无线通信手段，可以显著提高防空反导武器的体系对抗能力。

对流层散射通信虽然具有越障能力强、单跳距离远、可靠性高、抗核爆和抗截获能力强等特点，但对流层散射信道是一种典型的时变多径衰落信道，其传输损耗大，多径传输效应和多普勒频移效应会引起散射信号的频率选择性衰落和时间选择性衰落，导致信号符号间干扰的加重，从而限制了对流层散射通信传输速率的进一步提升。采用传统的分集和均衡等技术可以较好地克服信道的平坦衰落，但是对于高速率对流层散射通信系统来说，必须克服信道的频率和时间选择性衰落带来的符号间串扰问题。

空军工程大学陈西宏教授团队近十几年来在军用散射通信工程领域进行了大量工程实践和理论研究工作，将多径干扰抑制能力强的多载波调制技术、单载波频域均衡技术以及可与它们相结合的 MIMO 技术应用到对流层散射通信中，在 OQAM/OFDM 系统信道估计、峰均比降低和 MIMO-SCFDE 频域均衡方面取得了丰硕的研究成果，为实现对流层散射通信的高速可靠传输提供了理论基础和技术支持。

《对流层散射通信高速率调制解调技术》一书是我国对流层散射通信领域近年来系统阐述高速率调制解调技术方面的专著，理论性和创新性强，我相信该书的出版，对从事无线通信研究的相关科研人员和相关专业的教师、学生均有很高的参考价值。

中国工程院院士 费爱国

2021 年 7 月

作者简介

陈西宏，1961年3月出生，1978年9月入伍，陕西省西安市人，工学博士。空军工程大学教授、博士生导师，空军级专家，专业技术三级。

主要从事防空反导武器装备与军事信息技术研究和教学工作，主持完成了多项国家和军队科研项目，主持研制多个航空军工定型产品批量装备部队。作为第一完成人获得军队科学技术进步奖一等奖2项、二等奖3项，获得专利授权8项，编写出版专著和教材11部。

被评为全军备战标兵个人、全军优秀教师、空军优秀党员、空军工程大学十佳优秀教员标兵，获得全军院校育才奖金奖，享受国务院政府特殊津贴，荣立二等功1次、三等功3次。

前　言

对流层散射通信是利用对流层大气的不均匀性对电磁波的散射或反射而产生的一种超视距无线通信方式，与短波、微波和卫星等其他通信手段相比，具有单跳通信距离远、越障能力强、可靠性高、抗核爆和抗截获能力好等特点，是世界各国军事通信中一种主要的无线通信手段。

对流层散射信道是一种典型的时变多径衰落信道，其传输损耗大、接收信号电平弱，而且多径传输将引起散射信号的符号间干扰，限制了对流层散射通信传输速率的提升。在对流层散射系统设计中一般采用大功率发射机、高增益天线以及高灵敏度接收机来对传输损耗进行补偿，解决对流层散射传播信号传输损耗大的问题；采用分集技术解决多径效应引起的信号衰落问题。但随着无线通信系统传输容量的增加，多径效应将导致信号的频率选择性衰落，单纯地增大发射功率或采用分集技术等措施以提高接收信号的信噪比对于符号间干扰抑制效果不明显，在误码曲线上表现为平台效应。而且在防空反导体系作战中，对流层散射通信设备一般为机动车载设备，其发射功率和天线口径都受到一定限制。

在未来复杂电磁环境条件下的防空反导体系作战中，不仅要持续、及时、准确地传递高密度、快速变化的空中态势，更重要的是要高速可靠地传输大容量的目标融合数据、导弹控制指令以及指挥控制信息。目前对流层散射通信传输容量相对较小，我国常用的对流层散射通信设备传输速率一般为数兆比特每秒(Mb/s)，不能满足防空反导体系作战对通信系统传输容量日益增长的需求。因此，研究数十兆比特每秒以上的大容量对流层散射通信技术是目前军事通信亟待解决的难题。

多载波技术、单载波频域均衡技术以及可与它们相结合的 MIMO 技术具有较强的多径干扰抑制能力，将其应用于对流层散射通信可有效解决高速率数据传输存在的码间干扰问题。但是多载波技术存在高峰均比的问题，在功率严重受限的对流层散射通信中降低了发射机效率，并且循环前缀的使用会进一步分散发射机功率。单载波频域均衡技术虽然解决了高峰均比的问题，但是信道估计和频域均衡复杂度较高。这些因素制约了这两种调制解调技术在对流层散射通信中的应用。

本书主要从对流层散射通信的概念和基本原理，对流层散射信道特性及数学模型，OQAM/OFDM 系统信道估计、峰均比降低、原型滤波器设计、时频偏估计技术，MIMO-SCFDE 信道估计与频域均衡技术等方面展开论述，为实现对流层散射通信的高速率可靠传输提供理论和技术支持。

本书是空军工程大学防空反导学院陈西宏教授科研团队近年来研究成果的总结与提炼，并得到了国家自然科学基金面上项目——基于 OQAM/OFDM 的大容量对流层散射通信技术研究(61671468)以及多项科研项目的资助和支持。

本书共分 10 章，其中第 1、2、3 章由陈西宏教授撰写，第 4、6、7 章由赵宇博士撰写，第 5 章由袁迪喆博士撰写，第 8、9、10 章由谢泽东博士撰写，张爽博士和米新平硕士参加了部分章节的编著工作。全书由陈西宏教授进行统稿。胡茂凯博士、刘晓鹏博士、刘永进博士、邱上飞硕士、张凯硕士、吴鹏硕士进行了相关算法研究工作；吴奔硕士、齐永磊硕士、李贻韬硕士、李磊硕士、刘屹东硕士等进行了相关算法验证工作；薛伦生副教授、孙际哲副教授、胡邓华副教授、刘少伟副教授、刘强副教授、任卫华讲师、张茜讲师、马超博士、徐宇亮博士、刘赞博士、李成龙博士、贺绍桐硕士、董程硕士等做了相关实验验证工作。

空军研究院费爱国院士、西安电子科技大学通信工程学院葛建华教授和空军工程大学防空反导学院张永顺教授对本书进行了审阅并提出了许多宝贵的修改意见，空军研究院费爱国院士还为本书作了序，空军工程大学防空反导学院首长和机关领导在本书编著与出版过程中给予了热忱关心及大力支持，西安电子科技大学出版社李惠萍编辑及相关人员为本书出版做了大量辛苦工作，在此一并表示衷心的感谢。同时，还要感谢国家自然科学基金项目以及相关科研项目的所有研究人员做出的卓有成效的工作。

由于作者水平有限，书中难免有不妥和错误遗漏之处，恳请读者批评指正。

作　者

2021 年 7 月

目　录

第 1 章　绪　　论

对流层散射通信是世界各国军事通信中一种重要的无线通信手段，具有单跳通信距离远、越障能力强和可靠性高的特点。本章简要介绍了对流层散射通信概念、特点和国内外发展概况，阐述了对流层散射通信低速率和高速率调制解调技术的基本概况。

1.1　对流层散射通信概念

在未来战争中，防空反导武器系统以体系作战为主要作战模式，利用通信网络把地理上分散的战区传感器、指挥控制系统、主战武器平台连在一起，实现系统信息共享，进行体系对抗，以提高武器系统反隐身飞机、反复杂电磁干扰、反低空超低空突入以及抗击反辐射导弹的能力。可靠稳定的信息传输是信息化体系作战的基础，决定着防空反导武器系统作战效能的发挥，对构建我国空天防御作战力量具有重要的意义。

对流层散射通信是利用对流层大气的不均匀性对电磁波的散射或反射而产生的一种超视距无线通信方式，原理如图 1.1 所示。散射有对流层散射、电离层散射、流星余迹散射等，而最广泛使用的是对流层散射通信，所以在本书无特别说明时，所提散射信道均特指为对流层散射信道。

图 1.1　对流层散射通信示意图

对流层散射通信与短波、微波和卫星等其他通信手段相比，具有单跳通信距离远、越障能力强、可靠性高、抗核爆和抗截获能力好等特点，是世界各国军事通信中一种重要的无线通信手段。因此，在复杂电磁环境下进行信息化体系作战，有线和无线通信手段构建的地域通信网是体系作战的基础，而采用对流层散射通信设备进行机动无线组网通信，可以显著提升地面防空反导武器系统大区域机动作战条件下的体系对抗能力。

对流层散射信道是一种典型的时变多径衰落信道，其传输损耗大、接收信号电平弱，而且多径传输将引起散射信号的符号间干扰(Inter-Symbol Interference，ISI)，限制了对流层散射通信传输速率的提升，目前我国常用对流层散射通信设备传输速率一般为数兆比特每秒。

在对流层散射系统设计中一般采用大功率发射机、高增益天线以及高灵敏度接收机来对传输损耗进行补偿，解决对流层散射传播信号传输损耗大的问题；采用分集技术可以解决多径效应引起的信号衰落问题。但随着通信系统传输容量的增加，多径效应将导致信号频率的选择性衰落，单纯地增大发射功率或采用分集技术等措施以提高接收信号的信噪比对于符号间干扰抑制效果不明显，在误码曲线上表现为平台效应。而且在防空反导体系作战中，对流层散射通信设备一般为机动车载设备，其发射功率和天线口径都受到一定限制。

在复杂电磁环境条件下的防空反导体系作战中，不仅要持续、及时、准确地传递高密度、快速变化的空中态势，更重要的是要高速可靠地传输大容量的目标融合数据、导弹控制指令以及指挥控制信息。目前对流层散射通信传输容量相对较小，不能满足防空反导体系作战对通信系统传输容量日益增长的需求。因此，研究高速率对流层散射通信技术是目前军事通信亟待解决的难题。

要在功率受限和频带受限的对流层散射信道中实现可靠的大容量信息传输，应设法提高频谱效率，有效地利用宝贵的频谱资源，并设法解决由于传输速率大幅提升带来的严重符号间干扰问题。近年来，广泛用于多载波调制的正交频分复用(Orthogonal Frequency Division Multiplexing，OFDM)、交错正交幅度调制的正交频分复用(Offset Quadrature Amplitude Modulation/Orthogonal Frequency Division Multiplexing，OQAM/OFDM)、用于单载波调制系统中的单载波频域均衡(Single Carrier Frequency Domain Equalization，SC-FDE)以及多天线系统中的多输入多输出(Multiple Input and Multiple Output，MIMO)等新技术的深入研究，为解决对流层散射通信难题(即进行可靠的大容量信息传输)提供了可能。

1.2 对流层散射通信特点

对流层散射通信具有以下突出的特点：

(1) 越障能力好，单跳通信距离远。对流层散射通信的单跳距离可达数百千米，受地形影响较小，可以实现超视距通信，这样对流层散射通信的各个站点可以布置得非常分散，相比于微波接力通信所需的站点更少，抗毁性也更强。

(2) 通信容量大。作为中远程无线通信，目前国际上已经实现了几十兆比特每秒甚至更高传输速率的对流层散射通信。

(3) 抗干扰、抗截获能力强。因为对流层散射通信天线波束窄，且通常采用多重频率分集接收、抗瞄准干扰和宽带信号处理技术，因此很难被监听与干扰。

(4) 应用灵活。可实现点对点通信、远距离应急接力通信、与其他通信手段联合组网通信，陆与岛、岛与岛之间的跨洋通信，跨越特殊地区通信等。

(5) 抗核爆能力强。对流层散射通信基本上不受雷电、极光、太阳黑子、磁暴和核爆等影响，在核爆炸后能很快恢复正常通信。

(6) 抗毁能力强。相比微波天线，散射天线尺寸虽大，但无需像微波那样要求架高天线，因此便于伪装，且数百公里内无须中继，设备遭受破坏的可能性低。

(7) 相比于卫星通信，成本低廉、开销少、自主性强。在通信容量较小的情况下，对流层散射通信设备每个终端每年的开销稍大，但仍不足卫星通信设备的一半。当通信容量不断增大时，对流层散射通信的成本还将进一步降低。另外，卫星通信由收发双方之外的第三方控制，收发双方对通信信道无管理和支配权限，而对流层散射通信收发双方对通信信道有绝对的自主控制权。

总体来说，对流层散射通信距离不及短波通信，但通信容量、通信质量和通信可靠度均优于短波；对流层散射通信容量不及微波接力通信，但单跳通信距离远大于微波接力通信；对流层散射通信容量和距离不及卫星通信，但对流层散射通信不易受敌方监视，远比卫星通信安全，且不占用宝贵的卫星转发器资源，具有自主通信的特点。

但是，对流层散射通信也有其自身的一些问题需要解决：

对流层散射信道是典型的变参信道，在对流层散射通信中，收发天线交汇处的公共体积中分布有大量的大小不同的散射体，每个散射体都是一个二次辐射源，向四周辐射电磁波，接收点接收到的是多条无线电射线，这种多径传输方式造成散射信号符号间干扰。对于传统的对流层散射通信系统而言，提高数据传输速率意味着码元周期的降低，这时多径串扰将变得非常严重，使对流层散射通信的性能趋于恶化。因此，现役的对流层散射通信设备传输速率一般较低。

信号在对流层散射信道中传输时，接收信号受到信道衰落的影响，会出现如下现象：

(1) 传输损耗大，接收信号电平微弱。对流层散射通信作为一种超视距通信方式，信号经过对流层散射信道传输后，传输信号的大部分能量直接穿透对流层而损失了，只有很小一部分能量通过前向散射作用到达接收端。因此，对流层散射传播的传输损耗很大，使得到达接收端的信号电平非常微弱，这说明对流层散射信道是功率受限信道。

(2) 多径效应。对流层散射信道的多径传播在时域上会引起接收信号的符号间干扰，实际上如果在散射信道上传输数十兆比特每秒的数据，对于典型的微秒级的多径时延扩展，多径串扰的符号数会达到几十个符号，严重影响通信性能。多径传播在频域上表现为接收信号的频率选择性衰落，信号频谱中的不同频率成分受到的衰落程度不尽相同，从而导致信号波形发生畸变，这说明对流层散射信道也是频带受限信道。

(3) 多普勒效应。在对流层散射通信中，由于散射体的随机运动导致接收信号的频率发生偏移的现象就是多普勒效应，频率的偏移可以称为多普勒频移。散射信道中的这种多普勒频移现象使得发射信号的频谱在接收端被展宽，从而引起衰落过程的频率扩散，并由此造成信号的时间选择性衰落。

1.3 对流层散射通信国内外发展概况

对流层散射通信自20世纪40年代被提出以来，就引起了各方重视。20世纪50年代世界上第一个实用对流层散射通信系统建立，之后不断发展改进。由于对流层散射通信在不同天气条件下的稳定性、不受地形限制以及速率自适应等一系列优势，特别是其采用的波束很窄，不易被侦听和干扰，吸引了军方的高度关注，在60年代以来就被大量应用于军事通信领域。针对对流层散射传播的特点，世界上许多公司和厂家也开展了军用和商用对流层散射通信系统研制和生产，主要的厂商有 General Dynamics，Raytheon，Microwave Radio Communications，Lockheed Martin，ITT 以及 Comtech 等公司。

美军在大力发展卫星通信的同时，也在不断开展对流层散射设备的研制和应用，其对流层散射通信设备的研制和应用最早，设备数量也最多，在多次战争中都被应用并得到验证。AN/TRC-170 对流层散射通信设备在美军“沙漠风暴”和“伊拉克自由行动”期间就发挥了重要的作用，依靠其建立了远程通信网络，解决了卫星终端匮乏时的通信难题，如图 1.2 所示。

图1.2 美军部署的AN/TRC-170对流层散射通信设备

1994年，美军对该装备进行了升级，采用了S-575调制解调器，增加通信带宽，通信速率可达8 Mb/s，并且具有自适应均衡功能。此后又配备了TM-20型大容量数字式调制解调器，采用自适应判决反馈均衡技术，具备抗衰落、抗多径能力，性能得到提升，传输速率可达20 Mb/s。Comtech公司研制的CS6716型系列对流层散射调制解调器采用了前向纠错和自适应功率控制技术，其最高业务速率可达到22 Mb/s，装备在TCT3000A-V2型可移动通信终端上，如图1.3所示。

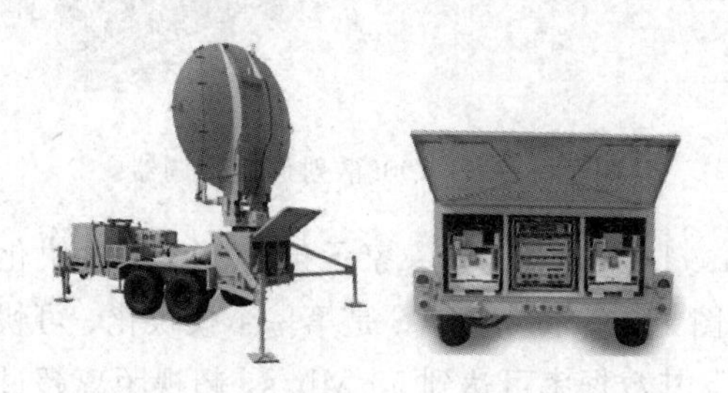

图1.3 美军采用CS6716调制解调器的TCT3000A-V2对流层散射通信设备

2009年，Raytheon公司开发了一种新型的双模战术卫星/对流层散射通信终端DART-T，将卫星和对流层通信设计集成到一起。对流层散射通信工作在C和Ku频段，可以提供20 Mb/s的数据传输速率，C频段下通信距离可达230 km。利用这种新型战术通信终端，作战人员只需拨动开关就能随意选择对流层散射通信或卫星通信，具有很高的灵活性。该技术能够在一定程度上替代卫星通信，满足话音、数据和实时视频图像的超视距传输需求，缓解卫星资源紧张的问题。除了军事上的应用之外，对流层散射通信还在商业和民用通信中发挥了重要的作用。美国Comtech公司为许多国家提供了岸上到海上平台的通信解决方案，采用的就是对流层散射通信系统，如图1.4所示。

图 1.4　岸上到海上平台的对流层散射通信设备

2016 年，美国 Comtech 公司研制成功了 CS67200i 散射调制解调器，如图 1.5 所示。该调制解调器传输速率最大可达 22 Mb/s，采用了自适应链路功率控制(ALPC)、嵌入式涡轮乘积编码(TPC)的前向纠错等先进技术，具有体积小、鲁棒性好等特点，可用在固定设备、海面平台以及移动终端上。

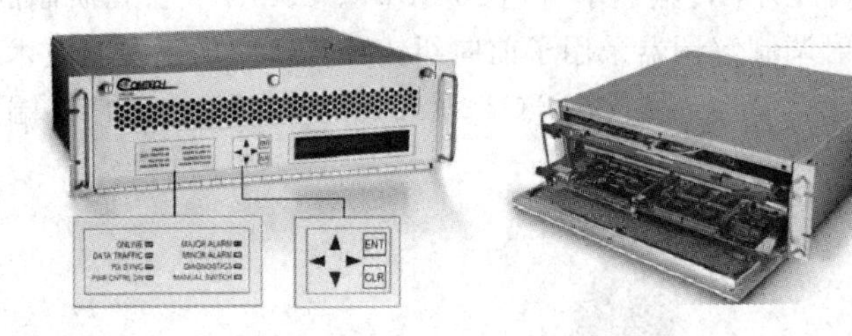

图 1.5　CS67200i 散射调制解调器

2018 年，Comtech 公司为美国一家承包商生产了模块化可搬移对流层散射终端 MTTS，如图 1.6 所示。MTTS 是第一个模块化、可快速部署的运输箱式对流层散射系统，其数据率可达到 50 Mb/s，超视距离超过 150 km。

图 1.6　美国 Comtech 公司模块化可搬移对流层散射终端 MTTS

2019 年，Raytheon 公司向美国陆军提供了新型对流层散射通信系统，如图 1.7 所示。该系统使用了最新的 RTM-100 对流层散射调制解调器，传输速率突破 100 Mb/s，具有里程碑意义。RTM-100 将经过优化的时间交织过程和信道分集相结合，应用了多普勒补偿和四分集的最大比值合并技术，建立了具有高稳定性和优越传输性能的链路。同时，该调制解调器集成了非线性数字预失真模块，使用 Turbo 编码前向纠错技术和最先进的数字处理技术。

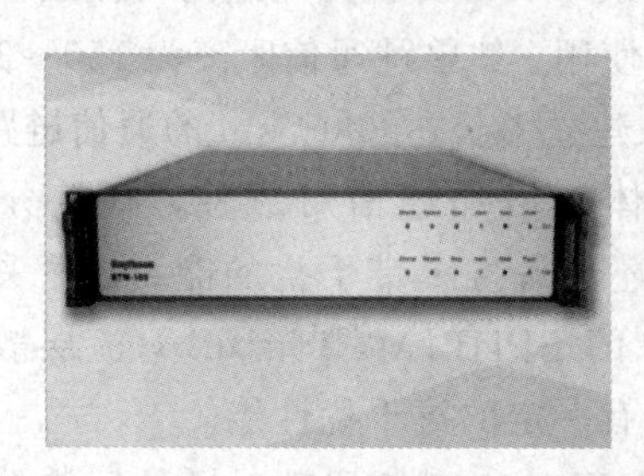

图 1.7　美国陆军新型对流层散射通信系统

2020 年，Comtech 公司推出了全球最小的中程(可达 60 km)高带宽(可达到 210 Mb/s)超视距微波对流层散射终端“Comtech Cometd”，它是全球第一款可快速部署、低功率、可装载到航空托运箱中的散射通信终端，解决了低截获概率和低探测概率问题，提供了高可靠性的关键任务通信能力。

俄罗斯军方主要采用对流层散射通信来构建区域通信网和支线通信。早在苏联时期就利用对流层散射通信方式组建了区域通信网——“雪豹”网，如图 1.8所示。

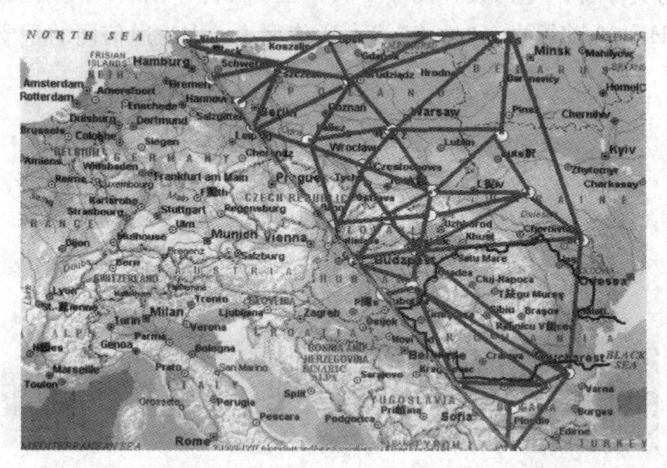

图 1.8　苏联“雪豹”对流层散射区域通信网示意图

“雪豹”对流层散射区域通信网是以对流层散射通信为主干线的扇形军事通信网，设有28个通信节点，覆盖东西长1200 km、南北长800 km的范围。早期装备为TP-120对流层散射通信设备，其单跳距离为300～500 km，工作频率为800～1000 MHz，可传输120路话音。ДТР-12(DTP-12)是其改进型，对通信容量进行了降低，只能传输12路话音，但是其通信距离可达700 km，采用空间分集和频率分集技术。目前，俄军装备的较为先进的对流层散射通信设备为P-423-1型，在作战中也被大量使用。其单跳通信距离为150～300 km，并且可以实现接力组网，在实际应用中建立了长达2000 km的通信链路。该设备主要采用显/隐分集相结合的接收体制增加通信可靠性，有效分集数为8～12，而且其采用扩频的信号形式，还具备抗窄带干扰的能力，并采用分离多径技术增加隐分集效果。俄罗斯研制的БРИГ1М(Brig1m)对流层散射通信设备，传输速率能够达到10 Mb/s，具有一定的抗干扰性能。

法国汤姆逊公司为法国军队生产的FH960对流层散射通信系统在法军的战术通信网中进行了广泛应用，采用直径为4.2 m的天线，单跳通信距离为100～200 km，传输速率达到2 Mb/s。此外，阿尔卡特公司对FH940进行了数字化改进，研制生产了TFH950S数字式对流层散射通信设备，通信距离达到了350 km，传输速率也可达到2 Mb/s。

英国的马可尼公司早在1981年就研制生产出高性能数字式战术对流层散射通信设备TACROP-O，采用4.5 m直径的天线，通信距离可以达到100～250 km，通信速率最高可达2 Mb/s，如图1.9所示。H7450战术对流层散射通信设备是为英军部队专门设计的新一代产品，英国军队将对流层散射通信设备H7400和H7450部署在了“松鸡”战术通信网中，作为通信网的重要链路。

图1.9 英国TACROP-O对流层散射通信系统

2020年，英国在“陆军作战实验2020”(AWE20)中演示了对流层散射大容量超视距通信系统。在AWE20中，英国Spectra Group公司联合美国Comtech公司展示了紧凑型超视距移动远征终端(COMT)，COMT可提供946 Kb/s～105 Mb/s的单数据流或1.9～210 Mb/s的双数据流，采用自适应编码和调制技术，可随时间推移优化传输速率。

我国在1958年也开始对流层散射传播的实验验证，并研制了模拟设备，之后升级改造为数字设备。从20世纪80年代开始进行数字设备实用化研制工作，先后研发了固定式设备和机动车载式战术设备，20世纪90年代开始研制生产中容量战术对流层散射通信设备，如图1.10所示。2000年以后又研制了多型战术对流层散射通信设备。

图1.10　国产某型对流层散射通信设备

进入21世纪，对流层散射通信由短暂沉寂到重新跃升，它的使用对象由战区级指挥所向战术级作战单元扩展的趋势更加强烈。在战术应用的情况下，新的对流层散射通信设备更加轻便、灵活和节能。因而对大区域复杂战场环境的适应能力也更好。

对流层散射通信设备发展趋势具有以下特点：

(1) 设备小型化。随着天线小型化、固态功放和数字技术的进步，散射设备小型化已成为趋势。一个站点的全部设备装在一辆通信车内的情况屡见不鲜，轻便型散射设备将成为常态，单兵智能化、背负式散射通信电台将普遍列装。

(2) 传输高速率。传输速率从8 Mb/s、16 Mb/s和20 Mb/s逐步升级到高达几百兆比特每秒，通信速率越高，与卫星链路相比，长期使用的优势非常明显。

(3) 频率向高频段扩展。散射通信设备频段由C向X、Ku频段发展，X、Ku频段的散射通信设备得到广泛应用。

(4) 微波散射一体化。在一种无线通信设备中，能够兼有微波传输和散射传输的功能，在地域通信网中，当通信距离为视距且无阻挡时，可采用视距微波链路；当两点间距离超出视距或虽未超出视距，但中间有障碍物遮挡，此时可采用散射传输链路进行超视距或越障通信。在防空体系作战中，用这种微波散射一体化设备组建地域通信网，可不受地形约束，从而增强了地域通信网的机动性和抗毁能力。

(5) 散射和卫星通信双模式全频段工作体制。这种体制可根据战场多种站型实际应用场景，配置为C频段、X频段、Ku频段散射模式或C/Ku/Ka频段卫星模式，是未来对流层散射通信设备的一种主要形式。

(6) 点对多点移动散射通信。点对多点车载移动散射通信设备可实现中心基站对多个移动外围站间的实时通信。

综上所述，对流层散射通信设备已经从大型、重型、低速率向着小型化、高速率、一体化以及网络化方向发展，能够通过保密链路传递话音、视频和作战数据，为战场通信提供一种独立于卫星通信的低开销、易部署的高速率和可靠的无线通信系统。

本书着重讨论对流层散射高速率调制解调技术，为进一步提升对流层散射通信传输能力提供理论基础。

1.4 对流层散射通信低速率调制解调技术

数字调制方式的选择，要考虑如下因素：频谱利用率、抗干扰能力、对传输失真的适应能力、抗多径衰落能力、设备的复杂程度、采用的工作频段。对于低速率对流层散射通信系统，其调制方式主要有失真自适应接收(Distortion Adaptive Receiver，DAR)、线性调频(Linear Frequency Modulation，LFM)和直接序列扩频(Direct Sequence Spread Spectrum，DSSS)等，它们主要应用于距离较远或设备能力不强，因而需要以较低速率来保证可通性的场合。

失真自适应接收能够在高分集重数情况下实现相干检测和最大比值合并，是中容量对流层散射通信的最佳检测技术。失真自适应接收技术的优点：易于实现且工作稳定，它在所有显分集通道上，使用较小的代价实现慢时变信道信号最佳接收；隐分集效果明显；发射信号为完全响应成型，虽占用带宽较宽，但由于留有保护间隔，因此在通信速率不太高时也具有较好的抗多径展宽能力；符号同步简单、鲁棒。但它也有无法克服的缺点：DAR的码元成型函数必须是完全响应的，虽依靠两个码元之间的保护间隔使各码元被展宽后不至于互相干扰，但它抗多径展宽能力有限，和信道编码联合使用时，抗多径展宽能力更为紧张。

线性调频信号的匹配滤波具有能量压缩的作用。这种压缩可以分离出信道中的多径，即将携带着相同信息的，具有不同时延、不同相位和不同幅度的各个路径来的信号分量彼此区分开来。线性调频技术优点比较明显，发送时域波形为标准恒包络，功放饱和输出时的非线性对它影响很小；接收端匹配滤波器可将线性调频信号压缩成为窄脉冲，在低速率、远距离工作时分离多径能力优秀；其频谱为矩形谱，扩频特性具有优良的带内频率隐分集作用。但是它也存在很显著的缺点：在高速率、远距离、大多径展宽的条件下性能急剧恶化，不但无法正确对多径形成的同一符号的相关峰进行收集，而且还会破坏接收机的同步直至接收过程错乱。此外，在大扩频比的情况下线性调频技术不易实现数字化。

直接序列扩频技术是用高速伪随机噪声对发送信号进行二次调制从而展宽原来的发射频谱，具有较强的抗多径能力。对于多径时延长度不超过一个码片宽度的多径信号，扩频抗多径能力不起作用；但对于超过一个码片的多径信号，接收机可以将它作为干扰信号处理；若采用耙(Rake)接收，又可将多径信号分离出来，用于提高接收信号的功率。扩频抗多径能力与扩频增益、扩频PN码长、物体移动速度等因素有关，当信道特别恶劣时，扩频抗多径也会面临相当大的局限。对于大容量传输系统来说，不采用扩频技术，因为不能获得良好的扩频增益。

此外，还有如下几种适用于低速率传输的调制技术：二进制相移键控/四进制相移键控(Binary Phase Shift Keying/Quadrature Phase Shift Keying, BPSK/QPSK)差分解调，多进制频移键控(Frequency Shift Keying, FSK)等，这些技术的主要用途是作为便携式设备的话音、低速数据的传输使用或者作为大功率车载站的应急使用。

上述几种技术一个共同的缺点是被动地避免多径传输造成的符号间干扰，无论DAR还是扩频最大对抗码间串扰的能力都限于半个符号，当信息速率提高时，单靠加大相邻符号之间的保护间隔来被动地抵抗多径已经不可行，此时必须主动地采用时域或频域均衡的方法消除其不利影响。时域自适应均衡技术，如最小均方均衡器、最小二乘均衡器和递归最小二乘均衡器等，能够实时地对接收信号的畸变进行矫正，在时域上消除符号间干扰，美国Comtech公司的S-575散射调制解调器采用的就是自适应均衡技术，其传输速率可以达到

8 Mb/s。但是时域均衡技术的运算复杂度随着时延扩展和传输速率的增加而明显增加，系统的复杂程度和成本也会随之增加。

1.5 对流层散射通信高速率调制解调技术

近年来快速发展的OFDM、OQAM/OFDM等多载波传输技术以及SC-FDE等单载波传输技术在克服多径信道对宽带通信带来的频率选择性衰落方面具有较大的优势。如果将它们与MIMO技术结合，可以在抗多径干扰的同时进一步增加通信容量。

1. OFDM技术

OFDM采用并行传输的思想，将待传输的高速符号信息通过串并变换后，在多个子载波上并行传输。显然，各个子载波上传输的符号速率得到降低，原本传输信号经历的频率选择性衰落相应转化为平坦衰落。考虑到带宽效率，实际系统可通过快速傅里叶变换(Fast Fourier Transform，FFT)和快速傅里叶逆变换(Inverse Fast Fourier Transform，IFFT)产生频域上重叠的正交子载波。同时，为消除OFDM的ISI，通常在时域插入保护间隔，称为循环前缀(Cyclic Prefix，CP)。作为多载波调制技术，OFDM适用于高速率的无线传输，并且不需要复杂的均衡技术进行信道均衡。然而，多载波调制中的信号峰均比(Peak-to-Average Power Ratio，PAPR)较高的问题依然存在，这对发射机功放的线性工作区范围提出了更高要求。

2. OQAM/OFDM技术

OQAM/OFDM将经过星座映射的复数符号的实部和虚部分别进行OFDM调制并发送，相邻实部和虚部之间偏移半个OFDM符号。由于它放宽了系统的正交条件，因此可以选取具有良好时频聚焦特性(Time Frequency Localization，TFL)的原型滤波器进行符号脉冲成形，使发送符号的能量更为集中，对对流层散射信道的衰落特性和多径传播引起的时频偏移有很好的抑制作用。与传统的OFDM技术相比，OQAM/OFDM技术不需要添加循环前缀以抵抗ISI，可以节约频谱资源，避免功率额外消耗，因此具有更高的频谱和功率利用能力。并且OQAM/OFDM系统采用性能优越的原型滤波器，同时在时域和频域具有很好的聚焦特性，因此具有更强的同时抵抗ISI和载波间干扰(Inter Carrier Interference，ICI)的能力。但是从本质上说，OQAM/OFDM的这些优点是通过牺牲一定的正交性得到的，在实数域上正交意味着相邻的符号和子载波间存在一定的虚部干扰。在理想信道下，接收端采用取实部的操作可以消除干扰。但是在一般的复数信道下，这种固有的虚部干扰会对 OQAM/OFDM 系统的同步、信道估计以及均衡等处理过程造成很大的影响。

3. SC-FDE 技术

SC-FDE 是克服 ISI 的一种非常有效的技术，其均衡过程主要由 FFT 模块和 IFFT 模块完成。它的复杂度与 OFDM 相当，有所不同的是，前者的 IFFT 模块在接收端而后者 IFFT 模块在发射端，因此可以通过变换 IFFT 模块的位置建立一种双模式系统，以同时支持 OFDM 系统和 SC-FDE 系统。此外，对于 OFDM 系统，信道均衡和接收机符号判决过程都是在频域进行的；对于 SC-FDE 系统，接收机的符号判决过程是在时域进行的，而均衡过程一般是在频域进行的。单载波调制技术是已得到广泛应用的成熟技术，且 SC-FDE 不需使用编码技术就可对抗频率选择性衰落。与 OFDM 相比，SC-FDE 采用成熟的单载波射频技术，具有较低的 PAPR，降低了对发射机功放的要求，节省了硬件成本。因此，SC-FDE 适用于具有较大信道多径时延的系统，能有效对抗多径效应的不利影响。

4. MIMO 技术

MIMO 是一种能够有效获得高可靠性和高传输速率的技术，可分为分集技术和复用技术。分集技术利用多天线接收或者发射载有同一信息的信号，能有效抵抗多径衰落，降低误码率以获得分集增益。其基本思想是将瑞利衰落信道转换成更加稳定的信道，使其能够如同加性高斯白噪声（Additive White Gaussian Noise，AWGN）信道一样，没有灾难性的信号衰落；然而，使用分集技术时，可获得的传输速率比 MIMO 信道容量小得多。复用技术中，多个天线同时发送多个独立的数据流，从而实现更高传输速率以获得其复用增益，可获得的最大传输速率能达到 MIMO 信道容量。能获得最佳分集增益的是空时块码（Space-Time Block Coding，STBC）和空时格码（Space-Time Trellis Coding，STTC）；Bell 实验分层空时编码则使得传输速率最大化，其中垂直分层空时（Vertical Bell Labs LAyered Space-Time，V-BLAST）编码则常用于获得最佳的复用增益。在功率受限和带宽受限的散射信道中，MIMO 能够利用空间复用以大幅度提高信道容量，满足大容量信息传输的需求，同时保持带宽以及总的发射功率不变。但是，在追求传输速率最大化时，MIMO 却无法应对多径信道带来的频率选择性衰落。

综上所述，为实现对流层散射通信系统可靠的高速率信息传输，可以考虑将 MIMO 和 OFDM、OQAM/OFDM 以及 SC-FDE 相结合。

第2章 对流层散射通信信道

无线信道是信号传输的媒介，它的特性很大程度上决定了通信系统的性能。对流层散射信道是典型的多径时变信道，接收信号可以看成许多路径分量的叠加，而每一路径分量在频移、延时和到达角等方面都不同，从而造成接收信号的时间扩散、频率扩散和空间扩散，这些扩散的基本统计特性是调制解调器设计所必需的依据。本章介绍3种对流层散射传播理论，阐述了散射信道的传输损耗、衰落特性、统计特性、延迟功率谱特性以及相干带宽与相干时间，给出3种散射信道的数学模型。

2.1 对流层散射传播理论

对流层位于地球大气层的最下层，平均高度为10～12 km，对于电磁波的传播来说，它是一种随机的不均匀介质。由于对流层的温度、湿度和压力等参数的局部起伏，导致在对流层中分布着许多大小不一、形状不同的空气涡旋、云团边际和一些渐变层结等不均匀体，这些不均匀体的介电常数和折射系数等参数与周围的空气有显著差异。当电磁波通过这种不均匀体时，除了在沿途发生折射外，还会被再次辐射，也就是我们所说的对流层散射。目前主要有下面3种对流层散射传播理论。

2.1.1 湍流非相干散射

湍流非相干散射理论是由Booker和Gordon提出的，他们认为对流层散射传播现象是由对流层中湍流(涡流)的运动引起的，这种湍流运动产生大量的散射体，每个湍流都可以看成具有介电常数的局部不均匀体，各处介电常数随机变化，使温度、湿度和气压也产生不规则变化，引起大气折射指数的变化。当电磁波进入这种折射指数不断起伏的区域时，它们在电波传输的照射作用下可以看成偶极子，从而将电磁波的能量向四周各个方向再次辐射，这就是所谓的散射现象。对流层中的这些偶极子一般可以称为“散射体”，在收发两端都能看到的空间称为公共体积，湍流非相干散射示意图如图2.1所示。

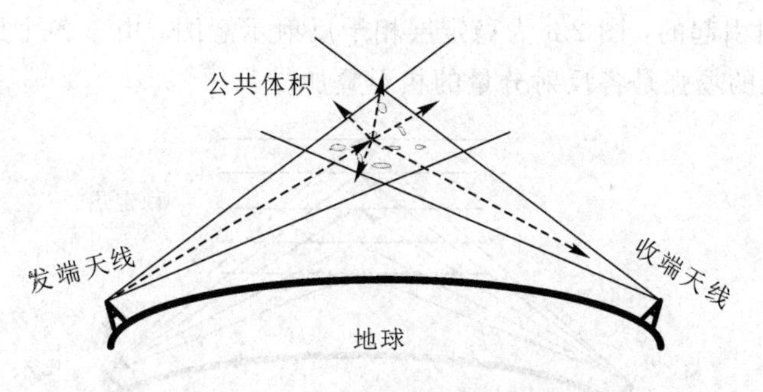

图 2.1　湍流非相干散射示意图

由于散射体是随机变化的，并且在电气性能上互不相干，因此，接收端任意一点的接收场强是公共体积中所有散射体贡献的功率之和。

2.1.2　不规则层非相干反射

图 2.2 为不规则层非相干反射示意图，这种理论的研究者认为在大气中的云层边界处以及冷暖气团的接触面上存在许多折射系数剧烈变化的锐变层，而这种折射系数的变化是由在这些位置大气的温度、压力和湿度等气象参数经常的剧烈变化导致的。由于锐变层的随机运动，并且强度、形状不定，取向也不断变化，可以认为这些锐变层在电气性能上相互独立，因此它们对入射的电磁波产生了非相干性反射。

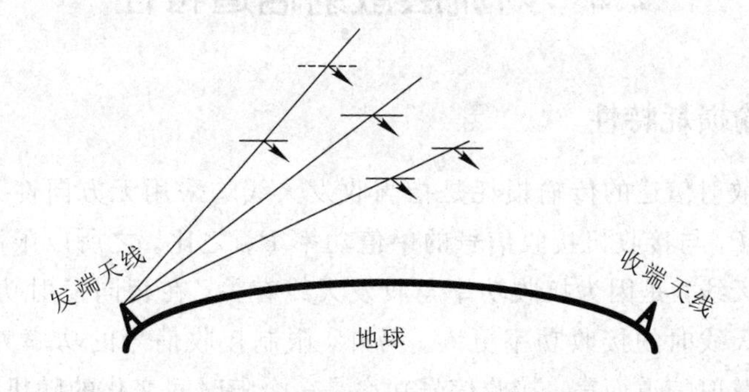

图 2.2　不规则层非相干反射示意图

2.1.3　稳定层相干反射

通过折射率仪对大气测量得到的数据表明，对流层中经常出现具有折射系数的不均匀层，这些不均匀层的介电常数随高度的变化而呈现比较稳定的非线性分布。因此，有研究者认为对流层超视距传播就是由这些不均匀层对入射电磁波的反射引起的，图 2.3 为稳定层相干反射示意图。由于各个层相对比较稳定，接收点的场强是各反射分量的相干叠加。

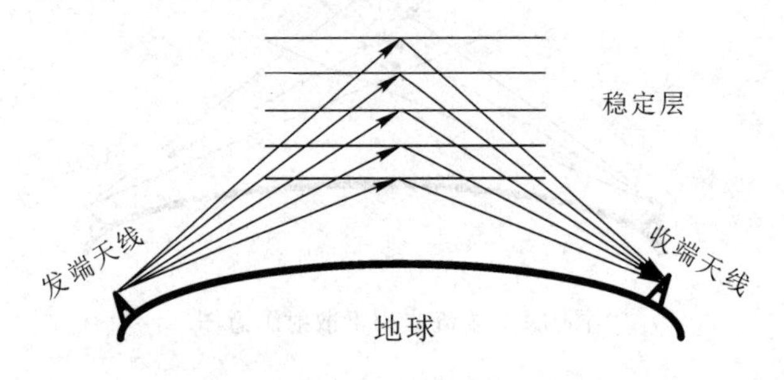

图 2.3　稳定层相干反射示意图

相对而言，湍流非相干反射机制有严格的湍流理论作基础，可以得到一般形式的理论结果，但是实际中也有与之偏差较大的实验数据；另外，不规则层非相干反射传播和稳定层相干反射传播这两种理论缺乏完整的理论依据，但仍与部分实验数据吻合。

上面 3 种理论都可以各自解释一定情况下的散射传播现象，并且都有相应的实验数据与之吻合。因此，对流层散射传播可以看成 3 种机制共同作用的结果。

2.2　对流层散射信道特性

2.2.1　传输损耗特性

对流层散射信道的传输损耗是指当收发天线均采用无方向性天线时发射机输出功率 P_t 与接收机接收信号的中值功率 P_{R0} 之比。之所以限制收发天线为无方向性天线，是因为接收功率与收发天线有关，在相同发射功率条件下，采用高增益天线时的接收功率更大。另外，限制接收信号的功率为中值 P_{R0}，是因为对于散射信道而言，接收信号功率是一个随时间变化的随机变量，若不采用中值功率，则接收信号功率就是一个随机变量，这将给工程应用带来一定的障碍。

工程中用分贝作为传输损耗的单位，传输损耗 L_0 为

$$L_0(\text{dB})=10\ \lg\left(\frac{P_t}{P_{R0}}\right)=10\ \lg P_t-10\ \lg P_{R0} \tag{2.1}$$

式中，P_t 和 P_{R0} 单位均为瓦特（W）。在具体的分析计算过程中，人们往往把

$10\lg P_t$ 作为发射功率，这时的发射功率单位是分贝瓦(dBW)，类似地，$10\lg P_{R0}$ 也是以 dBW 为单位的接收功率的中值，通常将分贝瓦简称为分贝。

散射传输损耗与通信距离、地形参数、工作频率、散射角、大气折射指数、天线增益、天线方向性、天线架设高度、地形、气候等密切相关，所以散射链路涉及的损耗种类很多。在讨论散射损耗时，将无线电波的自由空间损耗一并作为散射系统损耗的一部分。如图 2.4 所示。

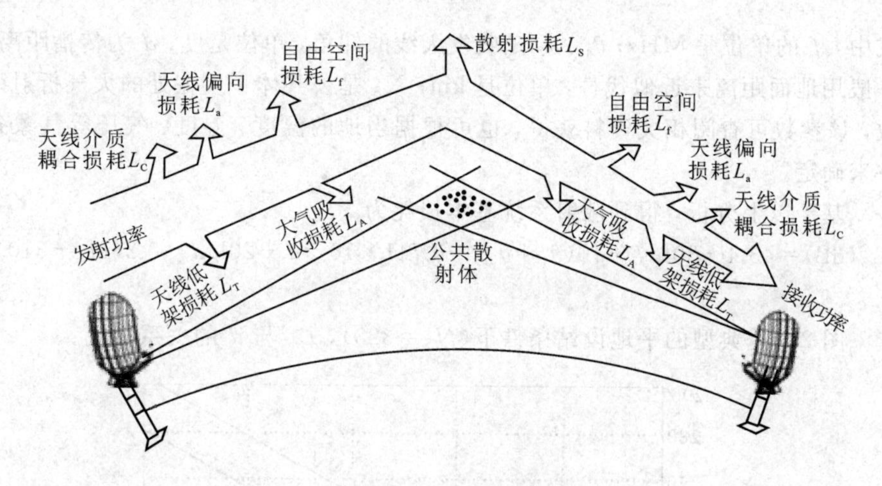

图 2.4　对流层散射通信及其传输损耗

根据引起散射损耗原因的不同，将散射电波传输链路损耗分为自由空间损耗 L_f、散射损耗 L_S、天线低架损耗 L_T、天线介质耦合损耗 L_C、大气吸收损耗 L_A、天线偏向损耗 L_a 和地面反射损耗 L_r，散射系统的传输损耗 L_0 可由下式表示为

$$L_0 = L_f + L_S + L_T + L_C + L_A + L_a + L_r \tag{2.2}$$

其中，L_f、L_S 是最主要的损耗，统称为基本传输损耗，并用 L_b 来表示，即 $L_b = L_f + L_S$。

1. 自由空间损耗 L_f

散射信道中，电波有两段很长的距离可以看作是自由空间式的直线传播，一段是由散射天线到散射体，另一段是由散射体到接收天线。自由空间损耗可由下式求得：

$$L_f(\text{dB}) = 10\lg\left(\frac{40\pi d f}{3}\right)^2 = 32.4 + 20\lg d + 20\lg f \tag{2.3}$$

式中，d 是自由空间传播距离，单位是 km；f 是工作频率，单位是 MHz；$32.4 = 20\lg(40\pi/3)$。

2. 散射损耗 L_S

散射损耗是公共体积内散射体前向散射所产生的能量损耗，它是通信距离、工作频率、散射角、散射体高度、地区、季节等诸多因素的函数。通常计算散射损耗的经验公式为

$$L_S(\mathrm{dB})=11.0+10\lg f+10(\theta_1+\theta_2)+6.741\times10^{-2}d-0.2(N_S-310) \tag{2.4}$$

式中，f 的单位是 MHz；θ_1、θ_2 是收发天线的仰角，单位是度；d 为传播距离，一般用地面距离来近似代替，单位是 km；N_S 是公共体积所在处的大气折射系数，该参数可查阅相关资料获得，也可根据当地的温度、湿度、气压等气象条件来确定。

基于以上分析，得到散射系统基本损耗为

$$L_b(\mathrm{dB})=43.4+30\lg f+10(\theta_1+\theta_2)+6.741\times10^{-2}d+20\lg d-0.2(N_S-310) \tag{2.5}$$

图 2.5 是典型的平地设站条件下($N_S=323$)，L_b 与 d 的关系曲线。

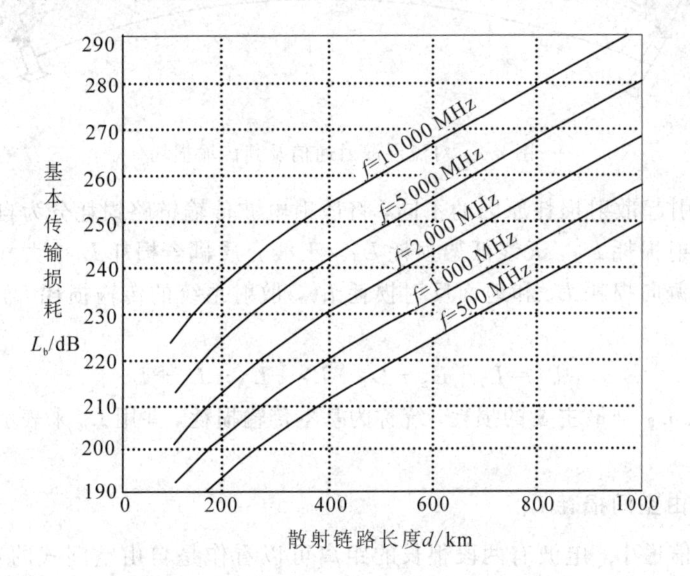

图 2.5 基本传输损耗与通信链路长度之间的关系

3. 天线低架损耗 L_T

天线低架损耗是由于天线架设不够高所产生的损耗。对流层散射通信中，散射公共体范围内的照射场和散射场为直接波和地面反射波相互叠加的干涉场，其场强随着散射点高度的变化而变化，并有波峰和波谷交替出现。当天线

架设高度足够高时，波峰与波谷靠得很近；而当天线架设高度很低时，波峰与波谷离得很远，此时起主导作用的散射体下部相当多的部分接近波谷，相对于高架天线，低架天线出现了损耗，称之为天线低架损耗 L_T(dB)。

工程测试表明，天线架设高度达到 30 个波长以上时，一般可以忽略天线低架损耗。例如，对于工作于 5 GHz 频段的对流层散射通信系统，天线架高大于 2 m 时，天线低架损耗即可忽略。

4. 天线介质耦合损耗 L_C

对流层散射通信中，当天线增益足够高时，其工作的实际增益要比用于视距通信时的低，即天线路径增益会低于天线的自由空间增益，这种由于天线增益降低而产生的损耗称为天线介质耦合损耗。自由空间增益在 25 dB 以下的天线，一般可以对天线介质耦合损耗忽略不计，但是随着自由空间收发天线增益之和的增加，天线介质耦合损耗也增加，对于高增益天线的对流层散射通信系统，需考虑天线的天线介质耦合损耗。天线介质耦合损耗与天线自由空间增益之和的关系如图 2.6 所示，其中 G_T 是发射端天线增益，G_R 是接收端天线增益，单位均为 dB。

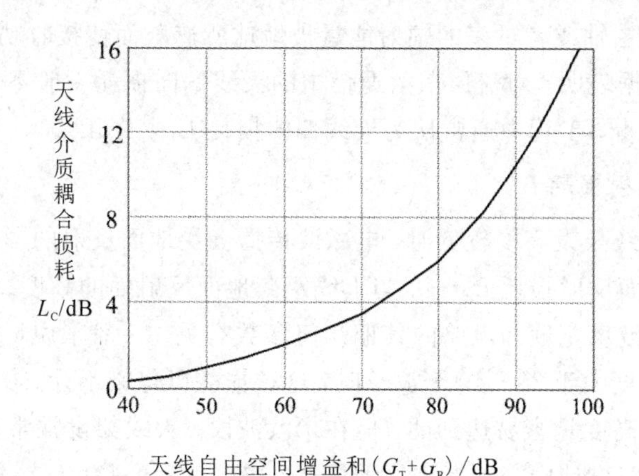

图 2.6　天线介质耦合损耗与天线增益之间的关系

实际测试表明，当天线的增益足够高时(通常大于 30 dB)，其平面波的增益将降低，对应的天线介质耦合损耗 L_C 的经验公式为

$$L_C(\text{dB})=0.07\times e^{0.055\times(G_T+G_R)} \tag{2.6}$$

5. 大气吸收损耗 L_A

大气中干空气和水汽对无线电波的吸收会造成电波信号的衰减，这种衰减

称为大气吸收损耗。对流层散射通信系统的通信距离一般都较远，所以大气吸收损耗不能忽略。在不考虑降雨的情况下，大气吸收损耗 L_A(dB)的计算公式为

$$L_A(\text{dB})=A(d)\cdot B(f) \tag{2.7}$$

式中，$A(d)$是与距离有关项，d 为路径长度，单位为 km；$B(f)$是与频率 f 有关项，f 的单位 MHz。$A(d)$和 $B(f)$分别由下式计算得到

$$A(d)=(18+0.0055d)(1-e^{-2d^2\times10^{-5}}) \tag{2.8}$$

$$B(f)=0.1\times\lg(f+100)+5f^2\times10^{-10}-0.23 \tag{2.9}$$

6. 天线偏向损耗 L_a

天线偏向损耗是指天线未指向最佳方向时引起的损耗。对流层散射链路上，收发天线波束有一个最佳指向。对方位角而言，收发天线波束相互对准时为最佳，即两天线波束都对准大圆路径，方位角同时为零时最佳。对仰角而言，天线波束既不能抬得过高，也不能压得太低，抬得过高会使散射能量过分减弱，压得太低又会使过多的能量被地球遮蔽，所以波束仰角必须取一个适度的值，即最佳仰角。如果收发天线波束偏离最佳指向，会因到达接收点的信号偏离接收天线主轴或者过多的辐射能量被地球所遮蔽而使接收功率减小，产生损耗。实验数据表明，对流层散射通信中的天线偏向损耗一般不像微波视距通信中的那样严重，工程中通常认为天线偏向损耗 $L_a<1$ dB。

7. 地面反射损耗 L_r

当散射天线架设高度较低时，电磁波传播会受地面反射的影响而产生附加损耗，称为地面反射损耗 L_r。L_r 与天线距离地面反射面的高度、工作波长、通信距离、天线波束宽度和电路的其他几何参数有关。一般来说，当天线距离地面反射面的高度大于 30～40 个波长时，这种损耗可忽略不计。在微波波段，天线的这种架设高度是容易达到的，但在米波波段，天线架设常常达不到这个高度，此时在电路设计中必须考虑这种损耗。按照工程经验，L_r(dB)一般取值为 0.5 dB。

综上分析，对流层散射传播中，信号受到众多的损耗影响，其传输损耗是比较大的。以 4.7 GHz 频段的载波为例，当通信距离在 150 km 左右时，路径上的传输损耗可以达 220 dB。

2.2.2 衰落特性

信号的电平强度随时间的随机起伏变化叫作衰落，根据衰落周期的大小，

可以分为慢衰落和快衰落。信号电平中值以昼夜、月、季和年为周期的长期变化叫作慢衰落，而快衰落是指信号的瞬时电平在几分之一秒到几分钟内的短期变化。

1. 慢衰落特性

考虑到接收信号的电平中值与温度、湿度和压力等参数有关，而这些参数均取决于气象气候条件，因此慢衰落实际上是由气候条件的变化引起的。同时由于对流层在各高度上的变化情况是不一样的，所以长度不同的散射链路上的慢衰落情况也是不一样的。一般情况下，近距离链路的有效散射体高度较低，而较低高度的介质变化比较剧烈，所以信号电平变化也比较剧烈，远距离链路的情况则是相反的。

从大量实测数据来看，慢衰落的信号电平符合对数正态分布的特点，形式为

$$P(x)=P_{\mathrm{rob}}(x'<x)=\frac{1}{\sqrt{2\pi}\,\sigma}\int_{-\infty}^{x}\exp\left\{-\frac{(x'-x_{\mathrm{m}})^{2}}{2\sigma^{2}}\right\}\mathrm{d}x' \tag{2.10}$$

式中，x_{m} 为信号电平中值，σ 表示标准偏差。相应的概率分布密度函数为

$$p(x)=\frac{1}{\sqrt{2\pi}\,\sigma}\exp\left\{-\frac{(x-x_{\mathrm{m}})^{2}}{2\sigma^{2}}\right\} \tag{2.11}$$

为克服散射信道的慢衰落对通信系统的影响，在进行工程设计时需要留出相当的衰落余量，保证线路通信的可靠性。

2. 快衰落特性

对流层散射传播的多径效应和多普勒效应会产生信号快衰落，信号电平强度会在短时间内产生剧烈起伏。快衰落特性主要表现在多径传播效应、多普勒频移以及信号强度变化三个方面。

由于散射体对电磁信号的二次辐射，接收端接收到的信号是多个二次辐射源信号的叠加。不同辐射源到接收端的距离和路径是不同的，信号经过不同路径到达接收端的强弱和时间也不尽相同，使得叠加的接收信号的幅值发生畸变，波形在时间上会被展宽。信道的时间扩散量取决于接收机所接收到信号的最长路径与最短路径之差。对流层散射多使用微波波段，采用方向图比较尖锐的抛物面天线，通信距离在 300 km 左右时，信号时间扩散量约在微秒级。通过对大量实测数据的分析，得到最大相对延迟与链路长度的关系如表 2.1 所示。

表 2.1 最大相对延时与链路长度的关系

链路长度/km	200	300	400	500	800
最大相对延时/μs	0.45	0.8	1.9	4.1	6.3

此外，散射体在大气的随机运动还会引起多普勒效应，使得接收端接收到的信号频率与发射端的发送频率相比发生随机变化。多普勒频移使得接收信号的带宽增加，使频率产生弥散现象，即频散现象。散射体运动主要是由大气运动产生的，跟风速有关，其引起的多普勒频移一般比较小，C 波段的多普勒频移的范围一般在 1～10 Hz。

电磁信号经历对流层散射传播后，信号幅度服从瑞利分布。信道的冲激响应可以表示为

$$h(t,\tau)=\sum_{l=1}^{L_h}c_l(t)\mathrm{e}^{\mathrm{j}\varphi_l}\mathrm{e}^{\mathrm{j}2\pi f_l t}\delta(\tau-\tau_l)=\sum_{l=1}^{L_h}h_l(t)\delta(\tau-\tau_l) \tag{2.12}$$

其中，$c_l(t)$表示幅值，τ_l 表示第 l 径的时延，f_l 表示第 l 径的多普勒频移，φ_l 表示第 l 径的载波相位，L_h 为多径数，则 $h_l(t)=|h_l(t)|\mathrm{e}^{\mathrm{j}\varphi_l(t)}=c_l(t)\mathrm{e}^{\mathrm{j}\varphi_l}\mathrm{e}^{\mathrm{j}2\pi f_l t}$。相位 $\varphi_l(t)$服从$[0, 2\pi]$内的均匀分布，而幅度$|h_l(t)|$服从瑞利分布，设 $r=|h_l(t)|$，其概率密度分布为

$$p(r)=\begin{cases}\dfrac{r}{\sigma^2}\mathrm{e}^{-\frac{r}{2\sigma^2}} & 0\leqslant r\leqslant\infty\\ 0 & r<0\end{cases} \tag{2.13}$$

其中，σ^2 是接收信号平均功率。瑞利分布概率密度函数的平均值 $\bar{r}$ 和方差 σ_r^2 分别为

$$\bar{r}=E[r]=\int_0^\infty rp(r)\mathrm{d}r=\sigma\sqrt{\pi/2}=1.2533\sigma \tag{2.14}$$

$$\sigma_r^2=E[r^2]-E^2[r]=\sigma^2(2-\pi/2)=0.4292\sigma^2 \tag{2.15}$$

信号在对流层散射信道中的快衰落速率与散射体介质运动、散射角和频率以及天线的方向性有关。当介质运动越快时，快衰落的速率会越大；快衰落也与散射角和频率成正比关系；当天线的波束越窄、能量越集中时，快衰落则会越小。实测数据表明，在某 370 km 的链路上采用 2 GHz 频率时，快衰落的平均速率为 1.5 次/秒。而频域上的频率选择性衰落与有效传输时延成正比，链路距离越长，频域衰落速率越大；采用方向性窄的天线时，频域衰落速率与散射角和天线波束宽度的积成正比。实测结果表明：在天线波束小于 1°时，800 km 以下的链路上的衰落速率不超过 1 次/秒。当大气公共散射体积中存在飞行器

时，还会产生飞行器(如飞机、空地导弹、巡航导弹等)衰落，使得多普勒频移加剧，多径时延展宽，信道快衰落速率也会相应增大，对系统产生影响。

2.2.3　统计特性

作为一种典型的时变信道，散射信道可以看作是具有时变冲激响应的等效低通滤波器 $h(t, \tau)$，变量 t 表示时间，τ 表示相对于时刻 t 的时延。考虑信道的等效基带模型，如果发射信号为 $s(t)$，那么信道输出可以表示为

$$y(t)=H[s(t)]=\int_0^{\tau_{\max}} h(t, \tau)s(t-\tau)\,\mathrm{d}\tau \tag{2.16}$$

式中，$\tau_{\max}$ 表示信道的最大时延扩展。对 $h(t, \tau)$ 作关于 τ 的傅里叶变换可以得到信道的时变传输函数，也就是频率响应函数：

$$H(t, f)=\int_0^{\tau_{\max}} h(t, \tau)\mathrm{e}^{-\mathrm{j}2\pi f\tau}\,\mathrm{d}\tau \tag{2.17}$$

并且，如果对 $h(t, \tau)$ 作关于 t 的傅里叶变换可以得到信道的时延-多普勒扩展函数的表达式：

$$H(\tau, v)=\int_{-\infty}^{\infty} h(t, \tau)\mathrm{e}^{-\mathrm{j}2\pi vt}\,\mathrm{d}t \tag{2.18}$$

因此，信道输出 $y(t)$ 又可以表示为

$$y(t)=\int_0^{\tau_{\max}}\int_{-f_{\mathrm{d}}}^{f_{\mathrm{d}}} H(\tau, v)s(t-\tau)\mathrm{e}^{\mathrm{j}2\pi vt}\,\mathrm{d}\tau\,\mathrm{d}v \tag{2.19}$$

式中，f_{d} 表示信道的最大多普勒频移。

考虑到散射信道具有明显的随机特性，通常从统计的意义上对其进行分析。散射信道满足广义平稳非相干散射(Wide Sense Stationary Uncorrelated Scattering，WSSUS)的统计假设，在这种假设条件下信道冲激响应 $h(t, \tau)$ 的自相关函数满足下面的特性：

$$R_h(t, \Delta t; \tau, \Delta\tau)=E[h^*(t, \tau)h(t+\Delta t, \tau+\Delta\tau)]=\phi_h(\Delta t, \tau)\delta(\Delta\tau) \tag{2.20}$$

上式中，当 $\Delta t=0$ 时，$\phi_h(0, \tau)=\phi_h(\tau)$ 表示信道衰落随时延 τ 变化的平均功率，也就是信道的延迟功率谱，它的函数支撑时间表示信道的多径时延扩展。前面提到，传输函数 $H(t, f)$ 是冲激响应 $h(t, \tau)$ 关于时延变量 τ 的傅里叶变换，因此他们具有相似的统计特性。如果定义频域自相关函数的表达式：

$$R_H(f, \Delta f; t, \Delta t)=E[H^*(t, f)H(t+\Delta t, f+\Delta f)] \tag{2.21}$$

容易证明：$R_H(f, \Delta f; t, \Delta t)=\phi_H(\Delta f; \Delta t)$，并且，$\phi_H(\Delta f; \Delta t)$ 是 $\phi_h(\Delta t, \tau)$ 关于 τ 的傅里叶变换：

$$\phi_H(\Delta f;\Delta t)=\int_{-\infty}^{\infty}\phi_h(\Delta t,\tau)\,\mathrm{e}^{-\mathrm{j}2\pi\Delta f\tau}\,\mathrm{d}\tau \tag{2.22}$$

上式中，当 $\Delta t=0$ 时，$\phi_H(\Delta f;0)=\phi_H(\Delta f)$ 表示信道的频率相关函数，它的函数支撑区间表示信道的相干带宽 B_c。如果信号的传输带宽大于对流层散射信道的相干带宽，那么信号将会受到频率选择性衰落的影响。

根据信道的延迟功率谱 $\phi_h(\tau)$，可以定义下面几个表示时间弥散的特征量：

(1) 平均时延扩展：$\bar{\tau}=\dfrac{\int\phi_h(\tau)\tau\,\mathrm{d}\tau}{\int\phi_h(\tau)\,\mathrm{d}\tau}$。

(2) 均方根时延扩展：$\tau_{\mathrm{rms}}=\sqrt{\overline{\tau^2}-\bar{\tau}^2}$，其中 $\overline{\tau^2}=\dfrac{\int\phi_h(\tau)\tau^2\,\mathrm{d}\tau}{\int\phi_h(\tau)\,\mathrm{d}\tau}$。

(3) 最大时延扩展：一般将其定义为 $\phi_h(\tau)$ 中时延功率衰落至最大值的 30 dB以下时对应的时延值。

和前面的分析类似，在 $\phi_H(\Delta f;\Delta t)$ 中令 $\Delta f=0$ 可以得到 $\phi_H(0;\Delta t)=\varphi_H(\Delta t)$，对 $\varphi_H(\Delta t)$ 作关于 Δt 的傅里叶变换可以得到信道的多普勒功率谱函数：

$$S_{\mathrm{D}}(v)=\int_{-\infty}^{\infty}\varphi_H(\Delta t)\,\mathrm{e}^{-\mathrm{j}2\pi v\Delta t}\,\mathrm{d}(\Delta t) \tag{2.23}$$

$S_{\mathrm{D}}(v)$ 表示信道衰落随多普勒频率变化的情况。从上式可以看出，当 $\phi_H(\Delta t)=1$ 时，$S_{\mathrm{D}}(v)=\delta(v)$，也就是说在信道时不变的情况下，信道中就不会存在多普勒扩展现象。$S_{\mathrm{D}}(v)$ 的支撑区间 $[-f_{\mathrm{d}},f_{\mathrm{d}}]$ 表示信道的多普勒扩展，其中 f_{d} 为最大多普勒频移。f_{d} 和信道的相干时间 T_c 是直接相关的，它的倒数可以近似为相干时间的度量。相干时间 T_c 表示信道衰落在这个时间间隔内具有较强的相关性。也就是说，多普勒扩展反映了信道衰落随时间变化的快慢，最大多普勒频移 f_{d} 越大，则相应地相干时间越小，表明信道变化越快。

前面定义了时延-多普勒扩展函数 $H(\tau,v)$，它的自相关函数满足如下特性：

$$E[H^*(\tau,v)H(\tau',v')]=S(\tau,v)\delta(\tau-\tau')\delta(v-v') \tag{2.24}$$

式中，$S(\tau,v)$ 表示信道的散射函数。实际上散射函数沿 τ 方向与 v 方向的投影可以分别产生延迟功率谱 $\phi_h(\tau)$ 和多普勒功率谱 $S_{\mathrm{D}}(v)$。由于信道中其他的统计量可以从散射函数中得到，因此，散射函数是对广义平稳非相干散射信道比较完整的数学描述。

根据上面的分析，信号在散射信道中传播所受到的衰落是由信号自身的特点和信道的固有特性共同决定的。信道的多径时延带来的影响与信号的符号周期也就是信号的速率有关。当信道的最大时延扩展 τ_{max} 远小于信号的符号周期 T 时，可以忽略多径时散带来的影响；反之，多径时散会带来严重的符号间干扰。类似地，信道多普勒扩展的影响与信号带宽 W 有关。当信道的最大多普勒扩展 f_d 远小于信号的带宽 W 时，可以忽略频率弥散带来的影响；反之，多普勒扩展会带来严重的载波间干扰。

考虑到信号带宽 W 与符号周期 T 呈近似倒数关系，可以对信道进行如下的分类：

(1) 当 $T>\tau_{max}$ 或 $W<B_c$ 时，信道表现为平坦衰落，也可以将其称为频率非选择性衰落；当 $T<\tau_{max}$ 或 $W>B_c$ 时，信道表现为频率选择性衰落，此时信号中各个频率分量的衰落不一致。

(2) 当 $T<T_c$ 或 $W>f_d$ 时，信道表现为慢衰落，此时信号在一个符号周期内的衰落是一致的；当 $T>T_c$ 或 $W<f_d$ 时，信道表现为快衰落，也可以称为时间选择性衰落，也就是说，信号在一个符号周期内的衰落是随机变化的。

2.2.4　延迟功率谱特性

如果散射信道在几个传输符号的时间间隔内是缓慢变化的，那么信道的传输函数可以看成是时不变的。根据前面的分析，在这种情况下，采用延迟功率谱函数 $\phi_h(\tau)$ 或者频率相关系数 $\phi_H(\Delta f)$ 就可以描述散射信道的特征。Bello 在湍流非相干散射的传播机制上，从实际的散射链路出发，推导出延迟功率谱函数的表达式，所得到的谱函数和散射链路的几何位置关系、天线样式等参数有关。

考虑到湍流的尺寸相比收发天线波束的公共体要小得多，并且假设公共体在垂直于大圆平面方向上的尺寸要远小于在大圆平面内的尺寸，因此可以认为大圆平面内的散射情况和与其平行的临近平面内的散射情况是近似的，从而可以将真实三维空间的散射场景近似为二维空间的散射场景。图 2.7 表示对流层散射链路在大圆平面内的几何位置关系示意图。

图 2.7 中，由散射体 a 和散射体 b 所引起的路径延迟都是 ε，而且所有延迟为 ε 的散射体的点迹可以构成一个椭圆，发射天线和接收天线分别处于椭圆的两个焦点。考虑到地球曲率的影响，处于收端视平线和发端视平线范围以外的椭圆曲线上不存在散射体。图 2.7 中所标注的符号的物理意义如表 2.2 所示。

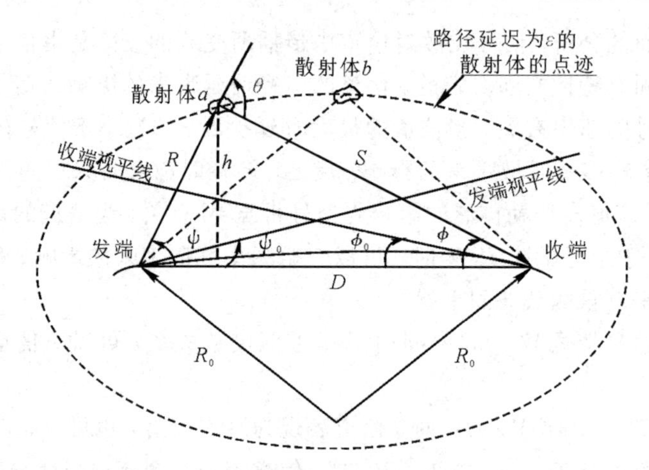

图 2.7　对流层散射链路几何关系示意图

表 2.2　几何参数的物理意义

参数	意　义
R	发端到散射体的距离
S	收端到散射体的距离
D	发端和收端间的直线距离
R_0	等效地球半径，通常取 8500 km
ψ_0	发端视平线和收发两端连线的夹角
ϕ_0	收端视平线和收发两端连线的夹角
ψ	R 和 D 的夹角
ϕ	S 和 D 的夹角
θ	散射角，即散射点电波入射方向和散射方向的夹角
h	散射点到收发两端连线的垂直距离

根据 Booker-Gordon 的散射横截面理论，以及前面的二维平面假设，从散射体 a 散射的功率可以表示为

$$\sigma(\theta) \propto \frac{\mathrm{d}A}{h\theta^m} \tag{2.25}$$

其中，∝表示“正比例于”；dA 表示散射体的面积；m 是散射参数，它的值通常取 5。接收端从该散射体接收的功率 dP 还与发端和收端的天线增益、散射体的高度以及距离 R 和 S 有关，根据双基地雷达方程可以得到

$$\mathrm{d}P \propto \frac{GH}{R^2 S^2} \frac{\mathrm{d}A}{h\theta^m} \tag{2.26}$$

其中，G 和 H 分别表示发射天线和接收天线在散射体位置的天线增益。根据图 2.7 中的几何位置关系，可以对式(2.26)进行简化，容易得到

$$\frac{D}{\sin\theta} = \frac{S}{\sin\psi} = \frac{R}{\sin\phi} \tag{2.27}$$

由于天线的波束宽度通常较小，ψ 和 ϕ 远小于 1，因此根据式(2.27)，可以得到路径延迟 τ 的表达式：

$$\tau = \frac{R+S}{c} = \frac{D}{c}\left(\frac{\sin\psi + \sin\phi}{\sin(\psi+\phi)}\right) \approx \frac{D}{c}(1+0.5\psi\phi) \tag{2.28}$$

其中，c 表示光速。根据式(2.28)，定义归一化延迟：

$$\delta = \frac{\tau - D/c}{D/c} = 0.5\psi\phi \tag{2.29}$$

于是，根据式(2.28)和式(2.29)，可以得到

$$R = D\,\frac{2\delta/\psi}{\psi + 2\delta/\psi} \tag{2.30}$$

$$S = D\,\frac{\psi}{\psi + 2\delta/\psi} \tag{2.31}$$

$$h = D\,\frac{2\delta}{\psi + 2\delta/\psi} \tag{2.32}$$

对延迟 τ 引入微分变量 dτ，对夹角 ψ 引入微分变量 dψ，那么散射体 a 的面积可以表示为

$$\mathrm{d}A = R \cdot (\mathrm{d}\psi) \cdot \frac{\partial R}{\partial \tau} \cdot (\mathrm{d}\tau) \tag{2.33}$$

考虑到当延迟固定时，大圆平面上的点可以由 ψ 唯一决定。因此，我们可以将 ψ 作为求和或积分时的独立变量。于是，根据式(2.30)～(2.32)，式(2.33)可以表示为

$$\mathrm{d}A = 4Dc\,\frac{2\delta/\psi}{(\psi + 2\delta/\psi)^3}\mathrm{d}\psi\mathrm{d}\varepsilon \tag{2.34}$$

根据式(2.30)～(2.32)，同时注意到 $\theta = \psi + \phi = \psi + 2\delta/\psi$，可以将式(2.26)表示为

$$\mathrm{d}P \propto \frac{G(\psi - \psi_0)H(\phi - \phi_0)}{\delta^2 \theta^{m-2}} \frac{\mathrm{d}\psi}{\psi} \mathrm{d}\tau \tag{2.35}$$

其中，$G(\psi)$和$H(\phi)$表示发端天线和收端天线在垂直方向的天线增益。为了估计延迟功率谱函数，需要计算所有延迟为τ的散射体所散射的功率之和。因此，对$\mathrm{d}P$以ψ为变量进行积分，可以得到

$$\phi_h(\tau)\mathrm{d}\tau \propto \int_{\psi 0}^{\psi 1} \frac{G(\psi-\psi_0)H(\phi-\phi_0)}{\delta^2\theta^{m-2}\psi}\mathrm{d}\psi\mathrm{d}\tau \tag{2.36}$$

其中，$\phi_h(\tau)$表示延迟为ϵ的信道衰落的平均功率，也就是信道的延迟功率谱。ψ_1表示ψ可以取到的最大值，它实际上对应于ϕ取最小值时的情况。因此，根据式(2.28)，可以得到：$\psi_1=2\delta/\phi_0$。

将式(2.36)中的ϕ和θ表示成ψ的形式，可以得到

$$\phi_h(\tau)=\hat{\phi}_h(\delta)\propto\frac{1}{\delta^2}\int_{\psi 0}^{2\delta/\phi_0}\frac{G(\psi-\psi_0)H(2\delta/\psi-\phi_0)}{(\psi+2\delta/\psi)^{m-2}\psi}\mathrm{d}\psi \tag{2.37}$$

为了便于计算，令$x=\psi/\sqrt{2\delta}$，将式(2.37)变换为

$$\hat{\phi}_h(\delta)\propto\frac{1}{\delta^{1+m/2}}\int_{\psi 0/\sqrt{2\delta}}^{\sqrt{2\delta}/\phi_0}\frac{G\left(x\sqrt{2\delta}-\psi_0\right)H\left(\sqrt{2\delta}/x-\phi_0\right)}{(x+1/x)^{m-2}x}\mathrm{d}x \tag{2.38}$$

为了估计延迟功率谱，在式(2.38)中需要确定天线在垂直方向的增益以及角度ψ_0和ϕ_0。在本节中我们选取高斯型的天线方向性函数，并且令收发天线是一样的：

$$G(\psi)=H(\psi)=\exp(-\psi^2/(0.6\psi_{1/2})^2) \tag{2.39}$$

$\psi_{1/2}$表示半功率波束宽度。对于口径为D_0的抛物面天线，

$$\psi_{1/2}=(65\sim80)\lambda/D_0 \tag{2.40}$$

λ为电磁波波长。为便于计算，假设收发天线处于光滑的大圆平面上，天线高度都为0。在这种情况下，可以得到

$$\psi_0=\phi_0=D/(2R_0) \tag{2.41}$$

R_0表示等效地球半径。将式(2.41)代入式(2.29)可得到δ的最小取值为$\delta_0=D^2/(8R_0^2)$。

为了对延迟功率谱函数进行分析，我们选取不同的参数进行对比。散射链路选取的参数如表2.3所示。发射电磁波的频率设为4.7 GHz，对于近距离对流层散射通信，通常选取尺寸较小的天线；当距离增大时，选取尺寸较大的天线。根据式(2.40)，天线尺寸越大，半功率波束角越小。在本节中，对于不同的路径长度，选取对应的半功率波束宽度为5°和2.5°。在Matlab中采用梯形法求积分的方式来计算$\phi_h(\tau)$的值，并且将$\phi_h(\tau)$进行归一化，即$\int\phi_h(\tau)\mathrm{d}\tau=1$，归一化曲线如图2.8所示。

表 2.3　散射链路的参数设置

路径长度/km	半功率波束宽度
60	5°
90	5°
120	5°, 2.5°
150	2.5°
180	2.5°

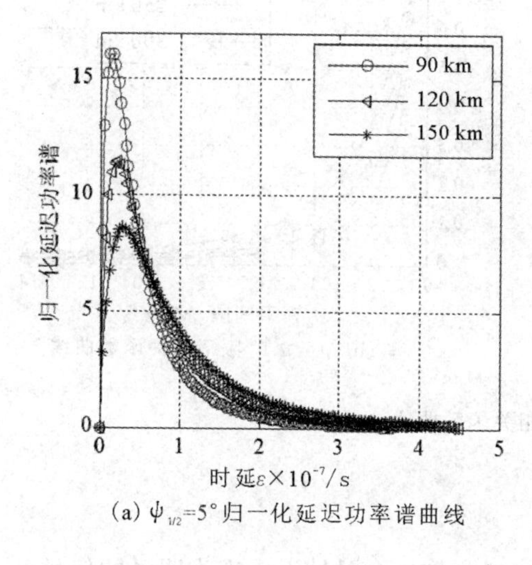

(a) $\psi_{1/2}$=5°归一化延迟功率谱曲线

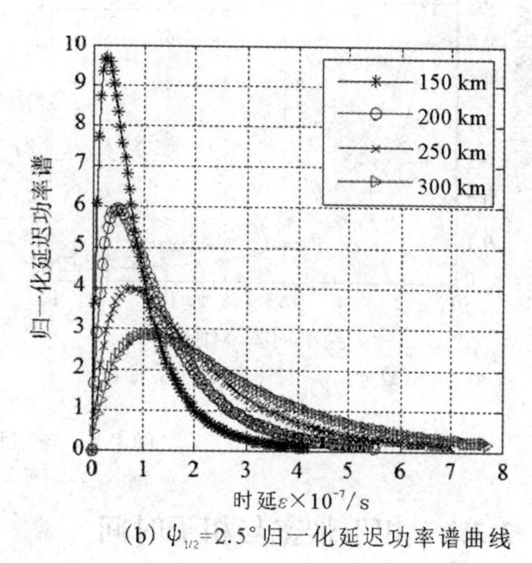

(b) $\psi_{1/2}$=2.5°归一化延迟功率谱曲线

图 2.8　归一化延迟功率谱曲线

由图 2.8 可知，这几个散射链路的时延扩展都在微秒级别。而且对于一定波束宽度的天线，不同的通信距离有不同的功率-时延分布。通信距离越远，延迟功率谱越宽，相应的时延扩展就越大；通信距离越近，延迟功率谱越窄，相应的时延扩展就越小。通过比较图 2.8(a)和(b)中路径长度都为 150 km 的两条曲线可知，当通信距离一定时，对于不同的天线来说，波束宽度越宽，延迟功率谱越宽，相应的时延扩展就越大；波束宽度越窄，延迟功率谱越窄，相应的时延扩展就越小。

频率相关函数是延迟功率谱的傅里叶变换，因此跟前面对应的散射链路的信道频率相关系数也可以通过数值计算的方法得到，也就是对图 2.8(a)和(b)

中的延迟功率谱的值进行快速傅里叶变换。图 2.9(a)和(b)表示通过计算得到的频率相关函数的幅度特性。

频率相关函数表示一定频率间隔的信道衰落的相关性，可以将对应于频率相关系数 50%的频率间隔视为相干带宽的估计值。由图 2.9 可知，这几个散射链路的相干带宽在兆赫级别，且通信距离越近，天线波束越窄，信道的相干带宽就越大。考虑到相干带宽和时延扩展成近似倒数的关系，因此图 2.8 和 2.9 的结论是一致的。

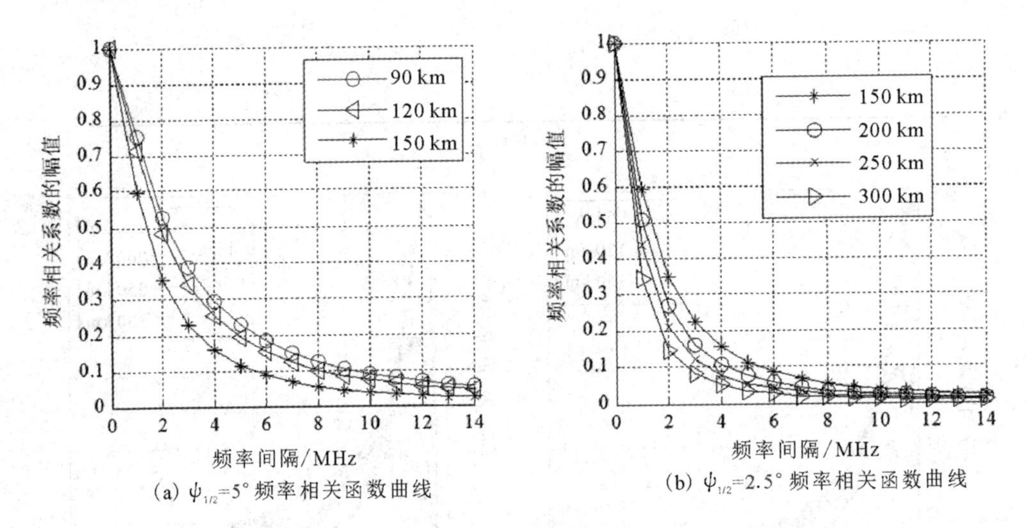

(a) $\psi_{1/2}$=5° 频率相关函数曲线 (b) $\psi_{1/2}$=2.5° 频率相关函数曲线

图 2.9 频率相关函数曲线

2.2.5 相干带宽与相干时间

对流层散射信道是典型的多径信道，接收信号在时域上表现为明显的信号展宽，即时间弥散；对流层散射通信中，接收信号也因为散射体的运动产生多普勒效应，在频域上表现为多普勒扩展，即频率弥散。因此，对流层散射信道被认为是一种时间频率双弥散信道。而研究对流层散射的多径效应和多普勒效应归结于对对流层散射传递函数的频率相关特性和时间相关特性的分析。设发射端电磁波入射方向为 $\boldsymbol{i}$，接收端电磁波方向为 $\boldsymbol{o}$，对流层散射通信几何链路如图 2.10 所示。

散射交叠区的入射电场 E_{i} 可表示为

$$E_{\mathrm{i}}=\sqrt{30P_0 f(\boldsymbol{i})}\frac{\mathrm{e}^{-\mathrm{j}k(r_1+\boldsymbol{v}\cdot \boldsymbol{i}t)}}{r_1} \tag{2.42}$$

其中，P_0 为发射天线等效全向辐射功率；$f(\boldsymbol{i})$为发射天线方向图；$\boldsymbol{v}$ 表示散射

体运动速度。由柯尔莫哥诺夫理论，在散射交叠区中某一微体积 dV 产生的赫兹矢量可表示为

$$
\begin{aligned}
\mathrm{d}\Pi &= \frac{\Delta\varepsilon_{\mathrm{r}}\sqrt{30P_0 f(\boldsymbol{i})}}{4\pi}\frac{\mathrm{e}^{-\mathrm{j}k(r_1+\boldsymbol{v}\cdot\boldsymbol{i}t)}}{r_1}\frac{\mathrm{e}^{-\mathrm{j}k(r_2-\boldsymbol{v}\cdot\boldsymbol{o}t)}}{r_2}\mathrm{d}V \\
&= \frac{\Delta\varepsilon_{\mathrm{r}}\sqrt{30P_0 f(\boldsymbol{i})}}{4\pi}\frac{\mathrm{e}^{-\mathrm{j}[k(r_1+r_2)+\boldsymbol{v}\cdot\boldsymbol{K}t]}}{r_1 r_2}\mathrm{d}V
\end{aligned}
\tag{2.43}
$$

其中，$\Delta\varepsilon_{\mathrm{r}}$ 定义为对流层散射区域中相对介电常数起伏，定义 $\boldsymbol{K}=k\cdot(\boldsymbol{i}-\boldsymbol{o})=k\cdot\boldsymbol{k}$，则接收端接收来自整个散射区域的电场可表示为

$$
E_{\mathrm{o}}=\int_V \frac{k^2\sin\chi\,\Delta\varepsilon_{\mathrm{r}}\sqrt{30P_0 f(\boldsymbol{i})g(\boldsymbol{o})}}{4\pi}\frac{\mathrm{e}^{-\mathrm{j}[k(r_1+r_2)+\boldsymbol{v}\cdot\boldsymbol{K}t]}}{r_1 r_2}\mathrm{d}V \tag{2.44}
$$

其中，$g(\boldsymbol{o})$为接收天线方向图。

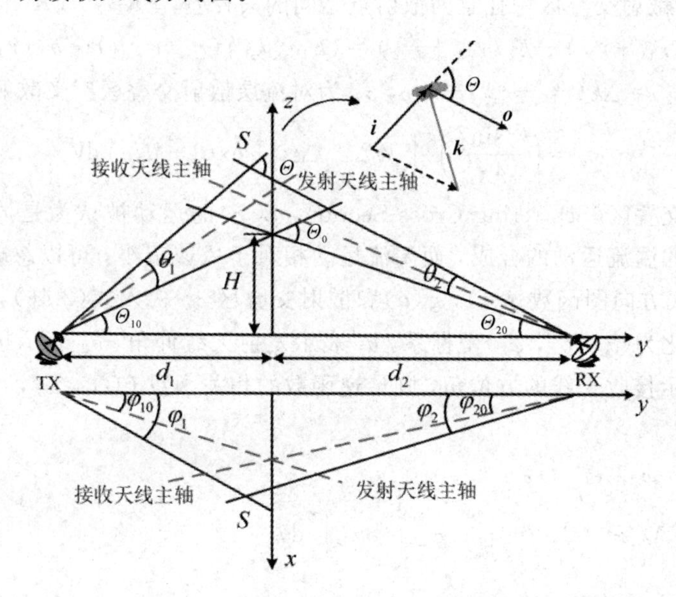

图 2.10　对流层散射通信几何链路坐标系

由式(2.42)和式(2.44)可得对流层散射信道的传递函数的一般式为

$$
H(\omega,t)=\frac{k^2}{4\pi}\int_V \sin\chi\,\Delta\varepsilon_{\mathrm{r}}\sqrt{f(\boldsymbol{i})g(\boldsymbol{o})}\,\frac{\mathrm{e}^{-\mathrm{j}[k(r_1+r_2)+\boldsymbol{v}\cdot\boldsymbol{K}t]}}{r_1 r_2}\mathrm{d}V \tag{2.45}
$$

定义 $\Gamma(\omega_1,\omega_2,t_1,t_2)=\langle H_1(\omega_1,t_1)H_2^*(\omega_2,t_2)\rangle$，角频率分别为 ω_1、ω_2，时间分别为 t_1、t_2 的对流层散射传递函数 $H_1(\omega_1,t_1)$和 $H_2(\omega_2,t_2)$的相关函数。将式(2.45)代入可得

$$
\begin{aligned}
&\Gamma(\omega_1, \omega_2, t_1, t_2) \\
&= \langle H_1(\omega_1, t_1) H_2^*(\omega_2, t_2) \rangle \\
&= \frac{k_1^2 k_2^2}{(4\pi)^2} \int_V \int_{V'} \sin^2\chi \langle \Delta\varepsilon_{r_1} \Delta\varepsilon_{r_2}^* \rangle \frac{f(\boldsymbol{i}) g(\boldsymbol{o})}{r_{11} r_{21} r_{12} r_{22}} \\
&\quad \cdot \exp\{-\mathrm{j}[k_1(r_{11}+r_{12}) + \boldsymbol{v}\cdot\boldsymbol{K}_1 t_1 - k_2(r_{21}+r_{22}) - \boldsymbol{v}\cdot\boldsymbol{K}_2 t_2]\} \mathrm{d}V' \mathrm{d}V \\
&= \frac{k_1^2}{k_2^2} \int_V \frac{k_2^4}{(4\pi)^2} \int_{V'} \sin^2\chi \langle \Delta\varepsilon_{r_1} \Delta\varepsilon_{r_2}^* \rangle \frac{f(\boldsymbol{i}) g(\boldsymbol{o})}{r_{11} r_{21} r_{12} r_{22}} \\
&\quad \cdot \exp\{-\mathrm{j}[k_2\rho + \boldsymbol{v}\cdot\boldsymbol{K}t + \Delta k(r_1+r_2)]\} \mathrm{d}V' \mathrm{d}V \\
&\approx \frac{k_1^2}{k_2^2} \int_V \sigma_v f(\boldsymbol{i}) g(\boldsymbol{o}) \exp \frac{-\mathrm{j}[\boldsymbol{v}\cdot\boldsymbol{K}t + \Delta k(r_1+r_2)]}{r_1^2 r_2^2} \mathrm{d}V
\end{aligned} \tag{2.46}
$$

其中，ρ 为散射交叠区中任意两散射点之间的矢径差，$\boldsymbol{vK}_2 t_2 - \boldsymbol{vK}_1 t_1 \approx \boldsymbol{vK}_1 \Delta t = \boldsymbol{vK}\Delta t$，$k_1(r_{11}+r_{12}) - k_2(r_{12}+r_{22}) = (k_2-k_1)(r_{11}+r_{12}) + k_2(r_{12}+r_{22}) - k_1(r_{12}+r_{22}) = \Delta k(r_{11}+r_{12}) + k_2\rho$，$\sigma_v$ 为对流层散射交叠区广义散射截面积：

$$
\sigma_v = \left(\frac{k^2 \sin\chi}{4\pi}\right)^2 \int_V \langle \Delta\varepsilon_{r_1} \Delta\varepsilon_{r_2}^* \rangle \exp(-\mathrm{j}\boldsymbol{K}\rho) \mathrm{d}V \tag{2.47}
$$

散射交叠区(Scattering Cross-Section，SCS)的运动被认为是风速和类分子热运动的湍流运动的合成，而湍流运动相对于风速很小，可以忽略不计。此外，将天线方向图函数 $f(\boldsymbol{i})$，$g(\boldsymbol{o})$和散射交叠区 σ_v 代入式(2.46)，同时将原坐标系转化为$(\theta_1, \theta_2, \varphi_2)$坐标系，$\theta_1$ 表示发射天线仰角，θ_2 表示接收天线仰角，φ_2 表示接收天线的方位角，则传递函数的相关函数 $\Gamma(\omega_1, \omega_2, t_1, t_2)$可进一步化为

$$
\begin{aligned}
&\Gamma(\omega_1, \omega_2, t_1, t_2) \\
&= \frac{2k_1^2}{dk_2^2} A\lambda^n \Theta_0^{-m-1} \mathrm{e}^{-\gamma h_0} \int_{-\infty}^{\infty} \mathrm{d}\varphi_2 \int_0^{\infty} \mathrm{d}\theta_2 \int_0^{\infty} \mathrm{d}\theta_1 \\
&\quad \cdot \exp\left\{-\left(\frac{m}{2}\right)\left(\frac{\varphi_2}{\Theta_{20}}\right)^2 - a_1(s_2\varphi_2 - \varphi_{10})^2 - a_2(\varphi_2 - \varphi_{20})^2\right\} \\
&\quad \cdot \exp\left\{-(m+\gamma H)\left(\frac{s_2\theta_2}{\Theta_0}\right) - b_2(\theta_2 - \theta_{20})^2\right\} \\
&\quad \cdot \exp\left\{-(m+\gamma H)\left(\frac{s_1\theta_1}{\Theta_0}\right) - b_1(\theta_1 - \theta_{10})^2\right\} \\
&\quad \cdot \exp\left\{-\frac{(K\delta\Delta t)^2}{2} - \mathrm{j}[\Delta k(r_1+r_2) + \boldsymbol{v}\cdot\boldsymbol{K}\Delta t]\right\}
\end{aligned} \tag{2.48}
$$

其中，A 表示气象条件参数；γ 为介质结构参数；$s_1 = 1/s_2 = \Theta_{20}/\Theta_{10} = d_1/d_2$；

Θ_{10}，Θ_{20}分别为发射天线和接收天线波束下沿与通信两站水平线的夹角；Θ_0为最小散射角；φ_1，θ_1，φ_2，θ_2 分别为发射天线和接收天线的方位角和仰角；d_1，d_2 分别为散射点水平投影点到发射端和接收端的距离；H 为最低散射点到通信两站水平线的距离；h_0 为最低散射点离地面高度；$a_1=4\ln(2/\psi_{h_1}^2)$，$a_2=4\ln(2/\psi_{h_2}^2)$，$b_1=4\ln(2/\psi_{v_1}^2)$，$b_2=4\ln(2/\psi_{v_2}^2)$，其中 ψ_{h_1}，ψ_{v_1}，ψ_{h_2}，ψ_{v_2} 分别为发射和接收天线水平和垂直波束宽度。

分析传递函数的频率相关特性，则令 $\Delta t=0$，定义对流层散射信道相干带宽 f_m 为传递函数的频率相关函数幅值下降为 $\omega_1=\omega_2$ 时的相关函数幅值的 0.5 倍时，$\Delta f=2\pi\Delta\omega=2\pi(\omega_1-\omega_2)$的值，即$|\Gamma(\omega_1,\omega_2)/\Gamma(\omega_1=\omega_2)|=0.5$，则将式(2.48)代入可得相干带宽(Coherent Bandwidth，CB)的闭式表达式：

$$f_m=\frac{4\ln 2\cdot c}{\pi d\sqrt{(\Theta_{20}\psi_{v1})^2+(\Theta_{10}\psi_{v2})^2}} \tag{2.49}$$

分析传递函数的时间相关特性，则令 $\Delta\omega=0$，定义对流层散射信道相干时间 t_m 为传递函数的时间相关函数幅值下降为 $t_1=t_2$ 时的相关函数幅值的 0.5 倍时，$\Delta t=t_1-t_2$ 的值，即$|\Gamma(t_1,t_2)/\Gamma(t_1=t_2)|=0.5$，则将式(2.48)代入可得相干时间(Coherent Time，CT)的闭式表达式：

$$t_m=\frac{\sqrt{2\ln 2}\sqrt{m+2\left[\left(\dfrac{2\ln 2\Theta_{10}}{\psi_{h1}}\right)^2+\left(\dfrac{2\ln 2\Theta_{20}}{\psi_{h2}}\right)^2\right]}}{k\Theta_0 v} \tag{2.50}$$

分析对流层散射信道的多径效应和多普勒效应的两个重要指标是式(2.49)中的 CB 和式(2.50)中的 CT。设置仿真参数：收发两站抛物面天线直径为 $D=2.4$ m，载波频率 f 可取 2，4.7，7.6，15.5(GHz)，仿真结果如图 2.11 所示。

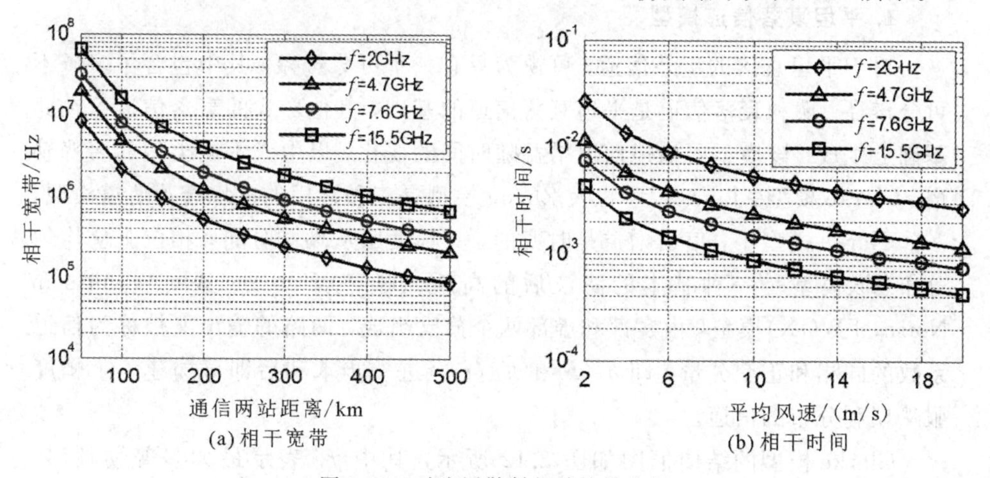

图 2.11　对流层散射相关特性分析

考虑信号带宽 W 与信道相干带宽 f_m 的关系：当 $W>f_m$ 时，对流层散射信道表现为频率选择性衰落；当 $W<f_m$ 时，对流层散射信道表现为平坦衰落，即非频率选择性衰落。考虑信号的符号周期 T 与信道相干时间 t_m 的关系：当 $T>t_m$ 时，对流层散射信道表现为时间选择性衰落。当 $T<t_m$ 时，对流层散射信道表现为慢衰落，即非时间选择性衰落。因此，为了尽可能地减小对流层散射信道对传递的时间脉冲信号的影响，在设计信号带宽 W 和符号周期 T 时，应使对流层散射信道表现为非频率选择性衰落信道和非时间选择性衰落信道。

2.3 对流层散射信道数学模型

2.3.1 SISO 信道模型

信道模型随着接收机和发射机天线配置的改变而改变，即取决于是采用单天线系统还是多天线系统。因此在本节先讨论单输入单输出(Single Input Single Output，SISO)信道模型，然后再对 MIMO 信道模型作进一步讨论。

建立 SISO 系统的小尺度衰落信道模型，需要区分室内和室外两种传播环境，特定的信道模型可表示某种给定环境下典型的或平均的信道情况。对室内信道建模时，通常可以假设信道为静态或者准静态的；而对室外信道建模时，既要考虑终端移动速度的影响，还需要考虑信道增益的时变特性。由于室内信道环境不是本书讨论的重点，这里不做详细描述，下面给出常用的室外信道模型。

1. 平坦衰落信道模型

对于平坦衰落的室外信道，可视为只有一个可分辨径，其中包含了多条不可分辨径。瑞利衰落信道是平坦衰落信道的基础，其他形式的衰落信道可在此基础上生成；该模型要描述信道增益随时间的变化，以生成不同类型的多普勒谱。Clarke 模型、Jakes 模型以及 Zheng 模型是三种常用的平坦衰落信道模型。

Clarke 模型中，信道增益是时变的，其幅度服从瑞利分布，相位服从均匀分布。该模型是一种基本的滤波后的高斯白噪声(Filtered White Gaussian Noise，FWGN)模型，由实部和虚部两个分支组成，两路的输出又被称为信道系数的同相和正交分量，即 $h_I(t)$ 和 $h_Q(t)$，进一步求和后即可构建一个幅度服从瑞利分布的信道。

Clarke 模型的结构框图如图 2.12 所示，其中 f_d 表示最大多普勒频移，IFFT表示快速傅里叶逆变换。

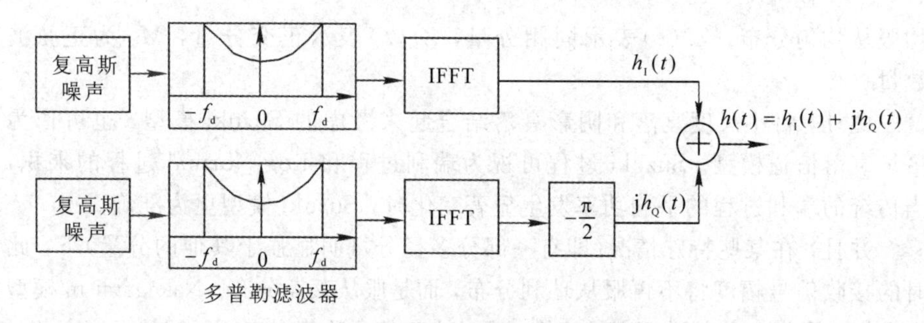

图 2.12　Clarke 模型的结构框图

与 Clarke 不同，Jakes 模型采用的是正弦波叠加法。通过合成复正弦波，可以产生服从给定多普勒谱的瑞利衰落信道。因此在 Jakes 模型中，正弦波数量须足够大，且必须对每个正弦波发生器进行加权。

Jakes 模型现多用于系统仿真，该模型可用以下的公式表达，即

$$h(t)=\frac{E_0}{\sqrt{2M_0+1}}\{h_I(t)+jh_Q(t)\} \tag{2.51}$$

$$h_I(t)=2\sum_{n=1}^{M_0}(\cos\phi_n\cos w_n t)+\sqrt{2}\cos\phi_{N_0}\cos w_d t \tag{2.52}$$

$$h_Q(t)=2\sum_{n=1}^{M_0}(\sin\phi_n\cos w_n t)+\sqrt{2}\sin\phi_{N_0}\cos w_d t \tag{2.53}$$

其中，$M_0=(N_0/2-1)/2$ 为正弦波数量，限定 $N_0/2$ 为奇数；$\phi_{N_0}=0$，$\phi_n=\pi n/(M_0+1)$ 使其相位服从均匀分布，且设定 $w_n=w_d\cos\theta_n=w_d\cos 2\pi n/N_0$，$w_d=2\pi f_d$，$f_d$ 为最大多普勒频移；w_n 和 ϕ_n 分别表示第 n 个正弦波的频率和初始相位，E_0 为信道的平均幅度。

Zheng 模型是 Jakes 模型的改进型。考虑到 Jakes 模型建立的确定型的仿真器生成的信号不平稳，许多改进型 Jakes 模型被提出。Zheng 模型将随机变量引入到正弦波的幅值、频率和初始相位，即使在正弦波数量很少的情况下也具有良好的自相关和互相关统计特性，属于不确定型模型。

Zheng 模型可用以下的公式表达，即

$$Z(t)=Z_c(t)+jZ_s(t) \tag{2.54}$$

$$Z_c(t)=\sqrt{\frac{2}{M_0}}\sum_{n=1}^{M_0}\cos(w_d t\cos\alpha_n+\phi_n) \tag{2.55}$$

$$Z_s(t)=\sqrt{\frac{2}{M_0}}\sum_{n=1}^{M_0}\cos(w_d t\sin\alpha_n+\varphi_n) \tag{2.56}$$

其中，$\alpha_n=(2\pi n-\pi+\theta)/4M_0$，$n=1, 2, \cdots, M_0$，$\varphi_n$、$\phi_n$ 和 θ 在 $[-\pi, \pi)$ 上

均服从均匀分布，$Z_c(t)$表示同相分量，$Z_s(t)$表示正交分量，M_0 为正弦波数量。

此外，将小尺度衰落和阴影衰落结合起来考虑的 Suzuki 模型，也可作为平坦衰落信道模型。Suzuki 过程可视为瑞利过程和 Log-Normal 过程的乘积，当传统的瑞利过程的平均功率发生显著变化时，Suzuki 模型更为准确。

并且，在某些特殊情况(即有一部分多径分量明显强于其他的分量)下，此时的接收信号幅度将不再服从瑞利分布，而是服从莱斯分布。Nakagami-m 模型也常用于平坦衰落信道幅度的建模，通过改变其参数值来表征不同的幅度衰落。

2. 频率选择性衰落信道模型

频率选择性衰落信道可视为是由多个独立的平坦衰落信道合成的，且每个平坦衰落信道具有不同的时延和功率衰减。因此，通常在平坦衰落信道的基础上，对频率选择性多径衰落信道进行建模。

频率选择性衰落信道可建模为多个不相关的有色高斯过程，建模时需要获得信道的功率时延分布(Power Delay Profile，PDP)。PDP 描述了接收信号平均功率在各径的分布情况，每一径的功率由该径功率与第一径功率的比值给出，ITU-R 模型和 COST207 模型是最普遍的 PDP 模型。在得到信道的 PDP 后，就可以建立起频率选择性信道。

抽头延迟线模型(Tapped Delay Line，TDL)是最常用的频率选择性衰落信道模型。TDL 模型采用一组平坦衰落信道生成器，各生成器相互独立，且平均功率为 1。根据信道的 PDP 确定各个抽头的功率，并与使用 Clarke 模型或者 Jakes 模型实现的平坦衰落信道生成器的输出相乘，得到各抽头的增益。TDL 模型结构框图如图 2.13 所示，由图可知滤波器的输出为

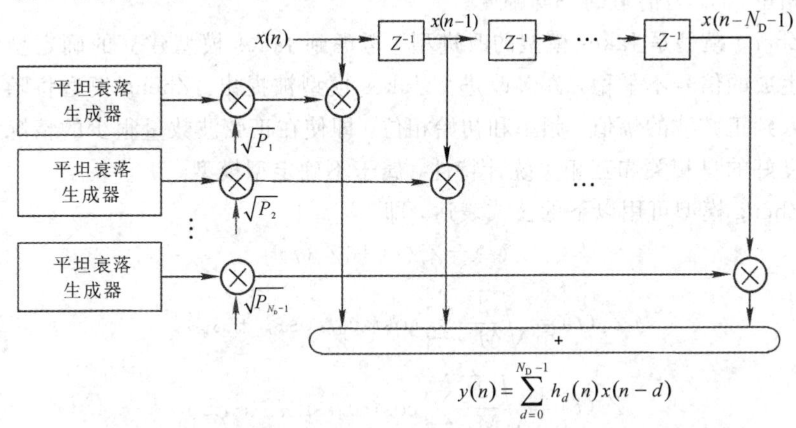

图 2.13　TDL 模型的结构框图

$$y(n)=\sum_{d=0}^{N_{\mathrm{D}}-1} h_{d}(n) x(n-d) \tag{2.57}$$

其中，N_{D} 为滤波器的抽头数，对应于频率选择性信道中可分辨径的数量；$h_d(n)$ 则表示第 n 时刻第 d 个抽头的增益，对应第 n 时刻第 d 条可分辨径的信道冲激响应。然而，当时延不是采样周期的整数倍时，需采用取整法将其修正为采样周期的整数倍。

2.3.2　MIMO 信道模型

对于 SISO 信道，只需考虑时间相关特性和频率相关特性，其时变和多径特征可由多普勒扩展和多径时延扩展来描述；根据 SISO 信道参数和信号参数的关系可直接判断信道是否为频率选择性信道，或是否为时间选择性信道。但是对于 MIMO 信道，各子信道间的衰落有可能彼此相关，这将影响 MIMO 信道模型的建立以及系统信道容量。因此，还必须考虑空间相关特性，针对 MIMO 信道特点来重新建立 MIMO 信道模型。

1. MIMO 信道的演变

频率选择性 SISO 信道的冲激响应 $h(t)$ 可表示为

$$h(t)=\sum_{l=0}^{L-1} c_{l}(t) \mathrm{e}^{\mathrm{j} \phi_{l}(t)} \delta\Big(t-\tau_{l}(t)\Big)=\sum_{l=0}^{L-1} h(t, l) \delta\Big(t-\tau_{l}(t)\Big) \tag{2.58}$$

其中，L 为信道冲激响应长度，即可分辨的多径数；$c_l(t)$，$\tau_l(t)$ 和 $f_l(t)$ 分别表示第 l 条径在 t 时刻的信道衰减系数、时延以及多普勒频移，$\delta(\cdot)$ 为狄拉克函数。f_c 为载波频率，$\phi_l(t)=2\pi\{f_l(t)t-(f_c+f_l(t))\tau_l(t)\}$ 为多径引入的总相移，且 $h(t, l)=c_l\mathrm{e}^{\mathrm{j}\phi_l(t)}$，$h(t, l)$ 则表示第 t 时刻第 l 条径的信道冲激响应。

对于单输入多输出(Single Input Multiple Output，SIMO)天线系统，信道冲激响应是由多个 SISO 标量信道的冲激响应组合而成，即

$$\boldsymbol{h}(t)=\left[h_{1}(t), h_{2}(t), \cdots, h_{N_{\mathrm{R}}}(t)\right]^{\mathrm{T}} \tag{2.59}$$

其中，N_{R} 表示接收天线数量，符号 T 代表转置运算，$h_j(t)$ 表示发送天线与第 j 个接收天线子信道在第 t 时刻的冲激响应。此时，SIMO 天线系统的信道冲激响应 $\boldsymbol{h}(t)$ 为向量，根据式(2.58)可得

$$\boldsymbol{h}(t)=\sum_{l=0}^{L-1} \boldsymbol{a}(\theta_{l}, \varphi_{l}) \cdot c_{l}(t) \mathrm{e}^{\mathrm{j}(2 \pi f_{l}(t) t_{l}(t))} \delta(t-\tau_{l}(t)) \tag{2.60}$$

其中，θ_l 和 φ_l 分别为到达波的方位角和俯仰角，即波达角；$\boldsymbol{a}(\theta_l, \varphi_l)$ 可表示为

$$\boldsymbol{a}(\theta_l, \varphi_l)=[1, a_1(\theta_l, \varphi_l), \cdots, a_{N_R}(\theta_l, \varphi_l)]^T \tag{2.61}$$

其中，$a_j(\theta_l, \varphi_l)$是阵列结构与波达角的函数，可通过θ_l、φ_l和$\tau_l(t)$等参数进行表征。

进一步讲，对于MIMO天线系统，其信道冲激响应由多个SIMO天线系统的向量信道冲激响应组成，即

$$\boldsymbol{h}(t)=[\boldsymbol{h}_1(t), \boldsymbol{h}_2(t), \cdots, \boldsymbol{h}_{N_T}(t)] = \begin{bmatrix} h_{11}(t) & h_{12}(t) & \cdots & h_{1N_T}(t) \\ h_{21}(t) & h_{22}(t) & \cdots & h_{2N_T}(t) \\ \vdots & \vdots & & \vdots \\ h_{N_R1}(t) & h_{N_R2}(t) & \cdots & h_{N_RN_T}(t) \end{bmatrix} \tag{2.62}$$

其中，$\boldsymbol{h}_i(t)$，$i=1, 2, \cdots, N_T$表示第i个发送天线与接收天线间的向量信道冲激响应，$h_{ji}(t)$表示第i个发送天线与第j个接收天线间子信道的冲激响应。显然，对于MIMO系统，其信道冲激响应$\boldsymbol{h}(t)$为矩阵。

根据式(2.58)，其向量元素信道冲激响应$h_{ji}(t)$可以表示为

$$h_{ji}(t)=\sum_{l=0}^{L-1} h_{ji}(t, l)\delta(t-\tau_l^{(ji)}) \tag{2.63}$$

其中，$h_{ji}(t, l)$表示第i个发送天线与第j个接收天线间的第l条径的信道冲激响应。将式(2.62)改写为如下系数，即

$$\boldsymbol{h}(t)=\sum_{l=0}^{L-1} \boldsymbol{h}(t, l)\delta(t-\tau_l) \tag{2.64}$$

其中，

$$\boldsymbol{h}(t, l)=\begin{bmatrix} h_{11}(t, l) & h_{12}(t, l) & \cdots & h_{1N_T}(t, l) \\ h_{21}(t, l) & h_{22}(t, l) & \cdots & h_{2N_T}(t, l) \\ \vdots & \vdots & & \vdots \\ h_{N_R1}(t, l) & h_{N_R2}(t, l) & \cdots & h_{N_RN_T}(t, l) \end{bmatrix} \tag{2.65}$$

值得注意的是，上述仅是对频率选择性MIMO信道的数学描述。对于平坦MIMO信道而言，式(2.63)至式(2.65)并不成立，此时子信道$h_{ji}(t)$是单径的平坦衰落信道，而非多径的频率选择性衰落信道。

此外，当将信道视为慢衰落信道时，不论是平坦MIMO信道，还是频率选择性MIMO信道，其信道系数中的时间变量t都将不再存在，此时可进一步简化信道模型。由于慢衰落信道相对简单，这里不作进一步的阐述。

2. MIMO信道典型模型

MIMO信道建模方法可分为物理建模方法和非物理建模方法。物理建模

方法主要借助一些重要物理参数描述 MIMO 信道特征，如波达角、波达时间等。基于物理传播的信道典型模型主要有五种，即 COST259 双向信道模型、虚拟信道模型、单环、双环和椭圆模型，扩展的 Saleh-Valenzuela 信道模型以及第三代合伙伙伴计划(3th Generation Partnership Project，3GPP)与 3GPP2 空间信道模型。然而对于实际的 MIMO 系统，几个少量的信道参数很难较真实地再现 MIMO 信道。非物理建模方法与此不同，它通过对信道进行多次测量来获取其统计特性，通常选择能够较容易辨识出信道特征的统计量。本节为便于准确地仿真 MIMO 信道模型，将主要讨论基于统计数据的非物理信道典型模型。

MIMO 无线信道的参数，除了 SISO 信道中的多径时延扩展、功率时延分布、多普勒扩展和功率多普勒谱外，还有角度扩展以及功率角度谱(Power Azimuth Spectrum，PAS)等。角度扩展和 PAS 是信道的空间特征参数，决定 MIMO 信道的相关性。根据系统带宽，可将 MIMO 信道分为平坦衰落信道和频率选择性衰落信道，或称为窄带信道和宽带信道；根据 MIMO 子信道间的相关性，又可以将其分为不相关 MIMO 信道与相关 MIMO 信道。下面分别从窄带和宽带的角度，对 MIMO 信道统计模型的建立进行阐述。

为表述方便，本节隐去时间变量 t；例如，将 $h_{ji}(t)$ 改写为 h_{ji}。在具体应用中，若信道为快时变信道，再添加时间变量 t 即可。

(1) 窄带 MIMO 信道模型。

考虑有 N_{T} 个发射天线和 N_{R} 个接收天线的 MIMO 系统，$N_{\mathrm{R}}\times N_{\mathrm{T}}$ 维的窄带 MIMO 信道矩阵 $\boldsymbol{h}$ 可建模为

$$\boldsymbol{h}=\boldsymbol{\Theta}_{\mathrm{R}x}^{1/2}\boldsymbol{h}_{\mathrm{iid}}\boldsymbol{\Theta}_{\mathrm{T}x}^{1/2} \tag{2.66}$$

其中，$N_{\mathrm{R}}\times N_{\mathrm{R}}$ 维矩阵 $\boldsymbol{\Theta}_{\mathrm{R}x}$ 和 $N_{\mathrm{T}}\times N_{\mathrm{T}}$ 维矩阵 $\boldsymbol{\Theta}_{\mathrm{T}x}$ 分别表示 MIMO 系统接收端和发射端的空间相关矩阵，符号 $(\cdot)^{1/2}$ 表示矩阵求方根运算。$\boldsymbol{h}_{\mathrm{iid}}$ 为 $N_{\mathrm{R}}\times N_{\mathrm{T}}$ 维矩阵，其元素 $h_{\mathrm{iid}}(j,\ i)$ 相互独立，且都服从瑞利分布。值得注意的是，式(2.66)是在收发天线的相关矩阵彼此可分离的假设下得到，无法对收发天线间存在互耦关系时的信道建模。尽管如此，式(2.66)仍可用于 MIMO 系统的理论分析和 MIMO 信道仿真。

当 $\boldsymbol{\Theta}_{\mathrm{R}x}$ 和 $\boldsymbol{\Theta}_{\mathrm{T}x}$ 都为单位矩阵时，$\boldsymbol{h}=\boldsymbol{h}_{\mathrm{iid}}$，此时的 MIMO 信道为不相关窄带 MIMO 信道。对于$\boldsymbol{h}_{\mathrm{iid}}$，视为由 $N_{\mathrm{T}}\times N_{\mathrm{R}}$ 个独立同分布的 SISO 平坦衰落子信道组成，不失一般性，可将 MIMO 各子信道建模为瑞利衰落信道。

当不满足 $\boldsymbol{\Theta}_{\mathrm{R}x}$ 和 $\boldsymbol{\Theta}_{\mathrm{T}x}$ 都为单位矩阵时，MIMO 信道则为相关 MIMO 信道。

对于给定的PAS模型，可由空间相关函数 $\rho_c(D, \phi_0)$ 给出 $\boldsymbol{\Theta}_{Rx}$ 和 $\boldsymbol{\Theta}_{Tx}$ 中的空间相关系数 $\rho_{m_1m_2}^{Rx}$ 和 $\rho_{m_1m_2}^{Tx}$。

以 $\boldsymbol{\Theta}_{Rx}$ 为例，将接收端的空间相关矩阵 $\boldsymbol{\Theta}_{Rx}$ 表示为

$$\boldsymbol{\Theta}_{Rx}=\begin{bmatrix}\rho_{11}^{Rx} & \rho_{12}^{Rx} & \cdots & \rho_{1N_R}^{Rx}\\ \rho_{21}^{Rx} & \rho_{22}^{Rx} & \cdots & \rho_{2N_R}^{Rx}\\ \vdots & \vdots & & \vdots\\ \rho_{N_R1}^{Rx} & \rho_{N_R2}^{Rx} & \cdots & \rho_{N_RN_R}^{Rx}\end{bmatrix} \tag{2.67}$$

其中，$\rho_{m_1m_2}^{Rx}$ 为接收端的空间相关系数。空间相关函数 $\rho_c(D, \phi_0)$ 可表示为

$$\rho_c(D, \phi_0)=R_{xx}(D, \phi_0)+\mathrm{j}R_{xy}(D, \phi_0) \tag{2.68}$$

其中，ϕ_0 为平均到达角，$D=2\pi d/\lambda$ 为归一化的天线距离，d 为天线间的距离，λ 则为载波波长，$R_{xx}(D, \phi_0)$ 表示实部之间的相关性，$R_{xy}(D, \phi_0)$ 表示实部与虚部之间的相关性。不同的 m_1 和 m_2 对应于不同的 D，即 $\rho_c(D, \phi_0)$ 和 $\rho_{m_1m_2}^{Rx}$ 存在一一对应关系。$\boldsymbol{\Theta}_{Tx}$ 中空间相关系数 $\rho_{m_1m_2}^{Tx}$ 的求解与此类似。

均匀PAS模型、余弦函数 n 次幂的PAS模型和截断高斯PAS模型，是常用的三种PAS模型。下面以均匀PAS模型为例，给出空间相关函数。

均匀PAS模型的功率分布为

$$P(\phi)=Q,\ -\Delta\phi+\phi_0\leqslant\phi\leqslant\Delta\phi+\phi_0 \tag{2.69}$$

其中，ϕ 为瞬时的功率方位，$\Delta\phi=\sqrt{3}\sigma_A$，$\sigma_A$ 为角度扩展，Q 为PAS的归一化因子，取值为 $Q=1/(2\Delta\phi)$。其空间相关函数可表示为

$$\begin{cases}R_{xx}(D, \phi_0)=\mathrm{J}_0(D)+4Q\sum\limits_{m=1}^{\infty}\mathrm{J}_{2m}(D)\cos(2m\phi_0)\sin(2m\cdot\Delta\phi)/2m\\ R_{xy}(D, \phi_0)=4Q\sum\limits_{m=1}^{\infty}\mathrm{J}_{2m+1}(D)\sin((2m+1)\phi_0)\sin((2m+1)\Delta\phi)/(2m+1)\end{cases} \tag{2.70}$$

其中，$\mathrm{J}_m(\cdot)$ 为第一类 m 阶贝塞尔函数。

(2) 宽带MIMO信道模型。

与SISO系统类似，仍可用TDL模型对宽带MIMO信道进行建模。将式(2.64)进一步改写为

$$\boldsymbol{h}(\tau)=\sum_{l=0}^{L-1}\boldsymbol{h}_l\delta(\tau-\tau_l) \tag{2.71}$$

其中，$\boldsymbol{h}_l$ 为第 l 条路径的复信道增益矩阵，可表示为如式(2.65)的形式，即

$$\boldsymbol{h}_l=\begin{bmatrix} h_{11}(l) & h_{12}(l) & \cdots & h_{1N_{\mathrm{T}}}(l) \\ h_{21}(l) & h_{22}(l) & \cdots & h_{2N_{\mathrm{T}}}(l) \\ \vdots & \vdots & & \vdots \\ h_{N_{\mathrm{R}}1}(l) & h_{N_{\mathrm{R}}2}(l) & \cdots & h_{N_{\mathrm{R}}N_{\mathrm{T}}}(l) \end{bmatrix} \tag{2.72}$$

宽带 MIMO 信道建模的关键是获得矩阵$\boldsymbol{h}_l$，即得到 MIMO 信道中各个子信道的系数；矩阵$\boldsymbol{h}_l$ 的获得可以在不相关 MIMO 信道模型的基础上进行。

不相关 MIMO 信道的信道矩阵可表示为

$$\boldsymbol{A}_l=\begin{bmatrix} a_{11}(l) & a_{12}(l) & \cdots & a_{1N_{\mathrm{T}}}(l) \\ a_{21}(l) & a_{22}(l) & \cdots & a_{2N_{\mathrm{T}}}(l) \\ \vdots & \vdots & & \vdots \\ a_{N_{\mathrm{R}}1}(l) & a_{N_{\mathrm{R}}2}(l) & \cdots & a_{N_{\mathrm{R}}N_{\mathrm{T}}}(l) \end{bmatrix} \tag{2.73}$$

其中，$a_{ji}(l)$为不相关 MIMO 信道中，第 i 个发送天线与第 j 个接收天线间的第 l 条径的信道冲激响应(Channel Impulse Response，CIR)。对于不相关 MIMO 信道，$\boldsymbol{A}_l$ 中各信道系数可直接使用 SISO 系统中的标量信道系数，此时$\boldsymbol{h}_l=\boldsymbol{A}_l$。

宽带 MIMO 信道建模的推导过程中，可将 $a_{ji}(l)$视为零均值单位方差的复高斯随机变量。进一步，将不相关 MIMO 信道矩阵$\boldsymbol{A}_l$ 改写为信道向量，即

$$\boldsymbol{a}_l=[a_{11}(l),\cdots,a_{N_{\mathrm{R}}1}(l),a_{12}(l),\cdots,a_{N_{\mathrm{R}}2}(l),\cdots,a_{1N_{\mathrm{T}}}(l),\cdots,a_{N_{\mathrm{R}}N_{\mathrm{T}}}(l)]^{\mathrm{T}} \tag{2.74}$$

同时，将相关 MIMO 信道矩阵$\boldsymbol{h}_l$ 也改写为信道向量，即

$$\boldsymbol{h}'_l=[h_{11}(l),\cdots,h_{N_{\mathrm{R}}1}(l),h_{12}(l),\cdots,h_{N_{\mathrm{R}}2}(l),\cdots,h_{1N_{\mathrm{T}}}(l),\cdots,h_{N_{\mathrm{R}}N_{\mathrm{T}}}(l)]^{\mathrm{T}} \tag{2.75}$$

则相关 MIMO 信道向量可由不相关 MIMO 信道向量得到，即

$$\boldsymbol{h}'_l=\sqrt{P_l}\boldsymbol{C}\boldsymbol{a}_l \tag{2.76}$$

其中，$\sqrt{P_l}$ 为第 l 条径的平均功率，$\boldsymbol{C}$ 为对称矩阵。$\boldsymbol{a}_l$ 中的各元素可以根据期望的多普勒谱生成，平均功率$\sqrt{P_l}$可以由功率时延分布得到，而对称矩阵 $\boldsymbol{C}$ 则可由 MIMO 系统的空间相关矩阵 $\boldsymbol{R}$ 经 Cholesky 分解或平方根分解得到。

当发射天线和接收天线分开得足够远时，可以将发射天线间的空间相关性和接收天线间的空间相关性视为相互独立的。此时 MIMO 系统的空间相关矩阵 $\boldsymbol{R}$ 可由下式求解，即

$$\boldsymbol{R}=\boldsymbol{\Theta}_{\mathrm{T}x}\otimes\boldsymbol{\Theta}_{\mathrm{R}x} \tag{2.77}$$

其中，符号$\otimes$表示矩阵的直积运算。$\boldsymbol{\Theta}_{\mathrm{R}x}$ 和 $\boldsymbol{\Theta}_{\mathrm{T}x}$ 的获得，与窄带 MIMO 信道模型中的接收端与发射端的空间相关矩阵的求解一致，这里将不再赘述。

这里的宽带 MIMO 信道模型，又被称为 IST METRA 随机 MIMO 信道模型。此外，当该宽带 MIMO 信道模型中的多径数 L 等于 1 时，可将其作为窄带 MIMO 信道模型。

综上所述，在对 MIMO 信道的典型模型进行建立时，充分利用了信道的功率时延谱、多普勒功率谱以及功率角度谱，以此来描述信道的时间域、频率域以及空间域特征。

宽带 MIMO 信道模型建立时，先利用多普勒功率谱得到独立同分布的复高斯随机变量，进而得到不相关 MIMO 信道矩阵$\boldsymbol{A}_l$；再利用功率时延谱对各支路功率进行分配，利用功率角度谱计算信道空间相关矩阵 $\boldsymbol{R}$，进而将 $\boldsymbol{R}$ 经 Cholesky 分解或者平方根分解得到对称矩阵 $\boldsymbol{C}$；最后将对称矩阵 $\boldsymbol{C}$ 与不相关 MIMO 信道向量$\boldsymbol{a}_l$ 相乘，得到相关 MIMO 信道向量。

建立窄带 MIMO 信道模型时，也是利用多普勒功率谱得到不相关窄带 MIMO 信道矩阵$\boldsymbol{h}_{\text{iid}}$；再利用功率时延谱对各支路功率进行分配，利用功率角度谱计算出系统接收端和发射端的空间相关矩阵，即 $\boldsymbol{\Theta}_{\text{R}x}$ 和 $\boldsymbol{\Theta}_{\text{T}x}$；最后再依次将 $\boldsymbol{\Theta}_{\text{R}x}^{1/2}$、$\boldsymbol{h}_{\text{iid}}$ 和 $\boldsymbol{\Theta}_{\text{T}x}^{1/2}$ 这三个矩阵相乘，即可得到相关 MIMO 信道矩阵。

在对 MIMO 信道模型进行建立时，应先根据实际的无线传播环境，对 MIMO 无线信道进行定性分析，确定 MIMO 信道衰落类型。在此基础上，再选择对应的 MIMO 信道典型模型，进一步实现对 MIMO 信道的定量分析。

2.3.3 对流层散射信道模型

典型的散射信道模型有 Kailath 提出的抽头延迟线散射信道模型和 Sunde 提出的 Sunde 模型，本节对比分析了 Kailath 模型和 Sunde 模型，认为 Kailath 模型更适合于多载波对流层散射通信系统，并给出两条典型的对流层散射信道参数。

1. Kailath 模型

Kailath 模型又称为抽头延迟线模型，它用抽头延迟线来建模散射多径信道，每个抽头对应信号的一个多径分量。散射多径信道的离散抽头延迟线模型如图 2.14 所示，其中 τ 为单位时间延迟，$h_l(t)$为第 l 径信道的复增益系数，$l=1, 2, \cdots, L$。

经历不同衰落、相移以及延时的多径信号由接收端接收，设发射信号为 $x(t)$，则经历散射信道传播后，其中的任一条多径信号可表示为

$$y_i(t)=a_i(t)x(t-\tau_i) \tag{2.78}$$

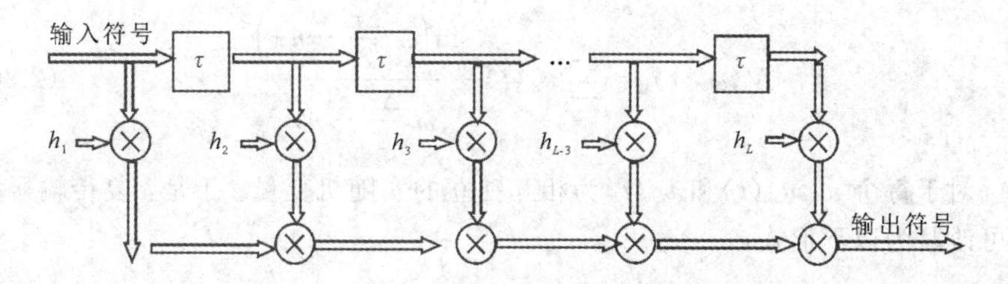

图 2.14　散射多径信道的离散抽头延迟线模型

式中，τ_i 表示第 i 条多径的延时，设 $\tau_{\min}$ 为各条多径延时中的最小值，$\Delta\tau$ 为多径延时的范围，则有 $\tau_{\min}\leqslant\tau_i\leqslant\tau_{\min}+\Delta\tau$。接收信号 $y(t)$ 为

$$y(t)=\mathrm{Re}\left[\sum_i y_i(t)\right] \tag{2.79}$$

发射信号 $x(t)$ 是带宽为 $W(\mathrm{Hz})$ 的实带通信号，可将其分解为两路带宽为 $W/2$ 的同向和正交信号，并分别调制相位载波。由采样定理知，采样周期需小于等于 $1/W$。如果 $a_i(t)$ 带宽与 W 相比很小，则可以认为多普勒频移较小，可将 $y(t)$ 看做带宽也为 W 的带通信号，它是由多个路径信号组成的离散信号集合，每路多径的延时为

$$\tau_i=\tau_{\min}+\frac{i}{W} \tag{2.80}$$

式中，$i\in(0,\ W\Delta\tau-1)$，则接收信号最终可表示为

$$y(t)=\mathrm{Re}\left[\sum_{i=0}^{W\Delta\tau-1} a_i(t)x\left(t-\tau_{\min}-\frac{i}{W}\right)\right] \tag{2.81}$$

2. Sunde 模型

与抽头延迟线散射信道模型不同，Sunde 散射信道模型着眼于信道的输入与输出关系，并采用传输函数来对信道的输入输出关系进行描述。设发射端发送频率为 ω 的正弦信号：

$$x(t)=\mathrm{Re}[\mathrm{e}^{\mathrm{j}\omega t}] \tag{2.82}$$

经历散射信道传播后，接收端接收到的信号为

$$y_i(t)=\mathrm{Re}[A(\omega,\ t)\mathrm{e}^{-\mathrm{j}\varphi(\omega,\ t)}\mathrm{e}^{\mathrm{j}\omega t}] \tag{2.83}$$

在频率 ω 处，信道的传输函数可用如下的时变函数来描述：

$$H(\omega,\ t)=A(\omega,\ t)\mathrm{e}^{\mathrm{j}\varphi(\omega,\ t)}=U(\omega,\ t)+\mathrm{j}V(\omega,\ t) \tag{2.84}$$

其中，$U(\omega,\ t)$ 和 $V(\omega,\ t)$ 为传输函数 $H(\omega,\ t)$ 的实部和虚部，分别为

$$U(\omega,\ t)=\sum_{n=-\infty}^{\infty}u_n(t)\frac{\sin\left(\omega\dfrac{\Delta\tau}{2}-n\pi\right)}{\omega\dfrac{\Delta\tau}{2}-n\pi} \tag{2.85}$$

$$V(\omega,t)=\sum_{n=-\infty}^{\infty}v_n(t)\frac{\sin\left(\omega\dfrac{\Delta\tau}{2}-n\pi\right)}{\omega\dfrac{\Delta\tau}{2}-n\pi} \tag{2.86}$$

对于每个 n，$u_n(t)$和 $v_n(t)$为相互独立的实随机变量。于是，复传输函数又可改写为以下形式：

$$H(\omega,t)=\sum_{n=-\infty}^{\infty}b_n(t)\frac{\sin\left(\omega\dfrac{\Delta\tau}{2}-n\pi\right)}{\omega\dfrac{\Delta\tau}{2}-n\pi} \tag{2.87}$$

$$b_n(t)=u_n(t)+\mathrm{j}v_n(t) \tag{2.88}$$

3. 两种信道模型的数学等价性

抽头延迟线模型着眼于对散射信道的过程进行描述，将发射信号复制成为多条路径，并对每条路径的信号作不同的衰落、延迟和相位延时等处理，接收端的信号是多条路径信号的叠加；Sunde 模型着眼于对系统输入输出关系进行描述，采用传输函数的形式对信道进行分析描述，它相当于将抽头延迟线模型看作一个“黑匣子”，仅关注“黑匣子”的输入和输出，并用传输函数来对这种输入输出关系进行描述。虽然两个散射信道模型在形式上不同，不过，二者的数学逻辑是相同的，下面对此进行分析与证明。

设 $t=0$ 对应于时延扩展 $\Delta\tau$ 的中间时刻，则对于图 2.15(a)中的抽头延迟线模型，其脉冲响应可表示为

$$h(t)=\sum_{i=-\Delta\tau/2T}^{(\Delta\tau/2T)-1}c_i\delta(t-iT) \tag{2.89}$$

式中，$c_i=a_{i-\Delta\tau/2T}$。

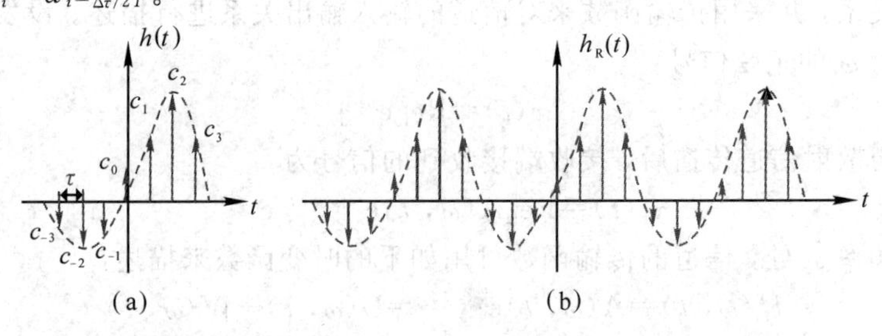

图 2.15 抽头延迟线散射信道模型脉冲响应示意图

抽头延迟线模型的传输函数由 $h(t)$的傅里叶变换得到

$$H(\omega)=\sum_{i=-\Delta\tau/2T}^{(\Delta\tau/2T)-1}c_i\mathrm{e}^{-\mathrm{j}\omega iT} \tag{2.90}$$

根据式(2.89)的脉冲响应 $h(t)$，如图 2.15(b)所示，定义周期为 $\Delta\tau$ 的脉冲响应函数 $h_{\mathrm{R}}(t)$：

$$h_{\mathrm{R}}(t)=\sum_{j=-\infty}^{\infty} h(t-j\Delta\tau) \tag{2.91}$$

$h_{\mathrm{R}}(t)$在某一个周期 $\Delta\tau$ 内的函数是脉冲响应 $h(t)$，$h_{\mathrm{R}}(t)$对应的傅里叶变换为

$$H_{\mathrm{R}}(\omega)=\mathrm{FFT}[h_{\mathrm{R}}(t)]=\frac{2\pi}{\Delta\tau}\sum_{n=-\infty}^{\infty} H\left(n\frac{2\pi}{\Delta\tau}\right)\delta\left(\omega-n\frac{2\pi}{\Delta\tau}\right) \tag{2.92}$$

为了建立 $h(t)$与 $h_{\mathrm{R}}(t)$之间的关系，定义如下函数：

$$g(t)=\begin{cases}1, & |t|\leqslant\dfrac{\Delta\tau}{2}\\[2mm] 0, & |t|>\dfrac{\Delta\tau}{2}\end{cases} \tag{2.93}$$

则 $h(t)$可用如下形式表示：

$$h(t)=h_{\mathrm{R}}(t)g(t) \tag{2.94}$$

$h(t)$的傅里叶变换形式为

$$H(\omega)=\frac{1}{2\pi}H_{\mathrm{R}}(\omega)*G(\omega) \tag{2.95}$$

式中，$*$ 表示卷积运算，而 $G(\omega)$为

$$G(\omega)=\frac{2\sin\left(\omega\dfrac{\Delta\tau}{2}\right)}{\omega} \tag{2.96}$$

将式(2.96)代入式(2.95)得到

$$H(\omega)=\sum_{n=-\infty}^{\infty} H\left(n\frac{2\pi}{\Delta\tau}\right)\cdot\frac{\sin\left(\omega\dfrac{\Delta\tau}{2}-n\pi\right)}{\omega\dfrac{\Delta\tau}{2}-n\pi} \tag{2.97}$$

根据式(2.90)有

$$H\left(n\frac{2\pi}{\Delta\tau}\right)=\sum_{i=-\Delta\tau/2T}^{(\Delta\tau/2T)-1} c_i\mathrm{e}^{-\mathrm{j}in(T/\Delta\tau)2\pi} \tag{2.98}$$

将式(2.98)代入式(2.97)得到

$$H(\omega)=\sum_{n=-\infty}^{\infty}\sum_{i=-\Delta\tau/2T}^{(\Delta\tau/2T)-1} c_i\mathrm{e}^{-\mathrm{j}in(T/\Delta\tau)2\pi}\cdot\frac{\sin\left(\omega\dfrac{\Delta\tau}{2}-n\pi\right)}{\omega\dfrac{\Delta\tau}{2}-n\pi} \tag{2.99}$$

结果与 Sunde 模型的传输函数相同。比较式(2.99)与式(2.87)，可以看出：

$$b_n = \sum_{i=-\Delta\tau/2T}^{(\Delta\tau/2T)-1} c_i \mathrm{e}^{-\mathrm{j}in(T/\Delta\tau)2\pi} \tag{2.100}$$

可见，Kailath 散射信道模型和 Sunde 散射信道模型是可以相互转换的。根据散射信道的 Kailath 模型，可以得到对应的 Sunde 模型，Sunde 信道模型的系数与 Kailath 模型中各径抽头系数的关系为

$$b_n = (-1)^n \sum_{i=0}^{(\Delta\tau/T)-1} a_i \mathrm{e}^{-\mathrm{j}in(T/\Delta\tau)2\pi} \tag{2.101}$$

同样，已知散射信道的 Sunde 模型，可得到对应的抽头延迟线模型。根据式(2.101)的 b_n，作如下运算：

$$\sum_{i=-\Delta\tau/2T}^{(\Delta\tau/2T)-1} b_n \mathrm{e}^{\mathrm{j}kn(T/\Delta\tau)2\pi} = \sum_{i=0}^{(\Delta\tau/T)-1} a_i \sum_{n=-\Delta\tau/2T}^{(\Delta\tau/2T)-1} (-1)^n \mathrm{e}^{\mathrm{j}(k-i)n(T/\Delta\tau)2\pi} \tag{2.102}$$

由于

$$\sum_{n=-\Delta\tau/2T}^{(\Delta\tau/2T)-1} (-1)^n \mathrm{e}^{\mathrm{j}(k-i)n(T/\Delta\tau)2\pi} = \frac{\Delta\tau}{T}\delta_{ki} \tag{2.103}$$

则 Kailath 模型中的各径抽头系数与 Sunde 模型中的系数关系为

$$a_k = \frac{T}{\Delta\tau} \sum_{n=-\Delta\tau/2T}^{(\Delta\tau/2T)-1} b_n \mathrm{e}^{\mathrm{j}kn(T/\Delta\tau)2\pi} \tag{2.104}$$

可以注意到：Kailath 模型的各径抽头系数 a_k 是关于 Sunde 模型系数 b_n 和 $\Delta\tau/T$ 的函数。Sunde 模型在整个信道带宽上对散射信道进行描述，n 越大，对应距离中心频率更远的频率点。Kailath 模型(抽头延迟线模型)则仅在传输信号带宽内对信道进行描述。

对于传输信号确定的通信系统，当传输信号带宽在散射信道有效带宽范围内时，基于 Kailath 散射信道模型对系统进行建模与分析是科学合理的，因此在分析多载波对流层散射通信系统时，采用 Kailath 散射信道模型。

对流层散射通信在军事作战应用时，一般分为战略和战术条件下的作战应用。战略固定散射站的平均单跳通信距离为 300～500 km，超长间距为 700～1000 km，战术移动散射站的单跳通信距离为 150～200 km。综合参考散射信道实测数据与相关文献，在此给出 183 km 和 300 km 我国华北地区两条典型的散射信道参数，如表 2.4 和 2.5 所示，其中 183 km 信道为频率选择性慢衰落散射信道，300 km 信道为频率选择性快衰落散射信道。

表 2.4　183 km 对流层散射通信链路参数表

路径	时延/μs	增益/dB	多普勒频移/Hz
1	0	0.2772	8
2	0.2	0.9227	10
3	0.4	0.5370	9

表 2.5　300 km 对流层散射通信链路参数表

路径	时延/μs	增益/dB	多普勒频移/Hz
1	0	0.2772	100
2	0.1	0.4130	120
3	0.2	0.7177	110
4	0.3	0.8518	100
5	0.4	0.8184	80
6	0.5	0.6713	90
7	0.6	0.4813	85
8	0.7	0.3055	105
9	0.8	0.1730	86

第 3 章　对流层散射信道高速率通信技术

在未来战争中，防空反导体系作战需要高速、可靠地传输大容量目标融合数据、导弹控制指令以及指挥控制信息，对流层散射通信是防空反导体系作战地域通信网的主要无线通信手段，提高对流层散射通信传输速率是军事通信亟待解决的难题。提高传输速率通常有增强发射功率、增大天线口径增益、提升接收机灵敏度等方法。本章针对地域通信网机动作战的实际情况，仅讨论用于提升对流层散射通信传输速率的多载波调制正交频分复用、交错正交幅度调制正交频分复用、单载波频域均衡以及多天线系统中的多输入多输出等新技术。

3.1　对流层散射通信 OFDM 技术

3.1.1　OFDM 技术

OFDM 技术是一种特殊的多载波传输方式，它通过串并变换将高速串行数据分配到 N 个正交的子载波上进行传输，使各个子载波的符号速率变为原高速数据速率的 $1/N$，相应地使子载波的符号持续时间增大为原串行数据符号持续时间的 N 倍，从而减轻了信道的多径时延扩展引起的符号间干扰(ISI)，降低了接收机内部均衡器的复杂度，有时甚至可以不用均衡器，仅通过插入循环前缀(CP)来消除 ISI 的不利影响。

1. 子载波调制

一个 OFDM 符号包含多个经相移键控（PSK）或正交幅度调制（QAM）的子载波，其表达式如下：

$$s(t)=\begin{cases}\mathrm{Re}\left\{\sum_{i=0}^{N-1} d_i\,\mathrm{rect}(t-t_s-T/2)\exp\left[\mathrm{j}2\pi\left(f_c+\frac{i}{T}\right)(t-t_s)\right]\right\} & t_s\leqslant t\leqslant T+t_s\\ 0 & t<t_s\wedge t>T+t_s\end{cases}\tag{3.1}$$

其中，N 表示子载波个数，T 表示 OFDM 符号宽度，$d_i(i=0,1,\cdots,N-1)$为分配给第 i 个子载波的数据符号，f_c 是载波频率，相邻子载波间隔 $\Delta f=1/T$，

$f_i = f_0 + i\Delta f$，矩形函数 $\mathrm{rect}(t)=1$，$|t| \leqslant T/2$，t_s 表示符号开始时间。OFDM 的输出信号一般用等效基带信号来描述：

$$s(t)=\begin{cases}\sum_{i=0}^{N-1} d_i \exp\left[\mathrm{j}2\pi \frac{i}{T}(t-t_s)\right] & t_s \leqslant t \leqslant T+t_s \\ 0 & t < t_s \wedge t > T+t_s\end{cases} \tag{3.2}$$

OFDM 系统调制和解调原理框图如图 3.1 所示，每个子载波在一个 OFDM 符号周期内都包含整数倍个周期，且相邻子载波相差一个周期，这种特性可用来解释子载波间的正交性，如式(3.3)：

$$\frac{1}{T}\int_0^T \exp(\mathrm{j}2\pi f_m t)\cdot\exp(-\mathrm{j}2\pi f_n t)\,\mathrm{d}t=\begin{cases}1, & m=n \\ 0, & m\neq n\end{cases} \tag{3.3}$$

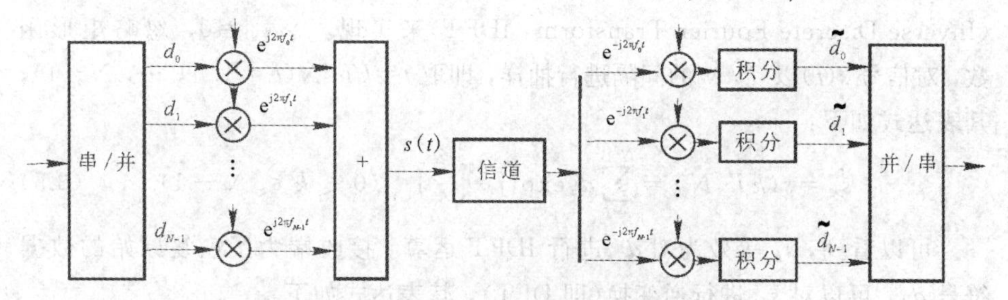

图 3.1　OFDM 系统调制和解调原理图

子载波间的正交性允许频谱重叠，因此 OFDM 具有很高的频谱效率。设原始数据码元周期为 T_d，则 $T=NT_d$，$f_n=f_0+n(1/T)$，当子载波个数为 16 时，OFDM 信号的功率谱密度如图 3.2 所示。其中横轴为归一化频率 $f_n T_d$，且设不同子载波上的传输符号具有相同的功率。

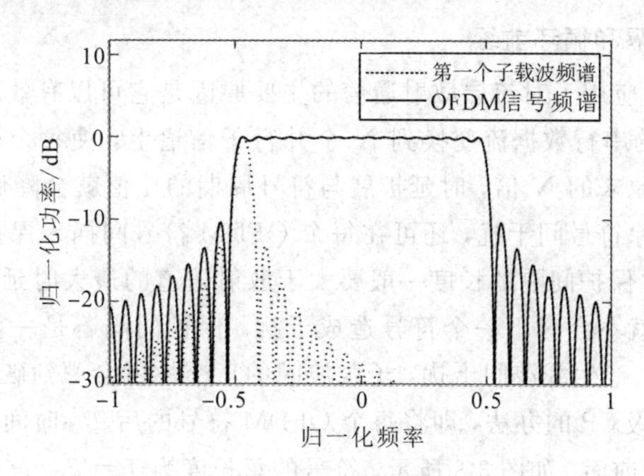

图 3.2　OFDM 信号功率谱密度

在子载波相互正交的条件下，接收端就可以解调出各个子载波上的数据符号。例如，对第 j 个子载波进行解调，然后在时间长度 T 内进行积分：

$$\begin{aligned}\hat{d}_j &= \frac{1}{T}\int_{t_s}^{t_s+T} \exp\left(-\mathrm{j}2\pi \frac{j}{T}(t-t_s)\right)\sum_{i=0}^{N-1} d_i \exp\left(\mathrm{j}2\pi \frac{i}{T}(t-t_s)\right)\mathrm{d}t \\ &= \frac{1}{T}\sum_{i=0}^{N-1} d_i \int_{t_s}^{t_s+T} \exp\left(\mathrm{j}2\pi \frac{i-j}{T}(t-t_s)\right)\mathrm{d}t = d_j\end{aligned} \tag{3.4}$$

由式(3.4)可看出，对第 j 个子载波进行解调可以恢复出期望符号。而对于其他子载波来说，由于积分间隔内，频率间隔 $(i-j)/T$ 可产生整数倍个周期，所以积分值为零。

实际上，式(3.2)的 OFDM 等效复基带信号可采用离散傅里叶逆变换(Inverse Discrete Fourier Transform，IDFT)来实现。令 $t_s=0$，忽略矩形函数，对信号 $s(t)$ 以 T/N 的间隔进行抽样，即取 $t=kT/N(k=0, 1, \cdots, N-1)$，其表达式如下：

$$s_k = s(kT/N) = \sum_{i=0}^{N-1} d_i \exp\left(\mathrm{j}\,\frac{2\pi ik}{N}\right) \quad (0 \leqslant k \leqslant N-1) \tag{3.5}$$

可以看到，s_k 等效为对 d_i 进行 IDFT 运算。接收端为了恢复原始的数据符号 d_i，可以对 s_k 进行逆变换(即 DFT)，其表达式如下：

$$d_i = \sum_{k=0}^{N-1} s_k \exp\left(-\mathrm{j}\,\frac{2\pi ik}{N}\right) \quad (0 \leqslant i \leqslant N-1) \tag{3.6}$$

可见 OFDM 系统的调制和解调可以分别由 IDFT 和 DFT 来代替。实际运用中可以采用运算量更低的 IFFT/FFT，比如 N 点 IDFT 运算要实施 N^2 次复数乘法，而对于基数为 2 的 IFFT 算法来说仅为 $(N/2)\mathrm{lb}(N)$ 次。

2. 保护间隔和循环前缀

将 OFDM 应用于对流层散射通信的主要原因是它可以有效对抗多径时延扩展，把输入的串行数据流变换到 N 个并行子信道上，使每个调制子载波数据周期增大为原来的 N 倍，时延扩展与符号周期的比值就会降低 N 倍。为了最大限度地消除符号间干扰，还可在每个 OFDM 符号间插入保护间隔(Guard Interval，GI)，保护间隔的长度一般要大于散射信道的最大时延，这样某一符号的多径分量就不会对下一个符号造成干扰。保护间隔若是一段空白的传输段，多径传播会产生载波间干扰，子载波间的正交性就会遭到破坏，因此常采用插入循环前缀 CP 的办法，即将每个 OFDM 符号的后 T_{CP} 时间内的样点复制到 OFDM 符号前面。如图 3.3 所示，符号的总长度为 $T=T_{\mathrm{CP}}+T_{\mathrm{FFT}}$，$T_{\mathrm{CP}}$ 为保护间隔长度，T_{FFT} 是 FFT 变换产生的无保护间隔的 OFDM 符号长度，接收端

抽样开始的时刻 T_x 若满足 $\tau_{\max} < T_x < T_{CP}$，则可以有效抑制 ISI 和 ICI 的影响。

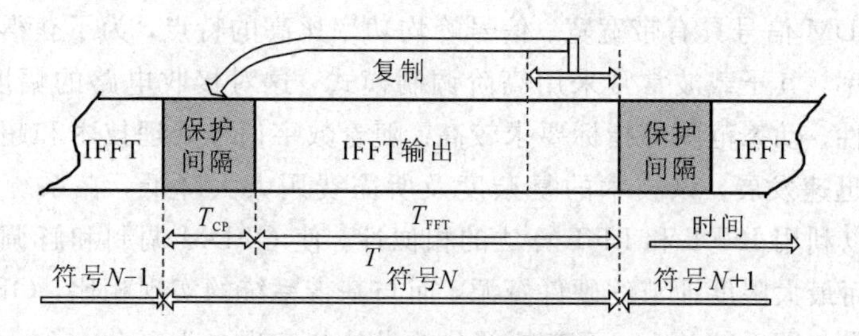

图 3.3　插入循环前缀示意图

加入循环前缀使 OFDM 付出了带宽的代价，带来了能量损失，且 CP 越长，损失越多，当符号周期 T 为保护间隔 T_{CP} 的 5 倍时，信噪比损失约为1 dB，但加入保护间隔后，无需采用复杂的均衡就可以消除多径影响，因此是有必要的。

3. OFDM 系统模型

根据以上的分析，OFDM 系统原理框图如图 3.4 所示，发送端将待传输的数字信号变换为子载波幅度和相位的映射，高速串行映射符号经串并变换后送入 IFFT 模块进行 IFFT 变换。为了最大限度地消除 ISI，在经并串变换后获得的 OFDM 符号间插入 CP，当保护间隔长度大于无线信道的最大时延时，当前符号的多径分量就不会对下一个符号造成干扰，经数模转换(Digital to Analog Converter，DAC)和模拟信号处理后通过天线将信号发射出去。经历信道的传输后，接收端采用模数转换(Analog to Digital Converter，ADC)对信号做采样处理，移除保护前缀，然后将信号以并行的形式送给 FFT 模块，FFT 的输出信号经过并串变换后作逆映射处理，最终得到解调信号。

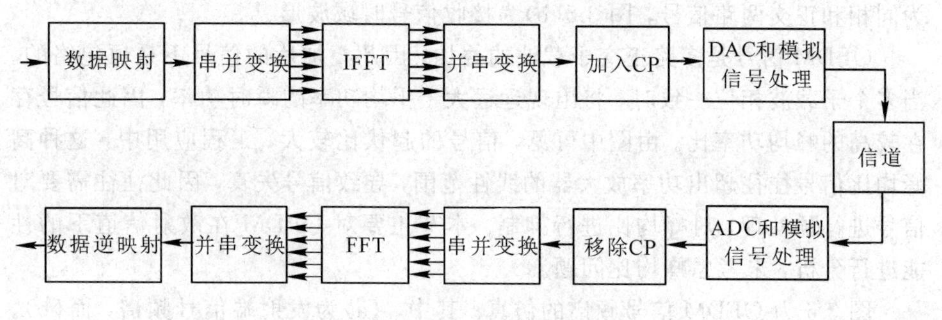

图 3.4　OFDM 系统原理框图

在系统实现时，OFDM扩展了子载波上的数据符号周期，能有效减少由散射信道的时间弥散所带来的ISI，因此能有效减少接收机内均衡的复杂度。另外，OFDM信号具有带宽宽、信号峰均功率比高的特点，为了获得尽可能高的传输速率，其子载波常常采用高阶调制模式，这对接收电路的幅度平坦度、相位一致性、动态范围等指标要求较高。随着数字信号处理技术和超大规模集成电路的迅速发展，该技术的复杂度及所需费用大大降低，在系统实现过程中，还可以利用IFFT和FFT算法的相似性，使OFDM调制和解调共用一个模块，从而最大限度地节约硬件资源，而与基带系统的实现相比，OFDM系统的射频部分，即系统的上、下变频部分的设计与实现更为复杂。

3.1.2 OFDM系统性能分析

OFDM将高速数据流在一组低速正交子载波上并行传输，扩展了符号周期，由多径时延引起的时间扩展将相对减小，频率选择性衰落信道被转化为平衰落信道，因此OFDM技术的应用可以提高通信系统抗多径时延扩展的能力。但同时，OFDM系统子载波间隔相对较小，其对无线信道的时变性变得敏感。散射信道的多普勒频移和多径衰落特性，破坏了OFDM系统子载波之间的正交性，造成子载波间的功率泄漏，每个子载波上的接收信号将受到其他子载波上传输信号的干扰，即产生了ICI，影响系统的整体性能。

1. 时域信号和频谱特性

选取华北地区典型的对流层散射通信链路作仿真分析，仿真时采用抽头延迟线散射信道模型，多径数目$L=9$，最大延时扩展$\tau_{max}=0.8\ \mu s$，最大多普勒频移$f_d=120$ Hz，OFDM符号周期$T=66.7\ \mu s$，OFDM符号速率为256 kSymbol/s，仿真时子载波为QPSK映射，子载波数目$N=32$，信道为散射衰落信道加高斯白噪声。图3.5为OFDM信号时域波形，图3.5(a)为发射信号时域波形，分为同相和正交两路信号，图3.5(b)为接收信号时域波形。

OFDM信号是多路正交子载波的叠加，因此叠加后的信号不是恒包络的。当多个子载波相位一致时，将出现远远大于平均功率的瞬时功率，因此信号存在较高的峰均功率比。由图中可见，信号的起伏比较大，工程应用中，这种高峰均比信号往往超出功率放大器的线性范围，导致信号失真，因此往往需要对信号进行预处理，对峰均比进行抑制。本节主要对OFDM在散射信道下的性能进行分析，未考虑峰均比问题。

图3.6为OFDM信号频谱的仿真。其中，(a)为发射端信号频谱，而(b)、(c)为经散射衰落信道影响后的不同时刻的频谱图，可见，散射信道的衰落深

度是随时间变化的，(b)为轻度衰落的情况，衰落深度大概在几分贝，而(c)中信号衰落非常明显，衰落深度从几分贝到十几分贝不等。为了克服散射信道的衰落特性，工程中除了采取必要的信道估计技术外，还经常采用分集技术(空间、频率分集等)来提高散射接收信号电平强度。

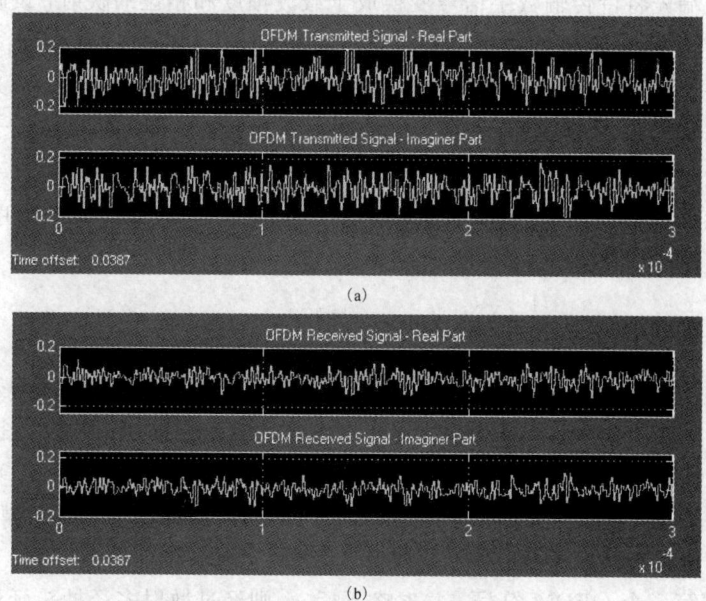

(a)

(b)

图 3.5　OFDM 信号时域波形

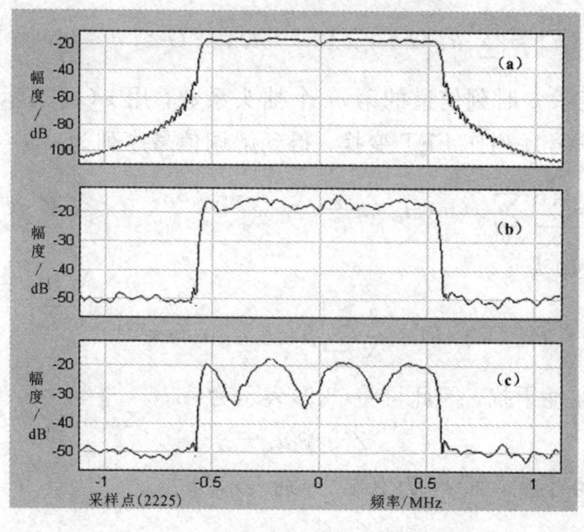

图 3.6　OFDM 信号频谱经历散射衰落信道前后的比较

2. 系统 ICI 分析

基于对流层散射信道抽头延迟线模型，求解散射多径信道环境下 OFDM 系统的 ICI，并分析 ICI 对系统信干比的影响。

发送端先将待传输数字信号变换成子载波幅度和相位的映射，设映射符号长度为 T_S，N 个映射符号经过串并变换后送入 IFFT 模块进行 N 点 IFFT 变换，将数据的频谱表达式变换到时域上，再在经并串变换后形成的 OFDM 符号间插入 CP，如果保护间隔长度(G 个映射符号长度，即 $G \cdot T_S$)大于散射信道的最大时延扩展(设为 $M \cdot T_S$)，当前符号的多径分量就不会对下一个符号造成干扰。发射端在 $k(t=kT_s)$时刻第 i 个 OFDM 块传输的符号序列可表示为

$$x_i(k)=\frac{1}{\sqrt{N}}\sum_{n=0}^{N-1}a_i(n)\cdot e^{j(2\pi nk/N)},\ -G\leqslant k\leqslant N-1 \tag{3.7}$$

式中，N 为子载波数，$a_i(n)$是映射输出符号，服从独立同分布(iid)。$x_i(k)$，$k=-G, -G+1, \cdots, -1$ 构成了 OFDM 符号的循环前缀。假设数据序列以 $1/T_S$ 的速率经 DAC 形成模拟信号。经历散射信道后，接收端采用 ADC 对接收信号进行采样，移除保护前缀，然后将信号以并行的形式送给 FFT 模块，FFT 的输出信号经过并串变换后作逆映射处理，最终得到解调信号。

考虑第一个 OFDM 符号，并省略下标 i，则经过散射多径抽头延迟线信道模型后，接收信号可表示为

$$r(k)=\sum_{m=0}^{M}h_m(k)\cdot x(k-m),\ -G\leqslant k\leqslant N-1 \tag{3.8}$$

其中，$h_m(k)$表示 k 时刻信道的第 m 个抽头系数，用 $z(k)$表示移除循环前缀信号，然后对信号序列作 FFT 变换，得到解调信号序列为

$$Z_l=\sum_{n=0}^{N}\sum_{m=0}^{M-1}a(n)H_m(n-l)\cdot e^{-j(2\pi nm/N)},\ 0\leqslant l\leqslant N-1 \tag{3.9}$$

其中，$H_m(n-l)$为

$$H_m(n-l)=\frac{1}{N}\sum_{k=0}^{N-1}h_{m,\,G+(k-G)_N}\cdot e^{j(2\pi k(n-l)/N)} \tag{3.10}$$

将 ICI 建模为加性干扰，因此可将(3.9)表示为

$$Z_l=\beta_l a_l+c_l \tag{3.11}$$

其中，β_l 为乘性干扰，而 c_l 为 ICI，分别表示为

$$\beta_l=\sum_{m=0}^{M-1}H_m(0)\cdot e^{-j(2\pi lm/N)} \tag{3.12}$$

$$c_l = \sum_{n \neq l} \sum_{m=0}^{M-1} a(n) H_m(n-l) \cdot \mathrm{e}^{-\mathrm{j}(2\pi nm/N)} \tag{3.13}$$

当子载波数目 N 取值较大时，根据中心极限定理，可将 ICI 建模为高斯随机变量。$a(n)$及 $H_m(n-l)$为零均值的独立随机变量，则 $E[a(n)]=0$，$E[c_l]=0$，设映射符号能量为 E_S，则 $E[a(n) \cdot a(n')^*]=E_S\delta_{nn'}$，而子载波间干扰 c_l 的相关函数为

$$E[c_l \cdot c_{l+l'}^*] = E_S \sum_{n \neq l,\ l+l'} \sum_{m=0}^{M-1} E[H_m(n-l) H_m^*(n-l-l')] \tag{3.14}$$

在此假设 $\sum_{m=0}^{M-1} E[|h_m(k)|_2]=1$，上式相关函数为

$$E[c_l \cdot c_{l+l'}^*] = E_S\delta_{l'} - \frac{E_S}{N^2} \sum_{k=0}^{N-1} \sum_{k'=0}^{N-1} \mathrm{J}_0(2\pi f_d T_S(k-k')) \cdot [\mathrm{e}^{\mathrm{j}2\pi k'l'/N} + (1-\delta_{l'})\mathrm{e}^{\mathrm{j}2\pi kl'/N}] \tag{3.15}$$

式中，f_d 为信道的最大多普勒频移，$\mathrm{J}_0(\cdot)$为零阶第一类贝塞尔函数。由上文分析可知，c_l 是零均值的高斯随机变量，其平均功率与方差相等，于是 ICI 功率可由下式求得

$$E[|c_l|^2] = E_S - \frac{E_S}{N^2}\left\{N + 2\sum_{i=1}^{N-1}(N-i)\mathrm{J}_0(2\pi f_d T_S i)\right\} \tag{3.16}$$

可见 ICI 功率与映射符号能量 E_S、系统子载波数 N、映射符号长度 T_S 和信道多普勒频移 f_d 有关。

下面对散射信道下的系统 ICI 性能作仿真分析。设信道的最大延时不超过 1 μs，最大多普勒频移不超过 120 Hz，为了获得更大范围信道参数下系统性能的变化趋势，仿真过程中对参数作了适当的放大处理。

定义信干比 SIR 为有用信号功率和 ICI 功率之比，考虑 SIR 与归一化多普勒频移之间的关系。系统子载波上的符号周期为 NT_S，则散射归一化多普勒频移为 $f_d \cdot NT_S$。如图 3.7 所示，纵轴为 SIR，单位为 dB，横轴为 $f_d \cdot NT_S$，可见，随着 $f_d \cdot NT_S$ 的增大，SIR 逐渐降低，这是因为 $f_d \cdot NT_S$ 增加使 ICI 变得严重。特别是对于 $f_d \cdot NT_S \in [0, 0.02]$时，其值的微小增加都将显著降低 SIR，比如，无多普勒频移时，SIR 接近 60 dB，而当 $f_d \cdot NT_S=0.005$ 时，SIR=45 dB，$f_d \cdot NT_S=0.01$ 时，SIR=38 dB，当 $f_d \cdot NT_S=0.02$ 时，SIR=31 dB。与[0, 0.02]区间上 SIR 的显著变化相比，$f_d \cdot NT_S>0.05$ 时，SIR 变化较为缓慢，$f_d \cdot NT_S=0.05$ 时的 SIR=24 dB，在 $f_d \cdot NT_S=0.1$ 处的 SIR=19 dB，二者之间的 SIR 性能损失增益相差不大，约为 5 dB。

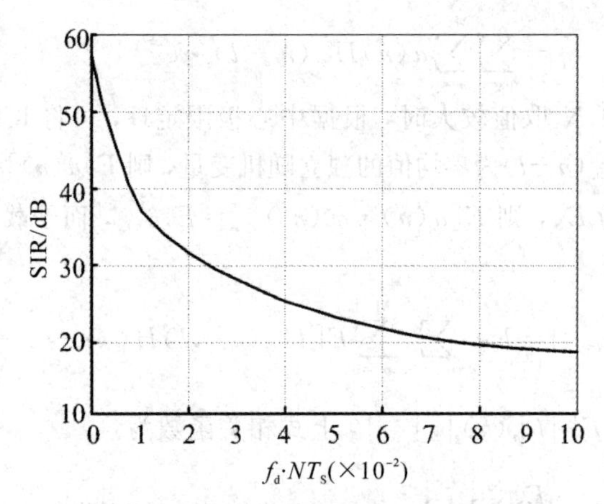

图 3.7　信干比与归一化多普勒扩展的关系

为了说明子载波数目 N 对信干比的影响，同时给出 N 取不同值时，分析 $f_d \cdot T_S$ 与信干比 SIR 之间的关系如图 3.8 所示，横轴为 $f_d \cdot T_S$，纵轴为 SIR，单位为 dB，可见，在多普勒频移 f_d 和信号周期 T_S 一定时，子载波数目 N 增加会使 ICI 变得严重。这是因为 N 增大时，在带宽一定的条件下，系统子载波间隔变小，此时系统对多普勒频移更加敏感，系统的 ICI 将增加，SIR 减小。

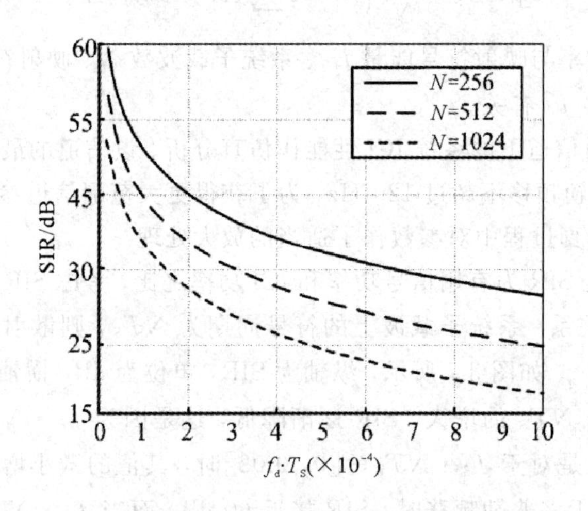

图 3.8　不同载波数目时信干比与归一化多普勒扩展的关系

3. 系统 SER 分析

除了上文提到的 ICI，影响 OFDM 对流层散射通信系统性能的另一个关键因素是 CP 长度（$T_G=G \cdot T_S$）与最大多径延时（$\tau_{\max}=M \cdot T_S$）之间的关系。若

$T_G > \tau_{\max}$，即 $G > M$，则不存在 ISI，反之，若 $G < M$，则某一个 OFDM 块的多径分量就会对下一个 OFDM 块造成干扰。经散射信道传输后，接收端信号可表示为

$$r(k)=\sum_{i=-\infty}^{\infty}\sum_{m=0}^{M}h_{m,i}(k)\cdot x_i(k-m-i(N+G))+n(k) \tag{3.17}$$

式中，$h_{m,i}(k)$表示 k 时刻第 i 个 OFDM 块的第 m 个抽头系数，$n(k)$为高斯白噪声。

接收的第 i 个 OFDM 块可表示为

$$r_i(k)=r(i\cdot(N+G)+k),\ -G\leqslant k\leqslant N-1 \tag{3.18}$$

由于 $G > M$，则 ISI 得以消除，将式(3.17)代入式(3.18)得到

$$r_i(k)=\sum_{m=0}^{M}h_{m,i}(k)\cdot x_i(k-m)+n_i(k) \tag{3.19}$$

对 $r_i(k)$作 FFT 变换，得到第 p 个子载波信道中接收的第 i 个 OFDM 符号$R_i(p)$为

$$\begin{aligned}R_i(p)&=\mathrm{FFT}\{r_i(k)\}=\frac{1}{\sqrt{N}}\cdot\sum_{k=0}^{N-1}r_i(k)\cdot \mathrm{e}^{-\mathrm{j}(2\pi kp/N)}\\&=\frac{1}{N}\sum_{k=0}^{M-G-1}\sum_{n=0}^{N-1}\sum_{m=0}^{k+G}a_i(n)\cdot h_{m,i}(k)\cdot \mathrm{e}^{-\mathrm{j}2\pi nm/N}\mathrm{e}^{\mathrm{j}2\pi k(n-p)/N}+\\&\quad\frac{1}{N}\sum_{k=M-G}^{N-1}\sum_{n=0}^{N-1}\sum_{m=0}^{M}a_i(n)\cdot h_{m,i}(k)\cdot \mathrm{e}^{-\mathrm{j}2\pi nm/N}\mathrm{e}^{\mathrm{j}2\pi k(n-p)/N}+\\&\quad\frac{1}{\sqrt{N}}\sum_{k=0}^{N-1}n_i(k)\cdot \mathrm{e}^{-\mathrm{j}(2\pi pk/N)}\end{aligned} \tag{3.20}$$

显然，式(3.20)的最后一项为噪声，用 $N_i(p)$表示。后两项为 ICI 和衰落的有用信号之和。

当 $n=p$ 时，得到第 p 个子载波上经衰落的期望信号为 $H_i(p)\cdot a_i(p)$，其中，

$$H_i(p)=\frac{1}{N}\sum_{k=0}^{M-G-1}\sum_{m=0}^{k+G}h_{m,i}(k)\cdot \mathrm{e}^{-\mathrm{j}2\pi pm/N}+\frac{1}{N}\sum_{k=M-G}^{N-1}\sum_{m=0}^{M}h_{m,i}(k)\cdot \mathrm{e}^{-\mathrm{j}2\pi m/N} \tag{3.21}$$

当 $n\neq p$ 时，此时子载波 p 以外的其他子载波将对第 p 个子载波信道上的数据形成干扰，即子载波间干扰 ICI 为

$$C_i(p)=\frac{1}{N}\sum_{\substack{n=0\\n\neq p}}^{N-1}\sum_{k=0}^{M-G-1}\sum_{m=0}^{k+G}a_i(n)\cdot h_{m,i}(k)\cdot \mathrm{e}^{-\mathrm{j}2\pi nm/N}\cdot \mathrm{e}^{\mathrm{j}2\pi k(n-p)/N}+$$

$$\frac{1}{N}\sum_{\substack{n=0\\n\neq p}}^{N-1}\sum_{k=M-G}^{N-1}\sum_{m=0}^{M}a_i(n)\cdot h_{m,i}(k)\cdot \mathrm{e}^{-\mathrm{j}2\pi nm/N}\cdot \mathrm{e}^{\mathrm{j}2\pi k(n-p)/N} \tag{3.22}$$

抽头系数 $h_{m,i}(k)$服从零均值的复高斯随机过程，N 取值较大时，根据中心极限定理，$H_i(p)$与 $C_i(p)$是零均值的复高斯随机数，此时的平均功率与其方差相等。则将式(3.20)的接收信号 $R_i(p)$表示为

$$R_i(p)=H_i(p)\cdot a_i(p)+C_i(p)+N_i(p) \tag{3.23}$$

对于式(3.23)中的零均值随机数，平均功率与其方差是相等的。为计算接收信号中各分量的平均功率，在此先给出 $h_{m,i}(k)$的自相关函数：

$$E[h_{m,i}(k)\cdot h_{m,i}^*(u)]=\sigma_m^2\cdot f(k-u) \tag{3.24}$$

其中，σ_m^2 是第 m 个信道抽头功率，函数 $f(x)=\mathrm{J}_0(2\pi f_\mathrm{d}T_\mathrm{S}x)$，$f_\mathrm{d}$ 为信道的最大多普勒频移，$\mathrm{J}_0(\cdot)$为零阶第一类贝塞尔函数。

由式(3.21)和(3.24)，计算得到 $H_i(p)$的平均功率(方差)为

$$\sigma_H^2=E\{H_i(p)\cdot H_i^*(p)\}=\frac{1}{N^2}\cdot(Y+2Z+W) \tag{3.25}$$

其中，$Y=\sum\limits_{k=M-G}^{N-1}\sum\limits_{u=M-G}^{N-1}\sum\limits_{m=0}^{M-1}\sigma_m^2\cdot f(k-u)$，$Z=\sum\limits_{k=0}^{M-G-1}\sum\limits_{u=M-G}^{N-1}\sum\limits_{m=0}^{k+G}\sigma_m^2\cdot f(k-u)$，$W=\sum\limits_{k=0}^{M-G-1}\sum\limits_{u=0}^{M-G-1}\sum\limits_{m=0}^{min(u,k)+G}\sigma_m^2\cdot f(k-u)$。

类似地，计算得到 ICI 的方差 σ_C^2(即平均功率)：

$$\sigma_C^2=E[C_i(p)\cdot C_i^*(p)]=\frac{E_\mathrm{S}}{N^2}\left[N\cdot(N+G-M)+N\cdot\sum_{k=0}^{M-G-1}\sum_{m=0}^{k+G}\sigma_m^2-(Y+2\cdot Z+W)\right] \tag{3.26}$$

而对于高斯白噪声，FFT 变换不改变其方差，即 $\sigma_N^2=N_0$(N_0 为噪声功率)。

本节讨论的是散射多径衰落信道对 OFDM 系统性能的影响，因此假设系统具有理想的同步和信道估计。考虑到 OFDM 中 CP 的插入带来的能量损失，在此将平均信噪比定义为有用信号功率与 ICI 功率加高斯白噪声功率之和的比值：

$$\bar{\gamma}=\frac{\sigma_H^2\cdot E_\mathrm{S}\cdot N/(N+G)}{\sigma_C^2\cdot N/(N+G)+N_0} \tag{3.27}$$

为充分利用有限的散射信道带宽，系统采用 16-QAM OFDM 调制方案。在 AWGN 信道环境下，16-QAM 系统的误码率为

$$P_\mathrm{S}(\gamma_\mathrm{S})=3\cdot Q(\sqrt{\gamma_\mathrm{S}/5})-\frac{9}{4}Q^2(\sqrt{\gamma_\mathrm{S}/5}) \tag{3.28}$$

式中，$\gamma_S=E_S/N_0=4\cdot E_b/N_0$，函数 $Q(x)=(1/\sqrt{2\pi})\int_x^{\infty}e^{-r^2/2}dr$，系统对应的瑞利衰落信道下的误码率为

$$P_S=\int_0^{\infty}P_S(x)\cdot p_{\gamma_S}(x)dx \tag{3.29}$$

其中，x 为信号的瞬时信噪比，$p_{\gamma_S}(x)$为瑞利衰落信道瞬时信噪比的概率密度函数：

$$p_{\gamma_S}(x)=(1/\bar{\gamma}_S)\exp(-x/\bar{\gamma}_S),\ x\geqslant 0 \tag{3.30}$$

其中，$\bar{\gamma}_S$ 为理论平均信噪比。将式(3.27)中定义的实际平均信噪比 $\bar{\gamma}$ 代入式(3.30)，再将式(3.30)代入式(3.29)，可得到系统最终的误码率为

$$P_S=\int_0^{\infty}\left[3\cdot Q(\sqrt{x/5})-\frac{9}{4}Q^2(\sqrt{x/5})\right]\cdot\frac{1}{\bar{\gamma}}\exp\left(-\frac{x}{\bar{\gamma}}\right)dx \tag{3.31}$$

以上是子载波采用 16-QAM 调制时的 OFDM 系统误码率。当子载波为多进制移相键控(Multi-base Phase Shift Keying，M-PSK)或为多进制正交振幅调制(Multibase Quadrature Amplitude Modulation，M-QAM)映射时，可以基于文中的分析结果的求解方法得到系统误码率。

在 OFDM 系统参数的设计方面，子载波数目和循环前缀长度的选择，关系到系统的抗多径干扰能力，子载波间隔的选择则对系统的抗脉冲和窄带干扰能力具有重要影响。为了提高基于 OFDM 技术的对流层散射通信系统容量和抗干扰性能，需要根据散射信道的带宽特性、传输时延、多普勒频移，对 OFDM 系统的符号周期、子载波数目、子载波间隔、循环前缀长度等进行综合分析与选择。

(1) 确定循环前缀 T_{CP}：为了有效对抗散射信道的多径时延扩展，根据经验，一般选择循环前缀长度 T_{CP}为时延扩展均方根值的 2 到 5 倍。本节仿真是基于我国华北地区两种典型的散射信道，根据散射信道最大时延扩展 τ_{max}确定 T_{CP}，一般使 T_{CP}大于信道的最大时延 τ_{max}。

(2) 选择符号周期 T：考虑到 CP 带来的信息传输速率的损失和系统实现的复杂性等因素，实际系统中一般使有用符号周期 T_u 至少是 T_{CP}的 4 倍以上，即 $T_u\geqslant 4T_{CP}$，而 $T=T_u+T_{CP}$。

(3) 确定子载波的数量 N：确定了 T_u 和 T_{CP}，N 可直接利用 −3 dB 带宽除以子载波间隔(即去掉保护间隔之后的符号周期的倒数)得到，或利用所需的比特速率除以每个子信道中的比特速率来确定子载波的数量。由于 T_u 要远大于最大时延扩展 τ_{max}，即 $T_u\gg\tau_{max}$，将 $B=N\Delta f_c$ 和 $T_u=1/\Delta f_c$ 代入 $T_u\gg\tau_{max}$ 可得：$N\gg B\tau_{max}$，其中，Δf_c 为子载波间隔，B 为系统带宽。为克服频率偏差

的影响，系统子载波间隔 Δf_c 要远大于最大多普勒频移 f_d，即 $\Delta f_c \gg f_d$，将 $B=N\Delta f_c$ 代入 $T_u \gg \tau_{max}$ 得到：$N \ll B/f_d$。则 N 与 B，τ_{max}，f_d 之间的关系为

$$B\tau_{max} \ll N \ll B/f_d \tag{3.32}$$

散射链路的延时扩展和多普勒频移与通信距离 d、天线波束宽度以及天线发射仰角等因素有关，为降低对流层散射传输损耗，通常采用窄波束低仰角发射，在天线仰角、波束宽度一定的条件下，τ_{max} 主要与通信距离 d 有关，根据实验测得的参考数据，当 $d<300$ km 时，$\tau_{max}<1$ μs；随着 d 的增加，τ_{max} 也随之增加，在此参考表 2.5，设 $\tau_{max}=0.8$ μs，为了尽量消除 ISI，仿真过程中均使 $T_{CP}>\tau_{max}$。在 C 波段，多普勒频移一般在数赫兹到几十赫兹的范围内，且对流层散射通信距离越远，多普勒频移越明显，在此设信道最大多普勒频移 $f_d=$ 120 Hz，取信道带宽 $B=10$ MHz，则由式(3.32)可计算得到

$$8 \ll N \ll 83\ 333 \tag{3.33}$$

增大子载波数目 N 和减小子载波间隔可提高系统的抗多径时延扩展能力，但在对流层散射通信中，散射体运动引起的多普勒频移会破坏子载波间的正交性，产生 ICI，N 越大，系统子载波间的频率间隔越小，此时系统受多普勒频移影响越严重，由此产生的 ICI 将明显降低系统性能。式(3.33)给出的范围较大，对其进行修正。其实，当归一化多普勒频移大于 0.01 时，就将对系统误码率产生很大的影响，因此取 $\Delta f_c>100f_d$，另外，为了获得较高的传输速率，不可能使 $T_u \gg \tau_{max}$，一般取 $T_{CP}>\tau_{max}$，而 $T_u=5T_{CP}$，于是式(3.32)变为

$$5B\tau_{max} < N < B/100f_d \tag{3.34}$$

对应地，式(3.33)变为

$$40 < N < 833 \tag{3.35}$$

下面对基于 OFDM 技术的对流层散射通信系统的误码率性能进行仿真分析。信息传输速率为 20 Mb/s，为了提高散射信道利用率，对信源作 16QAM 映射，则映射符号周期 $T_S=0.2$ μs，信道为散射衰落信道加高斯白噪声，仿真时采用抽头延迟线散射信道模型，多径数目 $L=9$，最大延时扩展 $\tau_{max}=0.8$ μs，最大多普勒频移 $f_d=120$ Hz，循环前缀 $T_{CP}>\tau_{max}$，子载波数目 N 取不同值，OFDM 符号周期 $T=N \cdot T_S$，结果如图 3.9 所示，横轴为高斯白噪声，纵轴为误码率，同时给出了无多普勒频偏信道下的系统误码率以便于对比。

图 3.9 中，线条表示理论误码率曲线，图形点表示仿真结果，可以看出计算机仿真的误码率曲线和理论曲线能很好地吻合，证实了理论分析的正确性。$N=512$ 时，系统误码率性能较差，随着 E_b/N_0 的增大，误码率不可消减；在 $E_b/N_0>45$ dB 处，误码率仍然大于 1×10^{-2}，这是因为当子载波数目较大时，子载波间隔很小，这样多普勒频移带来的干扰成为系统的主要干扰；$N=512$ 时，

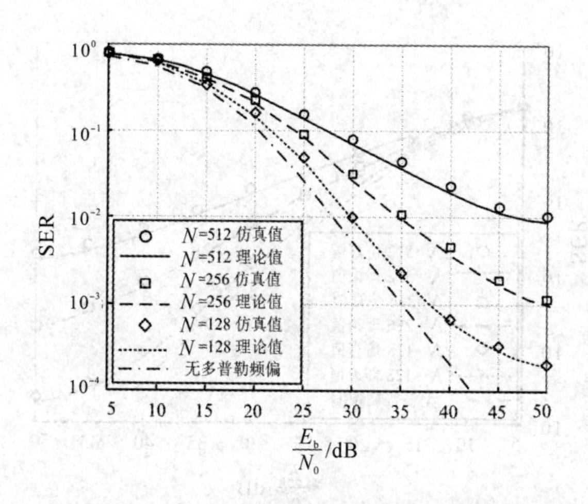

图 3.9　不同子载波条件下 OFDM 系统误码率(子载波 16-QAM 映射)

经计算得到子载波上归一化频偏约为 $f_d \cdot NT_S=0.012$，此时单纯增加信噪比已无法改善系统误码率。$N=256$ 时，对应的归一化频偏约为 $f_d \cdot NT_S=0.006$，系统的 SER 性能有一定的改善。$N=128$ 时，子载波上的归一化频偏降低 $f_d \cdot NT_S=0.003$，系统受 ICI 影响相对较小；随着 E_b/N_0 的增大，SER$<1\times10^{-3}$。当多普勒频偏为 0 时，此时系统不受 ICI 影响，此时随着 E_b/N_0 的增大，系统误码率是近似单调下降的，当 $E_b/N_0>43$ dB 时，SER$<1\times10^{-4}$。

为改善系统的误码率性能，可以采用低进制的子载波映射方案，但散射信道带宽是有限的，一般为数兆至十兆赫左右。原始信息的传输速率为 20 Mb/s，若子载波采用 BPSK 映射，所需的信道带宽较宽，因此在此选择 QPSK 映射，则经映射后的符号周期为 $T_S=0.1\ \mu$s，其他仿真条件与图 3.9 的相同，结果如图 3.10 所示，横轴为高斯白噪声，纵轴为系统误码率。图中线条表示理论误码率曲线，图形点为仿真结果，计算机仿真的误码率曲线和理论曲线能很好吻合。且随着 N 的增加，系统误码率逐渐升高，但与图 3.9 相比，系统的误码率均有所降低。$N=512$ 时，随着 E_b/N_0 的增大，误码率接近 1×10^{-3}，与图 3.9 相比，误码率降低了一个数量级，此时，系统子载波上的归一化多普勒频偏约为 $f_d \cdot NT_S=0.006$，即带宽的增加换来了归一化多普勒频偏的减小，此时系统的子载波间干扰就相对较小，系统误码率性能得以改善。$N=256$ 时，对应的 $f_d \cdot NT_S=0.003$，$N=128$ 时，对应的 $f_d \cdot NT_S=0.0015$，对应的误码率均比图 3.9 中低大约一个数量级。

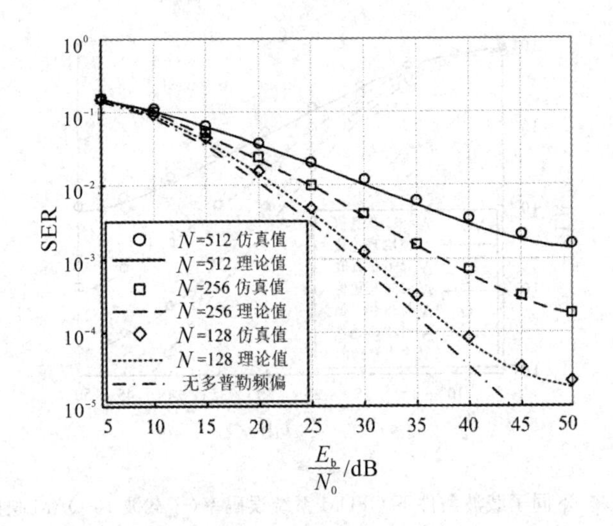

图 3.10　不同子载波条件下 OFDM 系统误码率(子载波 QPSK 映射)

当信息速率较高时，由于散射信道带宽有限，低进制的子载波映射方案将难以满足要求；若采用高进制映射，系统性能又会较差，此时为改善系统误码率性能，可以采用信道编码技术。信道编码通过加入冗余位来减少误码，其代价是降低了信息传输速率，即用相对低的速率换取较高的传输可靠性。信道编码一般又被称为差错控制编码，可将传输质量提高 1～2 个数量级，这与制造高精度设备的投入相比，是经济而且实用的。设子载波仍采用 16QAM 映射，在此考虑采用(N，K)RS 编码，其中，$N=255$，$K=210$，此时的传输速率变为 16 Mb/s。译码后的系统误码率可表示为

$$P_E \approx \frac{1}{N}\sum_{j=t+1}^{N} j \binom{N}{j} p^j (1-p)^{N-j} \tag{3.36}$$

其中，$t=(N-K)/2$ 为 RS 编码的纠错能力。此时的一个 RS 符号映射为两个 16-QAM 符号，则 RS 解码器输入端的误码率 $p=1-(1-P_S)^2$，将其代入式(3.36)可得到系统的误码率，系统对应的误比特率为

$$P_B = P_E(2^{k-1})/(2^k-1) \tag{3.37}$$

图 3.11 为采用 RS 编码的 16-QAM COFDM 系统，N 取不同值时的误比特率性能，仿真时散射信道参数与图 3.9 相同。与图 3.9 对比可见，编码后的系统误比特率明显改善。随着 E_b/N_0 的增大，可以获得 BER<1×10^{-6} 的性能。

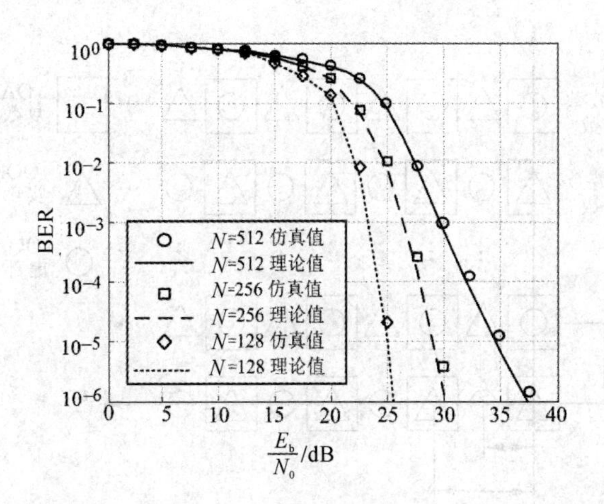

图 3.11　不同子载波条件下 COFDM 系统的误比特率(子载波 16-QAM 映射)

3.2　对流层散射通信 OQAM/OFDM 技术

3.2.1　OQAM/OFDM 技术

OQAM/OFDM 系统发送端的发送数据可以表示为

$$s(t)=\sum_{n=-\infty}^{+\infty}\sum_{m=0}^{M-1}a_{m,n}g_{m,n}(t) \tag{3.38}$$

其中，$a_{m,n}(m=0, 1, \cdots, M-1, n\in \mathbf{Z})$表示在时频格点$(m, n)$上传输的实值符号，是由 CP-OFDM 复数域符号的实部和虚部引入一个符号周期的时间偏移 τ_0 并相互交错后得到的，统一表示为 $a_{m,n}$，如图 3.12 所示；M 为系统的子载波数，$g_{m,n}(t)$为原型滤波器的时频转换：

$$g_{m,n}(t)=g(t-n\tau_0)e^{j2\pi m\nu_0 t}e^{j\phi_{m,n}} \tag{3.39}$$

其中，τ_0 为符号周期，v_0 为子载波间隔，二者满足 $\tau_0 v_0=1/2$；$\phi_{m,n}$为符号相位，是符号保持正交的关键，一般取 $\phi_{m,n}=\pi(m+n)/2$；$g(t)$为原型滤波器，目前采用的原型滤波器主要有均方根升余弦滤波器(Square Root Raised Cosine，SRRC)、扩展高斯滤波器(Extended Gaussian Filter，EGF)、各向同性正交滤波器(Isotropic Orthogonal Transform Algorithm，IOTA)以及 Hermite 滤波器。

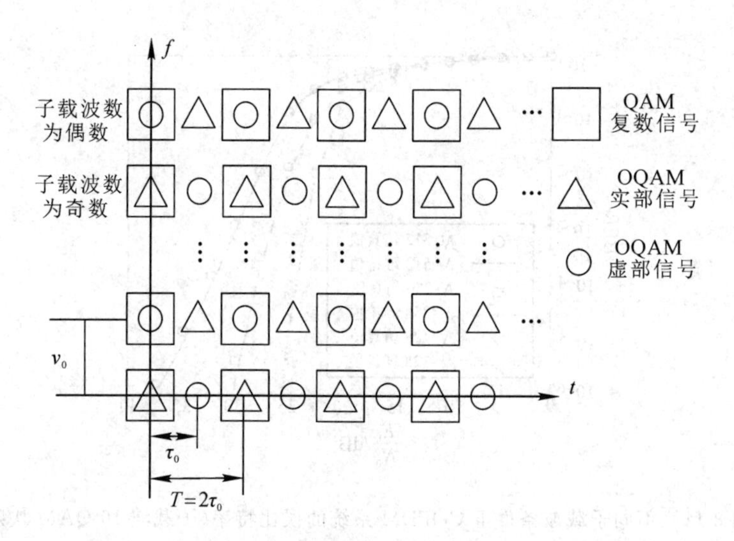

图 3.12　OQAM/OFDM 与 CP-OFDM 的时频格点分布图

滤波器满足在实数域的正交条件：

$$\langle g_{m,n}, g_{p,q}\rangle_{\Re} = \Re\left\{\int_{-\infty}^{\infty} g_{m,n}(t) g_{p,q}^{*}(t)\mathrm{d}t\right\} = \delta_{m,p}\delta_{n,q} \tag{3.40}$$

$\langle\cdot,\cdot\rangle$表示内积，$\{\cdot\}^*$表示共轭。$\delta_{i,j}$表示 Kronecker（克罗内克）函数，当满足 $i=j$ 时，$\delta_{i,j}=1$，否则 $\delta_{i,j}=0$。几种滤波器的时频域特性如图 3.13 所示。

接收端对接收信号 $r(t)$的处理流程与发送端相反，时频格点(m', n')处的解调符号可以表示为

$$\begin{aligned}\hat{a}_{m',n'} &= \Re\left\{\int_t r(t) g_{m',n'}(-t)\mathrm{d}t\right\} \\ &= \Re\left\{\int_t r(t)\mathrm{e}^{-\mathrm{j}(m'2\pi v_0 t+\phi_{m',n'})} g(n'\tau_0 - t)\mathrm{d}t\right\}\end{aligned} \tag{3.41}$$

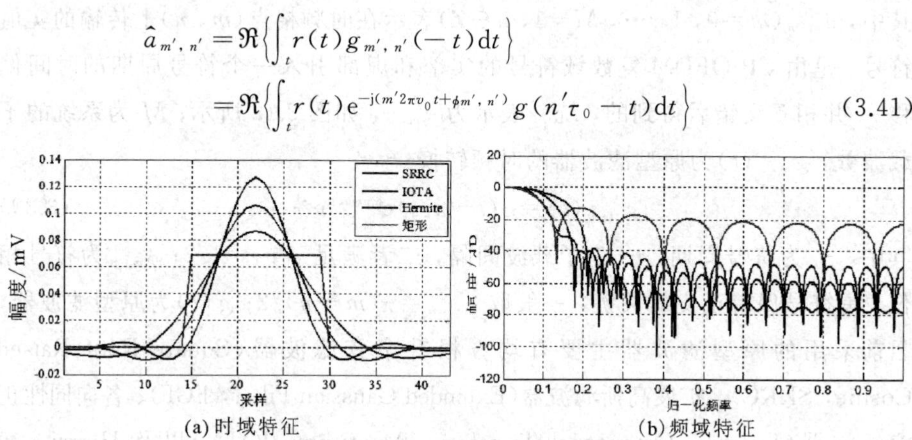

(a) 时域特征　　(b) 频域特征

图 3.13　不同滤波器的时频域特性

如果不考虑信道影响，则有 $r(t)=s(t)$，式(3.41)可以扩展为

$$
\begin{aligned}
\hat{a}_{m',n'} &= \Re\left\{\int_t \sum_{n=-\infty}^{+\infty}\sum_{m=0}^{M-1} a_{m,n} g(t-n\tau_0)\mathrm{e}^{\mathrm{j}\left(m2\pi v_0 t+\phi_{m,n}\right)} g(t-n'\tau_0)\mathrm{e}^{-\mathrm{j}\left(m'2\pi v_0 t+\phi_{m',n'}\right)}\,\mathrm{d}t\right\} \\
&= \Re\left\{\int_t \sum_{n=-\infty}^{+\infty}\sum_{m=0}^{M-1} a_{m,n}\mathrm{e}^{\mathrm{j}\left((m-m')2\pi v_0 t+\phi_{m,n}-\phi_{m',n'}\right)} g(t-n'\tau_0)g(t-n\tau_0)\,\mathrm{d}t\right\} \\
&= a_{m,n}\delta_{m,m'}\delta_{n,n'}
\end{aligned}
\tag{3.42}
$$

可以看出，当 $m=m'$ 以及 $n=n'$ 时，解调符号在接收端可以被理想地重构。

OQAM/OFDM 系统的原理框图如图 3.14 所示。

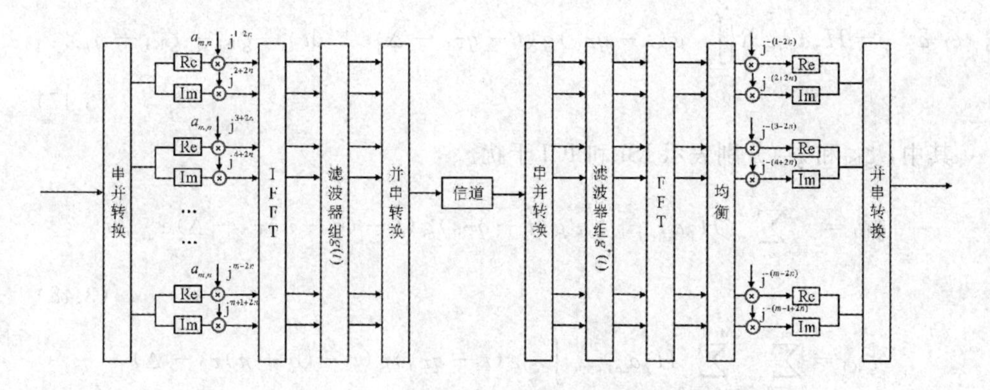

图 3.14　OQAM/OFDM 系统原理框图

当信号通过非理想信道 $h(t,\tau)$ 时，由于多径和多普勒频偏的影响，符号会受到信道弥散的影响，从而产生 ICI 和 ISI 的影响，使系统性能降低。接收信号可以表示为

$$
r(t)=h(t,\tau)\otimes s(t)\cdot \mathrm{e}^{\mathrm{j}2\pi\varepsilon t}+\eta(t) \tag{3.43}
$$

$\eta(t)$ 为 AWGN。时频格点 (m',n') 处的未经均衡的解调符号可以表示为

$$
\begin{aligned}
\hat{a}_{p,q} &= \Re\{r(t)\cdot \mathrm{e}^{-\mathrm{j}p2\pi v_0 t-\mathrm{j}\phi_{p,q}} \otimes g(-t+q\tau_0)\} \\
&= \Re\left\{\int_t r(t)\cdot \mathrm{e}^{-\mathrm{j}p2\pi v_0 t-\mathrm{j}\phi_{p,q}} g(-t+q\tau_0)\,\mathrm{d}t\right\}
\end{aligned}
\tag{3.44}
$$

进一步可以表示为

$$
\begin{aligned}
\hat{a}_{p,q} = \Re\Bigg\{ & \sum_{n=-\infty}^{\infty}\sum_{m=0}^{M-1}\sum_{l=0}^{L_h-1} h_d \mathrm{e}^{-\mathrm{j}2\pi m v_0\tau_d}\cdot\int_{-\infty}^{\infty} g(t-p\tau_0)a_{m,n}g(t-n\tau_0-\tau_d)\cdot \\
& \mathrm{e}^{\mathrm{j}2\pi(m-p)v_0 t}\mathrm{e}^{\mathrm{j}\left(\phi_{m,n}-\phi_{p,q}\right)}\mathrm{e}^{\mathrm{j}2\pi\varepsilon t}\,\mathrm{d}t\Bigg\}+\eta_{p,q}
\end{aligned}
\tag{3.45}
$$

考虑多径时延最恶劣的情况，即 $\tau_l=\Delta$，$l=0, 1, \cdots, L_h-1$，Δ 是信道最大时延，将式(3.45)中 τ_l 替换为 Δ，可以表示为

$$\hat{a}_{p,q}=\Re\left\{\sum_{n=-\infty}^{\infty}\sum_{m=0}^{M-1}H_p\cdot\int_{-\infty}^{\infty}g(t-p\tau_0)a_{m,n}g(t-n\tau_0-\Delta)\cdot\right.$$
$$\left.\mathrm{e}^{\mathrm{j}2\pi(m-p)v_0t}\mathrm{e}^{\mathrm{j}(\phi_{m,n}-\phi_{p,q})}\mathrm{e}^{\mathrm{j}2\pi\varepsilon t}\mathrm{d}t\right\}+\eta_{p,q} \tag{3.46}$$

其中，$H_p=\sum_{l=0}^{L_h-1}h_l\mathrm{e}^{-\mathrm{j}2\pi v_0\tau_l}$ 表示第 p 个子载波上的信道频率响应(Channel Frequency Response，CFR)。式(3.46)可以写成符号和干扰叠加形式：

$$\hat{a}_{p,q}=H_pa_{p,q}\Re\left\{\int_{-\infty}^{\infty}g(t-q\tau_0)g(t-q\tau_0-\Delta)\mathrm{e}^{\mathrm{j}2\pi\varepsilon t}\mathrm{d}t\right\}+\zeta_{\mathrm{ISI}}+\zeta_{\mathrm{ICI}}+\eta_{p,q} \tag{3.47}$$

其中，ζ_{ISI} 和 ζ_{ICI} 分别表示 ISI 和 ICI 干扰。

$$\zeta_{\mathrm{ISI}}=\sum_{n=-\infty,\,n\neq0}^{\infty}H_pa_{p,q+n}\int_{-\infty}^{\infty}g(t-q\tau_0)g(t-(q+n)\tau_0-\Delta)\mathrm{e}^{\mathrm{j}2\pi\varepsilon t}\mathrm{d}t \tag{3.48}$$

$$\zeta_{\mathrm{ICI}}=\sum_{n=-\infty}^{\infty}\sum_{k=0,\,k\neq p}^{M-1}H_pa_{p,q+n}\int_{-\infty}^{\infty}g(t-q\tau_0)g(t-(q+n)\tau_0-\Delta)\cdot$$
$$\mathrm{e}^{\mathrm{j}2\pi(p-k)v_0t-\mathrm{j}(\phi_{k,n}-\phi_{p,n})}\mathrm{e}^{\mathrm{j}2\pi\varepsilon t}\mathrm{d}t \tag{3.49}$$

$$\eta_{p,q}=\Re\left\{H_p\int_{-\infty}^{\infty}\eta(t)g(t-q\tau_0)g(t-q\tau_0-\Delta)\mathrm{e}^{\mathrm{j}2\pi\varepsilon t}\mathrm{d}t\right\} \tag{3.50}$$

有用的符号能量可以表示为

$$\begin{aligned}P_{\mathrm{u}}&=\left|H_pa_{p,q}\int_{-\infty}^{+\infty}g(t-q\tau_0)g(t-n\tau_0-\Delta)\mathrm{e}^{\mathrm{j}2\pi\varepsilon t}\mathrm{d}t\right|^2\\&=H_p^2\sigma^2\left|\int_{-\infty}^{+\infty}g(t-q\tau_0)g(t-n\tau_0-\Delta)\mathrm{e}^{\mathrm{j}2\pi\varepsilon t}\mathrm{d}t\right|^2\end{aligned} \tag{3.51}$$

干扰的能量可以表示为

$$P_{\mathrm{I}}=H_p^2\sigma^2\sum_{n=-\infty,\,n\neq0}^{+\infty}\left|\int_{-\infty}^{+\infty}g(t-q\tau_0)g(t-(q+n)\tau_0-\Delta)\mathrm{e}^{\mathrm{j}2\pi\varepsilon t}\mathrm{d}t\right|+$$
$$H_p^2\sigma^2\sum_{l=-\infty}^{+\infty}\sum_{k=0,\,k\neq p}^{N-1}\left|\int_{-\infty}^{+\infty}g(t-q\tau_0)g(t-(q+l)\tau_0-\Delta)\mathrm{e}^{\mathrm{j}2\pi(p-k)v_0t-\mathrm{j}(\phi_{k,l}-\phi_{p,l})}\mathrm{e}^{\mathrm{j}2\pi\varepsilon t}\mathrm{d}t\right|^2 \tag{3.52}$$

在实际系统中，由于原型滤波器良好的时频聚焦特性，符号的干扰主要来自一阶邻域内 $\Omega_{p,q}=\{a_{p\pm1,q\pm1}, a_{p\pm1,q}, a_{p,q\pm1}\}$，如图 3.15 所示。

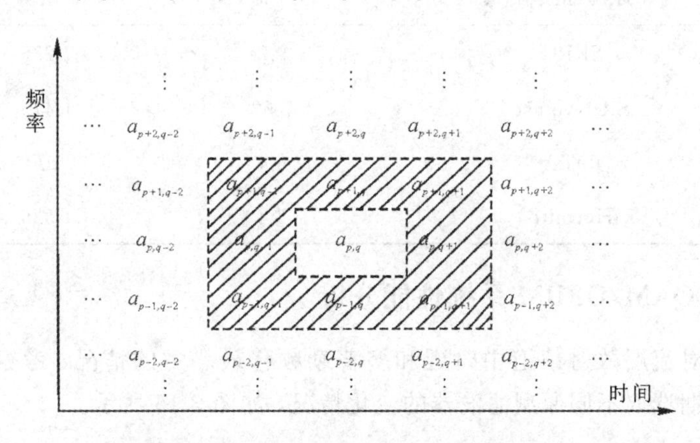

图 3.15　OQAM/OFDM 系统原理框图

由于原型滤波器 $g(t)$ 的能量主要集中于 $t\in[-\tau_0, \tau_0]$，因此对于滤波器可以做出如下近似 $g(t-q\tau_0-\Delta)\approx g(t-q\tau_0)$，有用符号的能量就可以进一步表示为

$$P_{\mathrm{u}}=H_p^2\sigma^2\left|\int_{-\infty}^{+\infty} g(t-q\tau_0)g(t-(q+\beta)\tau_0)\mathrm{d}t\right|^2 \tag{3.53}$$

其中，$\beta=\Delta/\tau_0$。同样，干扰能量可以表示为

$$\begin{aligned}P_{\mathrm{I}}=&H_p^2\sigma^2\sum_{l=-1,\,l\neq0}^{+1}\left|\int_{-\infty}^{+\infty} g(t-q\tau_0)g(t-(q+l+\beta)\tau_0)\mathrm{e}^{\mathrm{j}(\phi_{p,q+l}-\phi_{p,q})}\mathrm{e}^{\mathrm{j}2\pi\varepsilon t}\mathrm{d}t\right|+\\&H_p^2\sigma^2\sum_{l=-1}^{+1}\sum_{k=p-1,\,k\neq p}^{p+1}\left|\int_{-\infty}^{+\infty} g(t-q\tau_0)g(t-(q+l+\beta)\tau_0)\cdot\right.\\&\left.\mathrm{e}^{\mathrm{j}2\pi(p-k)v_0t-\mathrm{j}(\phi_{k,q+l}-\phi_{p,q+l})}\mathrm{e}^{\mathrm{j}2\pi\varepsilon t}\mathrm{d}t\right|^2\end{aligned} \tag{3.54}$$

从式(3.53)和(3.54)可以看出，对于给定的 ε 和 Δ，信号干扰比(Signal-to-Interference Ratio，SIR)仅仅与滤波器 $g(t)$ 的选取以及符号周期 τ_0 的设计(子载波间隔满足 $v_0=1/2\tau_0$)有关。SIR 就可以写成关于 ε 和 Δ 的函数：

$$\rho=\frac{P_{\mathrm{u}}}{P_{\mathrm{I}}}\approx\frac{1}{k_1(\varepsilon\tau_0)^2+k_2\left(\dfrac{\Delta}{\tau_0}\right)^2} \tag{3.55}$$

其中，k_1、k_2 为和原型滤波器有关的参数，由表 3.1 给出。

表 3.1 k_1、k_2 参数

原型滤波器	k_1	k_2
SRRC	9.2	1.275
SR-Nyquist	7.52	1.475
IOTA	6.4	1.5
Hermite	6.4	1.525

3.2.2 OQAM/OFDM 系统性能分析

选取对流层散射信道中时延和多普勒频移最恶劣的情况，考察系统 SIR 随符号周期选取不同原型滤波器的变化情况，如图 3.16 所示。

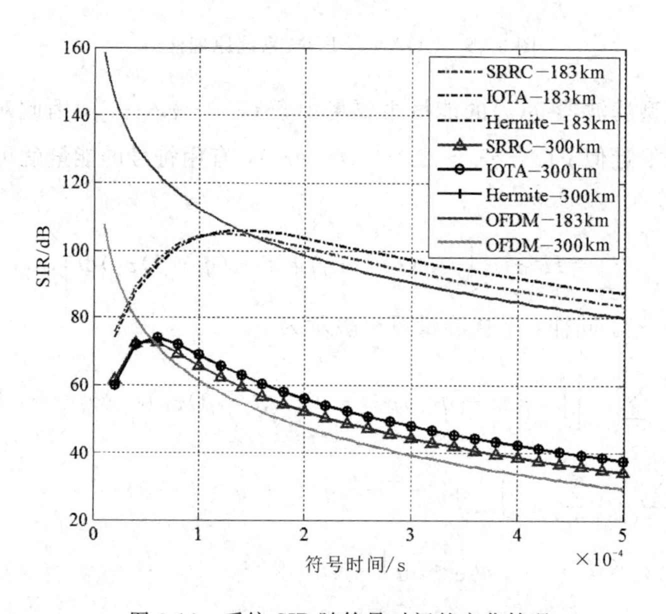

图 3.16 系统 SIR 随符号时间的变化情况

从图 3.16 中可以看出，通信距离较近时，信道的时延和多普勒频移均较小，系统的 SIR 性能较优。随着符号周期的增大，OQAM/OFDM 系统的 SIR 曲线先呈现增长趋势，达到峰值后下降。当符号周期较小时，CP-OFDM 的 SIR 要优于 OQAM/OFDM 的，而 CP-OFDM 的 SIR 曲线随着符号周期的增大始终在下降，且会劣于 OQAM/OFDM。这是由于 CP-OFDM 中 CP 的插入，系统对信道的时间弥散变得不敏感。但是当符号周期较大时，子载波间隔较

小，CP-OFDM 系统对频率偏移就变得更为敏感。从图中还可以看出，IOTA 和 Hermite 滤波器拥有相近的性能，在符号周期较小时的性能要差于其他滤波器，这意味着 IOTA 和 Hermite 滤波器对于时偏更为敏感。

通过对式(3.55)求偏导，可以得到 SIR 峰值处的符号周期：

$$\frac{d\rho}{d\tau_0}=-\left[k_1(\varepsilon\tau_0)^2+\left(\frac{\Delta}{\tau_0}\right)^2\right]^{-2}\left[2k_1\varepsilon^2\tau_0-2k_2\Delta^2\tau_0^{-3}\right]=0 \tag{3.56}$$

得到

$$\tau_0=\left(\frac{k_2\Delta^2}{k_1\varepsilon^2}\right)^{\frac{1}{4}} \tag{3.57}$$

当原型滤波器选取为 IOTA 时，可以得到 SIR 最优的符号周期

$$\tau_0=\begin{cases}139.2\ \mu\text{s，距离 183 km}\\56.8\ \mu\text{s，距离 300 km}\end{cases} \tag{3.58}$$

此外，OQAM/OFDM 调制方式对于时延的容忍率为符号周期的 86%，因此只要 $\Delta\leqslant 14\%\tau_0$，就可以使系统满足抵抗 ISI 的需求。在表 2.4 和 2.5 中可以得到 183 km 和 300 km 对流层散射信道的最大时延分别为 0.4 μs 和 0.8 μs，能够容忍这些时延的最小符号周期就分别为 $0.4\div 14\%=2.865$ μs 和 $0.8\div 14\%=5.71$ μs。可以发现，式(3.58)得到的结果可以满足这些需求。

进一步可以得到子载波间隔为

$$v_0=0.5/\tau_0=\begin{cases}3.59\ \text{kHz，距离 183 km}\\8.8\ \text{kHz，距离 300 km}\end{cases} \tag{3.59}$$

对流层散射通信中，可用带宽一般在 10 MHz 左右，因此根据上述结果可以得到系统的适宜的最大子载波数目为

$$M=10/v_0=\begin{cases}2786\text{，距离 183 km}\\1136\text{，距离 300 km}\end{cases} \tag{3.60}$$

以上这些参数就可以应用于 OQAM/OFDM 调制解调器的设计中，以适应对流层散射信道环境。仿真参数如表 3.2 所示，图 3.17 展示了不同信道条件下误比特率随信噪比(SNR)的变化情况。

表 3.2　仿 真 参 数

参数名称	数值
带宽	10 MHz
星座调制	QPSK
滤波器	IOTA
卷积编码	$K_c=7(133\ 171)$

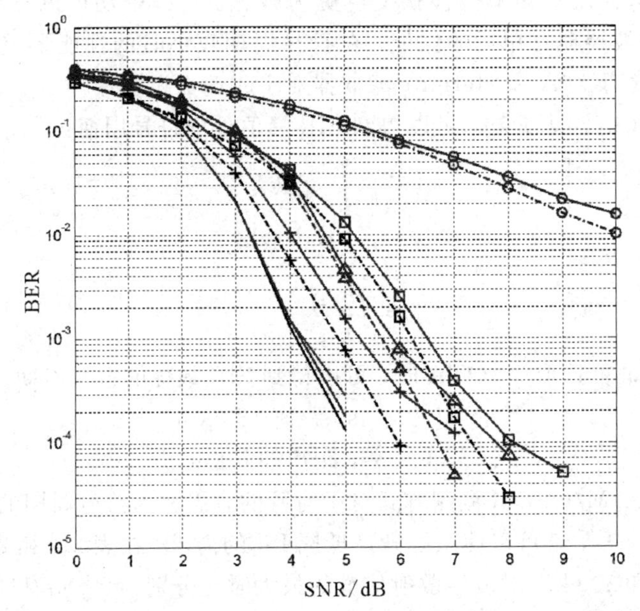

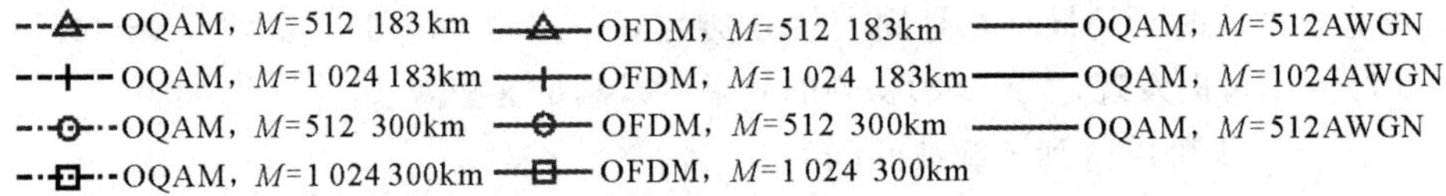

图 3.17　不同信道条件下误比特率随信噪比的变化情况

由图 3.17 可以看出，不存在信道的时延扩展和多普勒频移的影响时，OQAM/OFDM 与传统 OFDM 的性能一致。当存在信道弥散的情况时，OQAM/OFDM 的性能要优于传统 OFDM 的性能。在 183 km 条件下，信道的多普勒频移和时延扩展都要小于 300 km 条件下的信道，因此系统性能均优于 300 km 条件下的性能。当多载波数目增加时，符号周期变大，系统对于信道的时延扩展容忍度变强，系统性能也有所增加。

3.2.3　OQAM/OFDM 系统容量均值和方差分析

系统容量是通信系统性能分析的一个重要指标，本节主要对对流层散射信道下的 OQAM/OFDM 系统容量的均值和方差进行分析。

对流层散射信道服从瑞利分布，其 CIR 抽头可以表示为 $\boldsymbol{h}=[h_0, h_1, \cdots, h_{L_h-1}]$，$L_h$ 为多径数，其频率响应可以表示为复高斯随机变量：

$$H_{m,n}=X_{m,n}+\mathrm{j}Y_{m,n} \tag{3.61}$$

$H_{m,n}$表示在频点(m, n)处的 CFR，$X_{m,n}$和$Y_{m,n}$分别表示实部和虚部，其概率密度函数则可以表示为

$$f_{|H(n,m)|}(x)=\begin{cases}\dfrac{\left(\prod\limits_{i=0}^{L_h-1}x_i\right)}{\sigma^{2L}}\exp\left(-\dfrac{\sum\limits_{i=0}^{L_h-1}x_i^2}{2\sigma^2}\right), & \boldsymbol{x}=[x_0, x_1, \cdots, x_{L-1}]^{\mathrm{T}}\geqslant 0\\ 0, & \boldsymbol{x}<0\end{cases} \tag{3.62}$$

OQAM/OFDM 系统的容量可以由以下公式表示：

$$C_{m,n}=\mathrm{lb}(1+\mathrm{SNR}\,|H_{n,m}|^2) \tag{3.63}$$

系统容量的均值可以表示为

$$\begin{aligned}\mu_{\mathrm{c}}&=E\left[\frac{1}{N}\sum_{n=0}^{N-1}C_{n,m}\right]\\&=E\left[\frac{1}{N}\sum_{n=0}^{N-1}\mathrm{lb}(1+\mathrm{SNR}\,|H(n,m)|^2)\right]\\&=\frac{1}{N}\sum_{n=0}^{N-1}\int_0^{+\infty}\mathrm{lb}(1+\mathrm{SNR}\cdot x^2)f_{|H(n,m)|}(x)\,\mathrm{d}x\end{aligned} \tag{3.64}$$

方差可以表示为

$$\begin{aligned}\sigma_{\mathrm{c}}^2&=E\left[\left(\frac{1}{N}\sum_{n=0}^{N-1}C_{n,m}\right)^2\right]-\left(E\left[\frac{1}{N}\sum_{n=0}^{N-1}C_{n,m}\right]\right)^2\\&=\frac{1}{N^2}\sum_{n=0}^{N-1}E(C_{n,m}^2)+\frac{1}{N^2}\sum_{n_1,n_2\neq n_1}^{N-1}\sum_{n_2}^{N-1}E(C_{n_1,m_1}C_{n_2,m_2})-\mu_{\mathrm{c}}^2\\&=\frac{1}{N^2}\sum_{n=0}^{N-1}\int_0^{+\infty}\mathrm{lb}\,(1+\mathrm{SNR}\cdot x^2)^2 f_{|H(n,m)|}(x')\,\mathrm{d}x-\mu_{\mathrm{c}}^2+\\&\quad\frac{1}{N^2}\sum_{n_1,n_2\neq n_1}^{N-1}\sum_{n_2}^{N-1}\int_0^{+\infty}\int_0^{+\infty}\mathrm{lb}\,(1+\mathrm{SNR}\cdot x_1^2)^2\times\\&\quad\mathrm{lb}(1+\mathrm{SNR}\cdot x_2^2)^2 f_{|H(n_1,m_1)|\cdot|H(n_2,m_2)|}(x_1,x_2)\,\mathrm{d}x_1\mathrm{d}x_2\end{aligned} \tag{3.65}$$

首先考察系统容量均值随信噪比在不同多径数目下的变化情况，结果如图 3.18 所示。可以看出，系统容量均值随 SNR 的增大而增大，但其受多径数目的影响并不大。

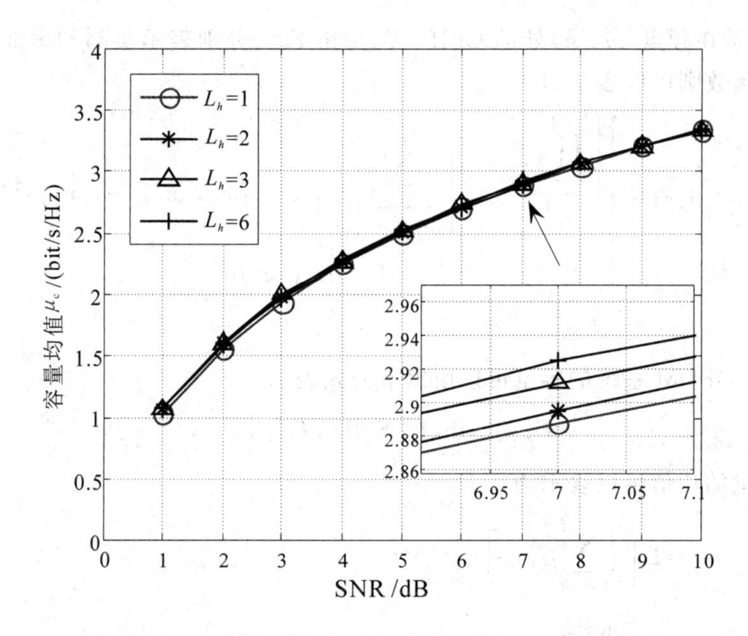

图 3.18　不同多径数目下容量均值随信噪比的变化情况

不同多径数目下的系统容量方差随信噪比的变化情况如图 3.19 所示。当多径数目增加时，信道的容量方差首先随之增加，随后容量方差随着信噪比的增大而降低。同时当多径数目增加到 3 以上，方差的变化并不明显。

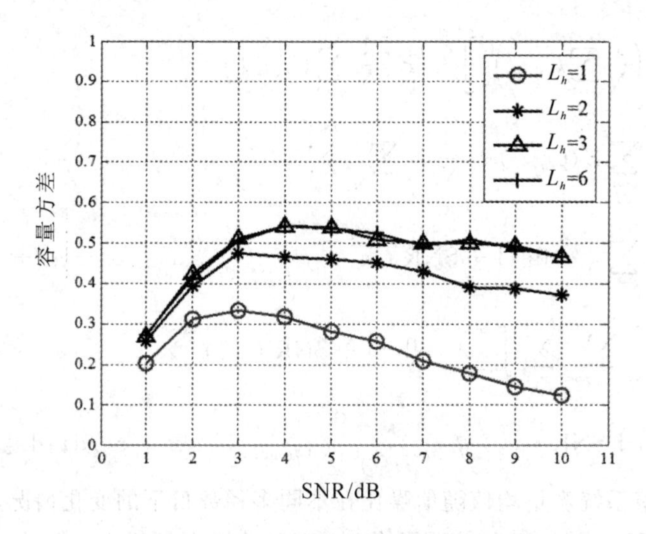

图 3.19　多径数对系统容量方差的影响

系统容量均值随子载波数目的变化情况如图 3.20 所示，图中可以看出子载波数的变化对于系统的容量均值有一定的影响，随着子载波数目的增加，系统的容量均值也在逐渐增大。但是随着子载波数的增大，系统容量均值的增加幅度逐渐放缓，当子载波数大于 1024 后系统容量均值基本不变。

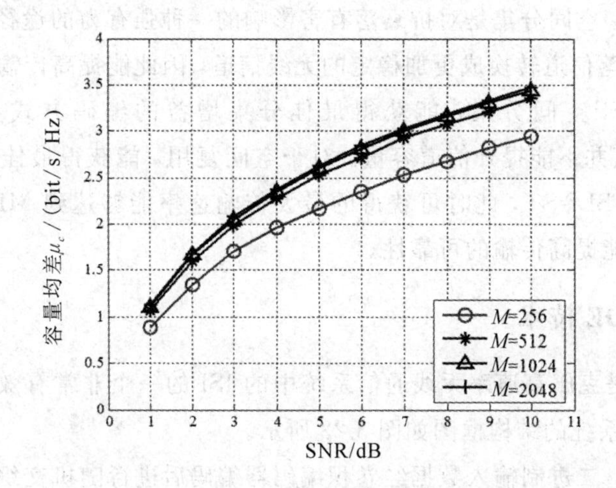

图 3.20 子载波数对系统容量均值的影响

系统容量方差随子载波数目的变化情况如图 3.21 所示。除了在 SNR 较大情况下，容量方差随 SNR 的增大而缓慢减小外，容量方差一般随着子载波数目的增大而减小，并且子载波大于 512 时系统容量方差基本保持一致。

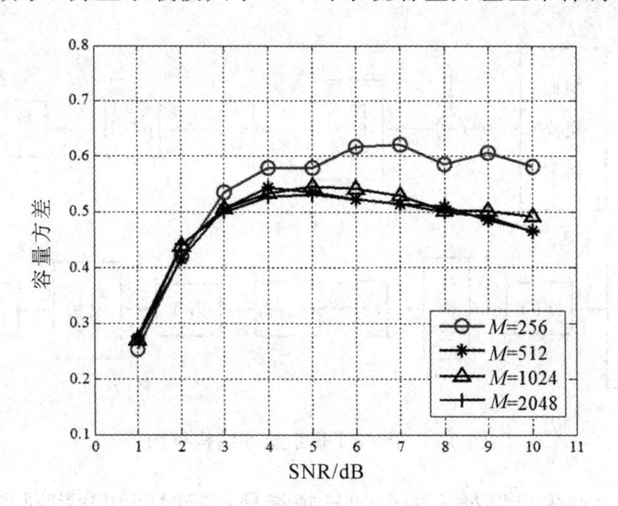

图 3.21 子载波数对系统容量方差的影响

3.3 对流层散射通信 MIMO-SCFDE 技术

MIMO 是一种有效的可以获得高可靠性或高速传输的技术，包括分集技术和复用技术。空间分集是对抗衰落有害影响的一种强有力的途径，其基本思想是将瑞利衰落信道转换成更加稳定的无线信道，因此能提高传输可靠性和降低误码率。对于空间分集，能获得最佳分集增益的编码方式是 STBC 和 STTC，但是其并不能提升信道容量。对于空间复用，能获得最佳复用增益的编码方式是 V-BLAST，此时可获得的最大传输速率能够达到 MIMO 信道容量，但是并不能提高传输的可靠性。

3.3.1 SC-FDE 技术

SC-FDE 是克服高速率无线通信系统中的 ISI 的一个非常有效的技术，传统的 SC-FDE 系统的结构框图如图 3.22 所示。

在发射端，二进制输入数据经卷积编码器编码后进行随机交织，接着以分块传输方式进行传输，每个块则是由 N 个经正交幅度调制(QAM)的符号组成。为避免由多径传播带来的块间干扰，各个块间周期性地插入保护间隔(GI)。最后进行上采样，而后采用平方根升余弦(SRRC)滤波器 $g(n)$ 用于符号的脉冲成形，再经数模转换后经发射天线发送出去。

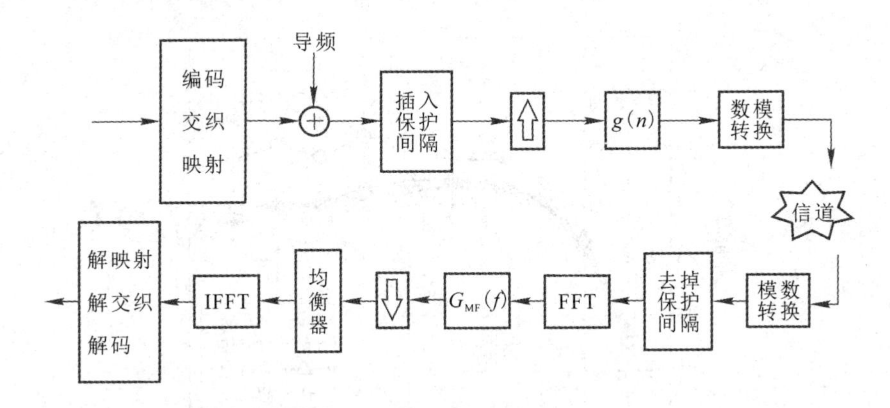

图 3.22　SC-FDE 系统的结构框图

在接收端，首先借助插入的已知导频符号进行时间和频率同步以及信道估计。接收端的信号处理按块进行，去掉保护间隔后，各数据块分别利用 FFT 变换到频域。为满足采样定理，匹配滤波器(Matched Filter，MF)$G_{MF}(f)$在频域以两倍的符号速率进行处理，因此对应的 FFT 矩阵维数变为 $2N\times 2N$。然后仍以符号速率来进行下采样，再进行迫零(Zero Forcing，ZF)或最小均方误差(Minimum Mean Square Error，MMSE)均衡后经 IFFT 变换回时域，最后进行对应的解映射、解交织和解码。

3.3.2　MIMO-SCFDE 技术

将 MIMO 与 SC-FDE 结合形成的 MIMO-SCFDE 技术，具有单载波峰均比低、多天线系统传输速率和频谱利用率高等优点。

按照 MIMO 系统利用多天线的具体方式，可将 MIMO-SCFDE 分为空间分集 MIMO-SCFDE 系统和空间复用 MIMO-SCFDE 系统。

1. 空间分集 MIMO-SCFDE 系统

将 SISO 的 SC-FDE 系统扩展成空间分集 MIMO-SCFDE 系统，其结构框图如图 3.23 所示。

为不失一般性，考虑有 2 个发射天线和 N_R 个接收天线的空间分集 MIMO-SCFDE 系统，采用 Alamouti 码作为 STBC 来获得分集增益。定义 $x_i^{(k)}(n)$ 为第 i 个发射天线上第 k 个数据块的第 n 个元素($n=0, 1, \cdots, N-1$)，则对于 $k=0, 2, 4, \cdots$，第 i 个发射天线上第 $k+1$ 个数据块的第 n 个元素可表示为

$$x_1^{(k+1)}(n)=-[x_2^{(k)}((-n)_N)]^*,\ x_2^{(k+1)}(n)=[x_1^{(k)}((-n)_N)]^* \tag{3.66}$$

其中，符号$[\cdot]^*$和$(\cdot)_N$ 分别表示复共轭运算和模-N 运算。在每个长度为 N 的数据块后添加 CP 作为保护间隔 GI，使信道矩阵具有循环特性。则在接收端去掉 GI 后，第 j 个接收天线上第 m 个数据块上的接收信号 $\boldsymbol{y}_j^{(m)}$ 可表示为

$$\boldsymbol{y}_j^{(m)}=\boldsymbol{h}_{1j}^{(m)}\boldsymbol{x}_1^{(m)}+\boldsymbol{h}_{2j}^{(m)}\boldsymbol{x}_2^{(m)}+\boldsymbol{n}_j^{(m)},\ m=k,\ k+1 \tag{3.67}$$

其中，$\boldsymbol{x}_i^{(m)}=[x_i^{(m)}(0),\ x_i^{(m)}(1),\ \cdots,\ x_i^{(m)}(N-1)]^{\mathrm{T}}$，$\boldsymbol{y}_j^{(m)}=[y_j^{(m)}(0),\ y_j^{(m)}(1),\ \cdots,\ y_j^{(m)}(N-1)]^{\mathrm{T}}$。$\boldsymbol{h}_{ij}^{(m)}$ 和 $\boldsymbol{n}_j^{(m)}$ 分别为传输第 m 个数据块时，第 i 个发射天线和第 j 个接收天线间信道矩阵与第 j 个接收天线上的噪声矩阵。将时域接收信号 $\boldsymbol{y}_j^{(m)}$ 变换到频域得到

$$\boldsymbol{Y}_j^{(m)}=\boldsymbol{Q}\boldsymbol{y}_j^{(m)}=\boldsymbol{H}_{1j}^{(m)}\boldsymbol{X}_1^{(m)}+H_{2j}^{(m)}\boldsymbol{X}_2^{(m)}+N_j^{(m)},\ m=k,\ k+1 \tag{3.68}$$

其中，$\boldsymbol{Q}$ 为 FFT 矩阵，$\boldsymbol{Y}_j^{(m)}$、$\boldsymbol{H}_{ij}^{(m)}$、$\boldsymbol{X}_i^{(m)}$ 和 $\boldsymbol{N}_j^{(m)}$ 分别表示 $\boldsymbol{y}_j^{(m)}$、$\boldsymbol{h}_{ij}^{(m)}$、$\boldsymbol{x}_i^{(m)}$ 和 $\boldsymbol{n}_j^{(m)}$ 的频域形式，则有 $\boldsymbol{Y}_j^{(m)}=\boldsymbol{Q}\boldsymbol{y}_j^{(m)}$，$\boldsymbol{X}_i^{(m)}=\boldsymbol{Q}\boldsymbol{x}_i^{(m)}$，$\boldsymbol{N}_j^{(m)}=\boldsymbol{Q}\boldsymbol{n}_j^{(m)}$，$\boldsymbol{H}_{ij}^{(m)}=\boldsymbol{Q}\boldsymbol{h}_{ij}^{(m)}\boldsymbol{Q}^{\mathrm{H}}$，且 $\boldsymbol{H}_{ij}^{(m)}$ 为对角矩阵。根据式(3.66)可得

$$X_1^{(k+1)}(n)=-(X_2^{(k)}(n))^*,\ X_2^{(k+1)}(n)=(x_1^{(k)}(n))^* \tag{3.69}$$

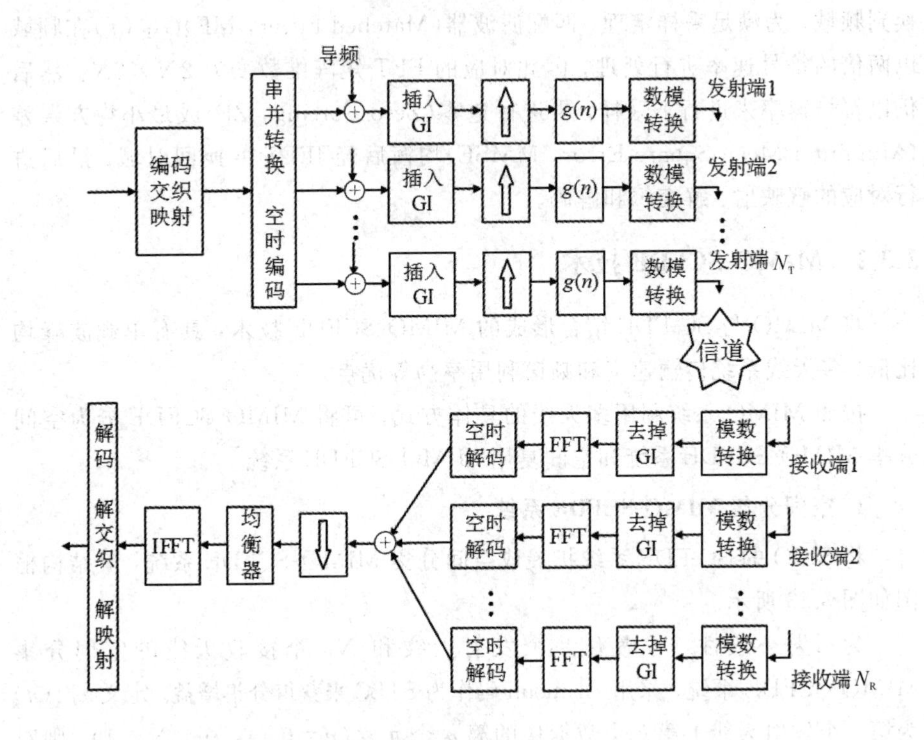

图 3.23　空间分集 MIMO-SCFDE 系统的结构框图

结合式(3.69)，将式(3.68)改写成矩阵形式，即

$$\boldsymbol{Y}_j=\begin{bmatrix}\boldsymbol{Y}_j^{(k)}\\ \bar{\boldsymbol{Y}}_j^{(k+1)}\end{bmatrix}=\begin{bmatrix}\boldsymbol{H}_{1j}^{(k)} & \boldsymbol{H}_{2j}^{(k)}\\ (\boldsymbol{H}_{2j}^{(k)})^* & -(\boldsymbol{H}_{1j}^{(k)})^*\end{bmatrix}\begin{bmatrix}\boldsymbol{X}_1^{(k)}\\ \boldsymbol{X}_2^{(k)}\end{bmatrix}+\begin{bmatrix}\boldsymbol{N}_j^{(k)}\\ \bar{\boldsymbol{N}}_j^{(k+1)}\end{bmatrix} \tag{3.70}$$

其中，$\bar{\boldsymbol{Y}}_j^{(k+1)}$ 和 $\bar{\boldsymbol{N}}_j^{(k+1)}$ 分别表示向量 $\boldsymbol{Y}_j^{(k+1)}$ 和 $\boldsymbol{N}_j^{(k+1)}$ 的复共轭。定义：

$$\boldsymbol{H}_j=\begin{bmatrix}\boldsymbol{H}_{1j}^{(k)} & \boldsymbol{H}_{2j}^{(k)}\\ (\boldsymbol{H}_{2j}^{(k)})^* & -(\boldsymbol{H}_{1j}^{(k)})^*\end{bmatrix},\ \boldsymbol{N}=\begin{bmatrix}\boldsymbol{N}_j^{(k)}\\ \bar{\boldsymbol{N}}_j^{(k+1)}\end{bmatrix} \tag{3.71}$$

由于 $\boldsymbol{H}_j$ 是正交矩阵，因此可利用$(\boldsymbol{H}_j)^*$对信号 $\boldsymbol{X}_1^{(k)}$ 和 $\boldsymbol{X}_2^{(k)}$ 进行解耦，即

$$\bar{\boldsymbol{Y}}_j=(\boldsymbol{H}_j)^*\boldsymbol{Y}_j=\begin{bmatrix}\boldsymbol{\Lambda} & \boldsymbol{0}_{N\times N}\\ \boldsymbol{0}_{N\times N} & \boldsymbol{\Lambda}\end{bmatrix}\begin{bmatrix}\boldsymbol{X}_1^{(k)}\\ \boldsymbol{X}_2^{(k)}\end{bmatrix}+\bar{\boldsymbol{N}} \tag{3.72}$$

其中，$\bar{\boldsymbol{Y}}_j$ 和 $\bar{\boldsymbol{N}}$ 分别表示向量 $\boldsymbol{Y}_j$ 和 $\boldsymbol{N}$ 的复共轭，$\boldsymbol{0}_{N\times N}$ 为 $N\times N$ 维的零矩阵，$\boldsymbol{\Lambda}$ 为 $N\times N$ 维的对角矩阵，其对角线元素可表示为

$$\boldsymbol{\Lambda}(p,\ p)=\left|\boldsymbol{H}_{1j}^{(k)}(p,\ p)\right|^2+\left|\boldsymbol{H}_{2j}^{(k)}(p,\ p)\right|^2 \tag{3.73}$$

其中，$\boldsymbol{H}_{ij}^{(k)}(p,\ p)$为 $N\times N$ 维对角矩阵 $\boldsymbol{H}_{ij}^{(k)}$ 对角线上的第 p 个元素，$0\leqslant p\leqslant$

$N-1$。由式(3.72)可知，解耦后的信号 $\boldsymbol{X}_1^{(k)}$ 和 $\boldsymbol{X}_2^{(k)}$ 互不干扰。因此，在获取空间分集增益的同时，其空时编码的复正交特性还能够简化接收机结构，接收机解码时只需要作简单的线性处理。

STBC 的主要优点是可以获得最大分集增益，为进一步提高编码增益，还可以采用 STTC 来实现空间分集。STTC 不是本书讨论重点，因此这里不作赘述。

2. 空间复用 MIMO-SCFDE 系统

将 SISO 的 SC-FDE 系统扩展成空间复用 MIMO-SCFDE 系统，其结构框图如图 3.24 所示。

考虑有 N_T 个发射天线和 N_R 个接收天线的空间复用 MIMO-SCFDE 系统，采用 V-BLAST 编码来获取复用增益。发射端采用分块方式进行传输，每 N 个数据符号构成一个 SC-FDE 符号。为便于推导，这里不妨假设频率选择性多径信道在同一数据块内是准静态的，即 MIMO 信道为频率选择性慢时变信道，且多径数目和 CP 长度都为 L。CP 则能够完全消除块间干扰(Inter Block Interference，IBI)，通过在发送端周期性地插入 CP 和在接收端去掉 CP，使得信道矩阵与发送信号矢量间的线性卷积运算转化为循环卷积运算。

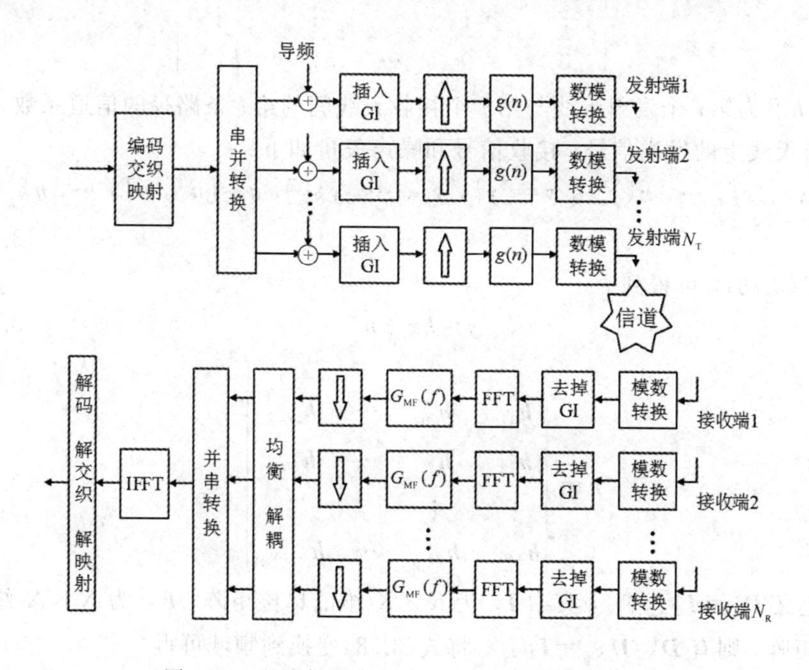

图 3.24　空间复用 MIMO-SCFDE 系统的结构框图

在任意一个 SC-FDE 符号周期内，定义 $x_i(n)$为第 i 个发射天线上的第 n 个传输符号($n=0, 1, \cdots, N-1$)，则第 i 个发射天线上的传输数据块可表示为

$$\boldsymbol{x}_i=[x_i(0), x_i(1), \cdots, x_i(N-1)]^{\mathrm{T}} \tag{3.74}$$

则去掉 CP 后第 j 个接收天线上的接收信号 $\boldsymbol{y}_j$ 可表示为

$$\boldsymbol{y}_j=\sum_{i=1}^{N_{\mathrm{T}}}\boldsymbol{h}_{ij}\boldsymbol{x}_i+\boldsymbol{n}_j \tag{3.75}$$

其中，$\boldsymbol{y}_i=[y_j(0), y_j(1), \cdots, y_j(N-1)]^{\mathrm{T}}$ 为第 j 个接收天线上的数据块，加性噪声 $\boldsymbol{n}_j=[n_j(0), n_j(1), \cdots, n_j(N-1)]^{\mathrm{T}}$ 中的元素服从零均值的循环对称复高斯分布，其方差为 σ^2。$\boldsymbol{h}_{ij}$ 表示第 i 个发射天线与第 j 个接收天线间的信道时域矩阵，具体形式为

$$\boldsymbol{h}_{ij}=\begin{bmatrix} h_{ij}^{(0)} & 0 & \cdots & h_{ij}^{(2)} & h_{ij}^{(1)} \\ h_{ij}^{(1)} & h_{ij}^{(0)} & \cdots & h_{ij}^{(1)} & h_{ij}^{(2)} \\ \vdots & h_{ij}^{(1)} & \cdots & \vdots & \vdots \\ h_{ij}^{(L-1)} & \vdots & & h_{ij}^{(L-3)} & h_{ij}^{(L-2)} \\ 0 & h_{ij}^{(L-1)} & \cdots & h_{ij}^{(L-2)} & h_{ij}^{(L-1)} \\ \vdots & \vdots & & \vdots & \vdots \\ 0 & 0 & \cdots & h_{ij}^{(1)} & h_{ij}^{(0)} \end{bmatrix} \tag{3.76}$$

其中，$h_{ij}^{(l)}$ 为第 i 个发射天线与第 j 个接收天线间的第 l 条路径的信道系数。定义所有天线上的发送信号、接收信号和噪声矢量如下：

$$\boldsymbol{x}=[\boldsymbol{x}_1^{\mathrm{T}}, \boldsymbol{x}_2^{\mathrm{T}}, \cdots, \boldsymbol{x}_{N_{\mathrm{T}}}^{\mathrm{T}}]^{\mathrm{T}}, \boldsymbol{y}=[\boldsymbol{y}_1^{\mathrm{T}}, \boldsymbol{y}_2^{\mathrm{T}}, \cdots, \boldsymbol{y}_{N_{\mathrm{R}}}^{\mathrm{T}}], \boldsymbol{n}=[\boldsymbol{n}_1^{\mathrm{T}}, \boldsymbol{n}_2^{\mathrm{T}}, \cdots, \boldsymbol{n}_{N_{\mathrm{R}}}^{\mathrm{T}}]^{\mathrm{T}} \tag{3.77}$$

结合式(3.75)，可得到

$$\boldsymbol{y}=\boldsymbol{h}\boldsymbol{x}+\boldsymbol{n} \tag{3.78}$$

其中，

$$\boldsymbol{h}=\begin{bmatrix} \boldsymbol{h}_{11} & \boldsymbol{h}_{21} & \cdots & \boldsymbol{h}_{N_{\mathrm{T}}1} \\ \boldsymbol{h}_{12} & \boldsymbol{h}_{22} & \cdots & \boldsymbol{h}_{N_{\mathrm{T}}2} \\ \vdots & \vdots & & \vdots \\ \boldsymbol{h}_{1N_{\mathrm{R}}} & \boldsymbol{h}_{2N_{\mathrm{R}}} & \cdots & \boldsymbol{h}_{N_{\mathrm{T}}N_{\mathrm{R}}} \end{bmatrix} \tag{3.79}$$

定义 $\boldsymbol{D}_K=\boldsymbol{I}_K\otimes\boldsymbol{F}_N$，其中 $\boldsymbol{I}_K$ 为 $K\times K$ 维的单位矩阵，$\boldsymbol{F}_N$ 为 $N\times N$ 维的 FFT 矩阵，则有 $\boldsymbol{D}_{N_{\mathrm{T}}}^{\mathrm{H}}\boldsymbol{D}_{N_{\mathrm{T}}}=\boldsymbol{I}_{NN_{\mathrm{T}}}$。将式(3.78)变换到频域可得

$$\boldsymbol{Y}=\boldsymbol{D}_{N_{\mathrm{R}}}\boldsymbol{y}=\boldsymbol{D}_{N_{\mathrm{R}}}\boldsymbol{h}\boldsymbol{D}_{N_{\mathrm{T}}}^{\mathrm{H}}\boldsymbol{D}_{N_{\mathrm{T}}}\boldsymbol{x}+\boldsymbol{D}_{N_{\mathrm{R}}}\boldsymbol{n}=\boldsymbol{H}\boldsymbol{X}+\boldsymbol{N} \tag{3.80}$$

其中，$\boldsymbol{X}$、$\boldsymbol{Y}$ 和 $\boldsymbol{N}$ 为 $\boldsymbol{x}$、$\boldsymbol{y}$ 和 $\boldsymbol{n}$ 的频域形式，且 $\boldsymbol{H}=\boldsymbol{D}_{N_R}\boldsymbol{h}\boldsymbol{D}_{N_T}^{\mathrm{H}}$。$\boldsymbol{H}$ 可表示为如式(3.79)的形式，其子块 $\boldsymbol{H}_{ij}$ 是对角矩阵，且对角线上的元素为矩阵 $\boldsymbol{h}_{ij}$ 的第一列经 FFT 处理后的结果。

假定信道矩阵 $\boldsymbol{H}$ 已通过信道估计方法准确获知，则频域接收信号的均衡可以采用 LS 均衡进行，其均衡系数为

$$\boldsymbol{W}=(\boldsymbol{H}^{\mathrm{H}}\boldsymbol{H})^{-1}\boldsymbol{H}^{\mathrm{H}} \tag{3.81}$$

其中，$(\cdot)^{-1}$ 表示矩阵求逆。由于矩阵 $\boldsymbol{H}^{\mathrm{H}}\boldsymbol{H}$ 的维数为 NN_{T}，因此求逆运算的复杂度为 $O((NN_{\mathrm{T}})^3)$。通常情况下数据块长度 N 都很大，这必将会导致均衡系数的计算复杂度很高。

为降低复杂度，考虑采用分频点的方法处理频域接收信号，将 N 个频点处的发送信号、接收信号以及信道矩阵分开进行重新组合。则在第 k 个频点处，有如下关系式：

$$\boldsymbol{Y}_k=\boldsymbol{H}_k\boldsymbol{X}_k+\boldsymbol{N}_k \tag{3.82}$$

其中，$\boldsymbol{X}_k=[X_1(k), \cdots, X_{N_{\mathrm{T}}}(k)]^{\mathrm{T}}$，$\boldsymbol{Y}_k=[Y_1(k), \cdots, Y_{N_{\mathrm{R}}}(k)]^{\mathrm{T}}$，$\boldsymbol{N}_k=[N_1(k), \cdots, N_{N_{\mathrm{R}}}(k)]^{\mathrm{T}}$。第 k 个频点处的信道矩阵可表示为

$$\boldsymbol{H}_k=\begin{bmatrix} H_{11}(k, k) & H_{21}(k, k) & \cdots & H_{N_{\mathrm{T}}1}(k, k) \\ H_{12}(k, k) & H_{22}(k, k) & \cdots & H_{N_{\mathrm{T}}2}(k, k) \\ \vdots & \vdots & & \vdots \\ H_{1N_{\mathrm{R}}}(k, k) & H_{2N_{\mathrm{R}}}(k, k) & \cdots & H_{N_{\mathrm{T}}N_{\mathrm{R}}}(k, k) \end{bmatrix} \tag{3.83}$$

其中，$H_{ij}(k, k)$表示对角矩阵 $\boldsymbol{H}_{ij}$ 对角线上的第 k 个元素，$0\leqslant k\leqslant N-1$。此时再对 $\boldsymbol{Y}_k$ 进行频域线性均衡，复杂度将得到大大降低。

第4章　OQAM/OFDM系统信道估计技术

多径信道的弥散特性会对OQAM/OFDM的传输信号带来幅度和相位上的畸变，使解调符号重构失败。为了准确地恢复传输符号，需要利用导频训练符号或者利用符号本身的特性在接收端对信道状态进行估计，以消除多径信道的弥散特性对信号造成的影响。本章讨论OQAM/OFDM系统中基于导频的频域和时域信道估计方法。在分析OQAM/OFDM系统的信道频域响应的基础上，为降低导频消耗，分别提出了基于格状导频、块状导频和压缩感知的频域信道估计方法；为降低多径时延扩展对信道估计性能的影响，提出一种改进的时域信道估计方法。

4.1　信道估计模型

按照是否在发送端发送导频符号，可以将信道估计方法分为盲信道估计和非盲信道估计两种。盲信道估计方法只是利用接收信号自身的统计特性对信道进行估计，算法的计算复杂度较高，而且散射信道的时变多径衰落会进一步增加这种方法的计算量。因此，我们在本章中主要讨论基于导频符号的非盲信道估计方法，这种方法首先在系统的发送端插入导频符号，然后在接收端利用导频点的接收信号对信道进行估计。

根据导频符号在时频格点的分布形式，可以将导频结构分类为格状导频和块状导频两种形式，它们的结构分别如图4.1和图4.2所示。在格状导频结构中，导频符号在时频格点上以一定的时频二维距离均匀地散布，这种导频结构一般应用于快变信道中。而块状导频结构是在一个或几个连续符号的时间间隔内，在全部子载波上传输导频符号。这种导频结构主要应用于慢时变信道中。散射信道的时变特性是由散射体的运动造成的，而散射体的运动和天气状况、风速、通信距离等参数有关。因此，散射信道在不同的环境条件下呈现出不同的时变特性，当散射信道缓慢变化时，可以采用基于块状导频的信道估计方法；但是当散射信道呈现出快变特性时，应该采用基于格状导频的信道估计方法。

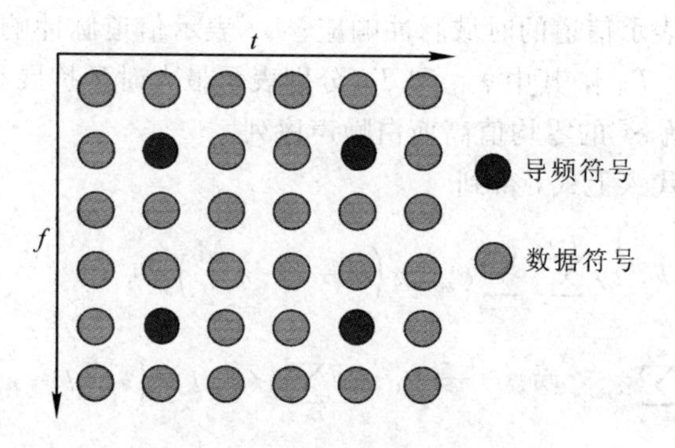

图 4.1　格状导频结构示意图

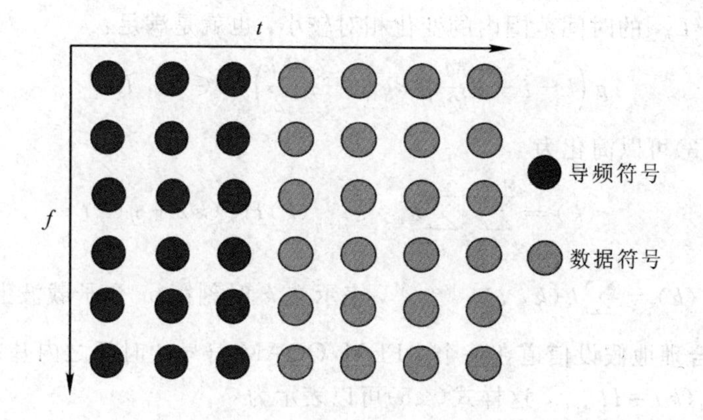

图 4.2　块状导频结构示意图

下面对 OQAM/OFDM 系统的信道估计问题进行数学描述。为了便于分析，采用离散时间的系统模型，OQAM/OFDM 发送信号可以表示为

$$s(k)=\sum_{m=0}^{M-1}\sum_{n=-\infty}^{\infty}a_{m,n}\underbrace{g\left(k-n\frac{M}{2}\right)\mathrm{e}^{\mathrm{j}\frac{2\pi}{M}m\left(k-\frac{L_g-1}{2}\right)}\mathrm{e}^{\mathrm{j}\phi_{m,n}}}_{g_{m,n}(k)} \tag{4.1}$$

式中，M 为子载波个数，$a_{m,n}$ 表示在第 m 个子载波上传输的第 n 个实数符号，$g(k)$ 表示原型滤波器函数，L_g 表示滤波器的长度，相位因子 $\phi_{m,n}=(\pi/2)(m+n)-mn\pi$。

在理想的同步条件下，OQAM/OFDM 系统的发送信号经过散射信道传输后，接收信号可表示为

$$r(k)=\sum_{l=0}^{L_h-1}h(k,l)s(k-l)+\eta(k) \tag{4.2}$$

式中，$h(k, l)$表示信道的时域脉冲响应；L_h 表示信道脉冲响应的长度，并且满足 $L_h=\lfloor \tau_{\max}/T_S \rfloor$，其中 $\tau_{\max}$和 T_S 分别表示最大时延扩展和符号采样周期；$\eta(k)$表示方差为 σ^2 的零均值高斯白噪声序列。

将式(4.1)代入上式，得到

$$
\begin{aligned}
r(k) &= \sum_{l=0}^{L_h-1} h(k, l) \sum_{m=0}^{M-1} \sum_{n=-\infty}^{\infty} a_{m,n} g\left(k-l-n\frac{M}{2}\right) e^{j\frac{2\pi}{M}m\left(k-l-\frac{L_g-1}{2}\right)} e^{j\phi_{m,n}} + \eta(k) \\
&= \sum_{m=0}^{M-1} \sum_{n=-\infty}^{\infty} a_{m,n} e^{j\frac{2\pi}{M}m\left(k-\frac{L_g-1}{2}\right)} e^{j\phi_{m,n}} \sum_{l=0}^{L_h-1} h(k, l) g\left(k-l-n\frac{M}{2}\right) e^{-j\frac{2\pi}{M}ml} + \eta(k)
\end{aligned}
\tag{4.3}
$$

假设信道脉冲响应的长度 L_h 远小于符号时间间隔，因此原型滤波器 $g(k)$ 在$[k, k+L_h]$的时间范围内的变化相对较小，也就是满足：

$$
g\left(k-l-n\frac{M}{2}\right) \approx g\left(k-n\frac{M}{2}\right), \quad l \in (0, L_h] \tag{4.4}
$$

于是式(4.3)可以简化为

$$
r(k) = \sum_{m=0}^{M-1} \sum_{n=-\infty}^{\infty} a_{m,n} g_{m,n}(k) H_m(k) + \eta(k) \tag{4.5}
$$

式中，$H_m(k) = \sum_{l=0}^{L_h-1} h(k, l) e^{-j2\pi ml/M}$，表示在 k 时刻第 m 个子载波上的信道频域响应。合理地假设信道在一个 OFDM/OQAM 符号的时间之内基本不变，也就是，$H_m(k)=H_{m,n}$，这样式(4.5)可以表示为

$$
r(k) = \sum_{m=0}^{M-1} \sum_{n=-\infty}^{\infty} a_{m,n} H_{m,n} g_{m,n}(k) + \eta(k) \tag{4.6}
$$

在接收端，对时频格点(p, q)位置上的符号进行解调，根据式(4.6)可以得到对应的解调符号：

$$
\begin{aligned}
y_{p,q} &= \sum_{k=-\infty}^{\infty} r(k) g_{p,q}^{*}(k) \\
&= \sum_{m=0}^{M-1} \sum_{n=-\infty}^{\infty} a_{m,n} H_{m,n} \sum_{k=-\infty}^{\infty} g_{m,n}(k) g_{p,q}^{*}(k) + \sum_{k=-\infty}^{\infty} \eta(k) g_{p,q}^{*}(k)
\end{aligned}
\tag{4.7}
$$

原型滤波器的基函数必须满足实数域正交条件：

$$
\Re\left\{ \sum_{k=-\infty}^{\infty} g_{m,n}(k) g_{p,q}^{*}(k) \right\} = \delta_{m,p} \delta_{n,q} \tag{4.8}
$$

因此，为表示方便，在 $m \neq p$，$n \neq q$ 时，可以令 $\sum_{k=-\infty}^{\infty} g_{m,n}(k) g_{p,q}^{*}(k) = j\langle g \rangle_{m,n}^{p,q}$，其中$\langle g \rangle_{m,n}^{p,q}$为纯实数项。可以看出，这种实数域的正交性会在系

统中引起固有的虚部干扰。对于理想信道来说，通过对解调信号 $y_{p,q}$ 进行取实操作就可以准确地恢复出发送信号。但是在多径衰落信道的影响下，由于信道的复数特性，这种虚部干扰会对解调信号造成干扰。将式(4.7)重新表示为

$$y_{p,q}=a_{p,q}H_{p,q}+\underbrace{\mathrm{j}\sum_{m\neq p}\sum_{n\neq q}a_{m,n}H_{m,n}\langle g\rangle_{m,n}^{p,q}}_{I_{p,q}}+\eta_{p,q} \tag{4.9}$$

式中，$\eta_{p,q}=\sum_{k=-\infty}^{\infty}\eta(k)g_{p,q}^{*}(k)$，表示解调后的噪声分量；$I_{p,q}$ 表示系统固有的虚部干扰对解调信号造成的干扰项。对于传统的 CP-OFDM 系统，如果在时频格点 (p, q) 处插入导频符号 $a_{p,q}$，信道频域响应可以用下式估计：$\hat{H}_{p,q}=y_{p,q}/a_{p,q}$。如果把这种信道估计方法直接应用于 OQAM/OFDM 系统中，从式(4.9)可以得到

$$\hat{H}_{p,q}=\frac{y_{p,q}}{a_{p,q}}=H_{p,q}+\frac{I_{p,q}}{a_{p,q}}+\frac{\eta_{p,q}}{a_{p,q}} \tag{4.10}$$

从上式可以看出，即使没有噪声项的影响，信道的估计值中仍然包括干扰项 $I_{p,q}/a_{p,q}$，因此，这种 CP-OFDM 系统中的信道估计方法在 OQAM/OFDM 系统中不再实用。

定义格点 (p, q) 的邻域为 $\Omega_{a,b}=\{(m, n), |m-p|\leqslant a, |n-q|\leqslant b\}$，并且令 $\Omega_{a,b}^{*}=\{\Omega_{a,b}-(p, q)\}$。由于原型滤波器具有良好的时频聚焦特性，通常假设对式(4.9)中的干扰项 $I_{p,q}$ 有贡献的格点仅仅来自 (p, q) 的一阶邻域 $\Omega_{1,1}^{*}$，如图 4.3 所示。实际上，如果采用长度 L_g 为 $4M$ 的 IOTA 原型滤波器

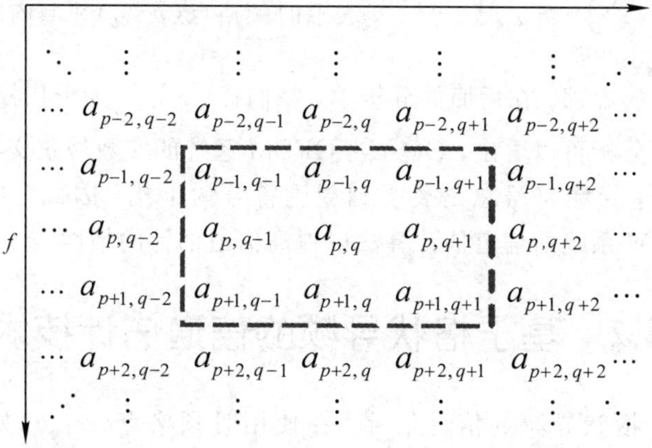

$$\begin{array}{ccccccc}
\ddots & \vdots & \vdots & \vdots & \vdots & \vdots & \iddots \\
\cdots & a_{p-2,q-2} & a_{p-2,q-1} & a_{p-2,q} & a_{p-2,q+1} & a_{p-2,q+2} & \cdots \\
\cdots & a_{p-1,q-2} & a_{p-1,q-1} & a_{p-1,q} & a_{p-1,q+1} & a_{p-1,q+2} & \cdots \\
\cdots & a_{p,q-2} & a_{p,q-1} & a_{p,q} & a_{p,q+1} & a_{p,q+2} & \cdots \\
\cdots & a_{p+1,q-2} & a_{p+1,q-1} & a_{p+1,q} & a_{p+1,q+1} & a_{p+1,q+2} & \cdots \\
\cdots & a_{p+2,q-2} & a_{p+2,q-1} & a_{p+2,q} & a_{p+2,q+1} & a_{p+2,q+2} & \cdots \\
\iddots & \vdots & \vdots & \vdots & \vdots & \vdots & \ddots
\end{array}$$

（横轴 t，纵轴 f）

图 4.3　时频格点(p, q)的一阶邻域示意图

函数，则可以计算出相应的 $\mathrm{j}\langle g\rangle_{m,n}^{p,q}$ 的值，如表 4.1 所示。可以看出，由于 IOTA原型滤波器具有良好的时频聚焦特性，对于一阶邻域之外的格点，$\left|\mathrm{j}\langle g\rangle_{m,n}^{p,q}\right|<0.04$。所以式(4.9)中的干扰项主要来自时频格点($p$, q)附近相邻的符号，也就是集合 $\Omega_{1,1}^{*}$ 中的格点。

表 4.1 干扰系数 $\mathrm{j}\langle g\rangle_{m,n}^{p,q}$ 的值

	$n=q-4$	$n=q-3$	$n=q-2$	$n=q-1$	$n=q$	$n=q+1$	$n=q+2$	$n=q+3$	$n=q+4$
$m=p-4$	2e−6	7e−5j	1e−7	0.0016j	3e−9	−0.0016j	1e−7	−7e−5j	2e−6
$m=p-3$	−5e−5j	−4e−4j	−0.0016j	−0.0103j	−0.0182j	−0.0103j	−0.0016j	−4e−4j	−5e−5j
$m=p-2$	−6e−6	0.0016j	−3e−7	0.0381j	−8e−9	−0.0381j	−3e−7	−0.0016j	−6e−6
$m=p-1$	−0.0013j	−0.0103j	−0.0380j	−0.2280j	−0.4411j	−0.2280j	−0.0380j	−0.0013j	−0.0013j
$m=p$	−6e−4	0.0183j	−1e−5	0.4411j	1	−0.4411j	−1e−5	−0.0183j	−6e−4
$m=p+1$	0.0013j	−0.0103j	0.0380j	−0.2280j	0.4411j	−0.2280j	−0.0380j	−0.0103j	0.0013j
$m=p+2$	−6e−6	0.0016j	−3e−7	0.0381j	−8e−9	−0.0381j	−3e−7	−0.0016j	−6e−6
$m=p+3$	5e−5j	−4e−4j	0.0016j	−0.0103j	0.0182j	−0.0103j	−0.0016j	−4e−4j	5e−5j
$m=p+4$	2e−6	7e−5j	1e−7	0.0016j	3e−9	−0.0016j	1e−7	−7e−5j	2e−6

如果进一步假设信道频域响应在 $\Omega_{a,b}^{*}$ 内保持不变，那么式(4.9)可以重新表示为

$$y_{p,q}=H_{p,q}c_{p,q}+\eta_{p,q}=H_{p,q}(a_{p,q}+\mathrm{j}u_{p,q})+\eta_{p,q} \tag{4.11}$$

式中，$u_{p,q}=\sum\limits_{(m,n)\in\Omega_{a,b}^{*}}a_{m,n}\langle g\rangle_{m,n}^{p,q}$，表示时频格点($p$, q)邻域内的信号对 $a_{p,q}$ 所造成的干扰的虚部。在后面的分析中，我们称 $\langle g\rangle_{m,n}^{p,q}$ 为干扰权重系数。

通过上述分析可以看出，OQAM/OFDM 系统的实数域正交特性使得在进行信道估计时，导频符号总是要受到周围符号的干扰，因此，必须研究适合 OQAM/OFDM 系统的信道估计算法以提高信道估计的精度。

4.2 基于格状导频的信道估计技术

对于基于格状导频的信道估计，在使用时频格点(p, q)处的导频符号 $a_{p,q}$ 来估计此处的信道频域响应 $H_{p,q}$ 时，由式(4.11)可知，导频符号邻域内的符号所引起的未知干扰项 $u_{p,q}$ 会对信道估计结果造成影响。因此，如果能够使

干扰项的值为零，就可以得到比较准确的信道估计值。

4.2.1　辅助导频法

基于消除干扰 $u_{p,q}$ 的思想，常用的方法有置零法和辅助导频法(Auxiliary Pilot，AP)。置零法的设计非常简单，将导频符号邻域范围内(通常取一阶邻域 $\Omega_{1,1}^{*}$)的数据符号全部置为零，这样就可以消除导频位置上的大部分干扰，获得比较好的估计性能。这种方法不需要额外的计算量，比较简单，但是符号的留空浪费了大量资源，频谱利用率比较低。

与置零法不同，辅助导频法首先通过预留出导频符号附近的某一时频格点位置来放置辅助导频，然后通过对辅助导频设置相应的值，来抵消其他的邻域符号对导频的干扰。由于这种方法只使用了一个辅助导频，因此它与置零法相比，导频的开销要少得多。

在式(4.11)中，只考虑了 $a_{p,q}$ 一阶邻域 $\Omega_{1,1}^{*}$ 内的干扰；为了表示方便，将 $\Omega_{1,1}^{*}$ 的相应位置的符号索引设置成如图 4.4 所示的结构。令 a_k 表示位置 k 的符号，$\gamma_k=\langle g\rangle_{m,n}^{p,q}$ 表示相应位置的干扰系数，那么

$$u_{p,q}=\sum_{(m,n)\in\Omega_{1,1}^{*}}a_{m,n}\langle g\rangle_{m,n}^{p,q}=\sum_{k=1}^{8}a_k\gamma_k \tag{4.12}$$

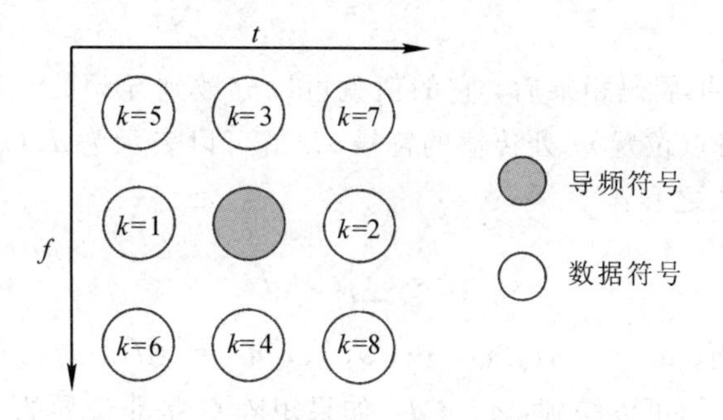

图 4.4　格状导频数据结构示意图

为了消除干扰，导频符号周围的 8 个随机符号的值 d_k，$k=1$，…，8，应该可以使干扰 $u_{p,q}=0$。辅助导频法就是假设在 i_1，i_2，i_3，i_4，i_5，i_6，i_7 这 7 个位置传输数据符号 $a_{i_k}=d_k$，而在位置 i_8 通过将辅助导频设置为下式的值以消除干扰：

$$a_{i_8}=-\sum_{k=1}^{7}\frac{a_{i_k}\gamma_{i_k}}{\gamma_{i_8}} \tag{4.13}$$

在这种情况下，式(4.11)可以简化为

$$y_{p,q}=H_{p,q}a_{p,q}+\eta_{p,q} \tag{4.14}$$

于是在接收端就可以首先通过 LS 算法对导频位置的信道频域响应进行估计，然后通过相应的插值算法就可以得到整个信道的估计。但是这种方法也存在不足：进行信道估计需要的导频能量开销比较大，导频符号的能量可能远高于数据符号的平均能量。根据式(4.13)，可以得到辅助导频的平均功率为

$$\sigma_{a_{i_8}}^2=\sigma_a^2\sum_{k=1}^{7}\left|\frac{\gamma_{i_k}}{\gamma_{i_7}}\right|^2 \tag{4.15}$$

式中，σ_a^2 表示实值符号 $a_{p,q}$ 的功率。对于 IOTA 原型滤波器来说，如果令 $i_8=2$，则可以由计算得到 $\sigma_{a_{i_8}}^2=4.07\sigma_a^2$。同时注意到，AP 方法需要两个实值符号的导频开销，这实际上和传统的 CP-OFDM 系统中需要的一个复值符号的导频开销是一样的。

4.2.2 预编码方法

通过对导频 $a_{p,q}$ 周围的数据符号进行预编码的方式，可使干扰 $u_{p,q}$ 的值近似为零。由于导频一阶邻域 $\Omega_{1,1}^*$ 内的数据符号 d_k 是随机的，因此可以采用类似扩频的方式将这些数据符号扩展到 $\Omega_{1,1}^*$ 内的 8 个位置，使每个数据符号 d_k 对应于一组扩展码：

$$c_k=(c_{1,k},\ c_{2,k},\ \cdots,\ c_{8,k})^{\mathrm{T}} \tag{4.16}$$

数据 d_k 与扩展码相乘后，它的值就可以分散到导频的一阶邻域 $\Omega_{1,1}^*$ 内。因此，在时频格点位置 m 处传输的符号 a_m 就可以表示为 $d_k(k=1,\ \cdots,\ 8)$ 对该位置的贡献值之和：

$$a_m=\sum_{k=1}^{8}c_{m,k}d_k \tag{4.17}$$

通过设置 $\boldsymbol{a}=(a_1,\ a_2,\ \cdots,\ a_8)^{\mathrm{T}}$，$\boldsymbol{d}=(d_1,\ d_2,\ \cdots,\ d_8)^{\mathrm{T}}$，$\boldsymbol{C}=[c_1,\ c_2,\ \cdots,\ c_8]$，可以得到：$\boldsymbol{a}=\boldsymbol{Cd}$。如果矩阵 $\boldsymbol{C}$ 是非奇异的，在接收端就可以通过计算 $\boldsymbol{d}=\boldsymbol{C}^{-1}\boldsymbol{a}$ 以恢复出数据向量 $\boldsymbol{d}$。值得注意的是，如果将 $\boldsymbol{C}$ 设置成正交矩阵：$\boldsymbol{C}^{\mathrm{T}}\boldsymbol{C}=\boldsymbol{I}$，那么可以得到 $\|\boldsymbol{a}\|=\boldsymbol{a}^{\mathrm{T}}\boldsymbol{a}=\boldsymbol{d}^{\mathrm{T}}\boldsymbol{C}^{\mathrm{T}}\boldsymbol{Cd}=\|\boldsymbol{d}\|$，也就是说，编码前后数据符号的功率是一致的，不会造成传输功率的浪费。如果令 $\boldsymbol{\gamma}=(\gamma_1,\ \gamma_2,\ \cdots,\ \gamma_8)^{\mathrm{T}}$，那么式(4.12)可以简化为

$$u_{p,q}=\sum_{m=1}^{8}a_m\gamma_m=\sum_{m=1}^{8}\gamma_m\sum_{k=1}^{8}c_{m,k}d_k=\sum_{k=1}^{8}(\boldsymbol{\gamma}^{\mathrm{T}}c_k)d_k \tag{4.18}$$

从上式可以看出，只要满足条件 $\boldsymbol{\gamma}^{\mathrm{T}}c_k=0$，$k\in(1,\ 2,\ \cdots,\ 8)$，不论 d_k 的取值怎样，都可以使 $u_{p,q}=0$。也就是说 $(c_0,\ c_1,\ \cdots,\ c_8)$ 与 $\boldsymbol{\gamma}$ 之间必须是正交

的，但是在 8 维的向量空间中，上面的 9 个向量不可能组成一个正交基。因此，可以令 $d_8=0$，此时式(4.18)可以表示为

$$u_{p,q}=\sum_{k=1}^{7}(\boldsymbol{\gamma}^{\mathrm{T}}c_k)d_k \tag{4.19}$$

这样的话，只需要$(c_1, c_2, \cdots, c_7)$与 $\boldsymbol{\gamma}$ 之间满足正交关系就可以了。对于一个给定的原型滤波器 $g(k)$，向量 $\boldsymbol{\gamma}$ 是可以通过计算得到的，并且在求得 $\boldsymbol{\gamma}$ 之后，通过施密特正交化方法就可以得到矩阵 $\boldsymbol{C}$。

通过上面的预编码方法，可以消除干扰 $u_{p,q}$，并且不需要额外的导频功率消耗。但是由于正交矩阵 $\boldsymbol{C}$ 是 8 维的，利用这种方法求取 $\boldsymbol{C}$ 的时候，计算复杂度较高。而且对于某些时频聚焦特性不是太好的原型滤波器，还需要考虑一阶邻域之外的格点位置的干扰，这样 $\boldsymbol{C}$ 的维数会进一步增加，算法的计算复杂度会更高。因此，下面我们对预编码方法进行进一步分析，然后提出一种改进的预编码信道估计方法。

4.2.3　改进的预编码方法

对上节中基于预编码的信道估计方法进一步分析。由于 $d_8=0$，因此，根据式(4.17)可以得到：

$$\boldsymbol{a}=\boldsymbol{C}\boldsymbol{d}=\boldsymbol{D}\boldsymbol{d}' \tag{4.20}$$

式中，$\boldsymbol{d}'=(d_1, \cdots, d_7)^{\mathrm{T}}$，$\boldsymbol{D}=(c_1, \cdots, c_7)$表示编码矩阵。式(4.18)的虚部干扰可以表示为

$$\theta=u_{p,q}=\boldsymbol{\gamma}^{\mathrm{T}}\boldsymbol{a} \tag{4.21}$$

如果要令虚部干扰为零，将式(4.20)代入上式，可以得到

$$\boldsymbol{\gamma}^{\mathrm{T}}\boldsymbol{D}=\boldsymbol{0} \tag{4.22}$$

式中，$\boldsymbol{0}$ 表示零向量。在上节中已经说明，为了保持编码前后符号功率保持不变，$\boldsymbol{C}$ 应该是正交矩阵。因此，根据式(4.20)，$\boldsymbol{D}$ 同样应该满足条件：

$$\boldsymbol{D}^{\mathrm{T}}\boldsymbol{D}=\boldsymbol{I} \tag{4.23}$$

于是，问题就转化成求解满足式(4.22)和(4.23)的编码矩阵 $\boldsymbol{D}$。如果对导频 $a_{p,q}$一阶邻域内所有的 8 个符号进行编码，那么 $\boldsymbol{D}$ 是 8×7 的矩阵，虽然可以通过施密特正交化的方法求解式(4.22)，但是计算复杂度依然比较大。因此，我们考虑降低矩阵 $\boldsymbol{D}$ 的维数，以降低算法的计算量。

首先，根据图 4.4，只对格点位置 $k=1, 2, 3, 4$ 处的符号进行编码，使它们对导频符号的干扰的和为零。和前面的情况一样，式(4.20)～(4.23)的表达式也是成立的。只是此时 $\boldsymbol{a}=(a_1, \cdots, a_4)^{\mathrm{T}}$，$\boldsymbol{d}'=(d_1, \cdots, d_4)^{\mathrm{T}}$，$\boldsymbol{\gamma}=(\gamma_1, \cdots, \gamma_4)^{\mathrm{T}}$，并且 $\boldsymbol{D}=(c_1, \cdots, c_3)$为 4×3 的编码矩阵。对于使用 IOTA 原型

滤波器的系统，可以通过计算得到：$\boldsymbol{\gamma}=(-0.4411, 0.4411, 0.4411, -0.4411)^{\mathrm{T}}$。于是，我们可以选取编码矩阵 $\boldsymbol{D}$ 的前两列为

$$c_1=\frac{1}{\sqrt{2}}(1, 1, 0, 0)^{\mathrm{T}}, c_2=\frac{1}{\sqrt{2}}(0, 0, 1, 1)^{\mathrm{T}}$$

由于所要计算的矩阵 $\boldsymbol{D}$ 的第三列 c_3 是与 $\boldsymbol{\gamma}$、c_1 和 c_2 正交的单位向量，因此比较容易计算出 c_3 的值。最后可以得到

$$\boldsymbol{D}=\frac{1}{\sqrt{2}}\begin{bmatrix}1 & 0 & 0.7071\\ 1 & 0 & -0.7071\\ 0 & 1 & 0.7071\\ 0 & 1 & -0.7071\end{bmatrix} \text{或者 } \boldsymbol{D}=\frac{1}{\sqrt{2}}\begin{bmatrix}1 & 0 & -0.7071\\ 1 & 0 & 0.7071\\ 0 & 1 & -0.7071\\ 0 & 1 & 0.7071\end{bmatrix} \tag{4.24}$$

需要注意的是，虽然采用式(4.24)的编码矩阵可以消除格点位置 $k=1, 2, 3, 4$ 的符号带来的干扰，但是在格点位置 $k=5, 6, 7, 8$ 处未编码的符号仍然会对导频带来干扰 θ'。令 $\boldsymbol{s}$ 表示未编码的符号集合：$\boldsymbol{s}=(a_5, a_6, a_7, a_8)^{\mathrm{T}}$，并且令 $\boldsymbol{\gamma}'$表示相应位置的干扰系数的集合：$\boldsymbol{\gamma}'=(\gamma_5, \gamma_6, \gamma_7, \gamma_8)^{\mathrm{T}}$。可以得到

$$\theta'=\boldsymbol{\gamma}'^{\mathrm{T}}\boldsymbol{s} \tag{4.25}$$

为了消除这种干扰，对式(4.20)进行下面的变换：

$$\boldsymbol{a}=\boldsymbol{D}\boldsymbol{d}'+\chi \tag{4.26}$$

可以看出，如果选择合适的 χ，使上式满足$\boldsymbol{\gamma}^{\mathrm{T}}\boldsymbol{a}=-\theta'$，那么式(4.25)的干扰就会被抵消到。由于$\boldsymbol{\gamma}^{\mathrm{T}}\boldsymbol{D}=\boldsymbol{0}$，因此可以得到$\boldsymbol{\gamma}^{\mathrm{T}}\chi=-\theta'$。为了使导频消耗的功率最小，可以通过下面的最优化问题求解 χ：

$$\min|\chi|^2, \text{满足}\boldsymbol{\gamma}^{\mathrm{T}}\chi=-\theta' \tag{4.27}$$

利用拉格朗日乘子法可以求得上式的结果：

$$\chi=-\frac{\theta'}{|\boldsymbol{\gamma}|^2}\boldsymbol{\gamma} \tag{4.28}$$

于是，通过式(4.26)的变换，导频点一阶邻域内的符号对导频的干扰可以被消除。为了比较上面三种方法的信道估计性能，下面从频谱效率、能量效率两个方面进行分析。

1. 频谱效率分析

在辅助导频法中，除了导频点的符号外，还需要通过一个实值的辅助导频以消除干扰的影响。也就是说，这种方法需要两个实值符号的导频开销，这和传统的 CP-OFDM 系统需要的一个复值符号的开销是一样的。预编码方法和本节提出的改进方法，同样需要消耗一个额外的实值导频，并且将其置为零。因此，这三种方法的频谱效率是相同的。

2. 能量效率分析

通过分析三种方法中为消除干扰而带来的额外功率消耗 ε，对它们的能量效率进行对比。在预编码方法中，由于采用了正交编码矩阵，额外的导频功率消耗为零。对于本节的改进方法来说，参与编码的数据部分同样没有带来功率消耗，但是式(4.26)中添加的 χ 会造成额外的功率消耗。假设实值数据符号是不相关的，并且功率为 σ_a^2，那么通过式(4.25)和(4.28)可以得到

$$\varepsilon = E(\chi^{\mathrm{T}}\chi) = \frac{1}{\boldsymbol{\gamma}^{\mathrm{T}}\boldsymbol{\gamma}}E(\theta'^2) = \sigma_a^2 \frac{\boldsymbol{\gamma}'^{\mathrm{T}}\boldsymbol{\gamma}'}{\boldsymbol{\gamma}^{\mathrm{T}}\boldsymbol{\gamma}} = \sigma_a^2 \frac{\sum_{k=5}^{8}\gamma_k^2}{\sum_{k=1}^{4}\gamma_k^2} \tag{4.29}$$

对于使用 IOTA 原型滤波器的系统，$\boldsymbol{\gamma}' = (0.2280, 0.2280, 0.2280, 0.2280)^{\mathrm{T}}$，因此，可以计算出额外功率消耗为 $\varepsilon = 0.2676\sigma_a^2$。也就是说，本节改进方法相比于预编码方法有了额外的导频功率消耗，但是这相比于式(4.15)中辅助导频法的功率消耗 $4.07\sigma_a^2$ 有了很大的降低，在可以接受的范围内。

综上所述，本节所提的改进方法是辅助导频法和预编码方法的一个折中方案，以较小的导频功率消耗带来算法的计算复杂度的降低。

4.3　基于块状导频的信道估计技术

针对基于块状导频的信道估计方法，本节在分析成对导频法(Pair Of Pilots，POP)和干扰近似法(Interference Approximation Method，IAM)的基础上，基于 IAM 方法提出了一种改进的频域平均信道估计方法。

4.3.1　POP 信道估计方法

POP 信道估计方法是通过计算相邻的两个导频符号的数学关系从而得到信道的频域响应。考虑在时频格点 (p, q_1) 和 (p, q_2) 的两个导频符号，定义系数 $\theta_{p,q} = 1/H_{p,q}$，忽略掉信道噪声的影响，根据式(4.11)可以得到

$$y_{p,q_1}\theta_{p,q_1} = a_{p,q_1} + \mathrm{j}u_{p,q_1} \tag{4.30}$$

$$y_{p,q_2}\theta_{p,q_2} = a_{p,q_2} + \mathrm{j}u_{p,q_2} \tag{4.31}$$

定义 $y_{p,q} = y_{p,q}^{\mathrm{R}} + \mathrm{j}y_{p,q}^{\mathrm{I}}$，$\theta_{p,q} = \theta_{p,q}^{\mathrm{R}} + \mathrm{j}\theta_{p,q}^{\mathrm{I}}$，$a_{p,q} = a_{p,q}^{\mathrm{R}} + \mathrm{j}a_{p,q}^{\mathrm{I}}$，根据式(4.30)和(4.31)可以得到

$$y_{p,q_1}^{\mathrm{R}}\theta_{p,q_1}^{\mathrm{R}} - y_{p,q_1}^{\mathrm{I}}\theta_{p,q_1}^{\mathrm{I}} = a_{p,q_1} \tag{4.32}$$

$$y_{p,q_2}^{\mathrm{R}}\theta_{p,q_2}^{\mathrm{R}} - y_{p,q_2}^{\mathrm{I}}\theta_{p,q_2}^{\mathrm{I}} = a_{p,q_2} \tag{4.33}$$

如果假设信道在相邻的两个符号时间间隔内变化不大，即 $\theta_{p,q_1} = \theta_{p,q_2}$，根据式(4.32)和(4.33)可以得到

$$\begin{bmatrix} y_{p,q_1}^{\mathrm{R}} & -y_{p,q_1}^{\mathrm{I}} \\ y_{p,q_2}^{\mathrm{R}} & -y_{p,q_2}^{\mathrm{I}} \end{bmatrix} \begin{bmatrix} \theta_{p,q_1}^{\mathrm{R}} \\ \theta_{p,q_1}^{\mathrm{I}} \end{bmatrix} = \begin{bmatrix} a_{p,q_1} \\ a_{p,q_2} \end{bmatrix} \tag{4.34}$$

对上式进行变换：

$$\begin{bmatrix} \theta_{p,q_1}^{\mathrm{R}} \\ \theta_{p,q_1}^{\mathrm{I}} \end{bmatrix} = \frac{1}{y_{p,q_1}^{\mathrm{I}} y_{p,q_2}^{\mathrm{R}} - y_{p,q_1}^{\mathrm{R}} y_{p,q_2}^{\mathrm{I}}} \begin{bmatrix} y_{p,q_1}^{\mathrm{I}} a_{p,q_2} - y_{p,q_2}^{\mathrm{I}} a_{p,q_1} \\ y_{p,q_1}^{\mathrm{R}} a_{p,q_2} - y_{p,q_2}^{\mathrm{R}} a_{p,q_1} \end{bmatrix} \tag{4.35}$$

式(4.35)可以简化为

$$\theta_{p,q_1} = \theta_{p,q_1}^{\mathrm{R}} + \mathrm{j}\theta_{p,q_1}^{\mathrm{I}} = \mathrm{j}\,\frac{a_{p,q_1} y_{p,q_2}^{*} - a_{p,q_2} y_{p,q_1}^{*}}{\Im(y_{p,q_1}^{*} y_{p,q_2})} \tag{4.36}$$

式中，$\Im(\cdot)$表示取虚值运算。在通常情况下，导频符号包含最初两个时刻的OQAM/OFDM符号，即 $q_1=0$，$q_2=1$。在这种情况下，如果我们采用图4.5的导频结构，其中第一列的导频符号 $a_{p,0}=(-1)^p$，第二列符号全为零，那么式(4.36)可以简化为

$$\theta_{p,0} = \mathrm{j}\,\frac{(-1)^p y_{p,1}^{*}}{\Im(y_{p,0}^{*} y_{p,1})} \tag{4.37}$$

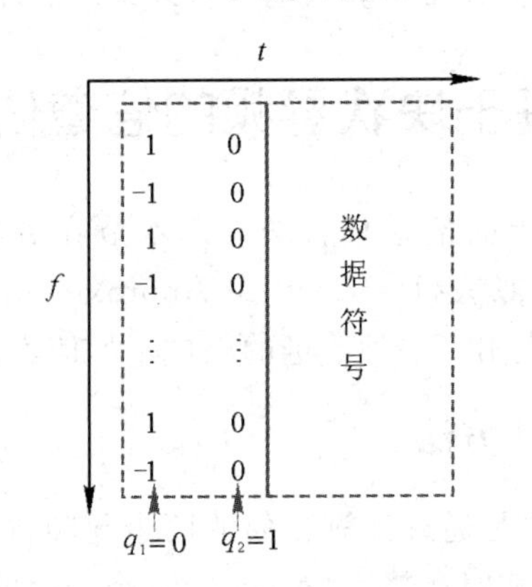

图 4.5 基于 POP 的数据结构示意图

从而可以得到信道频域响应的值为 $H_{p,0}=1/\theta_{p,0}$。可以看出，POP信道估计方法一个明显的优势是算法比较简单，而且只使用了导频符号本身，并不依赖于原型滤波器。但是需要注意的是，上面的推导是在忽略噪声的假设条件下得到的。实际上，由于相邻的未知符号间干扰，信道噪声会对估计性能造成不可预知的影响。因此，通常不采用这种方法对散射信道进行估计。

4.3.2 IAM 信道估计方法

干扰近似法将导频点(p, q)邻近数据符号的固有干扰 $u_{p,q}$视为有用信息，

对这种干扰进行近似的估计，并将其与导频点组合成为一个复值的伪导频 $c_{p,q}$，然后可以利用这个伪导频进行类似于 CP-OFDM 系统的信道估计。这种信道估计方法需要已知导频点周围的时频格点的值，因此这种方法对应的块状导频结构通常需要持续三个实值符号的时间间隔 $3\tau_0$，这比 CP-OFDM 系统中导频占用的 $2\tau_0$ 的时间间隔要长。

当导频点外围邻域 $\Omega_{a,b}^*$ 的时频格点的值确定时，$u_{p,q}$ 可以通过计算得到，因此，伪导频 $c_{p,q}$ 也是已知的。于是，根据式(4.11)，可以使用 LS 算法进行信道估计：

$$\hat{H}_{p,q}=\frac{y_{p,q}}{c_{p,q}}=H_{p,q}+\frac{\eta_{p,q}}{a_{p,q}+\mathrm{j}u_{p,q}} \tag{4.38}$$

由上式可知，如果不考虑噪声的影响，信道估计值就等于真实值。当考虑信道噪声的影响时，伪导频 $c_{p,q}$ 的功率越大，信道估计值的准确度就越高。

对于给定的原型滤波器 $g(k)$，通过计算可以得到相对于导频符号 $a_{p,q}$ 的干扰权重系数 $\langle g\rangle_{m,n}^{p,q}$：

$$\begin{bmatrix}(-1)^p\gamma & -\alpha & (-1)^p\gamma\\ -(-1)^p\beta & a_{p,q} & (-1)^p\beta\\ (-1)^p\gamma & \alpha & (-1)^p\gamma\end{bmatrix} \tag{4.39}$$

式中

$$\alpha=\mathrm{e}^{-\mathrm{j}\frac{\pi(L_g-1)}{M}}\sum_{k=0}^{L_g-1}g^2(k)\mathrm{e}^{\mathrm{j}\frac{2\pi k}{M}} \tag{4.40}$$

$$\beta=\sum_{k=M/2}^{L_g-1}g(k)g\left(k-\frac{M}{2}\right) \tag{4.41}$$

$$\gamma=-\mathrm{j}\mathrm{e}^{-\mathrm{j}\frac{\pi(L_g-1)}{M}}\sum_{k=M/2}^{L_g-1}g(k)g\left(k-\frac{M}{2}\right)\mathrm{e}^{\mathrm{j}\frac{2\pi k}{M}} \tag{4.42}$$

对于一般的原型滤波器，α、β 和 γ 的取值都是正的，并且小于 1，而且通常情况下，α，β 的值远远大于 γ。

为了简化块状导频的排布设计，应合理地安排块状导频序列。经典的 IAM 方法是将块状导频的第一列和第三列均置为 0，称之为两列“保护符号”，也就是 $a_{p,0}=a_{p,2}=0$，$p=0,1,\cdots,M-1$。这样一来，对导频符号 $a_{p,1}$ 的干扰就仅仅来自时频格点 $(p\pm1,1)$。因为 IAM 方法以最大化伪导频功率为目标，显然这些导频符号应该是具有最大模值的 OQAM/OFDM 符号，在这里假设最大的模值为 d。下面介绍几种经典的 IAM 信道估计方法。

1. IAM-R 方法

根据式(4.39)的干扰权重系数的样式，C. Lélé 提出了一种优化的 IAM 方

法。由于这种方法采用的导频符号都是实值的，因此简称为IAM-R。这种方法是对于所有的 p，使导频序列的排布满足 $a_{p-1,1}=-a_{p+1,1}$，其导频结构如图4.6所示。这样，伪导频 $c_{p,1}$ 可以达到的最大幅值为 $|c_{p,1}|=|a_{p,1}+\mathrm{j}2\alpha a_{p+1,1}|=d\sqrt{1+4\alpha^2}$。

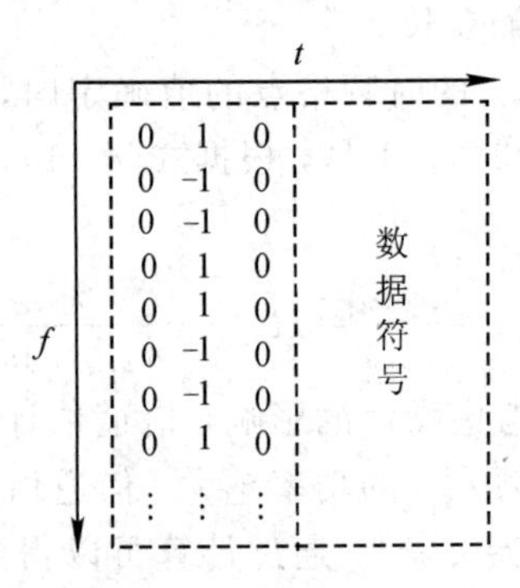

图 4.6　IAM-R导频结构示意图

2. IAM-I 方法

从式(4.11)可以看出，如果使用虚数导频符号 $\mathrm{j}a_{p,1}$，通过合理地安排 $a_{p,1}$，$a_{p-1,1}$ 和 $a_{p+1,1}$ 的符号，使 $a_{p,1}u_{p,1}>0$，那么伪导频 $c_{p,1}$ 的幅值可以进一步提高，也就是 $|c_{p,1}|=|a_{p,1}+u_{p,1}|=|a_{p,1}+2\alpha a_{p+1,1}|=d|1+2\alpha|$。由于引入了虚数导频，这种方法简称为IAM-I。其导频结构如图4.7所示，第一列和第三列导频均置为0，中间一列每三个导频符号为一组，每一组的符号设置均满足关系式 $a_{p,1}u_{p,1}>0$。

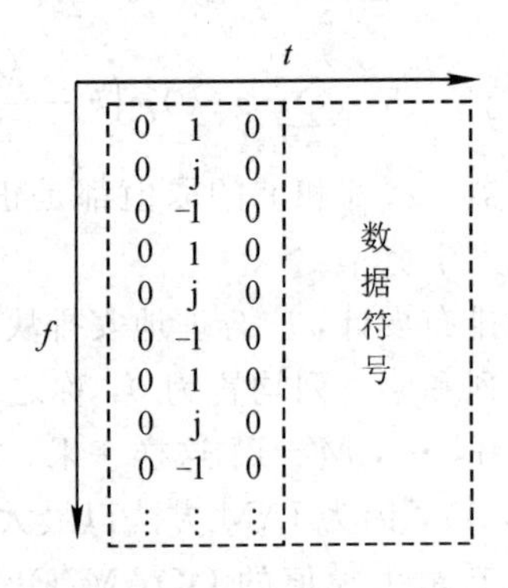

图 4.7　IAM-I导频结构示意图

3. IAM-C 方法

IAM-I方法在虚数导频符号处可以得到很大的伪导频功率，但是在其他导

频符号处，伪导频的幅值就会下降为 $d\,|1+\alpha+\mathrm{j}\alpha|$。IAM-C 信道估计方法是在 IAM-R 导频排列结构的基础上，将奇数位置上的导频乘以 j，其导频结构如图 4.8 所示。这样，可以使伪导频为纯实数或纯虚数，从而使每个子载波上的伪导频的幅值都达到最大值 $d\,|1+2\alpha|$。

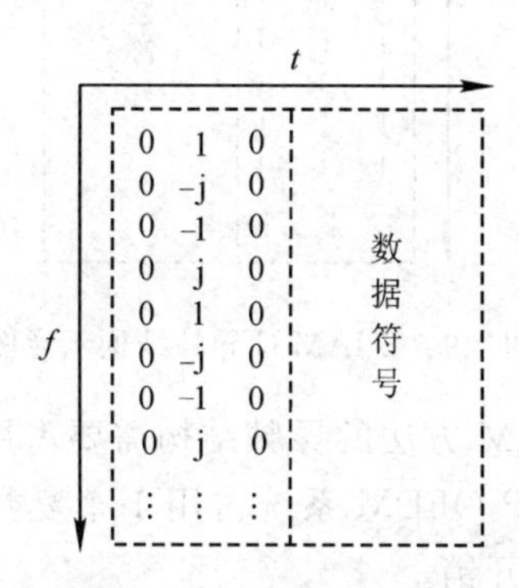

图 4.8　IAM-C 导频结构示意图

4. E-IAM-C 方法

虽然 IAM-C 方法在经典的 IAM 导频结构条件下是最优的，但是它包含了块状导频的前后两列均置零的限制。根据式(4.39)体现的干扰权重系数的样式，如果在 IAM-C 导频结构的基础上，对块状导频前后两列的符号进行合理排布，那么可以进一步增大伪导频的功率。这就是 E-IAM-C(Extended IAM-C)方法。根据 IAM-C 方法的设计思路，在 p 为奇数的子载波上，中间列导频符号为 $\pm\mathrm{j}d$，那么应该在其右侧放置 $\mp d$，在其左侧放置 $\pm d$。这样，根据式(4.39)，两侧导频符号对中间导频位置的伪导频的贡献则为 $\pm\mathrm{j}d\beta$。同样地，在 p 为偶数的子载波上，如果中间列的导频符号为 $\pm d$，那么应该在它的右侧和左侧分别放置 $\mp\mathrm{j}d$ 和 $\pm\mathrm{j}d$，这样，两侧导频符号对中间导频位置的伪导频的贡献则为 $\pm d\beta$。最终，可以得到其导频结构如图 4.9 所示。可以看出，如果这样排布，那么对于中间列的任意一个导频符号，位于其一阶邻域四个角的符号在导频位置上形成的固有干扰是相互抵消的。但是考虑到通常干扰权重系数 γ 的值比 β 小得多，因此这种导频结构带来的增益还是非常可观的。

根据图 4.9 的导频结构，通过计算得到中间列的任意一个导频符号对应的伪导频是纯实数或是纯虚数，模值均为 $d\,|1+2(\alpha+\beta)|$。可以看出，相比 IAM-C 方法，E-IAM-C 方法获得了更强的伪导频功率，可以进一步提高信道估计性能。

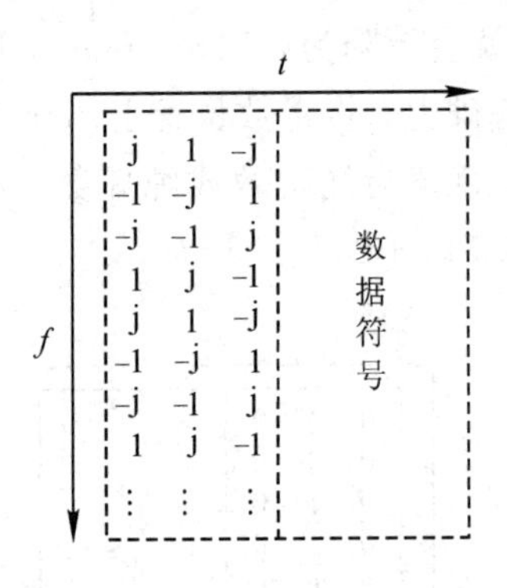

图 4.9 E-IAM-C 导频结构示意图

最后应该注意到，IAM 方法的导频结构需要占用 3 个 OQAM/OFDM 符号的长度，相比传统的 CP-OFDM 系统占用 1 个复数符号长度的导频结构来说，其增大了 1/2 的导频开销。

4.3.3 一种改进的频域平均方法

从上面的分析可以看出，基于块状导频的信道估计方法由于在每个子载波上都有导频符号，所以在每个子信道上均能估计出相应的信道频域响应值。而从相邻子载波上得到的估计值之间可能存在一定的相关性，因此可以采用分集的思想，对相邻几个存在较强相关性的子信道的估计值进行合并处理，从而可以进一步提高 OFDM/OQAM 系统的信道估计性能。我们称这种方法为频域平均方法，它是指在采用 IAM 方法估计出每个子载波上的信道频域响应之后，再对得到的信道估计值根据一定的算法进行加权平均。

子载波之间的相关性与子载波个数 M 和子载波间隔 K 的值有关。随着 M 值的增大或者 K 值的减小，子载波之间的相关性随之增大。定义间隔为 K 的第 p 个和第 $p+K$ 个子载波之间的相关系数为

$$\rho_{p,\,p+K}=\frac{E\{H_p H_{p+K}^*\}}{E\{|H_p|^2\}} \tag{4.43}$$

根据式(4.38)的 IAM 信道估计方法，可以得到时频格点$(p,\,q)$处的信道估计值为：$\hat{H}_{p,q}=H_{p,q}+\eta_{p,q}/c_{p,q}$。令 $\sigma_{p,q}=\eta_{p,q}/c_{p,q}$，并且考虑到导频符号是在 $q=1$ 的那一列，于是可以得到信道估计的理论值：

$$\hat{H}_{p,1}=H_{p,1}+\sigma_{p,1} \tag{4.44}$$

式中，$H_{p,1}$和 $\sigma_{p,1}$分别表示信道的真实值和噪声干扰。于是，可以得到信道增益和噪声的功率之比为

$$\frac{S}{N}=\frac{E\{|H_{p,1}|^2\}}{E\{|\sigma_{p,1}|^2\}} \tag{4.45}$$

首先讨论对 p 和 $p+1$ 的两个相邻子载波的估计值进行合并的情况。定义相邻子信道真实值的误差 $\Delta=H_{p+1,1}-H_{p,1}$；如果对信道估计值进行等值加权处理，则可以得到经过等值加权处理后的信道估计值：

$$\breve{H}_{p,1}=\frac{\hat{H}_{p,1}+\hat{H}_{p+1,1}}{2}=H_{p,1}+\frac{\Delta+\sigma_{p,1}+\sigma_{p+1,1}}{2} \tag{4.46}$$

假设噪声与信号是不相干的，则噪声和相邻子信道误差的总功率为

$$\begin{aligned}N_{\text{ave}}&=E\left(\left|\frac{\Delta+\sigma_{p,1}+\sigma_{p+1,1}}{2}\right|^2\right)\\&=\frac{1}{4}\left[2E\left(|\sigma_{p,1}|^2\right)+2E\left(|H_{p,1}|^2\right)-2E\left(H_{p,1}H_{p+1,1}^*\right)\right]\\&=\frac{1}{2}\left[E\left(|\sigma_{p,1}|^2\right)+E\left(|H_{p,1}|^2\right)-\rho_{p,p+1}E\left(|H_{p,1}|^2\right)\right]\end{aligned} \tag{4.47}$$

由于加权平均后的信号功率 S_{ave} 与加权处理前是相同的，所以加权平均后的处理增益为

$$\begin{aligned}\frac{S_{\text{ave}}/N_{\text{ave}}}{S/N}&=\frac{E\left(|\sigma_{p,1}|^2\right)}{\frac{1}{2}\left[E\left(|\sigma_{p,1}|^2\right)+E\left(|H_{p,1}|^2\right)-\rho_{p,p+1}E\left(|H_{p,1}|^2\right)\right]}\\&=\frac{1}{\frac{1}{2}+\frac{1}{2}(1-\rho_{p,p+1})\frac{S}{N}}\end{aligned} \tag{4.48}$$

从上式可以看出，当 $\rho_{p,p+1}\approx1$ 时，$S_{\text{ave}}/N_{\text{ave}}=2(S/N)$，也就是获得了两倍的处理增益。而且，只要 $\rho_{p,p+1}\geqslant(S-N)/S$，就可以获得处理增益，也就是需要满足 $S_{\text{ave}}/N_{\text{ave}}\geqslant S/N$。通过合理选择加权平均的子载波个数，就可以很好地改善信道估计性能。

值得注意的是，等值加权平均方法通常适用于传统的 CP-OFDM 系统，考虑到 OQAM/OFDM 系统实数域正交的特点，这种方法在 OQAM/OFDM 系统中的性能并不一定是最好的。下面通过分析给出一种更优的加权平均方法。

根据式(4.9)中噪声的统计特性，$\eta_{p,q}$ 的表达式为

$$\begin{aligned}\eta_{p,q}&=\sum_{k=-\infty}^{\infty}\eta(k)g_{p,q}^*(k)\\&=\sum_{k=-\infty}^{\infty}\eta(k)g\left(k-q\frac{M}{2}\right)\mathrm{e}^{-\mathrm{j}\frac{2\pi}{M}p\left(k-\frac{L_g-1}{2}\right)}\,\mathrm{e}^{-\mathrm{j}\phi_{p,q}}\end{aligned} \tag{4.49}$$

可以看出，它的期望值 $E(\eta_{p,q})=0$。由于前面假设 $\eta(k)$ 是均值为 0，方差为 σ^2 的高斯白噪声，所以 $\eta_{p,q}$ 的方差可以表示为

$$\begin{aligned}\operatorname{var}(\eta_{p,q}) &= E(\eta_{p,q}\eta_{p,q}^*) - E(\eta_{p,q})E(\eta_{p,q}^*)\\ &= E\left\{\sum_{k=-\infty}^{\infty}\eta(k)g\left(k-q\frac{M}{2}\right)\mathrm{e}^{-\mathrm{j}\frac{2\pi}{M}p\left(k-\frac{L_g-1}{2}\right)}\mathrm{e}^{-\mathrm{j}\phi_{p,q}}\times\right.\\ &\qquad\left.\sum_{k'=-\infty}^{\infty}\eta^*(k')g\left(k'-q\frac{M}{2}\right)\mathrm{e}^{\mathrm{j}\frac{2\pi}{M}p\left(k'-\frac{L_g-1}{2}\right)}\mathrm{e}^{\mathrm{j}\phi_{p,q}}\right\}\\ &= \sigma^2\sum_{k=-\infty}^{\infty}g(k)g(k)\\ &= \sigma^2\end{aligned}\tag{4.50}$$

于是，噪声项 $\eta_{p_1,q}$ 和 $\eta_{p_2,q}$ 的协方差为

$$\begin{aligned}\operatorname{cov}\{\eta_{p_1,q}\eta_{p_2,q}\} &= E\{\eta_{p_1,q}\eta_{p_2,q}^*\} - E\{\eta_{p_1,q}\}E\{\eta_{p_2,q}^*\}\\ &= E\left\{\sum_{k=-\infty}^{\infty}\eta(k)g\left(k-q\frac{M}{2}\right)\mathrm{e}^{-\mathrm{j}\frac{2\pi}{M}p_1\left(k-\frac{L_g-1}{2}\right)}\mathrm{e}^{-\mathrm{j}\phi_{p_1,q}}\times\right.\\ &\qquad\left.\sum_{k'=-\infty}^{\infty}\eta^*(k')g\left(k'-q\frac{M}{2}\right)\mathrm{e}^{\mathrm{j}\frac{2\pi}{M}p_2\left(k'-\frac{L_g-1}{2}\right)}\mathrm{e}^{\mathrm{j}\phi_{p_2,q}}\right\}\\ &= \sigma^2\sum_{k=-\infty}^{\infty}g\left(k-q\frac{M}{2}\right)\left(k-q\frac{M}{2}\right)\mathrm{e}^{\mathrm{j}\frac{2\pi}{M}(p_2-p_1)\left(k-\frac{L_g-1}{2}\right)}\mathrm{e}^{\mathrm{j}(\phi_{p_2,q}-\phi_{p_1,q})}\\ &= \sigma^2\sum_{k=-\infty}^{\infty}g_{p_2,q}(k)g_{p_1,q}^*(k)\\ &= \begin{cases}\sigma^2, & p_1=p_2\\ \mathrm{j}\sigma^2\langle g\rangle_{p_2,q}^{p_1,q}, & p_1\neq p_2\end{cases}\end{aligned}\tag{4.51}$$

上式中，$\langle g\rangle_{p_2,q}^{p_1,q}$ 就是干扰权重系数。从上式可以得出一个重要的结论：由于 OQAM/OFDM 系统实数域正交的特点，导致在不同子载波上的噪声项是相关的。

在多载波系统中，当子载波间隔小于信道的相干带宽时，相邻几个子载波的频域响应可以看成是几乎相等的。在下面的讨论中，为方便分析，我们采用 3 个相邻子载波的频域平均方法。这实际上可以扩展到更多的子载波的情况，只要相应的子载波间隔小于信道的相干带宽。因此，根据式(4.38)，可以得到下面的关系式：

$$\begin{cases}\hat{H}_{p-1,1} = H_{p,1} + \eta_{p-1,1}/c_{p-1,1}\\ \hat{H}_{p,1} = H_{p,1} + \eta_{p,1}/c_{p,1}\\ \hat{H}_{p+1,1} = H_{p,1} + \eta_{p+1,1}/c_{p+1,1}\end{cases}\tag{4.52}$$

令 $\hat{\boldsymbol{H}}_p=(\hat{H}_{p-1,1}\quad \hat{H}_{p,1}\quad \hat{H}_{p+1,1})^{\mathrm{T}}$，$\boldsymbol{T}_p=\mathrm{diag}(c_{p-1,1}\quad c_{p,1}\quad c_{p+1,1})$，其中 diag(·)表示对角矩阵，括号内的元素表示对角线的值，$\boldsymbol{\eta}_p=(\eta_{p-1,1}\quad \eta_{p,1}\quad \eta_{p+1,1})^{\mathrm{T}}$。然后可以将式(4.52)写成矩阵的形式：

$$\hat{\boldsymbol{H}}_p=H_{p,1}\boldsymbol{I}_3+\boldsymbol{T}_p^{-1}\boldsymbol{\eta}_p \tag{4.53}$$

式中，$\boldsymbol{I}_3=(1\quad 1\quad 1)^{\mathrm{T}}$。根据式(4.51)可以得到$\boldsymbol{\eta}_p$ 的协方差矩阵：

$$\boldsymbol{C}_{\eta_p}=\sigma^2\begin{bmatrix} 1 & \mathrm{j}\langle g\rangle_{p,1}^{p-1,1} & \mathrm{j}\langle g\rangle_{p+1,1}^{p-1,1} \\ \mathrm{j}\langle g\rangle_{p-1,1}^{p,1} & 1 & \mathrm{j}\langle g\rangle_{p+1,1}^{p,1} \\ \mathrm{j}\langle g\rangle_{p-1,1}^{p+1,1} & \mathrm{j}\langle g\rangle_{p,1}^{p+1,1} & 1 \end{bmatrix} \tag{4.54}$$

根据式(4.39)，可以令 $\alpha=\langle g\rangle_{p+1,1}^{p,1}=-\langle g\rangle_{p-1,1}^{p,1}$，同时注意到$\alpha$ 的值和 p 的值是无关的。同时，由于 $g(k)$的正交特性，可以得到$\langle g\rangle_{p-1,1}^{p+1,1}=\langle g\rangle_{p+1,1}^{p-1,1}=0$。因此，上式可以简化为

$$\boldsymbol{C}_{\eta_p}=\sigma^2\begin{bmatrix} 1 & \mathrm{j}\alpha & 0 \\ -\mathrm{j}\alpha & 1 & \mathrm{j}\alpha \\ 0 & -\mathrm{j}\alpha & 1 \end{bmatrix} \tag{4.55}$$

于是，可以得到式(4.53)中噪声矢量$\boldsymbol{T}_p^{-1}\boldsymbol{\eta}_p$ 的协方差矩阵：

$$\boldsymbol{C}_p=\boldsymbol{T}_p^{-1}\boldsymbol{C}_{\eta_p}\boldsymbol{T}_p^{-\mathrm{H}} \tag{4.56}$$

对于式(4.53)的线性模型，由高斯-马尔可夫定理可知，其最佳线性无偏估计量(Best Linear Unbiased Estimate，BLUE)为

$$\hat{H}_{p,1}=\frac{\boldsymbol{I}_3^{\mathrm{T}}\boldsymbol{C}_p^{-1}\hat{\boldsymbol{H}}_p}{\boldsymbol{I}_3^{\mathrm{T}}\boldsymbol{C}_p^{-1}\boldsymbol{I}_3} \tag{4.57}$$

如果令$\boldsymbol{c}_p=(c_{p-1,1}\quad c_{p,1}\quad c_{p+1,1})^{\mathrm{T}}$，那么上式可以表示为

$$\hat{H}_{p,1}=\frac{\boldsymbol{c}_p^{\mathrm{H}}\boldsymbol{C}_{\eta_p}^{-1}(\boldsymbol{c}_p\odot\hat{\boldsymbol{H}}_p)}{\boldsymbol{c}_p^{\mathrm{H}}\boldsymbol{C}_{\eta_p}^{-1}\boldsymbol{c}_p} \tag{4.58}$$

式中，上标 H 表示共轭转置，$\odot$表示哈达玛乘积。

实际上，如果不考虑子信道噪声之间的相关性，也就是用矩阵 $\sigma^2\boldsymbol{I}$ 代替 $\boldsymbol{C}_{\eta_p}$，这样式(4.58)就可以简化为

$$\hat{H}_{p,1}=\frac{\sum\limits_{k=p-1}^{p+1}|c_{k,1}|^2\hat{H}_{k,1}}{\sum\limits_{k=p-1}^{p+1}|c_{k,1}|^2} \tag{4.59}$$

如果进一步假设伪导频的功率相等，也就是$|c_{p-1,1}|=|c_{p,1}|=|c_{p+1,1}|$，那么上式简化为

$$\hat{H}_{p,1}=\frac{\hat{H}_{p-1,1}+\hat{H}_{p,1}+\hat{H}_{p+1,1}}{3} \tag{4.60}$$

可以看出，等值加权平均方法只适用于子信道噪声不相关的多载波系统，这实际上对应于传统的CP-OFDM系统。而由于OQAM/OFDM系统在实数域具有正交特性，在不同子载波的噪声中引入了相关性，所以在OQAM/OFDM系统中可以采用本节的方法对信道估计值进行频域平均。

4.3.4 严重衰落信道下的信道估计方法

前面讨论的基于块状导频的信道估计方法都是基于式(4.11)实现的，而要得到式(4.11)必须假设信道频域响应在邻域$\Omega_{a,b}^{*}$内是保持不变的，我们称之为“相邻信道恒定假设”。对于一般的信道来说，这种假设是成立的，但是对于频率选择性衰落比较严重的信道，或者当OQAM/OFDM系统的子载波数目不是很大时，这种假设就有可能不成立。因此，如果仍然采用传统的IAM方法，就会导致“误差平层”的产生。在本节中，我们首先对这种“误差平层”进行分析，然后针对假设不成立时的信道估计模型，提出了一种基于LS的信道估计方法。

为方便分析，采用传统的IAM导频结构，将块状导频的第一列和第三列均置为0，只有中间一列含有导频符号$a_{p,1}$，$0\leqslant p\leqslant M-1$。因此，可以将式(4.9)重新表示为

$$y_{p,1}=H_{p,1}a_{p,1}+\boldsymbol{H}_{p}^{\mathrm{T}}\boldsymbol{v}_{p}+\eta_{p,1} \tag{4.61}$$

式中

$$\boldsymbol{v}_{p}=\Big(a_{0,1}\mathrm{j}\left\langle g\right\rangle_{0,1}^{p,1},\ \cdots,\ a_{p-1,1}\mathrm{j}\left\langle g\right\rangle_{p-1,1}^{p,1},\ a_{p+1,1}\mathrm{j}\left\langle g\right\rangle_{p+1,1}^{p,1},\ \cdots,$$
$$a_{M-1,1}\mathrm{j}\left\langle g\right\rangle_{M-1,1}^{p,1}\Big)_{(M-1)\times 1}^{\mathrm{T}}$$

$$\boldsymbol{H}_{p}=\Big(H_{0,1},\ \cdots,\ H_{p-1,1},\ H_{p+1,1},\ \cdots,\ H_{M-1,1}\Big)_{(M-1)\times 1}^{\mathrm{T}}$$

如果采用IAM信道估计方法，将式(4.61)代入式(4.38)，则可以得到时频格点$(p,1)$处的信道估计值：

$$\hat{H}_{p,1}=\frac{y_{p,1}}{c_{p,1}}=H_{p,1}+\frac{\boldsymbol{H}_{p}^{\mathrm{T}}\boldsymbol{v}_{p}-\mathrm{j}H_{p,1}u_{p,1}}{c_{p,1}}+\frac{\eta_{p,1}}{c_{p,1}} \tag{4.62}$$

于是，如果令$\hat{\boldsymbol{H}}_{M}=(\hat{H}_{0,1},\ \hat{H}_{1,1},\ \cdots,\ \hat{H}_{M-1,1})^{\mathrm{T}}$，则可以将上式归纳成矩

阵的形式：

$$\hat{\boldsymbol{H}}_M=\boldsymbol{H}_M+\boldsymbol{\omega}_1+\boldsymbol{\omega}_2 \tag{4.63}$$

式中

$$\boldsymbol{\omega}_1=\left(\frac{\boldsymbol{H}_0^{\mathrm{T}}\upsilon_0-\mathrm{j}H_{0,1}u_{0,1}}{c_{0,1}},\frac{\boldsymbol{H}_1^{\mathrm{T}}\upsilon_1-\mathrm{j}H_{1,1}u_{1,1}}{c_{1,1}},\cdots,\frac{\boldsymbol{H}_{M-1}^{\mathrm{T}}\upsilon_{M-1}-\mathrm{j}H_{M-1,1}u_{M-1,1}}{c_{M-1,1}}\right)^{\mathrm{T}}$$

$$\boldsymbol{\omega}_2=\left(\frac{\eta_{0,1}}{c_{0,1}},\frac{\eta_{1,1}}{c_{1,1}},\cdots,\frac{\eta_{M-1,1}}{c_{M-1,1}}\right)^{\mathrm{T}}$$

因此，这种估计方法的最小均方误差可以表示为

$$\mathrm{MSE}=E\{\|\hat{\boldsymbol{H}}_M-\boldsymbol{H}_M\|^2\}=\|\boldsymbol{\omega}_1\|^2+\sigma^2\|\boldsymbol{\omega}_3\|^2 \tag{4.64}$$

式中，$\boldsymbol{\omega}_3=(1/c_{0,1},1/c_{1,1},\cdots,1/c_{M-1,1})^{\mathrm{T}}$。注意到，当“相邻信道恒定假设”成立时，$\|\boldsymbol{\omega}_1\|=0$，此时，估计误差随着噪声方差的减小而变小。但是，当“信道恒定假设”不成立时，从上式可以看出，即使是在信噪比很高的情况下，也就是噪声方差 $\sigma^2\to 0$ 时，仍然存在误差项：$\mathrm{MSE}\to\|\boldsymbol{\omega}_1\|^2$。这就是采用传统的 IAM 信道估计方法所产生的误差平层现象。

4.4　基于压缩感知的信道估计技术

基于离散导频符号的信道估计方法对系统所处信道的特性需要提前获取，要求已知信道的相关带宽和相关时间等信息，再根据这些信息将导频符号按照一定规则分布在时频格点上。利用离散的导频符号计算得到相应时频格点的 CFR，其他格点的 CFR 则需要采用插值方法得到。这种方法虽然需要的导频数目较少，但是需要利用插值对没有导频符号的子载波进行信道估计，插值误差会进一步影响系统性能。这种方法依赖所处的信道环境，特别是在频率选择性衰落信道中，采用这种方法的估计精度会进一步恶化。基于导频序列的信道估计方法则需要占用一个到三个 OQAM/OFDM 符号来放置导频序列。这种方法需要的导频数目较多，会导致频谱资源的浪费，导频的能量开销也比较大。

通过减少 ICM 方法中导频数量的方法可提升系统的频谱效率，但是由于插值方法性能的制约，导频符号的数量不可能设置得过少。为了进一步提升频谱效率，需要寻求导频符号更少且能保持优良估计性能的信道估计方法。

传统信道估计方法难以兼顾导频资源和频谱资源利用率以及良好的估计性能。同时这些估计方法没有充分利用无线多径信道的稀疏特性这一先验知识。信道的稀疏特性是指只有很少的信道抽头幅度不为零，绝大部分信道抽头

为零。近十年来，压缩感知(Compressed Sensing，CS)理论被提出并被不断研究发展，应用到了诸如图像处理、信号处理以及通信系统之中。CS能够突破传统香农-乃奎斯特采样定理的约束，从有限的采样信号中以很大的概率恢复原始信号。目前已有相关研究将CS应用于OQAM/OFDM的信道估计之中，其对基于导频序列的信道估计方法加以改进，但并没有对导频序列结构进行优化，仍然采用已经提出的导频序列结构，在所有的子载波上传输导频序列；仅仅在接收端利用选择矩阵随机选择少量的导频符号进行CS恢复，得到信道状态估计，因此所提方法仍然存在导频开销大和资源浪费的不足。

本节将利用无线信道的稀疏特性，结合CS理论对OQAM/OFDM信道估计方法进行讨论，通过优化设计导频结构，采用较少的导频数量降低导频开销，提升频谱利用率，在接收端利用CS恢复算法恢复CIR获取良好的信道估计性能。最后通过仿真对比，验证所提出方法的优良性能。

4.4.1 压缩感知

压缩感知由Candes、Romberg以及陶哲轩等人于2006年提出，已经被广泛应用于众多领域。压缩感知能够以低于Nyquist速率对稀疏信号进行采样和压缩，对压缩信号进行重构之后不会丢失信号的主要信息。

在压缩感知中，K 稀疏度的信号能够通过一组线性测量稳定地恢复出来。假设一组待测量的一维信号矢量 $\boldsymbol{u}\in\mathbf{R}^N$ 可以由一组线性模型表示：

$$\boldsymbol{u}=\sum_{i=1}^{N}s_i\boldsymbol{\Psi}_i \text{ 或 } \boldsymbol{u}=\boldsymbol{\Psi}\boldsymbol{s} \tag{4.65}$$

其中，$\boldsymbol{s}$ 是 $N\times1$ 维的权重参数向量，其元素为 s_i，$\{\boldsymbol{\Psi}_i\}_{i=1}^N$ 是一组标准正交基，$\boldsymbol{\Psi}_i$ 为 $N\times1$ 维向量，$\boldsymbol{\Psi}$ 为基矩阵。从式(4.65)中可以看出，这组信号可以由 $\boldsymbol{u}$ 或 $\boldsymbol{s}$ 表示。当由 $\boldsymbol{s}$ 表示时，若 $\boldsymbol{s}$ 中只有 $K\ll N$ 个元素是非零的，其余元素全部为零，则可称该信号是 K 稀疏的，并且是可以在 $\boldsymbol{s}$ 域中进行压缩的。由压缩感知理论可知，K 稀疏的信号 $\boldsymbol{s}$ 可以利用观测矩阵从 $\boldsymbol{u}$ 中选取 $L(L<N)$ 个样本以很高的概率恢复出来。这 L 个样本可以由下式得到：

$$\boldsymbol{y}=\boldsymbol{\Phi}\boldsymbol{u}+\boldsymbol{v}=\boldsymbol{\Phi}\boldsymbol{\Psi}\boldsymbol{s}+\boldsymbol{v} \tag{4.66}$$

其中，$\boldsymbol{y}\in\mathbf{R}^L$ 表示包含 L 个样本的观测向量，在接收端由观测矩阵 $\boldsymbol{\Phi}\in\mathbf{R}^{L\times N}$ 得到。$\boldsymbol{v}\in\mathbf{R}^L$ 表示噪声向量。稀疏信号的重构过程就是求解式(4.66)的过程。

除了信号 $\boldsymbol{u}$ 是稀疏的以外，利用式(4.66)进行可靠重构的条件还包括矩阵 $\boldsymbol{\Phi}\boldsymbol{\Psi}=\boldsymbol{T}$ 需要满足有限等距特性(Restricted Isometry Property，RIP)以避免 $\boldsymbol{u}$ 中主要信号的丢失。RIP条件可以表示为

$$(1-\delta_K)\|\boldsymbol{s}\|_2^2\leqslant\|\boldsymbol{T}\boldsymbol{s}\|_2^2\leqslant(1+\delta_K)\|\boldsymbol{s}\|_2^2 \tag{4.67}$$

其中，$\delta_K \in (0, 1)$是 RIP 参数。通过最小化 $\boldsymbol{s}$ 的 l_1 范数，$\boldsymbol{u}$ 的最稀疏解可以由下式得到：

$$\begin{cases} \min\limits_{s} \| \boldsymbol{s} \|_1 \\ \text{s.t.} \ \| \boldsymbol{y} - \boldsymbol{T}\boldsymbol{s} \|_2 \leqslant \varepsilon \end{cases} \tag{4.68}$$

其中，ε 是很小的常数。

在获取相应的压缩采样信号后就可以利用匹配追踪(Matching Pursuit，MP)、压缩采样匹配追踪(Compressed Sample Matching Pursuit，CoSaMP)以及正交匹配追踪(Orthogonal Matching Pursuit，OMP)等一系列恢复重构算法对原始信号进行恢复。

4.4.2　基于压缩感知的信道估计方法

对于式(4.7)，可以写成矩阵形式

$$\boldsymbol{Y} = \boldsymbol{X}\boldsymbol{H} + \boldsymbol{W} = \boldsymbol{X}\boldsymbol{F}\boldsymbol{h} + \boldsymbol{W} \tag{4.69}$$

其中，$\boldsymbol{Y}$ 表示 n 时刻的解调符号向量，$\boldsymbol{X}$ 表示由发送符号 $a_{m,n}$组成的对角矩阵，$\boldsymbol{F}$ 表示离散傅里叶变换矩阵，$\boldsymbol{W}$ 表示经过滤波器的噪声向量。则接收的导频符号序列可以表示为

$$\boldsymbol{Y}_{\mathrm{P}} = \boldsymbol{X}_{\mathrm{P}}\boldsymbol{F}_{\mathrm{P}}\boldsymbol{h} + \boldsymbol{W}_{\mathrm{P}} \tag{4.70}$$

其中，$\boldsymbol{F}_{\mathrm{P}}$ 表示部分傅里叶矩阵；$\boldsymbol{Y}_{\mathrm{P}} = \boldsymbol{P}\boldsymbol{Y}$、$\boldsymbol{X}_{\mathrm{P}} = \boldsymbol{P}\boldsymbol{X}$ 以及 $\boldsymbol{F}_{\mathrm{P}} = \boldsymbol{P}\boldsymbol{F}$ 是系统已知的信息。$\boldsymbol{P}$ 为 P 行 M 列的选择矩阵，用来选取子载波上 $P < M$ 个导频符号；我们的目的是通过已知的导频符号和解调符号来获取信道信息。

通过对比式(4.66)和式(4.70)，很容易发现估计 $\boldsymbol{h}$ 的过程与压缩感知中的信号重构过程非常类似。因此，可以通过一些压缩感知中常用的压缩感知信号重构算法，包括匹配追踪、正交匹配追踪以及采样压缩追踪等方法来重构和恢复 $\boldsymbol{h}$，得到估计值 $\hat{\boldsymbol{h}}$。进一步，可以通过频率变换来得到 $\boldsymbol{H}$ 的估计：

$$\hat{\boldsymbol{H}} = \boldsymbol{F}\hat{\boldsymbol{h}} \tag{4.71}$$

采用压缩感知理论时，可以采用较少数量的导频符号实现导频开销的降低以及信道估计，导频结构需要重新进行设计。

在设计导频结构时需要考虑导频符号的数量、值以及位置等因素，当这些因素都已知时，则很容易通过压缩感知来重构信道信息。首先考虑干扰消除法(Interference Cancelation Method，ICM)的导频结构，在 ICM 方法中，导频数量是被放置在所有的奇数或者偶数子载波上的，此时导频符号占用导频序列中的 $M/2$ 个子载波，但是由于保护符号的存在，所有的子载波都会被占用。在压缩感知中，大量的实验表明对于 K 稀疏信道，当采样样本数 $P \geqslant 4K$ 时就可以

实现理想重构。因此在压缩感知信道估计中不需要太多的导频符号。

导频符号的取值会影响观测矩阵 $\boldsymbol{T}=\boldsymbol{X}_{\mathrm{P}}\boldsymbol{F}_{\mathrm{P}}$。为了构造一个性质稳定的观测矩阵，考虑所有的导频符号的值是相同的，设置为 1。

导频的位置也会影响观测矩阵 $\boldsymbol{T}$ 的形式。实际上，当导频符号在子载波上随机分布时，观测矩阵 $\boldsymbol{T}$ 更容易满足 RIP 性质。因此，可以将导频符号在子载波上随机分布。在实际系统中，导频的随机位置是可以被预先设计好的，对于发送端和接收端都是已知的。导频位置信息由导频位置索引 $\boldsymbol{I}=[I_1, I_2, \cdots, I_P]^{\mathrm{T}}$，$I_1>I_2>\cdots>I_P$ 表示。I_i，$i=1, 2, \cdots, P$，表示导频所在的子载波位置。通过 $\boldsymbol{I}$ 构建得到 $P\times M$ 维的选择矩阵 $\boldsymbol{P}$，$\boldsymbol{P}$ 的第 i 行的第 I_i 个元素为 1，其余元素均为 0。这样就可以设计如图 4.10 所示的导频结构，其中导频符号及其保护符号是在序列中随机排列的。

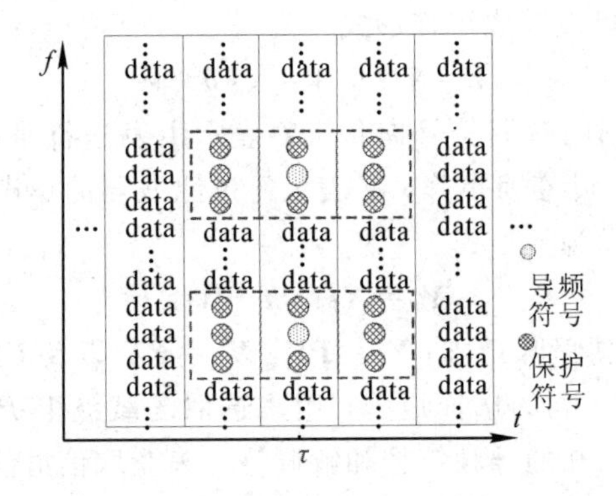

图 4.10　基于压缩感知的离散导频结构图

考虑两种类型的保护符号：一种是直接将保护符号置为 0，使得保护符号对导频符号不存在虚部干扰；另一种是按照 IAM-R 的方法根据原型滤波器设计保护符号，利用上下的保护符号对导频符号的虚部干扰，减小噪声的影响，将导频符号和干扰组成伪导频。导频类型如图 4.11(a)和(b)所示。

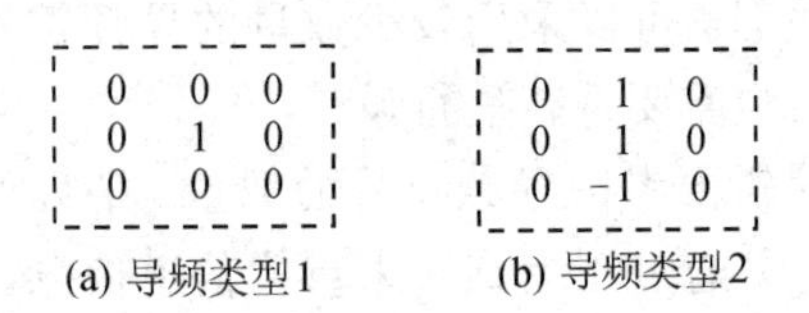

图 4.11　导频类型

确定好导频类型后，就可以按照上述方法构造导频结构。将导频符号和保护符号随数据符号一起通过无线信道被调制传输。在接收端接收到信号后，进行解调，按照导频索引从中选取导频符号，并构造部分傅里叶矩阵作为观测矩阵。本节中利用 OMP 重构 CIR，实现准确的信道估计。其流程图如图 4.12 所示。

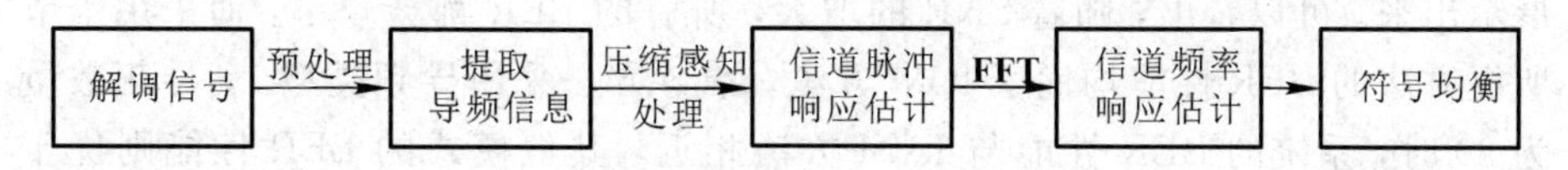

图 4.12　接收端信号处理流程图

上述内容对所提方法进行了仿真分析，并与传统的信道估计方法进行了对比，主要对比了 IAM-R 方法和 ICM 以及本节所提方法在不同导频数量条件下的 NMSE 和误码率(Bit Error Rate，BER)性能。仿真中采用多径衰落信道，信道在数据块内是时不变的，各径抽头和时延分别为[−6　0 −7 −22 −16 −20] dB 以及[−3 0 3 2 4 7 11]μs，采用 QPSK 星座调制和 IOTA 滤波器，子载波数目为 2048。

图 4.13 展示的是不同估计方法以及不同导频数量的 NMSE 性能对比。其中，横轴表示 SNR，纵轴表示 NMSE。从图中可以看出，采用本节提出信道估计方法的 NMSE 性能要优于 ICM 方法，ICM 方法需要进行插值计算，会引入插值误差，导致较差的性能。另外，采用导频类型 2 时信道估计的 NMSE 性能要优于导频类型 1。这是由于导频类型 2 利用了保护符号对导频符号的干扰，减小了噪声的影响，从而能够提升估计精度。导频数量为 30、采用类型 1 的导频结构时，本节方法可以达到与传统 IAM 方法相近的性能；随着 SNR 的增大，NMSE 性能会进一步减小到低于 IAM 方法的 NMSE。

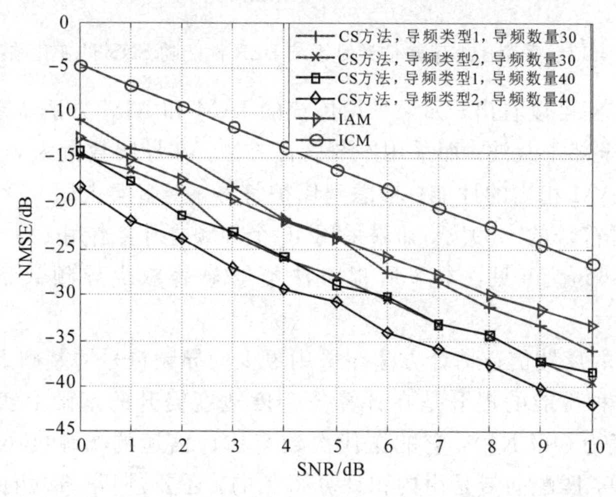

图 4.13　采用压缩感知估计时的 NMSE

图 4.14 为采用本节提出的 OQAM/OFDM 系统的信道估计方法的 BER 与 ICM 和 IAM 方法的对比示意图，同时理想信道估计的 BER 曲线也在图中展示出来。可以看出，随着 SNR 的增大，所有的 BER 都会减小。而采用本节所提方法的 BER 性能均优于 ICM 方法。本节方法采用导频类型 1、导频数量为 30 时，系统的 BER 性能与 IAM 方法相近，其他模式的 BER 性能则优于 IAM 方法。此外，可以看出相同导频数量条件下，导频类型 2 的 BER 性能要优于导频类型 1 的性能。导频数量的提升也会带来系统性能的提升。因此，本节所提方法能够在导频数量很少的条件下，有效改善系统的 BER 性能。

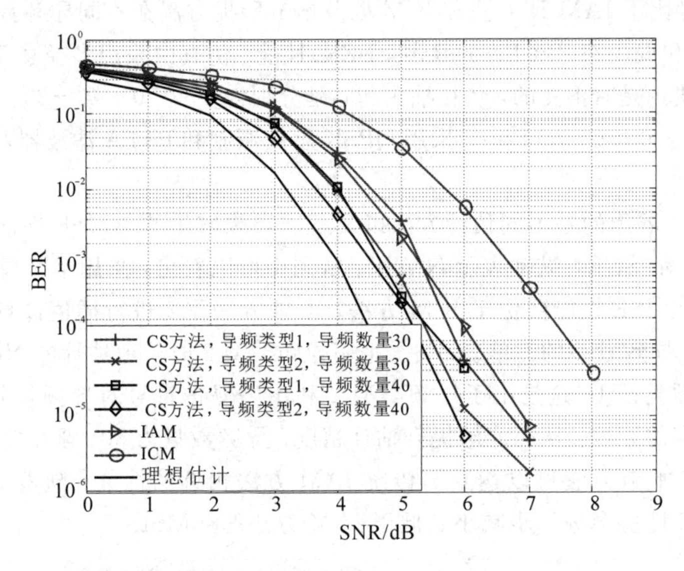

图 4.14 采用压缩感知估计时系统 BER 性能随 SNR 的变化情况

从仿真实例可以看出，如果采用传统的 IAM 和 ICM 方法，导频序列需要占用 2048 个全部子载波。而采用本节所提方法，在导频数量为 30 的条件下就可以达到与 IAM 相当的性能；考虑到保护符号，至多会占用 90 个子载波，其导频开销约占符号的 4.39%。如果采用 40 个导频，则会占用 120 个子载波，导频开销为 5.86%。可见，本节所提方法能够显著减少导频数量，节约频谱资源。

基于 CS 的离散信道估计方法在采用更少的导频符号的基础上实现估计性能的提升，这种性能的提升是在计算复杂度适度提升的基础上实现的。OMP 算法的复杂度为 $O(LK^3)$，它的迭代次数与估计信道的稀疏度 K 相同。每一次迭代过程中，匹配向量是由内积计算得到的，还要进行一次伪逆运算，且伪逆运算的阶数与迭代次数相同，从 1 到 K。伪逆运算的复杂度为 $O(N^3)$，其中

N 为伪逆运算的阶数。相对于系统效率和性能的提升，OMP 算法带来的复杂度适度提升是能够接受的，并且一些伪逆运算的快速算法也可以帮助降低计算复杂度。

通过上述分析可以知道，基于压缩感知的信道估计方法，导频消耗的资源很少，因此可以将该方法推广到快速时变的信道估计中来。可以在每一个 OQAM/OFDM 符号中确定随机的导频插入位置，来估计每个子载波的信道响应，这种方法相比于传统离散导频方法，精度更高。

4.4.3 基于互相关性最小的导频位置设计

当导频符号随机放置时，能够构造合适的观测矩阵，很好地恢复信道信息，系统性能也能够得到优化。但是由于随机的导频位置也会增加实际系统的设计和实现难度，因此，需要寻找一种方法设计导频位置，不但使得观测矩阵满足 RIP 条件，而且能使得系统性能最优。这种方法通过观测矩阵互相关性最小化来寻求最优的导频位置模式，使得系统性能达到最优。

对于观测矩阵 $\boldsymbol{T}$，互相关性可以定义为

$$\mu\{\boldsymbol{T}\}=\max_{1\leqslant i,\, j\leqslant M,\, i\neq j}\frac{|\boldsymbol{\tau}_i^{\mathrm{H}}\boldsymbol{\tau}_j|}{\|\boldsymbol{\tau}_i\|\cdot\|\boldsymbol{\tau}_j\|} \tag{4.72}$$

其中，$\boldsymbol{\tau}_i$ 表示矩阵 $\boldsymbol{T}$ 中的第 i 列向量，上标 H 表示共轭转置。对于式(4.66)描述的问题，其中噪声项 $\|\boldsymbol{v}\|_2\leqslant\beta$，需要通过下式来估计稀疏信号：

$$\begin{cases}\hat{\boldsymbol{s}}=\underset{s}{\operatorname{argmin}}\|\boldsymbol{s}\|_1\\ \text{s.t.}\ \|\boldsymbol{y}-\boldsymbol{T}\boldsymbol{s}\|_2\leqslant\varepsilon\end{cases} \tag{4.73}$$

若 $K=\|\boldsymbol{s}\|_0\leqslant(1/\mu(\boldsymbol{T})+1)/4$，则 $\boldsymbol{s}$ 的估计偏差的上界可以给出：

$$\|\hat{\boldsymbol{s}}-\boldsymbol{s}\|_2^2\leqslant\frac{(\beta+\varepsilon)^2}{1-\mu(\boldsymbol{T})(4K-1)} \tag{4.74}$$

从式(4.74)可以看出，$\mu\{\boldsymbol{T}\}$越小时，估计的精度越高。因此可以优化导频位置使得观测矩阵的互相关性最小。即

$$\min\max_{1\leqslant i,\, j\leqslant M,\, i\neq j}\frac{|\boldsymbol{\tau}_i^{\mathrm{H}}\boldsymbol{\tau}_j|}{\|\boldsymbol{\tau}_i\|\cdot\|\boldsymbol{\tau}_j\|} \tag{4.75}$$

可以通过以下步骤寻求合适的导频位置：

步骤 1：随机生成 P 个导频位置，由这些位置信息生成选择矩阵，构造观测矩阵；

步骤 2：重复步骤 1，直到得到一定数量的位置信息和对应的观测矩阵；

步骤 3：计算每个观测矩阵的互相关性参数；

步骤 4：选取互相关性最小的观测矩阵，并且得到相应导频位置。

当步骤 2 中采取的位置信息样本足够多的时候，可以认为步骤 4 得到的结果是最优的。

继续采用上一节的仿真参数，通过上述方法可以得到导频数量为 40 时的一组互相关性最小的导频位置信息，位置序列为[36 90 96 120 166 174 240 292 426 460 510 534 550 572 628 678 696 718 728 784 862 874 900 930 956 1018 1214 1274 1314 1362 1374 1414 1454 1522 1552 1682 1702 1864 2006 2016]，互相关参数为 0.2922。接下来对选取该导频位置的信道估计进行仿真，并与互相关系数为 0.5146 导频位置序列进行性能对比，互相关系数为 0.5146 时的位置序列为[174 200 204 230 254 258 310 478 492 510 662 670 678 726 780 802 808 938 946 962 986 1012 1064 1090 1138 1206 1232 1310 1350 1378 1486 1488 1592 1616 1754 1758 1774 1776 1956 2014]。采用上节的导频模式 2，NMSE 和 BER 分别如图 4.15 和图 4.16 所示。

从图 4.15 和图 4.16 中可以看出，当采用互相关系数较小的导频序列时，信道估计的 NMSE 要优于互相关系数较大的导频序列，这种特点在系统的 BER 性能中也同样能够反映出来。这样通过上述方法就可以对系统插入导频的位置进行选取，导频位置是随机排列的，但是位置信息对于系统来说却是确定的，方便系统进行实现。

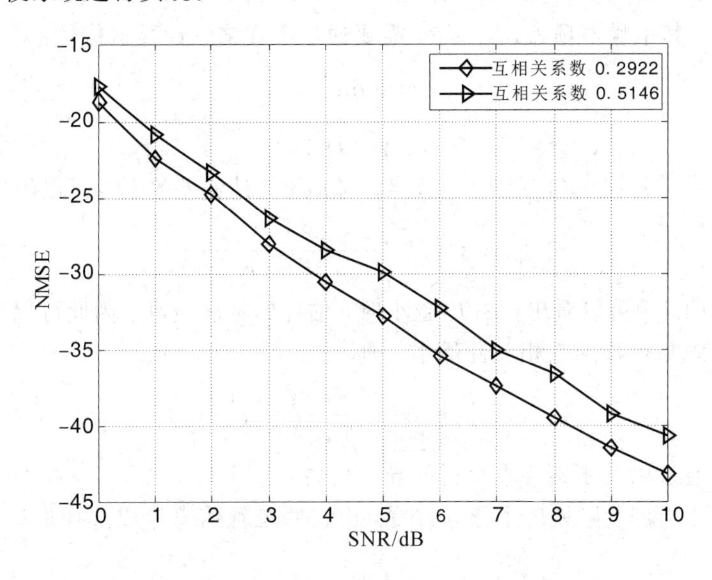

图 4.15　不同互相关系数信道估计的 NMSE

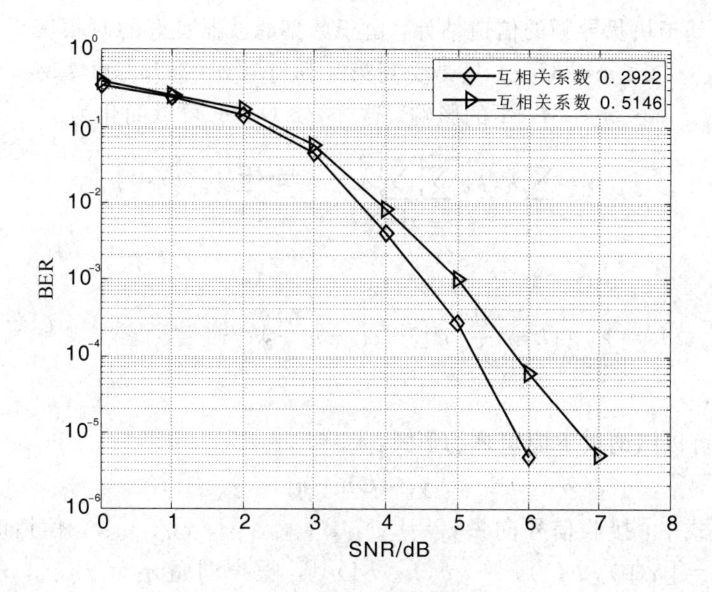

图 4.16 不同互相关系数的 BER

4.5 基于导频的时域信道估计方法

4.5.1 时域信道估计方法

前面提到的信道估计方法都是用来估计信道的频域响应，也就是频域信道估计方法。这些方法必须在信道的延迟扩展远小于系统的符号时间间隔的假设条件下进行。但是当对流层散射通信的距离较远时，就会导致信道中存在较大的多径时延扩展，这种情况下，上述假设不再成立，因此如果仍然采用频域信道估计方法，就会造成估计性能的下降。

因此，我们考虑直接对接收信号 $r(k)$ 进行处理。在接收端，对时频格点 (p, q) 位置上的符号进行解调，得到相应的解调符号为

$$\begin{aligned}y_{p,q} &= \sum_{k=-\infty}^{\infty} r(k) g_{p,q}^{*}(k) \\ &= \sum_{l=0}^{L_h-1} h(l) \sum_{m=0}^{M-1} \mathrm{e}^{-\mathrm{j}\frac{2\pi}{M}ml} \sum_{n=-\infty}^{\infty} a_{m,n} \mathrm{e}^{\mathrm{j}\phi_{m,n}-\mathrm{j}\phi_{p,q}} \sum_{k=-\infty}^{\infty} g\left(k - q\frac{M}{2}\right) \times \\ &\quad g\left(k - l - n\frac{M}{2}\right) \mathrm{e}^{\mathrm{j}\frac{2\pi}{M}(m-p)\left(k-\frac{L_g-1}{2}\right)} + \eta_{p,q}\end{aligned} \tag{4.76}$$

对于基于块状导频的信道估计，由于原型滤波器良好的时频聚焦特性，导频符号 $a_{m,1}$，$0\leqslant m\leqslant M-1$ 只是受到第一列符号 $a_{m,0}$，$0\leqslant m\leqslant M-1$ 和第三列符号 $a_{m,2}$，$0\leqslant m\leqslant M-1$ 的影响。这样，式(4.76)可以简化为

$$y_{p,1}=\sum_{l=0}^{L_h-1}h(l)\underbrace{\sum_{m=0}^{M-1}\sum_{n=0}^{2}a_{m,n}\mathrm{e}^{-\mathrm{j}\frac{2\pi}{M}ml}\Xi_{m,n}^{p}(l)}_{\Phi_{p,l}}+\eta_{p,1} \tag{4.77}$$

式中

$$\Xi_{m,n}^{p}(l)=\sum_{k=-\infty}^{\infty}g\left(k-\frac{M}{2}\right)g\left(k-l-n\frac{M}{2}\right)\mathrm{e}^{\mathrm{j}\phi_{m,n}-\mathrm{j}\phi_{p,1}}\mathrm{e}^{\mathrm{j}\frac{2\pi}{M}(m-p)\left(k-\frac{L_g-1}{2}\right)} \tag{4.78}$$

式(4.77)可以归纳成下面矩阵的形式：

$$\boldsymbol{y}_1=\boldsymbol{\Phi h}+\boldsymbol{\eta}_1 \tag{4.79}$$

在上式中，接收信号向量 $\boldsymbol{y}_1=[y_{0,1}, y_{1,1}, \cdots, y_{M-1,1}]^{\mathrm{T}}$，信道时域响应的向量 $\boldsymbol{h}=[h(0), h(1), \cdots, h(L_h-1)]^{\mathrm{T}}$，噪声向量 $\boldsymbol{\eta}_1=[\eta_{0,1}, \eta_{1,1}, \cdots, \eta_{M-1,1}]^{\mathrm{T}}$。$\boldsymbol{\Phi}$ 表示 $M\times L_h$ 的矩阵，矩阵中的元素为：$[\boldsymbol{\Phi}]_{i,j}=\Phi_{i,j}$，$0\leqslant i\leqslant M-1$，$0\leqslant j\leqslant L_h-1$。

为了对矩阵 $\boldsymbol{\Phi}$ 进一步简化，将式(4.77)中的 $\Phi_{p,l}$ 重新表示成

$$\Phi_{p,l}=\sum_{n=0}^{n=2}\boldsymbol{\Theta}_{p,l,n}^{\mathrm{T}}\boldsymbol{a}_n \tag{4.80}$$

其中，$\boldsymbol{a}_n=[a_{0,n}\ a_{1,n}\cdots\ a_{M-1,n}]^{\mathrm{T}}$，并且

$$\boldsymbol{\Theta}_{p,l,n}=[\Xi_{0,n}^{p}(l), \mathrm{e}^{-\mathrm{j}2\pi l/M}\Xi_{1,n}^{p}(l), \cdots, \mathrm{e}^{-\mathrm{j}2\pi(M-1)l/M}\Xi_{M-1,n}^{p}(l)]^{\mathrm{T}} \tag{4.81}$$

于是，可以将矩阵 $\boldsymbol{\Phi}$ 表示成下面的形式：

$$\boldsymbol{\Phi}=\sum_{n=0}^{n=2}\boldsymbol{\Theta}_n\boldsymbol{A}_n \tag{4.82}$$

式中

$$\boldsymbol{A}_n=\boldsymbol{I}_{L_h}\otimes\boldsymbol{a}_n \tag{4.83}$$

其中，$\boldsymbol{I}_{L_h}$ 为 $(L_h-1)\times(L_h-1)$ 的单位矩阵。并且有

$$\boldsymbol{\Theta}_n=\begin{bmatrix}\boldsymbol{\Theta}_{0,0,n}^{\mathrm{T}} & \boldsymbol{\Theta}_{0,1,n}^{\mathrm{T}} & \cdots & \boldsymbol{\Theta}_{0,L_h-1,n}^{\mathrm{T}}\\ \boldsymbol{\Theta}_{1,0,n}^{\mathrm{T}} & \boldsymbol{\Theta}_{1,1,n}^{\mathrm{T}} & \cdots & \boldsymbol{\Theta}_{1,L_h-1,n}^{\mathrm{T}}\\ \vdots & \vdots & & \vdots\\ \boldsymbol{\Theta}_{M-1,0,n}^{\mathrm{T}} & \boldsymbol{\Theta}_{M-1,1,n}^{\mathrm{T}} & \cdots & \boldsymbol{\Theta}_{M-1,L_h-1,n}^{\mathrm{T}}\end{bmatrix} \tag{4.84}$$

注意到对于给定的原型滤波器，矩阵 $\boldsymbol{\Theta}_0$、$\boldsymbol{\Theta}_1$ 和 $\boldsymbol{\Theta}_2$ 里的元素可以通过式(4.78)和(4.81)计算得到。如果将块状导频的第一列和第三列置为 0，也就是

$\boldsymbol{a}_0=\boldsymbol{0}$，$\boldsymbol{a}_2=\boldsymbol{0}$，则可以得到 $\boldsymbol{A}_0=\boldsymbol{A}_2=\boldsymbol{0}$。因此，结合式(4.82)，可以将式(4.79)表示为

$$\boldsymbol{y}_1=\boldsymbol{S}\boldsymbol{h}+\boldsymbol{\eta}_1 \tag{4.85}$$

式中

$$\boldsymbol{S}=\boldsymbol{\Theta}_1\boldsymbol{A}_1 \tag{4.86}$$

由于导频符号 $\boldsymbol{a}_1$ 在接收端是已知的，所以矩阵 $\boldsymbol{A}_1$ 也可以通过式(4.83)得到。针对式(4.85)的线性模型，可以通过最小二乘(LS)或者加权最小二乘(Weighted LS，WLS)方法得到信道时域响应的估计值：

$$\boldsymbol{h}=(\boldsymbol{S}^{\mathrm{H}}\boldsymbol{S})^{-1}\boldsymbol{S}^{\mathrm{H}}\boldsymbol{y}_1 \quad (\text{LS方法}) \tag{4.87}$$

$$\boldsymbol{h}=(\boldsymbol{S}^{\mathrm{H}}\boldsymbol{C}^{-1}\boldsymbol{S})^{-1}\boldsymbol{S}^{\mathrm{H}}\boldsymbol{C}^{-1}\boldsymbol{y}_1 \quad (\text{WLS方法}) \tag{4.88}$$

式中，$\boldsymbol{C}$ 表示噪声向量 $\boldsymbol{\eta}_1$ 的协方差矩阵。在上节中已经计算过，$\boldsymbol{C}=\sigma^2 B$，$\sigma^2$ 表示噪声方差，B 的表达式为

$$\boldsymbol{B}=\begin{bmatrix} 1 & \mathrm{j}\alpha & 0 & \cdots & 0 & -\mathrm{j}\alpha \\ -\mathrm{j}\alpha & 1 & \mathrm{j}\alpha & \cdots & 0 & 0 \\ \vdots & \vdots & \vdots & & \vdots & \vdots \\ \mathrm{j}\alpha & 0 & 0 & \cdots & -\mathrm{j}\alpha & 1 \end{bmatrix}_{M\times M}$$

考虑到不同子载波上噪声的相关性，WLS 方法的性能要优于 LS 方法，并且 WLS 估计方法的均方误差为：$\mathrm{tr}\{(\boldsymbol{S}^{\mathrm{H}}\boldsymbol{C}^{-1}\boldsymbol{S})^{-1}\}$。

为了检验这种时域信道估计方法的有效性，下面对它的归一化均方误差(NMSE)性能进行仿真，并且与经典的 IAM-C 方法进行比较。

考虑到时域信道估计的一部分性能增益是在 CIR 的长度 L_h 已知的条件下得到的，而对于基于 IAM 的频域信道估计方法，如果已知 L_h 的值，可以利用 CIR 的低秩特性来进一步降低信道噪声的影响。因此，为了更合理地比较时域信道估计方法和频域信道估计方法的性能，首先将由 IAM-C 方法得到的信道频域响应系数归纳成矩阵的形式，$\hat{\boldsymbol{H}}=(\hat{H}_{0,q},\hat{H}_{1,q},\cdots,\hat{H}_{M-1,q})^{\mathrm{T}}$，然后通过下面 DFT 插值的方法改善信道估计精度：

$$\hat{\boldsymbol{H}}'=\boldsymbol{F}_{M\times L_h}\boldsymbol{F}_{M\times L_h}^{\mathrm{H}}\hat{\boldsymbol{H}} \tag{4.89}$$

式中，$M\times L_h$ 阶的矩阵$\boldsymbol{F}_{M\times L_h}$ 是由 M 维 DFT 矩阵的前 L_h 列构成的，其元素为 $f_{ij}=(1/\sqrt{M})\mathrm{e}^{-\mathrm{j}2\pi ij/M}$。在本节，这种方法被称为 Enhanced IAM-C 方法。

在仿真中，OQAM/OFDM 系统参数设置如下：子载波数目为 128，每个子载波采用 4QAM 的调制方式，选用抽头数为 4 的 IOTA 原型滤波器。多径衰落信道的各径功率符合负指数功率时延分布：$\exp(-0.1l)$，其中 $l=0$，…，

L_h-1。下面分别对 $L_h=8$ 和 $L_h=64$ 这两种情况进行仿真分析。

图 4.17 和图 4.18 分别给出了 $L_h=8$ 和 $L_h=64$ 时几种信道估计方法的 NMSE 性能曲线，而这两种不同的信道脉冲响应长度分别对应一般的频率选择性衰落信道和频率选择性衰落比较严重的信道。图中，TD-WLS 表示基于式(4.89)的时域信道估计方法，Enhanced IAM-C 方法由式(4.89)给出。

图 4.17 中的频域平均是指由 IAM-C 算法得到的信道估计值进行加权平均。从图中可以看出，当信噪比不是很大时，通过这种频域平均方法可以改善 IAM-C 的估计精度；但是当信噪比大于 25 dB 时，这种方法的估计精度反而不如 IAM-C 方法的。这是由于进行频域平均时假设相邻子信道是近似相等的，但是实际上它们之间存在偏差，只是这种偏差带来的影响在信噪比较低时被淹没在噪声中。

Enhanced IAM-C 方法可以改善 IAM-C 方法的估计精度，但是随着信道长度的增加，这种性能的改善程度逐渐降低。并且，在两种信道条件下，IAM-C 和 Enhanced IAM-C 方法在高信噪比时都出现了误差平层现象，而且在 $L_h=64$ 时，这种现象更加严重，这是由于此时信道中存在严重的频率选择性衰落，从而导致式(4.4)的假设条件不能成立。而本节提出的 TD-WLS 时域信道估计方法的 NMSE 性能相比 IAM-C 方法的有了很大的改善，并且不存在误差平层现象。

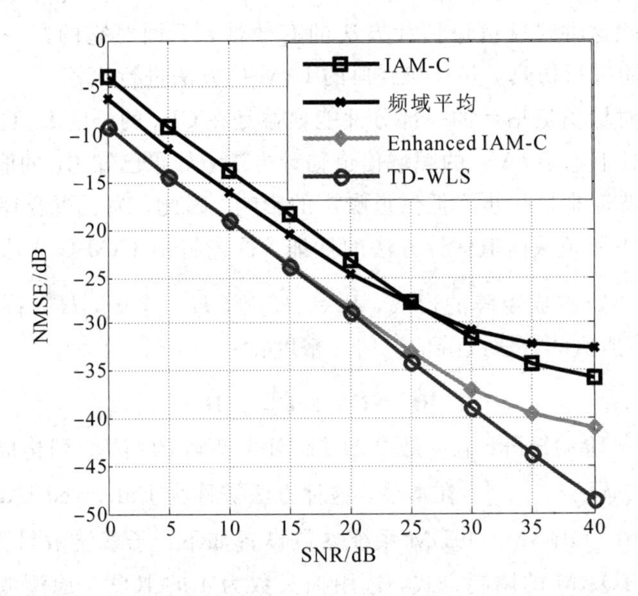

图 4.17　$L_h=8$ 时几种方法的均方误差性能随 SNR 变化的曲线

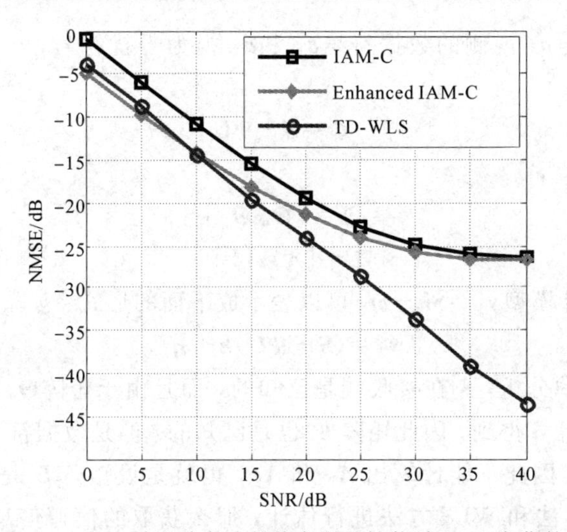

图 4.18　$L_h=64$ 时几种方法的均方误差性能随 SNR 变化的曲线

4.5.2　一种改进的迭代时域信道估计方法

时域信道估计方法不需要关于信道时延的假设条件，因此是一种广义的信道估计方法，尤其适用于多径时延比较大的场合。然而为了消除符号间干扰，同 IAM 方法一样，它需要在导频符号两侧添加全 0 序列作为保护间隔，因此导频共占用 3 个 OQAM/OFDM 符号的时间间隔。为了增大系统的频谱利用率，本节提出一种改进的时域信道估计方法，导频结构只占用 1 个 OQAM/OFDM 符号的长度，通过迭代方式消除导频符号两侧的数据符号带来的 ISI 干扰，从而得到准确的信道估计信息。算法对应的导频结构如图 4.19 所示。

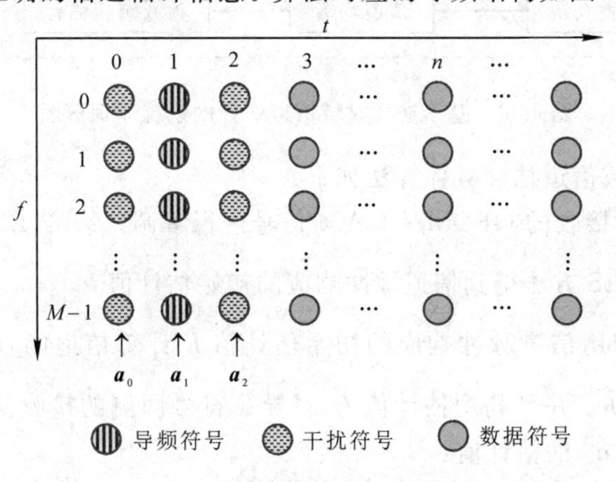

图 4.19　迭代时域信道估计的数据结构示意图

将导频符号$\boldsymbol{a}_1$两侧的数据符号$\boldsymbol{a}_0$和$\boldsymbol{a}_2$视为干扰符号，于是可以将$\boldsymbol{\Phi}$分成两个部分：

$$\boldsymbol{\Phi}=\boldsymbol{S}+\boldsymbol{\Psi U} \tag{4.90}$$

式中，$\boldsymbol{S}=\boldsymbol{\Theta}_1\boldsymbol{A}_1$，

$$\boldsymbol{\Psi}=[\boldsymbol{\Theta}_0\ \boldsymbol{\Theta}_2] \tag{4.91}$$

$$\boldsymbol{U}=[\boldsymbol{A}_1^{\mathrm{T}}\ \boldsymbol{A}_3^{\mathrm{T}}]^{\mathrm{T}} \tag{4.92}$$

因此，信道估计模型$\boldsymbol{y}_1=\boldsymbol{Sh}+\boldsymbol{\eta}_1$可以表示成下面的形式：

$$\boldsymbol{y}_1=(\boldsymbol{S}+\boldsymbol{\Psi U})\boldsymbol{h}+\boldsymbol{\eta}_1 \tag{4.93}$$

根据前面的分析，$\boldsymbol{S}$在接收端是已知的，而且由于矩阵$\boldsymbol{\Theta}_0$、$\boldsymbol{\Theta}_1$和$\boldsymbol{\Theta}_2$里的元素可以通过计算得到，因此矩阵$\boldsymbol{\Psi}$也是已知的。但是数据符号$\boldsymbol{a}_0$和$\boldsymbol{a}_2$在接收端是未知的，因此不能计算出$\boldsymbol{A}_0$和$\boldsymbol{A}_2$，也就是说矩阵$\boldsymbol{U}$是未知的。显然，如果采用LS方法和WLS方法进行估计，那么获取的信道信息会存在一定的误差。因此，本节提出一种迭代的方法来消除干扰的影响，其核心思想是在每次迭代中利用前一次迭代得到的信道估计值对干扰符号进行重构，从而达到精确估计信道的目的。

图4.20给出了迭代的时域信道估计原理框图。

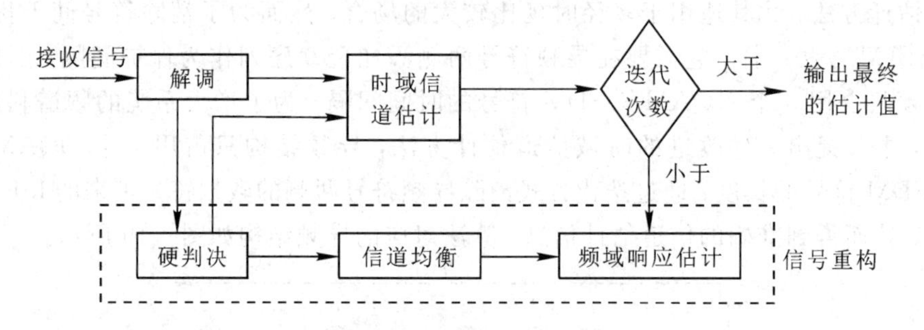

图4.20　基于迭代时域信道估计的系统原理框图

迭代的时域信道估计具体算法如下：

步骤1：对接收的OFDM/OQAM信号进行解调。令式(4.93)中$\boldsymbol{U}=\boldsymbol{0}$，然后可以利用WLS方法得到信道脉冲响应的初始估计值$\hat{\boldsymbol{h}}$。

步骤2：利用信道脉冲响应的初始估计值$\hat{\boldsymbol{h}}$计算信道的频域响应的估计值：$\hat{\boldsymbol{H}}=\boldsymbol{F}_{M\times L_h}\hat{\boldsymbol{h}}$。并且利用估计值$\hat{\boldsymbol{H}}$对导频符号两侧的接收信号进行迫零均衡以得到$\boldsymbol{a}_0$和$\boldsymbol{a}_2$的估计值：

$$\hat{\boldsymbol{a}}_n=\mathrm{HD}[\Re\{\mathrm{diag}\,(\hat{\boldsymbol{H}})^{-1}\boldsymbol{y}_n\}],\ n=0,\ 2 \tag{4.94}$$

式中，$\boldsymbol{y}_n=[y_{0,n}, y_{1,n}, \cdots, y_{M-1,n}]^{\mathrm{T}}$，$\mathrm{diag}(\hat{\boldsymbol{H}})$表示对角矩阵，且向量 $\hat{\boldsymbol{H}}$ 的元素在其对角线上，HD[·]表示硬判决。

步骤 3：将步骤 2 得到的估计值$\hat{a}_0$ 和$\hat{a}_2$ 代入到$\boldsymbol{A}_n=\boldsymbol{I}_{L_h}\otimes\boldsymbol{a}_n$，$\boldsymbol{I}_{L_h}$ 为$(L_h-1)\times(L_h-1)$的单位矩阵，并由式(4.92)，得到式(4.93)中干扰项的估计值 $\hat{\boldsymbol{U}}$。

步骤 4：对式(4.93)的线性模型采用 WLS 的信道估计方法，得到经过一次迭代后的信道脉冲响应估计值：

$$\hat{\boldsymbol{h}}'=(\boldsymbol{\Gamma}^{\mathrm{H}}\boldsymbol{C}^{-1}\boldsymbol{\Gamma})^{-1}\boldsymbol{\Gamma}^{\mathrm{H}}\boldsymbol{C}^{-1}\boldsymbol{y}_1 \tag{4.95}$$

式中，$\boldsymbol{\Gamma}=\boldsymbol{S}+\boldsymbol{\Psi}\hat{\boldsymbol{U}}$。

步骤 5：设置一定的迭代次数，重复步骤 2 至步骤 4，得到最终的信道脉冲响应估计值。

在上面的迭代算法中，干扰符号的估计值和信道估计值相互依赖。如果能够准确地对干扰符号进行重构，那么就可以得到比较精确的信道估计值。实际上，为了得到精确的干扰符号的估计值，可以采用软判决的方法对干扰符号进行重构，但是这样会增加算法的复杂度。

为了验证所提迭代算法的有效性，在本节中我们对算法的 NMSE 性能和 BER 性能进行了仿真。在仿真中，OQAM/OFDM 系统参数设置如下：子载波数目为 128，每个子载波采用 4QAM 的调制方式，选用抽头数为 4 的 IOTA 原型滤波器，在接收端采用迫零的均衡方式。多径衰落信道的各径功率符合负指数功率时延分布：$\exp(-0.1l)$，其中，$l=0, \cdots, L_h-1$，在本节的仿真中取 $L_h=64$。

图 4.21 给出了迭代算法在不同迭代次数下的均方误差性能。图中，

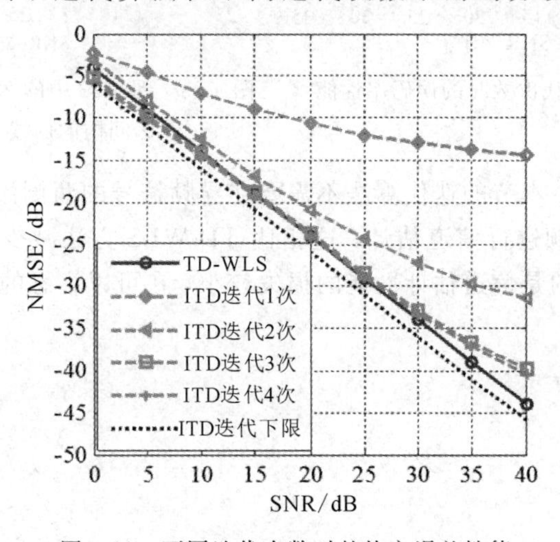

图 4.21　不同迭代次数时的均方误差性能

ITD-Bound(ITD迭代下限)表示迭代算法的均方误差下限，它在导频符号两侧发送已知的数据符号$\boldsymbol{a}_0$和$\boldsymbol{a}_2$，此时式(4.93)中干扰项$\boldsymbol{U}$的值是已知的，因此可以直接根据式(4.95)进行信道估计。ITD -$n$iter(ITD迭代n次)表示通过n次迭代之后得到的信道估计值。

从图4.21中可以看出，ITD-1iter和ITD-2iter的性能较差。这是由于通过两次迭代并不能很好地估计出$\boldsymbol{U}$的值。而ITD-3iter和ITD-4iter的性能非常接近，说明经过四次迭代就可以得到比较理想的效果。

从误码率性能的角度验证了迭代算法的有效性，结果如图4.22所示。为了便于观察，对图中23～27 dB信噪比区间内的曲线进行分析，如图4.23所示。可以看出ITD-4iter的误码率性能和TD-WLS是非常接近的，两者达到相同误码率所需的信噪比之差在0.5 dB以内。

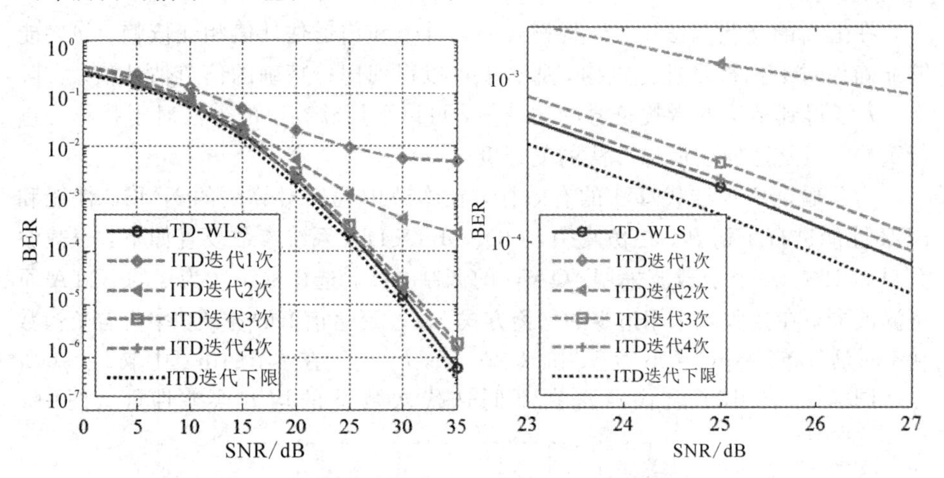

图4.22 不同迭代次数时的误码率性能

图4.23 图4.22中的23～27 dB信噪比区间内的曲线

应该注意到，本节的迭代算法不需要在导频符号的两侧添加保护间隔，因此只需要一列导频进行信道估计，这相比TD-WLS方法减少了2/3的导频消耗，与之相对应的是信道估计性能的损失较小，在可以容忍的范围之内。

第5章 OQAM/OFDM系统峰均比降低技术

OQAM/OFDM调制信号的峰均比PAPR过高，经过高功率放大器时会产生严重畸变，导致信号SNR降低，影响系统容量均值和容量方差，因此必须寻找有效的PAPR降低方法。本节讨论传统的OQAM/OFDM系统PAPR降低方法，在分析传统方法优缺点的基础上，针对不同理论特点，分别提出基于OSLM的PAPR降低方法、基于CS的限幅恢复PAPR降低方法、基于TS的PAPR降低方法、基于导频的PAPR降低方法。

5.1 OQAM/OFDM系统的PAPR特性

5.1.1 功率谱密度

在各种信号系统中，有限频谱资源的分配均是在严格的规则下进行的，尤其对系统中的传输信号以及信号带宽而言，更是如此。从这个方面来考虑，对于不同调制方式，功率谱密度(Power Spectral Density，PSD)都是一个关键性的分析指标。因此，我们对传统OFDM系统和FBMC系统在不同原型滤波器情况下的PSD性能进行对比。

令$\gamma_S(f)$代表系统的PSD，$\Gamma_S(\tau)$代表信号$s(t)$的自相关函数，根据定义，FBMC系统的二阶平稳信号为

$$\gamma_S(f)=\int_{-\infty}^{\infty}\Gamma_S(\tau)\mathrm{e}^{-\mathrm{j}2\pi f\tau}\,\mathrm{d}\tau \tag{5.1}$$

其自相关函数为

$$\Gamma_S(t,\tau)=E\{s(t)s^*(t-\tau)\}=\sigma_a^2\sum_{m=0}^{M-1}\mathrm{e}^{-\mathrm{j}2\pi mF_0t}\sum_{n\in\mathbf{Z}}g(t-n\tau_0)g^*(t-\tau-n\tau_0) \tag{5.2}$$

其中，σ_a^2是符号序列$a_{m,n}$的方差，且该符号序列的均值为0。F_0为子载波间隔，T_0为信号的符号周期，则$F_0=1/T_0=1/2\tau_0$。由式(5.2)我们可以得到

$$\begin{cases}\Gamma_S(t+\tau_0,\ \tau)=\Gamma_S(t,\ \tau)\\ E\{s(t)\}=E\{s(t+\tau_0)\}=0\end{cases} \tag{5.3}$$

由式(5.3)可以看出，信号 $s(t)$ 的均值函数和自相关函数都是周期函数，这表示信号 $s(t)$ 是一个循环平稳过程。因此，信号的平均自相关函数为

$$\overline{\Gamma_S(\tau)}=\frac{\sigma_a^2}{\tau_0}[(g(\tau)\otimes g(-\tau))(\sum_{m=0}^{M-1}\mathrm{e}^{-\mathrm{j}2\pi mF_0t})] \tag{5.4}$$

式中，$\otimes$代表卷积运算，对 g 进行傅里叶变换得到 G，则 FBMC 信号的 PSD 函数为

$$\overline{\gamma_S(\tau)}=\frac{\sigma_a^2}{\tau_0}\sum_{m=0}^{M-1}|G(f-mF_0)|^2 \tag{5.5}$$

由于 PSD 函数公式对滤波器函数 g 没有任何限制，因此为各种原型滤波器的应用提供了理论上的先决条件。

在图 5.1 中，我们给出了在子载波数量为 $M=1024$ 情况下，FBMC 系统和 OFDM 系统的归一化 PSD 的比较，在 FBMC 系统中，采用了两种不同的原型滤波器，分别是 SRRC 和 IOTA，其中 SRRC 的滚降系数为 0.5。将采样时间限制为$[0,\ T_0]$。从图中可以看出相较于 OFDM 系统，FBMC 系统在旁瓣幅度上远小于 OFDM 系统，但具体的数值，采用不同原型滤波器也有所差别。

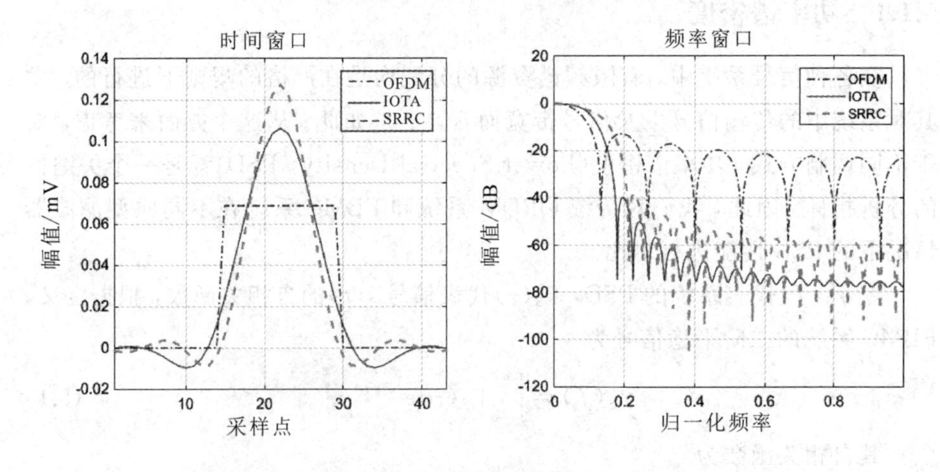

图 5.1　OFDM 和采用不同滤波器 FBMC 的 PSD 比较

5.1.2　PAPR 的量化指标

在 FBMC 系统中，原型滤波器的长度为 $FT_0(F\in\mathbf{Z})$，每个传输符号在经过滤波器后，长度由 T_0 变为 FT_0，同时，由于输入信号的实部和虚部之间本

身就存在半个符号周期的时间间隔，这导致 FBMC 系统中数据块的相互重叠。而在传统的 OFDM 系统中，由于保护间隔 GI 的存在，相邻数据块间不会出现重叠。图 5.2 和图 5.3 分别给出了 CP-OFDM 结构和 FBMC 系统的重叠结构。

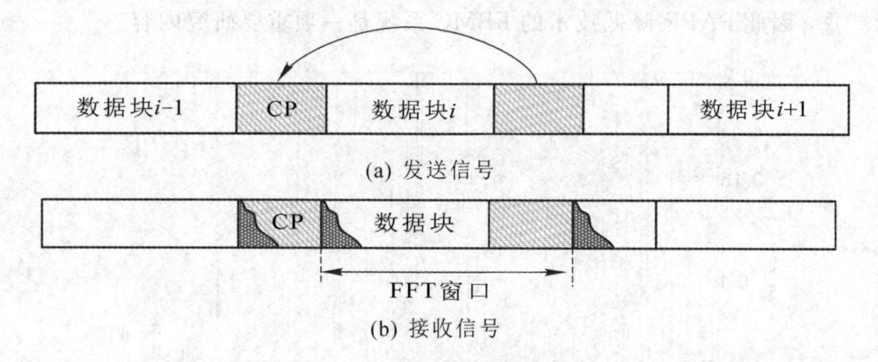

图 5.2 CP 填充的 CP-OFDM 信号结构

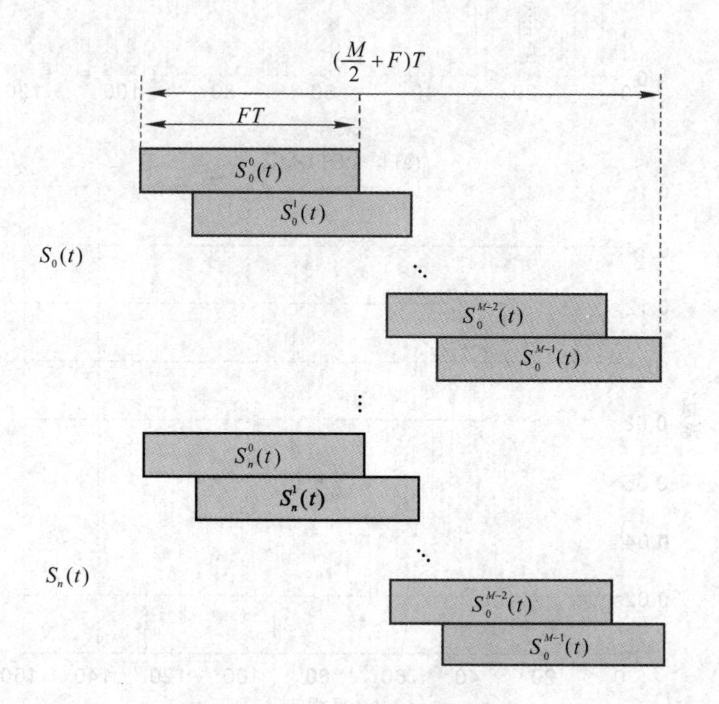

图 5.3 FBMC 系统中的信号叠加

传统的 OFDM 系统的 PAPR 定义并不适用于 FBMC 系统，需要加以调整，为了直观地反映出 OFDM 信号与 FBMC 信号在信号包络变化上的不同，图 5.4 和 5.5 分别给出了单个符号下和多个符号叠加情况下的时域信号仿真。

图 5.4 给出了子载波数情况下的 OFDM 和 FBMC 系统的单个符号，二者所产生的峰值信号大致相同；但相比于 OFDM 符号，FBMC 符号包络的动态变化范围更大，这说明在 FBMC 系统中的 PAPR 问题要比 OFDM 系统中的更为严重，因此 PAPR 降低技术的 FBMC 系统是一项重要研究内容。

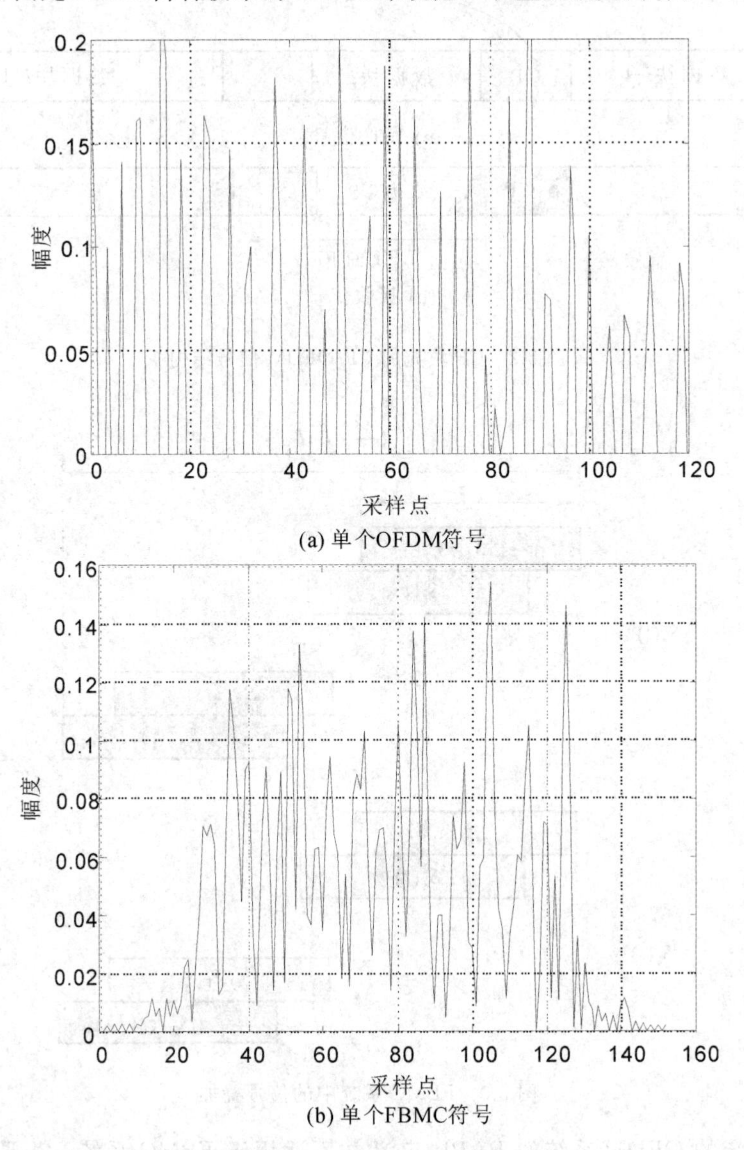

(a) 单个OFDM符号

(b) 单个FBMC符号

图 5.4　单个符号下的时域信号

图 5.5 给出了多个 OFDM 符号叠加以及 FBMC 符号叠加后的时域信号仿

真图。当多个符号叠加后，两个系统信号的包络更加均匀，但是FBMC系统在符号交错而不能叠加的部分，信号的幅值明显低于其他部分，这是由于FBMC系统引入原型滤波器后的信号特点。

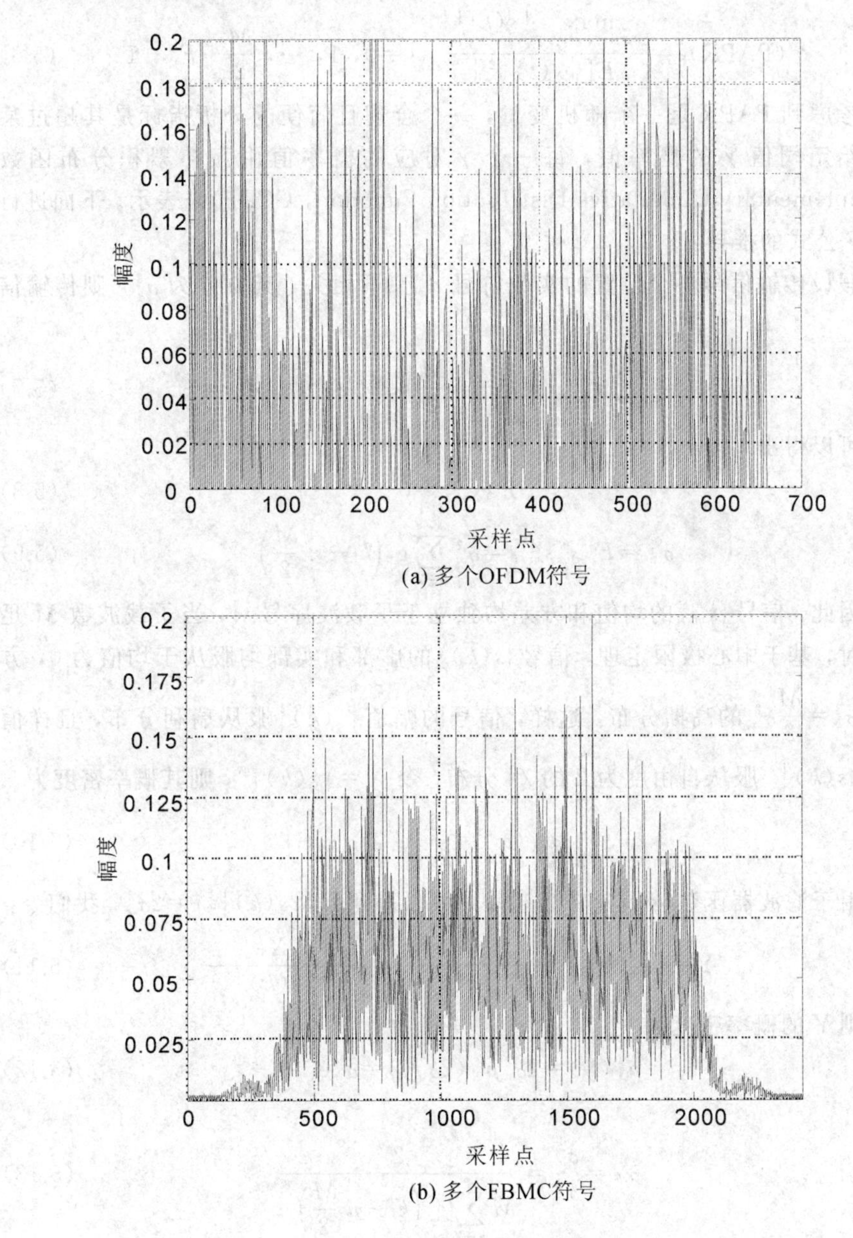

图 5.5　多个符号叠加下的时域信号

为了与传统 OFDM 系统的 PAPR 进行对比，我们将整个传输信号等分成 $(\frac{M}{2}+F)$份，从而保证了每一个符号周期依旧是 T_0，则 PAPR 定义为

$$(\mathrm{PAPR})_{\mathrm{S}}=\frac{\max\limits_{sT\leqslant t\leqslant(s+1)T}|s(t)|^2}{E[|s(t)|^2]},\ s=0,1,\cdots,\frac{M}{2}+F_0-1 \tag{5.6}$$

考虑到 PAPR 是一个随机变量，一个合理且简便的分析指标是其超过某一个给定阈值 γ 的概率值，每一个 γ 对应的概率值用互补累积分布函数(Complementary Cumulative Distribution Function，CCDF)来表示。下面进行 CCDF 公式的推导：

假设传输信号各个位置的实数符号 $a_{m,n}$ 不相关，其方差为 σ_a^2，则传输信号为

$$s_m=\sum_{n=-\infty}^{\infty}a_{m,n}\,g\left(k-n\frac{M}{2}\right)\mathrm{e}^{\mathrm{j}\frac{2\pi}{N}m\left(k-\frac{L_g-1}{2}\right)}\mathrm{e}^{\mathrm{j}\phi_{m,n}} \tag{5.7}$$

可以得出

$$E\{s_m\}=0 \tag{5.8}$$

$$\sigma_{\mathrm{S}}^2=E\{s_m s_m^*\}=\sigma_a^2\sum_{n\in\mathbf{Z}}g\left(k-n\frac{M}{2}\right)^2 \tag{5.9}$$

因此，信号$\{s_m\}$的均值和方差均独立于子载波序号 m，当子载波数 M 足够大时，基于中心极限定理，信号$\{s(k)\}$的虚部和实部均服从于均值为 0，方差为 $\sigma_k^2=\frac{M}{2}\sigma_{\mathrm{S}}^2$ 的高斯分布。这样，信号的幅值$|s(k)|$服从瑞利分布，且样值功率$|s(k)|^2$ 服从自由度为 2 的 χ^2 分布，令 $X=|s(k)|^2$，则其概率密度为

$$p_X(x)=\frac{1}{2\sigma_k^2}\mathrm{e}^{-\frac{x}{2\sigma_k^2}} \tag{5.10}$$

由于滤波器函数 g 具有单位功率，可以得到 $E\{|s(k)|^2\}=2\sigma_a^2$，我们令：

$$Y=|s_0(k)|^2=\frac{|s(k)|^2}{E\{|s(k)|^2\}}=\frac{X}{E\{|s(k)|^2\}} \tag{5.11}$$

则 Y 的概率密度为

$$p_Y(y)=2\sigma_a^2 p_X(2\sigma_a^2 y)=\alpha_k\mathrm{e}^{-\alpha_k y} \tag{5.12}$$

其中

$$\alpha_k=\frac{\sigma_a^2}{\sigma_k^2}=\frac{2}{M\sum\limits_{n\in\mathbf{Z}}g\left(k-n\frac{M}{2}\right)^2} \tag{5.13}$$

对于一个给定的 PAPR 门限值 γ，其分布概率为

$$P(|s_0(k)|^2 \leqslant \gamma) = \int_0^{\gamma} p_Y(y)\mathrm{d}y = 1 - \mathrm{e}^{-\alpha_k y} \tag{5.14}$$

假设每个采样点 $|s_0(k)|^2$ 之间相互独立，其累积分布函数为

$$P(\mathrm{PAPR} \leqslant \gamma) = P(\bigcap_{i=0}^{M-1} |s_0(i)|^2 \leqslant \gamma) = \prod_{i=0}^{M-1} P(|s_0(i)|^2 \leqslant \gamma) = \prod_{i=0}^{M-1} (1 - \mathrm{e}^{-\alpha_i \gamma}) \tag{5.15}$$

因此，FBMC 信号 PAPR 的 CCDF 为

$$P(\mathrm{PAPR} \geqslant \gamma) = 1 - \prod_{i=0}^{M-1} (1 - \mathrm{e}^{-\alpha_i \gamma}) \tag{5.16}$$

在 OFDM 系统中，CCDF 函数值仅仅取决于门限值 γ，但是由式(2.46)可以看出，在 FBMC 系统中，CCDF 的函数值同样也取决于滚降系数集合 $A = \{\alpha_0, \alpha_1, \cdots, \alpha_{M-1}\}$，而 α_k 的值随着原型滤波器滤波函数 g 的变化而改变，其关键是如何寻找一个合适的函数 g 使得 CCDF 达到最小。

首先来确定 α_k 的取值范围。由于原型滤波器函数 g 的功率为单位能量，则可以得到

$$\sum_{k=0}^{M/2-1} \sum_{n \in \mathbf{Z}} g\left(k - n\frac{M}{2}\right)^2 = 1 \tag{5.17}$$

$$\sum_{k=0}^{M-1} \sum_{n \in \mathbf{Z}} g\left(k - n\frac{M}{2}\right)^2 = 2\sum_{k=0}^{M/2-1} \sum_{n \in \mathbf{Z}} g\left(k - n\frac{M}{2}\right)^2 = 2 \tag{5.18}$$

因此有

$$\sum_{k=0}^{M-1} \frac{1}{\alpha_k} = M \tag{5.19}$$

明显地

$$\sum_{n \in \mathbf{Z}} g\left(k - n\frac{M}{2}\right)^2 \leqslant 1 \tag{5.20}$$

根据式(5.13)和式(5.20)，可以得到 α_k 的取值下界：

$$\alpha_k = \frac{\sigma_a^2}{\sigma_k^2} = \frac{2}{M\sum_{n \in \mathbf{Z}} g\left(k - n\frac{M}{2}\right)^2} \geqslant \frac{2}{M} \tag{5.21}$$

因此，原型滤波器函数 g 需要满足式(5.19)和(5.21)，我们可以建立最优化问题的模型：

$$\min\left(1 - \prod_{i=0}^{M-1} (1 - \mathrm{e}^{-\alpha_i \gamma})\right) \ \mathrm{s.t.} \sum_{k=0}^{M-1} \frac{1}{\alpha_k} = M \tag{5.22}$$

将式(5.22)转化为标准拉格朗日函数形式

$$L(A, \lambda, \gamma)=1-\prod_{i=0}^{M-1}(1-e^{-\alpha_i\gamma})-\lambda\left(\sum_{k=0}^{M-1}\frac{1}{\alpha_k}-M\right) \tag{5.23}$$

其最优解满足对于$\forall i\in\{0, \cdots, M-1\}$，都有

$$\frac{\partial L}{\partial\alpha_i}=0,\ \frac{\partial L}{\partial\lambda}=0,\ \frac{\partial L}{\partial\gamma}=0 \tag{5.24}$$

由式(5.23)和(5.24)可以得到

$$\frac{\alpha_i^2}{e^{\alpha_i\gamma}-1}=\frac{\alpha_j^2}{e^{\alpha_j\gamma}-1}\ \forall(i, j)\in\{0, \cdots, M-1\},\ i\neq j \tag{5.25}$$

定义一个新函数$f(x)=\dfrac{x^2}{e^{x\gamma}-1}$，可以证明其在区间$[0, x_0]$上增函数，且$x_0$的值为

$$x_0=\frac{\mu_0}{\gamma}=\frac{1}{\gamma}[2+f_w(-2e^{-2})] \tag{5.26}$$

其中，f_w为朗伯W函数，由于f_w在$[0, x_0]$上为双射，则当$x\leqslant x_0$时，可以得到$\alpha_i=\alpha_j=\alpha$，由于α需要满足式(5.19)，可推出$\alpha=\mu_0/\gamma\geqslant 2/M$，从而转换到门限值$\gamma$的不等式$\gamma\leqslant\mu_0 M/2$。另外，通过以上分析，可以发现，所有的$\alpha_k$均相等且为1。即是$\alpha_i=\alpha_j=\alpha$的必要条件为当且仅当$\gamma\leqslant\mu_0 M/2$时，$\alpha_k=1\ (k=0, \cdots, M-1)$。

下面验证当且仅当$\gamma\leqslant\mu_0 M/2$时，$\alpha_k=1(k=0, \cdots, M-1)$为拉格朗日函数式(5.23)的最优解。首先计算拉格朗日函数式(5.23)的在$A_0=\{1, 1, \cdots, 1\}$处的海森矩阵(Hessian Matrix)$\boldsymbol{H}_L$：

$$\boldsymbol{H}_L=\begin{bmatrix} a(\gamma) & b(\gamma) & \cdots & b(\gamma) \\ b(\gamma) & a(\gamma) & \cdots & b(\gamma) \\ \vdots & \vdots & & \vdots \\ b(\gamma) & b(\gamma) & \cdots & a(\gamma) \end{bmatrix} \tag{5.27}$$

其中，$a(\gamma)$和$b(\gamma)$分别为

$$a(\gamma)=\frac{\partial L}{\partial\alpha_i^2}(A_0, \lambda, \gamma)=\gamma^2\ (1-e^{-\gamma})^{M-1}e^{-\gamma} \tag{5.28}$$

$$b(\gamma)=\frac{\partial L}{\partial\alpha_i\alpha_j}(A_0, \lambda, \gamma)=\gamma^2\ (1-e^{-\gamma})^{M-2}e^{-2\gamma} \tag{5.29}$$

通过判定海森矩阵的性质，我们可以推断出多元函数的极值，因此，令$\boldsymbol{v}=(v_1, \cdots, v_M)^{\mathrm{T}}$，得到

$$\boldsymbol{v}^{\mathrm{T}}\boldsymbol{H}_L\boldsymbol{v}=\alpha(\lambda)(v_1^2+\cdots+v_M^2)+2b(\lambda)\sum_{i\neq j}v_i v_j \tag{5.30}$$

由于需要判断式(5.30)在 $A_0=\{1, 1, \cdots, 1\}$ 处是否为最优解，于是将 $\boldsymbol{v}$ 限制到切平面 $P=\{v=(v_1, \cdots, v_2) \mid v_1+v_2+\cdots+v_M=0\}$ 上，则式(5.30)为

$$\begin{aligned} \boldsymbol{v}^{\mathrm{T}}\boldsymbol{H}_L\boldsymbol{v} &= (\alpha(\lambda)-b(\lambda))(v_1^2+\cdots+v_M^2) \\ &= \gamma^2(1-\mathrm{e}^{-\gamma})^{M-2}\mathrm{e}^{-\gamma}(1-2\mathrm{e}^{-\gamma})(v_1^2+\cdots+v_M^2) \geqslant 0 \end{aligned} \tag{5.31}$$

因此 $\boldsymbol{H}_L$ 为正定矩阵，这表明式(5.23)在 $A_0=\{1, 1, \cdots, 1\}$ 处为极小值。综上所述，当且仅当 $\gamma \leqslant \mu_0 M/2$ 时，$\alpha_k=1(k=0, \cdots, M-1)$ 是式(5.22)的解，此时，FBMC 系统中 CCDF 定义变为

$$P(\mathrm{PAPR} \geqslant \gamma)=1-(1-\mathrm{e}^{-\gamma})^M \tag{5.32}$$

5.1.3　传统 PAPR 降低方法

传统的 PAPR 降低方法大体可分为畸变类方法、概率类方法和编码类方法，但是原型滤波器的周期通常长于一个符号周期，导致 OQAM/OFDM 发送信号的符号间相互重叠，使得 OFDM 系统的 PAPR 降低方法不能直接用于 OQAM/OFDM 系统。因此，寻找 OQAM/OFDM 系统的有效 PAPR 降低方法非常重要。

1. 畸变类方法

畸变类方法是一种失真类方法，通过直接在时域对信号进行干预，达到降低信号 PAPR 的效果，但是，这通常会破坏正交性，造成接收端解调难度大大增加。典型的畸变类方法包括限幅法、迭代限幅滤波算法、数字预失真技术和压缩扩张算法等。

限幅法是通过限幅器将超过门限值的符号进行限幅处理，实现方便、简单。但是限幅过程会引入限幅噪声以及带外辐射的增加，给接收端解调带来困难，严重影响系统的性能。

迭代限幅滤波算法是在限幅法的基础上增加了滤波过程。当信号经过限幅器后，通过 FFT 变换到频域，在频域将带外频率的信号置零，再通过 IFFT 变换回时域。

数字预失真技术的工作原理较为简单，就是在信号通过高功率放大器(High Power Amplifier，HPA)之前设置一个数字预失真器，预失真器的特性与 HPA 特性相反，两者结合，就会产生一个线性放大的效果。预失真技术的缺点是预失真函数在 HPA 饱和点附近接近无限大。

压缩扩张算法降低信号 PAPR 的原理是通过压缩扩张函数将信号中的大功率信号压缩，小功率信号扩大，达到信号 PAPR 降低且提高信号平均功率的

效果，在接收端通过解压扩来对信号进行恢复。压缩扩张法的不足在于，接收端解压扩过程中，恢复被压缩的大信号时会放大噪声，造成系统 BER 性能的下降。

2. 概率类方法

概率类方法不会造成子载波间正交性的破坏，能够保证系统较好的通信性能，但是概率类方法通常需要占用额外的频谱资源，降低了通信系统的工作效率。典型的概率类方法主要有选择性映射(SeLective Mapping，SLM)、部分传输序列(Partial Transimit Sequence，PTS)、预留子载波(Tone Reservation，TR)、多音内插(Tone Injection，TI)等算法。

SLM 算法是对信号进行加扰处理，从而达到降低信号 PAPR 的方法，由于不会改变子载波间的正交性，因此是一种无失真的 PAPR 降低方法。它的实现方式是对通过星座映射的信号点乘向量进行相位旋转，选择最低 PAPR 值的序列进行发送。向量的个数越多，其复杂度越高，附加信息也越多，从而传输效率降低。在 OFDM 系统中，SLM 方法对每一个符号进行处理，然而在 OQAM/OFDM 系统中，符号之间相互重叠，无法直接应用 SLM 方法。

PTS 算法是在发送端将经过星座图映射后的数据先进行分块，对每个经过 IFFT 变换后的子块分别乘以不同的相位旋转因子进行相位旋转，经过优化相位旋转因子后，发送各子块组合中的 PAPR 最低的 OFDM 信号，并选择使得各子块组合出的 PAPR 最低的 OFDM 信号的最优的相位旋转因子向量作为边带信息进行发送的方法。PTS 也是无失真的方法，但是边带信息的传输同样增加了发送带宽和复杂度，额外的 IFFT 运算也增加了计算复杂度。

TR 算法主要是将噪声进行搬移，使其集中在 SNR 较低的不携带信息的预留子载波上，使得其他子载波上的 SNR 增加，保证系统的性能。

TI 算法是通过对星座进行扩展，使一个数据对应多个星座点，然后再从这些星座点中选取 PAPR 值较小的星座点以降低 PAPR。这种方法的优势在于只需要在接收端进行一个模运算将扩展后的星座映射到原始星座，不需要传送边带信息。然而 TI 相比于原始星座，备选星座占用了大部分的能量，因此它会造成能量损失。

3. 编码类方法

编码类方法是将原始数据序列用 PAPR 较小的码字进行传输，避免使用产生大峰值功率信号的方法，主要包括分组码、格雷互补序列、雷德米勒码、M 序列等。编码类方法的复杂度高，当载波数量大时，编码效率低。

5.2　基于 OSLM 的 PAPR 降低方法

5.2.1　传统 SLM 算法

传统 SLM 算法的特点是在有效降低 PAPR 的同时，接收端能够准确恢复出发送的原始信号，这是由于该算法不会引起信号的失真，从而导致系统的 BER 升高。作为降低 PAPR 的重要算法之一，该算法在多载波系统中大量使用。但是，该算法需要消耗额外的频谱资源来传递由相位旋转因子组成的 SI，这个过程降低了系统的频带利用率。另外，在系统中子载波数量较大时，其计算复杂度较高。

在传统的 SLM 方法中，发送端产生大量的候选数据块，其在接收端经过还原后，所代表的均是同一信息，从中选择 PAPR 最小的一组来进行传输，以此达到降低系统 PAPR 的目的。在发送端，这些候选数据块是通过原始数据块乘上 U 组相互之间独立且随机的相位旋转序列 $\boldsymbol{P}^{(u)}=[p_0{}^{(u)},\ p_1{}^{(u)},\ \cdots,\ p_{M-1}{}^{(u)}]^{\mathrm{T}}, u=1,\ 2,\ \cdots,\ U$ 而产生的，其中 $p_i^{(u)}=\exp(\mathrm{j}\varphi_i^{(u)}), i=1,\ 2,\ \cdots,\ M-1$，且 $\varphi_i^{(u)}$ 在$[0,\ 2\pi)$区间内均匀分布，其示意图如图 5.6 所示。

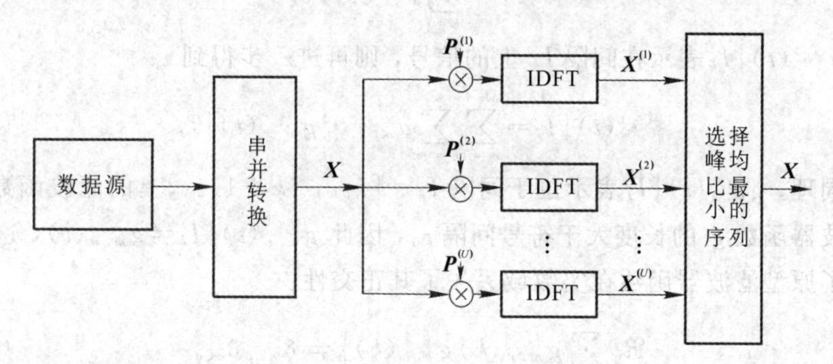

图 5.6　SLM 实现原理图

假设输入信号为 $\boldsymbol{X}=[X_0,\ X_1,\ \cdots,\ X_{M-1}]^{\mathrm{T}}$，将其与 U 组相位序列进行点积运算，得到 U 组不同的候选信号 $\boldsymbol{X}^{(u)}=[X_0 p_0{}^{(u)},\ X_1 p_1{}^{(u)},\ \cdots,\ X_{M-1} p_{M-1}{}^{(u)}]^{\mathrm{T}}$，$u=1,\ 2,\ \cdots,\ U$，在这 U 组候选信号之中，选择 PAPR 最小的一组序列进行传输，在接收端接收到信号后，根据发送端传输来的相位旋转因子信息(也称作 SI)恢复信号。在这个过程中，对于每个数据块，需要耗费 $\mathrm{lb}U$ 个比特来传递 SI。理论上，SLM 方法适用于任意子载波数目的多载波系统，其降低 PAPR 的性能取决于相位旋转因子组数 U 以及旋转因子 $p_i^{(u)}$ 的设计方法。

我们以 OFDM 系统为例来说明 SLM 方法的原理。令子载波数量 $M=8$，旋转因子组数 $U=4$，原始信号序列为 $\boldsymbol{X}=[1, -1, 1, 1, 1, -1, 1, -1]^{\mathrm{T}}$，其 PAPR 为 6 dB。接着，令四组旋转因子分别为 $\boldsymbol{P}^{(1)}=[1, 1, 1, 1, 1, 1, 1, 1]^{\mathrm{T}}$，$\boldsymbol{P}^{(2)}=[-1, -1, 1, 1, 1, 1, 1, -1]^{\mathrm{T}}$，$\boldsymbol{P}^{(3)}=[-1, 1, -1, 1, -1, 1, 1, 1]^{\mathrm{T}}$，$\boldsymbol{P}^{(4)}=[1, 1, -1, 1, 1, -1, 1, 1]^{\mathrm{T}}$，将这四组旋转因子与原始信号进行点积，可以得到四组不同的候选信号 $\boldsymbol{X}^{(1)}$，$\boldsymbol{X}^{(2)}$，$\boldsymbol{X}^{(3)}$，$\boldsymbol{X}^{(4)}$。其中，$\boldsymbol{X}^{(2)}$ 信号的 PAPR 最小，为 3.0 dB，因此选择 $\boldsymbol{X}^{(2)}$ 作为传输信号，在这种情况下，PAPR 降低了 3 dB，传递 SI 所需的比特数为 2。对于不同的数据块来说，所降低的 PAPR 的值可能有所不同，但是对所有的数据块来说，PAPR 均得到降低。

5.2.2 FBMC 系统中的 OSLM 算法

令 $a_{m,n}{}^{(i)}$ 表示 QAM 映射符号 $a_{m,n}$ 经过相位旋转因子 $p_m{}^{(i)}$ 编码后所得到的符号，即 $a_{m,n}{}^{(i)}=p_m{}^{(i)}a_{m,n}$。$s^{(i)}(t)$ 表示由 $a_{m,n}{}^{(i)}$ 经过滤波器后所组成的符号序列，在间隔 $I_k=[k\tau_0, (k+1)\tau_0]$ 中挑出其 PAPR 最小的一组序列 i_k，则 PAPR 最小的信号传输序列为

$$s(t)=\sum_{k=0}^{\infty}s^{(i_k)}(t)\,|\,I_k \tag{5.33}$$

其中 $s^{(i_k)}(t)\,|\,I_k$ 表示在间隔 I_k 上的信号，则可进一步得到

$$s^{(i_k)}(t)\,|\,I_k=\sum_{m=0}^{M-1}\sum_{n=-\infty}^{\infty}a_{m,n}{}^{(i_k)}g_{m,n}(t)\,|\,I_k \tag{5.34}$$

同理，$g_{m,n}(t)\,|\,I_k$ 表示位于间隔 $I_k=[k\tau_0, (k+1)\tau_0]$ 上的滤波函数。由于滤波器函数 g 的长度大于符号间隔 τ_0，因此 $g_{m,n}(t)\,|\,I_k\neq g_{m,n}(t)$，这直接导致了原型滤波器函数在实数域丢失了其正交性：

$$\Re\left\{\sum_{k=-\infty}^{\infty}g_{m,n}(k)g_{p,q}^{*}(k)\right\}\neq\delta_{m,p}\delta_{n,q} \tag{5.35}$$

总的来说，由于 FBMC 系统中所使用的滤波器长度大于数据符号间隔，因而邻近的数据块相互重叠，因此传统的 SLM 算法无法直接应用于 FBMC 系统中，如图 5.7 所示，其中 bT 表示一个传输符号的长度。OSLM 算法在确定各个相位旋转因子时，其相互之间并不是独立的，而是在超出滤波器长度的部分，依据前面已经确定的相位旋转因子，以最小 PAPR 为原则而选取。为了恢复原始的发送信号，在接收端依旧需要知道所选择的随机相位序列，这同样会引起频谱资源的浪费，在子载波数量较大的情况下，也会引起额外的传输误差，因此，我们提出了一种适用于 FBMC 系统的无 SI 的 OSLM 算法。

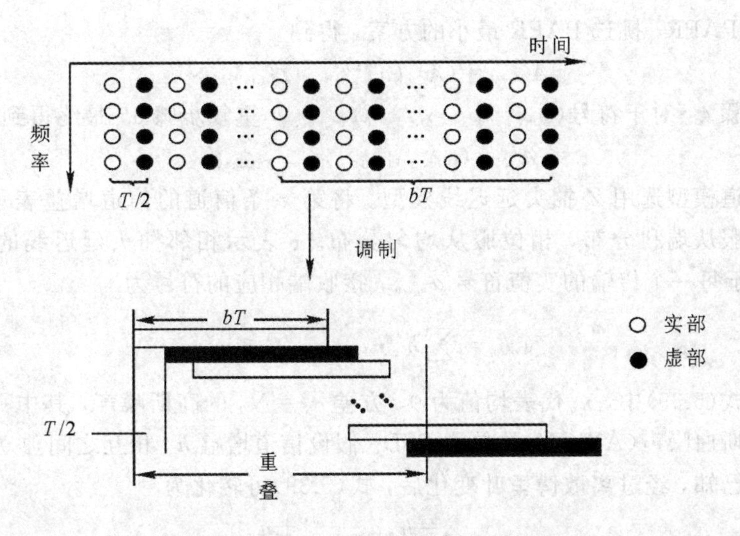

图 5.7　FBMC 系统重叠信号调制过程

5.2.3　改进的 OSLM 算法

在传统的 OSLM 方法中，定义相位旋转因子$|p_i^{(u)}|=1$，$|\cdot|$代表模运算，因此接收端并不能根据接收信号本身的信息来进行 SI 的判断，造成了额外的频谱损耗。我们定义，对于每组相位旋转因子$\boldsymbol{P}'^{(u)}=[p_0'^{(u)}, p_1'^{(u)}, \cdots, p_{M-1}'^{(u)}]$，按照一定的步骤挑选出若干个位置$\boldsymbol{S}_u$，设置其模为$C>1$，其余位置的模仍然为 1，但是每个相位旋转因子的相位可以任意选择。例如，$\boldsymbol{S}_u=\{0, 3, 4, 5\}$代表了第 u 组相位旋转因子中位置 0，3，4，5 处的相位旋转因子模等于 C。为了在接收端可以恢复出 SI 信息，$\boldsymbol{P}'^{(u)}$与$\boldsymbol{S}_u$之间必须建立起一对一的联系，换句话说，两组不同的$\boldsymbol{P}'^{(u)}$不能对应同一组$\boldsymbol{S}_u$。下面对相位旋转因子的建立过程进行分析。

步骤 1：定义相位旋转因子$\boldsymbol{P}'^{(u)}$的组数 $U=K$。初始的$\boldsymbol{P}'^{(u)}$划分为长度为 $2b$，其中 k 个位置用于扩展因子 C，即是$|p_k'^{(u)}|=C$（此时 $u=1, 2, \cdots, K$），其余的 $2b-k$ 个位置的模为 1。为了保证$\boldsymbol{P}'^{(u)}$与$\boldsymbol{S}_u$之间是一对一的关系，必须满足 $C_{2b}^k \geqslant K$。

步骤 2：将生成的 K 组、每组 $2b$ 个符号的相位旋转因子序列 $p_m'^{(u)}$ 与前 $2b$ 个符号进行点乘，挑选其中最小的 PAPR 生成矩阵$\boldsymbol{A}'_{2b}$：

$$\boldsymbol{A}'_{2b}=(a_{m,n}p_m'^{(u)})_{0\leqslant m\leqslant M-1,\ 1\leqslant n\leqslant 2b} \tag{5.36}$$

步骤 3：对于第 $2b+1$ 个符号$(a_{m,2b+1})_{0\leqslant m\leqslant M-1}$，分别与步骤 1 不同的相位旋转因子序列进行点乘，结合前 $2b-1$ 个符号$(a_{m,n})_{0\leqslant m\leqslant M-1,\ 0\leqslant n\leqslant 2b-1}$，计算出

各自的PAPR，挑选PAPR最小的方案，得到

$$\boldsymbol{A}'_{2b+1}=(\boldsymbol{A}'_{2b}(a'^{(u)}_{m,\,2b+1}))_{0\leqslant m\leqslant M-1} \tag{5.37}$$

步骤4：对于符号$(a_{m,\,n})_{0\leqslant m\leqslant M-1,\,2b+1<n\leqslant N}$，重复步骤3，最终得到

$$\boldsymbol{A}'_{N}=(a'^{(u)}_{m,\,s+1})_{0\leqslant m\leqslant M-1,\,1\leqslant n\leqslant N} \tag{5.38}$$

信道模型选用Z抽头延迟线模型。将第z条信道的信道增益表示为h_z，其分布服从瑞利分布，相位服从均匀分布。τ表示相邻抽头延迟线的时间间隔。对于每一个传输的实值符号$a_{m,\,n}$，接收端相应的符号为

$$y'_{q,\,n}=\sum_{z=0}^{Z}h'_z\cdot a_{q,\,n-z}{}'^{(u)}+n'_q \tag{5.39}$$

在式(5.39)中，n'_q代表均值为0，方差$\sigma^2=N_0$的高斯噪声，其中N_0表示加性高斯白噪声(AWGN)的单边PSD。假设信道增益h_z相互之间独立并且在接收端已知，经过离散傅里叶变化后，式(5.39)可转化为

$$y_{m,\,n}=h_m a_{m,\,n}{}^{(u)}+n_m \tag{5.40}$$

其中，

$$a_{m,\,n}{}^{(u)}=\frac{1}{\sqrt{M}}\sum_{m=0}^{M-1}a'_{q,\,n}\cdot\exp\left(-\mathrm{j}\frac{2\pi mq}{M}\right) \tag{5.41}$$

$$n_m=\frac{1}{\sqrt{M}}\sum_{m=0}^{M-1}n'_q\cdot\exp\left(-\mathrm{j}\frac{2\pi mq}{M}\right) \tag{5.42}$$

$$h_m=\sum_{z=0}^{Z-1}h'_z\cdot\exp\left(-\mathrm{j}\frac{2\pi mz}{M}\right) \tag{5.43}$$

得到式(5.40)之后，便可以开始进行SI的识别。SI的识别是基于接收端完全已知U组相位旋转因子$\boldsymbol{P}'^{(u)}=[p'^{(u)}_0,\,p'^{(u)}_1,\,\cdots,\,p'_{M-1}{}^{(u)}]$以及其与$\boldsymbol{S}_u$之间的对应关系。假设接收端已知第$m$条信道增益$h_m$，那么位于时频点$(m,\,n)$处的符号$a'^{(u)}_{m,\,n}$有

$$E[|h_m|^2\ |a'^{(u)}_{m,\,n}|^2]=|h_m|^2\ |p'^{(v)}_m|^2\gamma \tag{5.44}$$

其中，γ代表每个时频符号的平均能量，即$E[|a_{m,\,n}|^2]=\gamma$。另外，接收端接收到信号能量为

$$E[|y_{m,\,n}|^2]=|h_m|^2\ |p'^{(u)}_m|^2\gamma+\sigma^2 \tag{5.45}$$

由于信道噪声的方差已知，因此结合式(5.44)与式(5.45)，可以得到

$$\alpha_{m,\,n}{}^{(u)}=|E[|y_{m,\,n}|^2]-\sigma^2-|h_m|^2|p'^{(u)}_m|^2\gamma| \tag{5.46}$$

由式(5.45)与式(5.46)可得到

$$\alpha^{(u)}_{m,\,n}=|h_m|^2\gamma\,|\,|p'^{(u)}_m|^2-|p'^{(v)}_m|^2\,| \tag{5.47}$$

当$\alpha^{(u)}_{m,\,n}=0$时，$|p'^{(u)}_m|=|p'^{(v)}_m|$，即可以判断出位于时频点$(m,\,n)$处的相位旋转因子，因此我们称$\alpha^{(u)}_{m,\,n}$为判断因子。将判断因子扩展到整个接收端，定

义度量 β_u，则有

$$\beta_u = \sum_{m=0}^{M-1}\sum_{n=0}^{N-1}\alpha_{m,n} \tag{5.48}$$

同理当 $\beta_u=0$ 时，$\boldsymbol{P}'^{(u)}=\boldsymbol{P}'^{(v)}$，相应的扩展因子 C 的位置相同，即是$\boldsymbol{S}_u=\boldsymbol{S}_v$，由于$\boldsymbol{P}'^{(u)}$与$\boldsymbol{S}_u$之间一一对应，即使每组相位旋转因子序列上各个位置的相位不同，仅依靠扩展因子 C 的位置仍然可以进行判断，从而在接收端恢复出 SI。但在实际应用中由于接收端信号的平均能量 γ 是一个估计值，因此会出现 $\beta_u\neq 0$ 的情况，此时我们挑选 β_u 最小的一组$\boldsymbol{P}'^{(u)}$ 作为 SI。

此外，由于扩展因子 $C>1$，插入扩展因子后，整个系统的能量会有一定程度的增大，因此还需要分析扩展因子对系统总体能量的影响。

扩展因子 C 的能量(单位为 dB)：

$$G_C = 10\cdot\lg\left[1+\frac{k}{M}(C^2-1)\right] \tag{5.49}$$

一个辅助导频的能量(单位为 dB)：

$$G_P = 10\cdot\lg\left(\frac{\sigma_P^2}{\sigma_a^2}\right) = 10\cdot\lg(4.07) \tag{5.50}$$

其中，σ_a^2 代表实值符号的功率，σ_P^2 代表辅助导频的功率，且 $\sigma_P^2=4.07\sigma_a^2$。

由式(5.49)和(5.50)可知，与一个辅助导频相比，插入扩展因子 C 后增加的能量要比一个辅助导频的能量小得多。因此在一定范围内，扩展因子所带来的能量提升并不会极大地提高系统某一时刻的瞬时功率 $|s(k)|^2$，PAPR 的降低能力得到提高。

5.2.4　仿真分析

PAPR 性能仿真参数设置如表 5.1 所示。

表 5.1　PAPR 性能仿真参数

参数名称	数值
调制方式	16-OQAM
滤波器类型	IOTA
滤波器长度	$4T_0$
扩展因子 C	1.2
子载波个数	64/128
码字组数 U	4
信道类型	多径信道

图 5.8 为原始(无应用 PAPR 降低方法的情况)方法、传统 OSLM 算法、改进 OSLM 算法的 FBMC 系统 CCDF 曲线对比图。可以看出，传统 OSLM 算法与改进 OSLM 算法降低 PAPR 的效果明显。与传统 OSLM 的算法相比，改进 OSLM 算法(无 SI 传输的 OSLM 算法)在 $N=64$，CCDF$=10^{-4}$ 处 PAPR 值降低了约 1.7 dB。这是由于改进的 OSLM 算法中插入了类似于导频的扩展因子 C，提高了系统的平均能量 $E\{|s(k)|^2\}$。

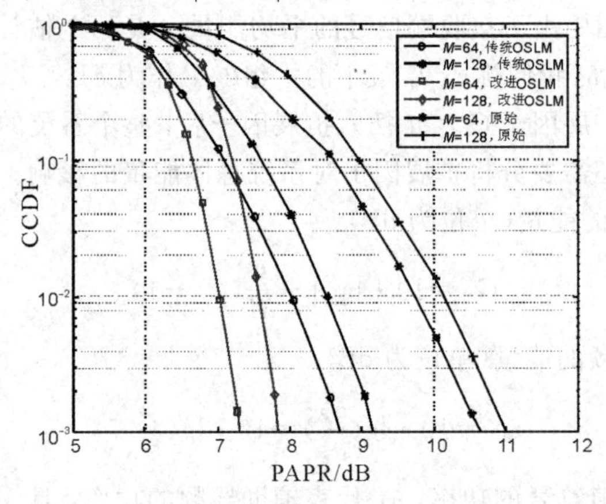

图 5.8 不同算法的 CCDF 曲线

在信噪比 $E_b/N_0=10$ dB，其余条件与表 5.1 中相同的仿真环境下对 SI 检测错误率进行仿真。从图 5.9 中可以看出，随着扩展因子 C 的增大，SI 检测错误率降低。这是因为扩展因子 C 的增大加大了扩展位置与非扩展位置的能量差异，使得接收端在进行判断时的误差更小，从而降低了 SI 检测错误率。

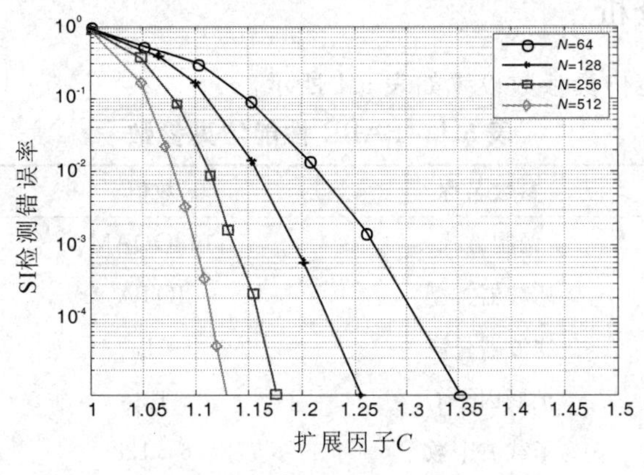

图 5.9 SI 检测错误率

另外，由于相位旋转因子$\boldsymbol{P}'^{(u)}$的长度等于子载波数量 M，当 M 增大时，

$\boldsymbol{P}'^{(u)}$ 的长度增加，可供插入旋转因子的位置也就越多，所传输的信号的能量差异也就越大，致使 SI 的检测错误率降低。

图 5.10 给出了插入不同模值的 SI 后的 BER 性能曲线。作为比较，我们给出了理想 SI 条件下，即在接收端完全已知 SI 条件下的 BER 曲线。可以看出，随着子载波数量的增加，BER 性能上升，在子载波数量为 256、512 时，与理想 SI 的差异很小。

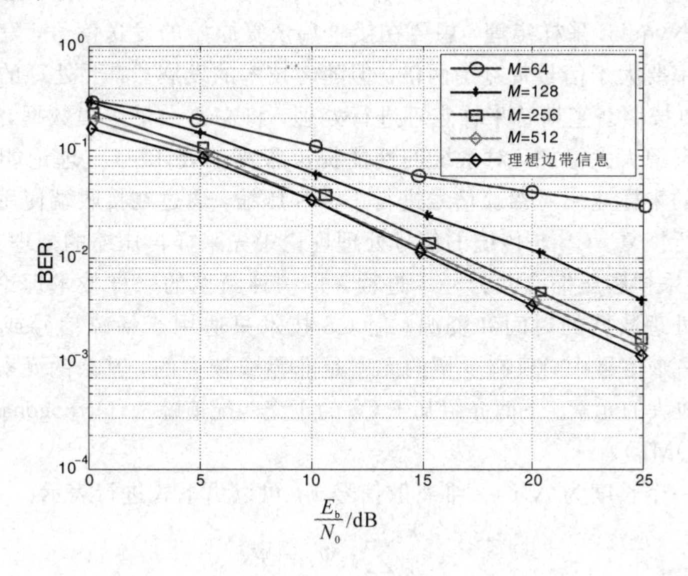

图 5.10　BER 性能

结合图 5.10，在 $C=1.2$ 时，子载波数量为 64、128 时的 SI 检测错误率要比子载波数量为 256、512 时的大得多，在改进的 OSLM 方法中，SI 实质上可以等效为 FBMC 符号，因此，SI 的检测错误率可以表示为 P_e，BER 表示为 P_b，则 P_e 与 P_b 的关系为：

$$P_b = P_e / \text{lb}V \tag{5.51}$$

V 代表进制数。因此，BER 与 SI 检测错误率呈线性正相关。由此也可以看出，改进的 OSLM 方法对子载波数量较大的场合更为适用。

5.3　基于 CS 的限幅恢复 PAPR 降低方法

限幅法是最简单、直接降低 OQAM/OFDM 系统 PAPR 的方法，但限幅法会引起带内信号失真，导致系统 BER 性能下降。由于 OQAM/OFDM 系统限幅信号具有一定的稀疏特性，因此可以利用 CS 从远少于 Nyquist 采样定理所要求的样本点中重构信号。基于此，我们提出一种基于 CS 的限幅恢复 PAPR 降低方法，该方法在接收端利用 OMP 算法，使其作为限幅信号的恢复算法，目的是利用限幅法降低 OQAM/OFDM 系统 PAPR 的同时，保证系统的 BER 性能。

5.3.1 基于 CS 的正交匹配追踪法

根据 Nyquist 采样定理，想要在接收端恢复原始的发送信号，发送端信号的采样速率要大于信号带宽的两倍。但随着技术的发展，需要处理的信息量越来越多，再按照奈奎斯特采样定理进行处理，将需要大量采集数据，数据处理的时间和资源大大增加，对系统的性能提出很高的要求。CS 理论能够以低于奈奎斯特的采样速率对稀疏信号进行采样和压缩，通过在接收端使用重构算法对信号进行恢复。CS 与传统的信号处理理论中先采样再压缩的处理方式不同，CS 技术将采样和压缩合并为一个过程，是一种新型的采样技术理论，可以有效地降低处理数据的时间和资源。但 CS 技术只适用于稀疏信号或可压缩信号，即在一个信号中，只有少量的元素是非零或较大的，其余的元素均为零或者远小于较大的元素。下面介绍基于 CS 的正交匹配追踪法(Orthogonal Matching Pursuit，OMP)。

假设一个长度为 N 的一维离散信号 x，可以由下式进行表示：

$$\boldsymbol{x} = \sum_{i=1}^{N} s_i \Psi_i = \boldsymbol{\Psi s} \tag{5.52}$$

式中，$\boldsymbol{\Psi} = [\Psi_1, \Psi_2, \cdots, \Psi_N]$是一个 $N \times N$ 维基矩阵，称为观测矩阵，$\boldsymbol{s} = [s_1, s_2, \cdots, s_N]^{\mathrm{T}}$ 可以看成信号 x 在基矩阵 $\boldsymbol{\Psi}$ 下的表示。当 $\boldsymbol{s}$ 中只有 K 个元素不为零时，称 x 为 K-稀疏信号。CS 理论指出，对于稀疏信号 $\boldsymbol{s}$，使用 $M(M<N)$ 个测量值可以使其准确恢复。通过引入第二个 $M \times N$ 矩阵 $\boldsymbol{\Phi}$ 获得 M 维观测向量 $\boldsymbol{y}$：

$$\boldsymbol{y} = \boldsymbol{\Phi x} = \boldsymbol{\Phi \Psi s} = \boldsymbol{\Theta s} \tag{5.53}$$

其中，$\boldsymbol{\Theta} = \boldsymbol{\Phi \Psi}$ 为 $M \times N$ 矩阵。

由于 $M<N$，从式(5.52)恢复 x 是一个欠定问题，即原问题的解不唯一，无法得到确定的解。但若信号 x 为稀疏信号且非零元素的个数 K 是已知的，当 $M>K$ 时式(5.52)可以得到唯一解，但测量矩阵 $\boldsymbol{\Theta}$ 满足严格等距特性：

$$1-\varepsilon \leqslant \frac{\| \boldsymbol{\Theta s} \|_2}{\| \boldsymbol{s} \|_2} \leqslant 1+\varepsilon \tag{5.54}$$

其中，$\varepsilon \in (0, 1)$为 RIP 系数。随机矩阵(例如独立同分布的高斯矩阵)和根据一定原则产生的矩阵(如 FFT 矩阵)，可以满足 RIP 特性。

在接收端，考虑稀疏信号的恢复问题，传统的信号处理对式(5.83)的求解采用 2-范数的方式：

$$\min_{s} \| \boldsymbol{s} \|_2 \quad \text{s.t. } \boldsymbol{y} = \boldsymbol{\Phi \Psi s} \tag{5.55}$$

通过上式最优化问题得到的最优解并不是一个稀疏解，不能对原始信号进行准确地恢复。目前，对稀疏信号的恢复主要使用基于 1-范数的最优化问题：

$$\min_{s} \| \boldsymbol{s} \|_1 \quad \text{s.t. } \boldsymbol{y} = \boldsymbol{\Phi \Psi s} \tag{5.56}$$

通过求解上式中的最优化问题，对原始稀疏信号进行恢复。目前 CS 技术常用的、在接收端恢复信号的重构算法主要有两类，分别为凸优化算法和贪婪迭代算法。凸优化算法最常用的为基追踪(Basis Pursuit，BP)算法，其具有很强的抗噪声能力，但计算复杂度较高，实时性较差。

通信系统对算法的实时性要求较高，因此在基于 CS 的信道估计中常用贪婪迭代算法在接收端进行信号恢复，常用的贪婪迭代算法有匹配追踪法(Matching Pursuit，MP)，正交匹配追踪法 OMP 以及采样压缩追踪法(Compressive Sampling MP，CoSaMP)等，其核心思想都为在迭代中找到感知矩阵与残差最匹配的列，通过更新残差后再进行迭代，直到找到所有解。MP 算法是最早的贪婪迭代算法，但其选定的观测矩阵的列向量投影不是正交投影，因此迭代的结果不是最优解，迭代次数较多。而 OMP 算法计算时保证每次列向量投影相互正交，从而使每次迭代结果为最优解。相比于 MP 算法，OMP 算法的迭代次数较少，本节使用的 CS 技术即采用 OMP 算法进行恢复，OMP 算法的主要步骤：

步骤 1：计算观测值 $\boldsymbol{y} = \boldsymbol{\Phi x}$，设定初始残差 $\boldsymbol{R}_0 = \boldsymbol{y}$；

步骤 2：寻找位置索引 $\lambda_t = \arg\max_{j=1,\cdots,N} \left| \left\langle R_{t-1}, \varphi_j \right\rangle \right|$；

步骤 3：更新 $\Lambda_t = \Lambda_{t-1} \cup \lambda_t$ 并根据 Λ_t 得到 $\boldsymbol{\Theta}_{\text{sub}}$；

步骤 4：利用最小二乘法求解 $\boldsymbol{z}_t = \operatorname{argmin} \| \boldsymbol{R} - \boldsymbol{\Theta}_{\text{sub}} \cdot \boldsymbol{z} \|_2$，得到向量 $\boldsymbol{z}_t$；

步骤 5：计算残差 $\boldsymbol{R}_t = \boldsymbol{R}_{t-1} - \boldsymbol{\Theta}_{\text{sub}} \cdot \boldsymbol{z}_t$，当 $t < K$ 时，返回步骤 2，当 $t = K$ 时，进入步骤 6；

步骤 6：利用位置集合 Λ_t 恢复原始信号。

5.3.2　基于 CS 的限幅恢复方法

OQAM/OFDM 信号经过 HPA 时，限幅噪声具有稀疏特性，如图 5.11 所示，圆圈表示信号归一化幅值超过 5 dB 的信号采样点，方框代表信号归一化幅值超过 10 dB 的信号采样点，相比于整个信号的时域采样来讲，限幅信号具有明显的稀疏特性，且限幅率越高，限幅信号的稀疏度越高。基于限幅噪声的稀疏特性，可以使用CS方法恢复限幅噪声。

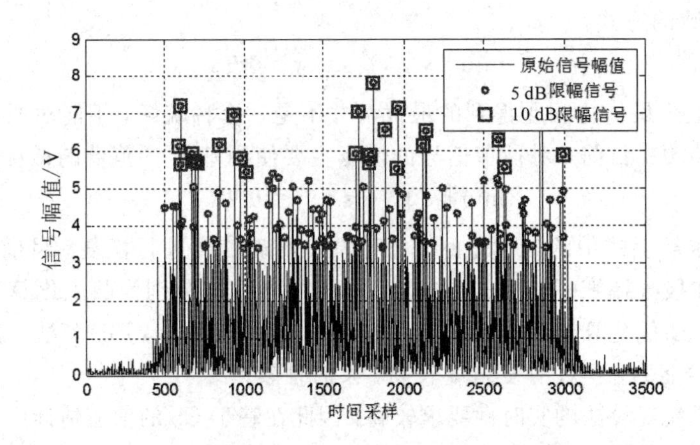

图 5.11 OQAM/OFDM 系统信号与限幅信号

限幅信号的稀疏度越高，使用CS恢复限幅信号越精确。但是限幅信号稀疏度过高，则达不到系统PAPR降低的要求；稀疏度过低，系统性能又会因信号畸变而恶化。CS方法实现的关键是测量矩阵的寻找。基于CS的非线性失真恢复算法需要经过两次限幅过程，而且采用冲积函数进行峰值抵消，实现困难，且系统的BER性能提升不明显。由限幅和CS的非线性失真补偿算法指出，若要保证限幅噪声信号的稀疏性，限幅率应满足$\gamma \geqslant 1.3$，该方法在对信号进行限幅之前，使其先经过预失真器，然后利用CS对限幅噪声进行恢复，但是该方法是直接观测接收信号，估计精度较差，对系统BER性能提升不明显。本节在基于限幅和CS的非线性失真补偿算法的基础上，利用导频存储信号的限幅信息，然后使用CS算法来恢复限幅噪声。

经过限幅的时域信号可表示为

$$x' = x + d \tag{5.57}$$

其中，d 为限幅噪声，设信道频域响应为 $\boldsymbol{H}$，接收信号的频域形式可表示为

$$\boldsymbol{Y} = \boldsymbol{HF}x + \boldsymbol{HF}d + \boldsymbol{Z} = \boldsymbol{HX} + \boldsymbol{HD} + \boldsymbol{Z} \tag{5.58}$$

其中，$\boldsymbol{F}$ 为 $N \times N$ 傅里叶变换矩阵。

设导频位置矩阵为 $\boldsymbol{\theta} = (\boldsymbol{\theta}_{L_1}, \boldsymbol{\theta}_{L_2}, \cdots, \boldsymbol{\theta}_{L_P})$，其中 L_i 为导频位置下标，i 表示第 i 个子载波，P 为导频数量，在 K 稀疏度的信号中，观测矩阵中测量点个数应满足：

$$P \geqslant c \cdot K \cdot \mathrm{lb}(M/K) \tag{5.59}$$

其中，M 为总子载波数。

则导频的发送向量、接收向量、限幅噪声向量和噪声向量分别为

$$\boldsymbol{X}_{\mathrm{P}}=\boldsymbol{\theta X \theta}' \tag{5.60}$$

$$\boldsymbol{Y}_{\mathrm{P}}=\boldsymbol{\theta Y} \tag{5.61}$$

$$\boldsymbol{D}_{\mathrm{P}}=\boldsymbol{\theta D}=\boldsymbol{\theta F d}=\boldsymbol{F}_{\mathrm{P}}\boldsymbol{d} \tag{5.62}$$

$$\boldsymbol{Z}_{\mathrm{P}}=\boldsymbol{\theta Z} \tag{5.63}$$

则接收端的导频接收信号为

$$\boldsymbol{Y}_{\mathrm{P}}=\boldsymbol{H X}_{\mathrm{P}}+\boldsymbol{H F}_{\mathrm{P}}\boldsymbol{d}+\boldsymbol{Z}_{\mathrm{P}} \tag{5.64}$$

由于$\boldsymbol{X}_{\mathrm{P}}$ 在接收端已知，则可得到观测矩阵$\boldsymbol{V}_{\mathrm{P}}$：

$$\boldsymbol{V}_{\mathrm{P}}=\boldsymbol{Y}_{\mathrm{P}}-\boldsymbol{H X}_{\mathrm{P}} \tag{5.65}$$

我们需要恢复的是稀疏向量 $\boldsymbol{d}$，$\boldsymbol{d}$ 的求解过程可表示为

$$x=\operatorname{argmin}\ \|\boldsymbol{d}\|_1 \ \text{s.t.}\ \|\boldsymbol{F}_{\mathrm{P}}\boldsymbol{d}-\boldsymbol{V}_{\mathrm{P}}\|_2\leqslant\varepsilon \tag{5.66}$$

解决上述最优化问题可以使用 OMP 重构算法，即可恢复限幅噪声向量(即稀疏向量)$\boldsymbol{d}$。

5.3.3　仿真分析

仿真参数选择子载波数 $M=2048$，符号数 $n=80$，IOTA 滤波器，滤波器长度 $L=4T_0$，其中 T_0 为一个符号周期，IFFT 点数为 $F_{\mathrm{S}}=2048$，前向纠错码，码率为0.5，采样频率为9.14 MHz，选取散射信道多径数为6，各径的时延向量为[−3，0，2，4，7，11]μs，信号增益向量为[−6，0，−7，−22，−16，−20]dB，限幅率 $\gamma=1.5$ 和 $\gamma=1.8$，导频数量选择 $P=100$ 和 $P=200$ 输出功率回退 3 dB，假设信道响应已知。对各种方法发送信号的 CCDF 和系统 BER 性能进行仿真，仿真结果如图 5.12 和 5.13 所示。

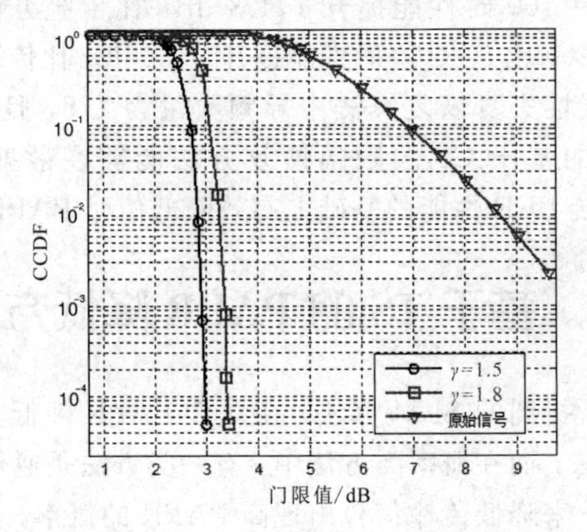

图 5.12　不同方法下 OQAM/OFDM 系统信号的 CCDF 曲线

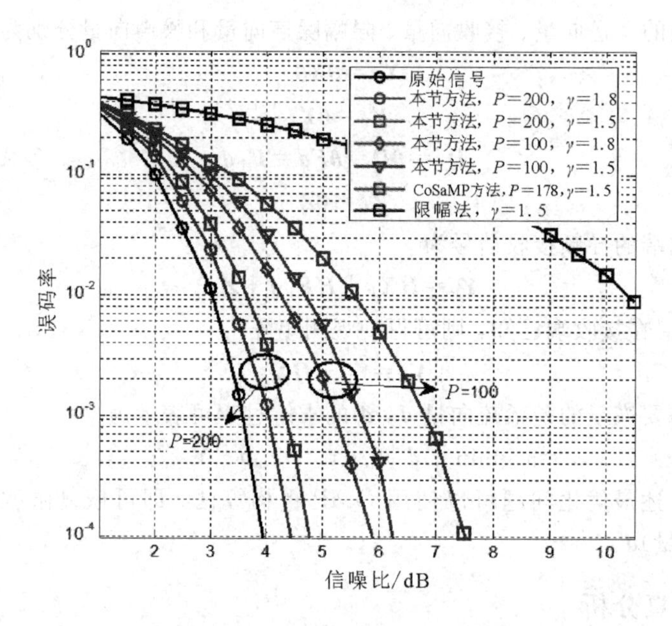

图 5.13　不同方法下 OQAM/OFDM 系统信号的 BER 曲线

从图 5.12 中可以看出，由于本节方法采用限幅法降低信号 PAPR，因此 PAPR 降低效果明显，当限幅率 $\gamma=1.5$ 时，门限值为 3 dB 时的 CCDF 值小于 10^{-4}。

从图 5.13 中可以看出，本节所提方法能够保证系统的 BER 性能，限幅率 $\gamma=1.8$ 时，在BER$=10^{-3}$处，导频数 $P=200$ 比 $P=100$ 时性能提升了 1.2 dB；在BER$=10^{-4}$处，性能提升为 1.5 dB。限幅率 $\gamma=1.5$ 时，在BER$=10^{-3}$处，导频数 $P=200$ 比 $P=100$ 时性能提升了 1.3 dB，比传统方法提升 2.6 dB；在BER$=10^{-4}$处，$P=200$ 比 $P=100$ 时性能提升了 1.6 dB，比传统方法提升 2.8 dB。而且基于 CS 的非线性失真恢复算法中导频数量为 178，且须经过两次限幅。因此，本节所提出的基于 CS 的限幅恢复方法能够在散射信道下，在保证 OQAM/OFDM 系统 BER 性能的基础上有效降低信号 PAPR。

5.4　基于 TS 的 PAPR 降低方法

正如 5.2 节中所提到的 SLM 算法，在众多 PAPR 降低方法中，概率类方法是最为巧妙的方法，而在概率类方法中，有一类方法是通过在子载波星座图中引入冗余的方式，来降低传输信号出现高 PAPR 的概率，这类方法主要包括 3 种，分别是动态星座扩展(Active Constellation Extension，ACE)、TI 以及格状成形(Trellis shaping，TS)技术。

在 ACE 技术中，数据块中的部分边缘信号星座点动态扩展到原始星座图的外部，从而使得数据块的 PAPR 降低。在信号调制方式为 QPSK 的情况下，在每个子载波中，有 4 个星座点分别位于复平面的每个象限，且与实轴和虚轴等距。假设信道噪声为高斯白噪声，最大似然判定区域是由轴限定的 4 个象限，通过观察数据符号所在象限可以确定接收的数据。与标称星座点相比，任何距离决策边界更远的点都将提供更多的冗余，这保证了该技术的 BER 性能。因此，我们可以修改标称星座点之外的四分之一平面内的星座点，而不会降低系统性能。例如在图 5.14 中，阴影区域表示第一象限中数据符号冗余增加的区域，通过适当调整，则可以使用这些附加信号的组合来在一定程度上消除信号的时域峰值。同样地，该方法也可以应用于其他调制方式，如 QAM 和 MPSK，其优点是 BER 性能好，数据传输速率没有降低，无需传递额外的 SI，但是冗余信号的引入增加了数据块的发送功率，并且其性能极大地限制于星座映射的大小。

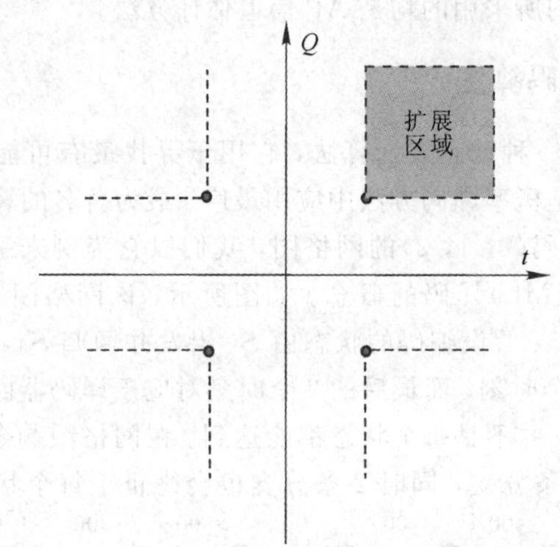

图 5.14　调制方式为 QPSK 的 ACE 技术

TI 的基本思想与 ACE 相似，均是通过增加星座大小，使原始星座图中代表同一数据信息的星座点扩展映射到多个星座点，利用增加的冗余信息提供多种星座映射的组合，再从中选择 PAPR 最小的组合，使原来传输信号的 PAPR 得到最大程度的降低。假设调制方式为 M-QAM，星座点之间的最小距离为 d，信号 X_n 的实部为 R_n，虚部为 I_n，其取值的集合为{$\pm d/2$，$\pm 3d/2$，…，$\pm(\sqrt{M}d-1)/2$}，以 $X_n=d/2+\mathrm{j}\cdot 3d/2$ 为例，调整其实部与虚部的值可以降低传输信号的 PAPR，同时需要保证调整后的信号可以在接收端正确解调，

最常见的就是令 $X'_n = X_n + pD + \mathrm{j} \cdot qD$，其中 p，q 均为整数，D 是一个在接收端已知的正实数。当 $D \geqslant d\sqrt{M}$ 时，系统的 BER 不会增加，一般取 $D = \rho d\sqrt{M}$，$\rho \geqslant 1$。TI 方法降低 PAPR 的性能取决于因子 ρ 以及单独数据块中的符号数。由于引入冗余的信号，因此与 ACE 一样，TI 会引起发送信号功率的增加。

TS 首先由 G.D.Forney 在 1992 年提出，其理论核心是 Viterbi（维特比）译码算法。随后，在 2000 年，Henkel 采用 TS 技术（方法）来降低 OFDM 信号的 PAPR。在此基础上，Ochiai 做了进一步的研究，给出了具体的两种成形算法，即符号比特成形（Sign-Bit Shaping，SBS）和多维成形（Multi-Dimensional Shaping，MDS）算法。TS 技术兼有编码类方法和概率类方法的优点，它通过类似于 Viterbi 算法的成形编码在子载波中引入冗余，利用冗余来优化星座映射，最终将不同的信号数据信息映射成一个星座点，从而降低信号的平均功率。

此外，不同的信道估计方法对多载波星座图中最外层点的功率影响很大，因此在本节中，我们所采用的均是 AP 信道估计方法。

5.4.1 Viterbi 译码算法

Viterbi 算法是一种动态规划算法，它用于寻找最有可能产生观测事件序列的维特比路径，是概率译码方法中应用最广、最为著名的算法。

图 5.15 是卷积码(2，1，2)的网格图，我们以它为例来引入分支度量、路径度量和最大似然（ML）译码的概念。如图所示，该网格图具有 8 个时间点，信息序列的长度为 5，假设编码的状态由 S_0 出发并回归 S_0，译码器的起始阶段对应于前面的 2 个时刻，而最后的 2 个时刻对应于译码器回归状态 S_0，在起始阶段和结束阶段，并不是每个状态都能达到。在网格图剩余的中间阶段，每个状态可以发出 2 条分支，同时 2 条分支也会终止于每个状态，对于卷积码

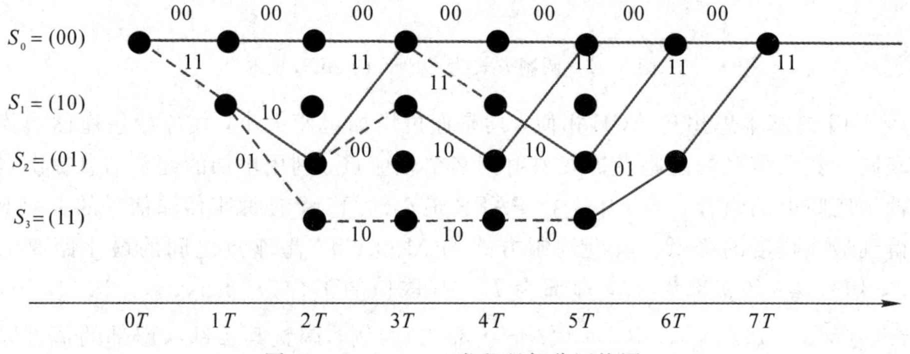

图 5.15 (2，1，2)卷积码部分网格图

(n, k, M)，每个状态发出的是 2^k 条分支从，同时也有 2^k 条分支终止于每个状态。在这个阶段中，每个状态均可以成为起始态或终止态。

假定长度为 kL 的消息序列：

$$m=(m_0, m_1, \cdots, m_{L-1}) \tag{5.67}$$

其中，$m_i \in \{0, 1\}$，相应地，编码为长度为 $N=n(L+M)$ 比特的码字：

$$v=(v_0, v_1, \cdots, v_{L+M-1}) \tag{5.68}$$

这个长度为 n 的码字 v 经过信道传输，接收到的传输序列为

$$r=(r_0, r_1, \cdots, r_{L+M-1}) \tag{5.69}$$

在离散无记忆信道中，在接收到 r 时，发送序列 v 的似然函数为

$$P(r|v)=\prod_{i=0}^{L+M-1} P(r_i|v_i) \tag{5.70}$$

将其转化为对数似然函数形式：

$$\lg P(r|v)=\sum_{i=0}^{L+M-1} \lg P(r_i|v_i) \tag{5.71}$$

在 ML 译码算法中，计算所有可能码字的 ML 函数值，从中挑选一条函数值最大的码字序列作为发送码字序列的估计，如果记这 ML 估计码字序列为 $\hat{v}$，则

$$\hat{v}=\arg\max_{v\in\Delta} \lg P(r|v) \tag{5.72}$$

其中，Δ 表示从 S_0 出发、所有长度为 $L+M$ 且最终回到 S_0 状态的所有码字序列的集合。则称 $\lg P(r|v)$ 中的每一分量 $\lg P(r_i|v_i)$ 为分支度量，并记作 $\lambda(r_i|v_i)$，且有

$$\lambda(r|v)=\sum_{i=0}^{L+M-1} \lambda(r_i|v_i) \tag{5.73}$$

即是一条路径上的度量为该路径上各分支度量之和。一条路径前 l 个分支所构成的部分路径度量可表示为

$$\lambda(r|v)\big|_0^{l-1}=\sum_{i=0}^{l-1} \lambda(r_i|v_i) \tag{5.74}$$

ML 译码要求在网格图上所有可能的路径中挑选出一条具有最大路径度量的路径，在此过程中，需要计算的路径数量随消息序列的长度以指数的形式增长：假设消息序列的长度为 L，则所有可能的路径数量为 2^L，可以看出其增长形式为指数增长。如果在译码时计算每条路径的路径度量，然后进行比较，从中挑选出度量最大的一条，则会导致系统的计算量过大，实用性不高。因此，在 Viterbi 译码中，设计了一种基于幸存路径的挑选方案：如果从同一起

始状态出发的两条路径，在某一状态汇合之后一直复合在一起，直到最终状态，由于复合的分支部分对于路径总的路径度量的贡献是相同的，所以只需要计算汇合点之前 2 条路径的部分分支度量，并删除其中较小的一条，剩下的一条则称为幸存路径。将其应用到网格图中的任意时刻，则可使译码器最终需要保留的路径数量为 2^M 条，大大降低了计算的复杂度。

5.4.2　基于星座映射的 TS 方法

TS 方法的编码流程如图 5.16 所示。其中 C_S 代表卷积编码，$\boldsymbol{G}$ 代表相应的 $1\times n_S$ 阶生成矩阵，$\boldsymbol{H}^T$ 代表码率为 $1/n_S$，约束长度为 k_S 的 $n_S\times n_{S-1}$ 阶校验矩阵。所要传输的比特信息经过多路复用后，一部分用于选择星座图上所处象限，另一部分用于选择象限中具体星座点。其映射方法的核心是 Viterbi 算法，通过设计符合 FBMC 系统的分支度量，从而寻找到平均功率最小的传输序列。

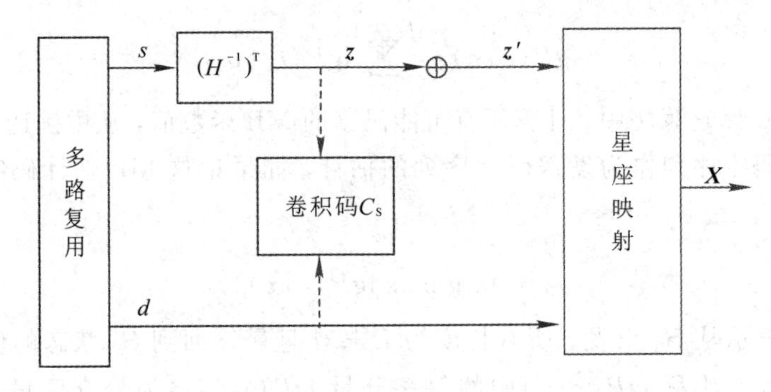

图 5.16　TS 成形模型

其过程如下：

步骤 1：将有效比特信息 $\boldsymbol{b}$ 划分成两个比特序列 $\boldsymbol{s}$ 和 $\boldsymbol{d}$，这一过程表示为 $\boldsymbol{b}=[\boldsymbol{s},\boldsymbol{d}]^T$。

步骤 2：通过左逆校验矩阵$(\boldsymbol{H}^{-1})^T$对序列 $\boldsymbol{s}$ 进行线性变化，得到新的比特序列 $\boldsymbol{z}$。在新的比特序列 $\boldsymbol{z}$ 中，由于$(\boldsymbol{H}^{-1})^T$是$(n_S-1)\times n_S$ 阶矩阵，因此在每 n_S 个数据比特中引进了 1 比特的冗余：

$$\boldsymbol{s}(\boldsymbol{H}^{-1})^T=\boldsymbol{z} \tag{5.75}$$

步骤 3：比特序列 $\boldsymbol{z}$ 和序列 $\boldsymbol{d}$ 通过卷积码 C_S 编码以生成矩阵 $\boldsymbol{G}$ 后得到比特序列 $\boldsymbol{y}$，$\boldsymbol{y}$ 与 $\boldsymbol{z}$ 进行模 2 运算得到的序列 $\boldsymbol{z}'$，可以保证接收端通过解映射和译码恢复正确比特序列，这是因为：

$$\begin{aligned}\boldsymbol{z}'\boldsymbol{H}^T&=(\boldsymbol{z}\oplus\boldsymbol{y})\boldsymbol{H}^T=\boldsymbol{z}\,\boldsymbol{H}^T\oplus\boldsymbol{y}\,\boldsymbol{H}^T\\&=\boldsymbol{s}\oplus\boldsymbol{0}=\boldsymbol{s}\end{aligned} \tag{5.76}$$

步骤4：将得到的序列 $\boldsymbol{z}'$ 与序列 $\boldsymbol{d}$ 通过星座映射产生基带符号序列 $\boldsymbol{X}$。在星座映射过程中，$\boldsymbol{z}'$ 对应于各子载波星座图的最高有效比特(Most Significant Bits，MSB)，序列 $\boldsymbol{d}$ 对应于各子载波星座图的最低有效比特(Least Significant Bits，LSB)。

Viterbi 算法是 TS 方法的核心，在 Viterbi 算法中对分支度量的确定，决定最终输出符号序列的功率大小。由于所要讨论的对象是信号的平均功率，因此将 FBMC 基带信号转换成时域连续形式，即

$$s(t)=\sum_{n=-\infty}^{+\infty}\sum_{m=0}^{N-1}\mathrm{e}^{\phi_0+\mathrm{j}\frac{\pi}{2}(m+n)}\mathrm{e}^{\mathrm{j}2\pi m v_0 t}\cdot A \tag{5.77}$$

$$A=[a_{m,n}^{\mathrm{R}}g(t-2n\tau_0)+\mathrm{j}a_{m,n}^{\mathrm{I}}g(t-2n\tau_0-\tau_0)] \tag{5.78}$$

a^{R} 和 a^{I} 分别代表信号的实部和虚部部分。与传统的 OFDM 信号相比，FBMC 信号最大的特征就是采用了具有优越 TEL 的滤波器，并由此保证了其实数域上的正交性。同时，如上文所述，由于在信道估计中，所插入的辅助导频为纯虚数符号，因此，在进行分支度量的设计时，我们将符号序列转换为统一的实数符号，在此表示为纯虚数。针对 OFDM 信号所设计的分支度量，我们可以得出，经过 Vierbi 算法选择得到的序列 $\boldsymbol{y}$ 满足：

$$\boldsymbol{y}=\operatorname{argmin}\sum_{m=1}^{N-1}|R_m|^2 \tag{5.79}$$

其中 R_m 是符号序列 X 虚部(X^* 表示)的自相关函数，即

$$R_m=\sum_{k=0}^{N-1-m}X_{l,k+m}{}^*X_{l,k}{}^*,\ m=0,1,\cdots,N-1 \tag{5.80}$$

根据现有的 Viterbi 译码结构，我们可以推导出具体的局部频域分支度量。TS 中的 Viterbi 算法结构如图 5.17 所示，其中，$\mu(S_i,S_{i+1})$ 表示卷积码 C_{S} 由状态 S_i 变化到 S_{i+1} 时的局部频域分支度量。$\boldsymbol{y}(S_i,S_{i+1})$ 表示两个状态转换间输出的 n_{S} 个编码。$\Theta(S_i,S_{i+1})$ 表示卷积码 C_{S} 由状态 S_i 变化到 S_{i+1} 时的总的分支度量。$\Theta(S_{i+1})$ 和 $y(S_{i+1})$ 则分别代表幸存分支度量和相应的 $(i+1)n_{\mathrm{S}}$ 个幸存的成形编码。定义子载波局部成形符号序列为 $\boldsymbol{X}^*(S_i,S_{i+1})$，其对应的局部成形编码为 $\boldsymbol{y}(S_i,S_{i+1})$，同理 $\boldsymbol{X}^*(S_i)$ 对应于 $\boldsymbol{y}(S_i)$。

基于以上定义，可得

$$\boldsymbol{X}^*(S_i)=[X_0{}^*,X_1{}^*,\cdots,X_{ip-1}{}^*] \tag{5.81}$$

$$\boldsymbol{X}^*(S_i,S_{i+1})=[X_{ip}{}^*,X_{ip+1}{}^*,\cdots,X_{ip+p-1}{}^*] \tag{5.82}$$

其中，p 代表序列长度。定义一个新的序列符号 Y^*：

$$\begin{aligned}\boldsymbol{Y}^*&=[X^*(S_i),X^*(S_{i,i+1})]\\&=[X_0{}^*,\cdots,X_{ip-1}{}^*,X_{ip+1}{}^*,\cdots,X_{ip+p-1}{}^*]\end{aligned} \tag{5.83}$$

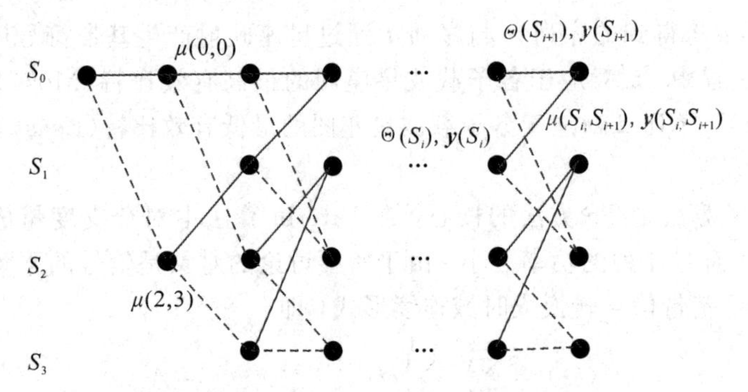

图 5.17　TS 中的 Viterbi 算法结构

则相应的总分支度量和局部分支度量可以表示为

$$\Theta(S_i, S_{i+1}) = \sum_{m=1}^{ip+p-1}\left(\sum_{k=0}^{ip+p-1-m} Y_{k+m}{}^* Y_k{}^*\right)^2 \tag{5.84}$$

$$\Theta(S_i) = \sum_{m=1}^{ip-1}\left(\sum_{k=0}^{ip+p-1-m} X_{k+m}{}^* X_k{}^*\right)^2 \tag{5.85}$$

由此，我们可以推出式(5.86)：

$$\begin{aligned}\mu(S_i, S_{i+1}) &= \Theta(S_i, S_{i+1}) - \Theta(S_i)\\ &= \sum_{m=1}^{ip+p-1}\left(\sum_{k=0}^{ip+p-1-m} Y_{k+m}{}^* Y_k{}^*\right)^2 - \sum_{m=1}^{ip-1}\left(\sum_{k=0}^{ip+p-1-m} X_{k+m}{}^* X_k{}^*\right)^2\\ &= \sum_{m=1}^{ip-1}\left(\sum_{k=0}^{ip+p-1-m} Y_{k+m}{}^* Y_k{}^*\right)^2 + \sum_{m=ip}^{ip+p-1}\left(\sum_{k=0}^{ip+p-1-m} Y_{k+m}{}^* Y_k{}^*\right)^2 -\\ &\quad \sum_{m=1}^{ip-1}\left(\sum_{k=0}^{ip+p-1-m} X_{k+m}{}^* X_k{}^*\right)^2\\ &= \sum_{m=1}^{ip-1}\left(\sum_{k=0}^{ip-1-m} X_{k+m}{}^* X_k{}^* + \sum_{k=ip-m}^{ip+p-1-m} Y_{k+m}{}^* Y_k{}^*\right)^2 +\\ &\quad \sum_{m=ip}^{ip+p-1}\left(\sum_{k=0}^{ip+p-1-m} Y_{k+m}{}^* Y_k{}^*\right)^2 - \sum_{m=1}^{ip-1}\left(\sum_{k=0}^{ip+p-1-m} X_{k+m}{}^* X_k{}^*\right)^2\end{aligned} \tag{5.86}$$

为了简化式(5.86)，定义 E_1 和 E_2：

$$E_1 = \sum_{k=0}^{ip-1-m} X_{k+m}{}^* X_k{}^* \tag{5.87}$$

$$E_2 = \sum_{k=ip-m}^{ip+p-1-m} Y_{k+m}{}^* Y_k{}^* \tag{5.88}$$

因此，式(5.86)可以简化为

$$\mu(S_i, S_{i+1}) = \sum_{m=1}^{ip-1} 2E_1E_2 + \sum_{m=1}^{ip-1} {E_2}^2 + \sum_{m=ip}^{ip+p-1} (E_1 + E_2)^2 \tag{5.89}$$

从(5.94)可以看出，对于 FBMC 信号，其 Viterbi 算法的分支度量表达式含义非常简明。

5.4.3 仿真分析

仿真实验中的参数设置如表 5.2 所示。

表 5.2 仿真实验参数设置

参数名称	数值
最大多普勒频移	30 Hz
过采样因子	4
卷积码状态	(2, 1, 2)
载波频率	1.625 GHz
子载波数量	128
PTS 子块数量	2
DFT 扩频因子	4
信道类型	多径信道

下面采用蒙特卡洛方法对 TS 方法降低 FBMC 信号 PAPR 以及基于该方法的系统 BER 性能进行仿真分析，并与传统的 DFT 和 PTS 方法进行比较。仿真结果如图 5.18，5.19 所示。

图 5.18 给出了不同降低方案下 FBMC 信号 PAPR 的 CCDF。可以看出，相较于 DFT 与 PTS 方案，TS 降低 PAPR 的效果更明显，具体来说，在 CCDF 值为 10^{-4}时，TS 降低 PAPR 性能要优于 PTS 方法 3.9 dB，优于 DFT 方法 3.2 dB。此外，m 表示在一个成形过程中产生的符号数量，当 $m=1$ 时，PAPR 降低性能最好，可以使原本的 FBMC 信号 PAPR 降低 4.6 dB，这是以降低比特率和增加算法复杂度为代价的。随着 m 的增加，PAPR 降低性能下降，但随之而来的优点是位速率的提升和系统结构的简化，在此基础上，可综合考虑 PAPR 降低性能、信息传输率以及系统复杂度这 3 个因素，按需求选择应用方案。

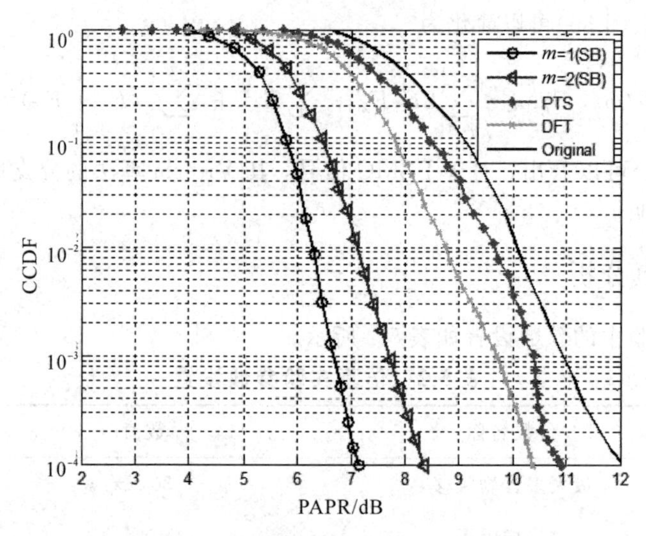

图 5.18　不同方案下信号 PAPR 的 CCDF

图 5.19 给出了与图 5.18 相同条件下 TS 成形 FBMC 系统 BER 随 SNR 变化的仿真结果。可以发现在 DFT 或 PTS 方案中，系统的 BER 性能要优于 TS，这是因为在 TS 中，发射端存在一个陪集首生成电路，信道噪声使接收端对应的伴随矢量译码错误概率增加，导致系统性能的下降。并且当 $m=1$，每个符号中有 2 比特信息参与成形，信息传输错误概率较大；相比于 $m=2$ 每符号中有 1 比特信息参与成形，BER 性能要差一些。

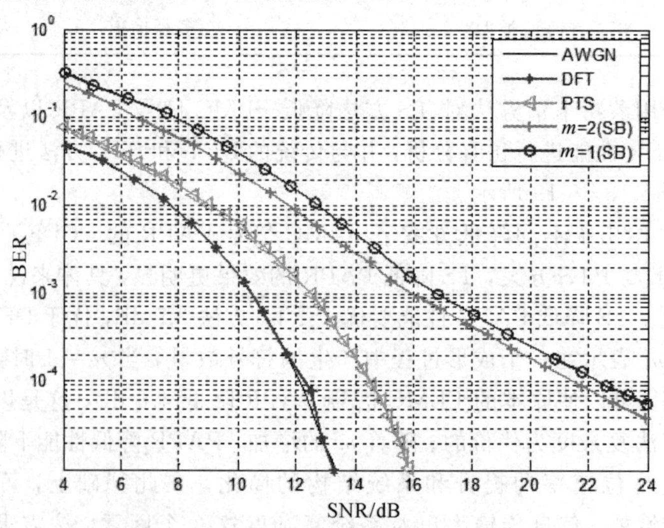

图 5.19　FBMC 系统的 BER 性能

5.5　基于导频的 PAPR 降低方法

5.5.1　传统的导频 PAPR 降低方法

设$\boldsymbol{Q}^m=(q_0^m, q_1^m, q_2^m, \cdots, q_{N-1}^m)^{\mathrm{T}}$是第 m 个子载波上的导频符号，则导频符号经过系统调制后的输出信号为

$$\begin{aligned} s_Q(t) &= \sum_{m=0}^{M}\sum_{n=0}^{N-1} q_{m,n} g_{m,n}(t) \\ &= \sum_{m=0}^{M}\sum_{n=0}^{N-1} q_{m,n} g(t-n\tau_0)\mathrm{e}^{\mathrm{j}2\pi m v_0 t}\mathrm{e}^{\mathrm{j}(\phi_0+(m+n)\pi/2)} \end{aligned} \tag{5.90}$$

导频信号的功率为

$$\begin{aligned} P_Q(t) &= s_Q(t)s_Q{}^*(t) \\ &= \sum_{m=0}^{M}\sum_{n=0}^{N-1}\sum_{p=0}^{N-1}\left[q_{m,n}q_{m,p}^* g^2(t-n\tau_0)\right]\mathrm{e}^{\mathrm{j}(n-p)(\phi_0+(m+n)\pi/2)} \\ &= \sum_{m=0}^{M} g^2(t-n\tau_0)\left\{\sum_{n=0}^{N-1}|q_{m,n}|^2 + 2\mathrm{Re}\left[\sum_{n=1}^{N-1}\mathrm{e}^{\mathrm{j}n(\phi_0+(m+n)\pi/2)}\sum_{p=0}^{N-1-n} q_{m,n}q_{m,p+n}^*\right]\right\} \\ &\leqslant \sum_{m=0}^{M} g^2(t-n\tau_0)\left\{\sum_{n=0}^{N-1}|q_{m,n}|^2 + 2\sum_{n=1}^{N-1}\left|\sum_{p=0}^{N-1-n} q_{m,n}q_{m,p+n}^*\right|\right\} \end{aligned} \tag{5.91}$$

其中，$\rho_m(n)=\sum\limits_{p=0}^{N-1-n} q_{m,n}q_{m,p+n}^*$ 为第 m 个子载波上的导频信号的非周期自相关函数，可见，导频信号的瞬时功率与导频信号的自相关性呈正相关。

1. AP 导频 PAPR

AP 导频插入方式为前导方法，即在数据符号之前插入导频，子载波数 $M=2048$，符号数 $n=80$，EGF 滤波器 $\alpha=2$，滤波器长度 $L=4T_0$，其中 T_0 为一个符号周期，IFFT 点数为 $F_S=2048$，纠错方式为前向纠错码，码率为 0.5，采样频率为 9.14 MHz，选取散射信道多径数为 6，各径的时延向量为[−3，0，2，4，7，11]μs，信号增益向量为[−6，0，−7，−22，−16，−20]dB。得到信号的归一化幅值如图 5.20 所示，以及系统的 BER 性能和信道估计归一化均方误差(Normalized Mean Square Error，NMSE)性能如图 5.21 所示。

从图 5.20 中可以看出，在插入导频位置信号功率要高于信号其他部分，但是最高不超过 15 dB(信号的平均功率为 0 dB)。

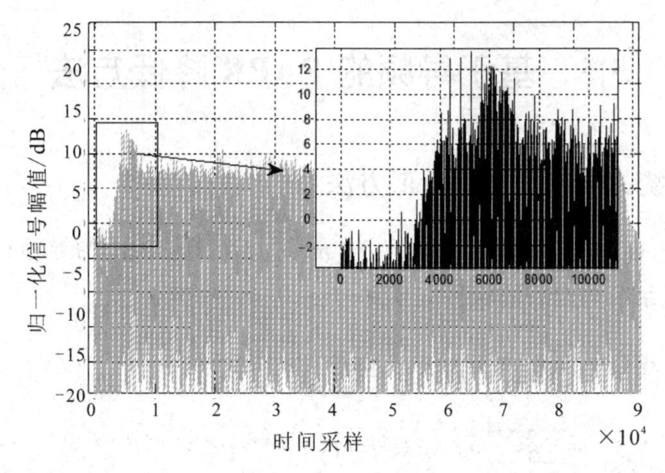

图 5.20　插入 AP 导频的 OQAM/OFDM 系统信号归一化幅值

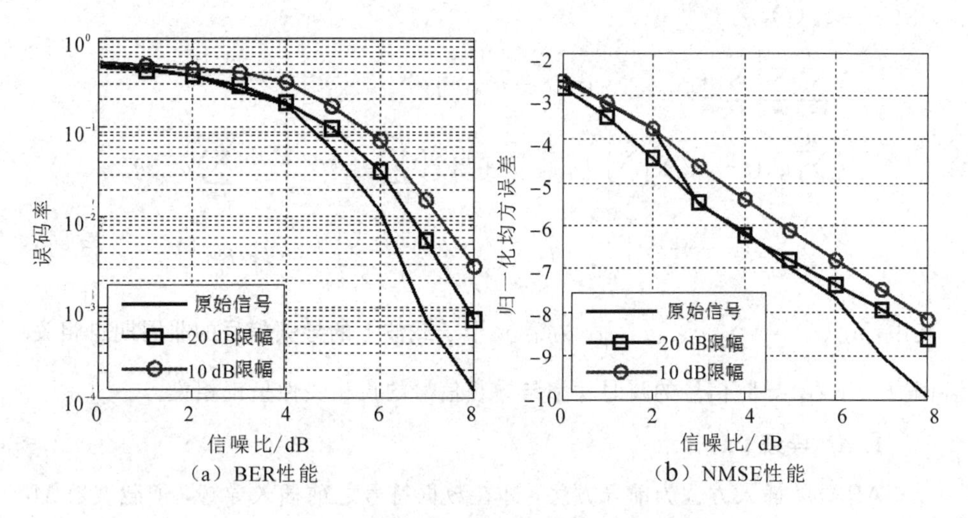

（a）BER性能　　（b）NMSE性能

图 5.21　AP 信道估计不同限幅门限下系统性能曲线

从图 5.21(a)和图 5.21(b)中可以看出，限幅门限为 20 dB 时，信号 BER 性能和 NMSE 几乎不受到影响；限幅门限为 10 dB 时，系统 BER 性能和 NMSE 性能都略有下降。当 SNR>3 时，系统 NMSE 性能下降大于 1 dB。

2. IAM 导频 PAPR

以 $\alpha=2$ 的扩展高斯函数(Extended Guassian Function，EGF)滤波器为例，设导频 $a_{p,q\pm1}$、$a_{p\pm1,q}$、$a_{p\pm1,q\pm1}$ 和 $a_{p\pm1,q\pm2}$ 对导频点 $a_{p,q}$ 的干扰系数分别为 a、b、c 和 d，干扰系数见表 5.3。

表 5.3　导频点周围干扰系数

干扰系数	a	b	c	d
干扰值	0.4411	0.4411	0.2280	0.0381

设导频点 $a_{p,q}$ 的功率为 P，由此计算出各种 IAM 导频结构的伪导频功率计算方法和功率值见表 5.4。其中 IAM-I 导频结构有奇数列导频结构和偶数列导频结构两种，不同的 IAM-I 导频结构有不同的伪导频功率值。

表 5.4　不同 IAM 导频结构的伪导频功率

导频结构	伪导频功率	功率值
IAM-R	$(1+4a^2)P$	$1.778P$
IAM-I	$(1+2a)^2P$(虚)	$3.54P$
	$(1+2a+2a^2)P$(实)	$2.27P$
IAM-C	$(1+2a)^2P$	$3.54P$
E-IAM-C	$(1+2(a+b))^2P$	$7.64P$

导频插入方式选择前导方式，即在数据符号之前插入导频，子载波数 $M=2048$，符号数 $n=80$，EGF 滤波器 $\alpha=2$，滤波器长度 $L=4T_0$，其中 T_0 为一个符号周期，IFFT 点数为 $F_S=2048$，纠错方式为前向纠错码，码率为 0.5，采样频率为 9.14 MHz，选取散射信道多径数为 6，各径的时延向量为[−3，0，2，4，7，11]μs，信号增益向量为[−6，0，−7，−22，−16，−20]dB。

由于 IAM-I 是 IAM-C 的特殊情况，因此仿真时不考虑 IAM-I。设平均功率为 0 dB，对发送信号功率作归一化处理，无导频插入的 OQAM/OFDM 信号的时域波形如图 5.22(a)所示。插入 IAM-R、IAM-C 和 E-IAM-C 导频结构后的 OQAM/OFDM 信号归一化功率图分别如图 5.22(b)、图 5.22(c)和图 5.22(d)所示，换句话说，其分别作为插入不同 IAM 导频结构的导频后的 OQAM/OFDM 信号归一化功率图。图中可以看出，三种插入导频方式都会使发送信号的某些时刻信号功率过高，信号峰值功率甚至超过 30 dB，而且随着伪导频功率的提升，高功率的点数也有所增加。这些高功率的信号通过 HPA 时会引起严重的限幅失真。接下来主要讨论限幅失真对系统 BER 性能和信道估计 NMSE 性能的影响。

实际的 HPA 对信号的限幅影响比较复杂，限幅后的信号会产生三阶、五阶等高阶互调分量，其中三阶互调分量直接引起带内干扰，使系统 BER 性能下降，五阶等高阶分量将引起带外辐射的增加。本节将 HPA 的限幅过程简化，忽略高阶互调分量的影响。

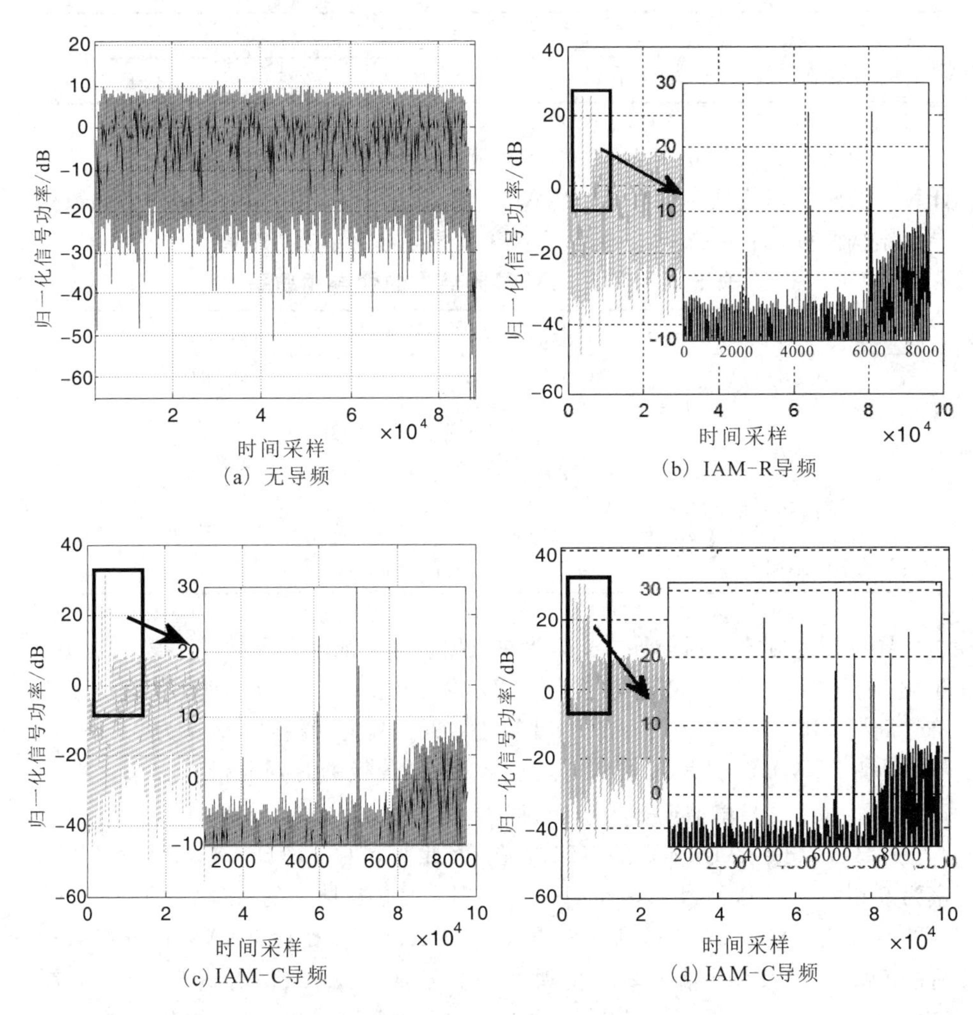

(a) 无导频　(b) IAM-R导频

(c) IAM-C导频　(d) IAM-C导频

图 5.22　OQAM/OFDM 时域信号归一化功率图

仿真时使用 HPA 的 SL 模型对信号进行限幅作用，设置限幅 10 dB、20 dB、30 dB 和无限幅，仿真参数为信号子载波数 $M=2048$，符号数 $n=80$，IOTA 滤波器，滤波器长度 $L=4T_0$，其中 T_0 为一个符号周期，IFFT 点数为 $F_S=2048$，纠错方式为前向纠错码，码率为 0.5，采样频率为 9.14 MHz，选取散射信道多径数为 6，各径的时延向量为[−3, 0, 2, 4, 7, 11]μs，信号增益向量为[−6, 0, −7, −22, −16, −20]dB，计算系统的 BER 和信道估计 NMSE，仿真结果如图 5.23(a)和图 5.23(b)所示。

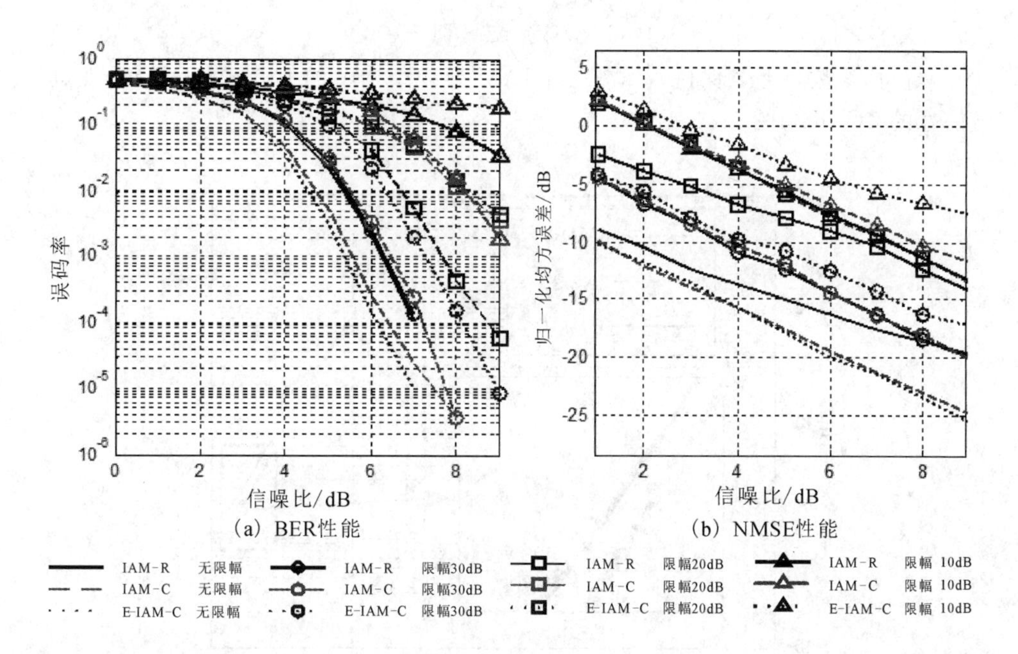

(a) BER性能　　(b) NMSE性能

图 5.23　不同限幅门限下系统性能曲线

由图 5.23 (a)可以看出，HPA 对信号的限幅作用使得系统的 BER 性能迅速恶化，限幅门限为 20 dB 时，在 SNR 为 8 dB 时 IAM-C 和 E-IAM-C 导频下的系统 BER 只有 10^{-2}，限幅门限为 10 dB 时，E-IAM-C 导频下的系统已出现严重的误码平层，无法满足系统的信息传输要求。造成系统 BER 性能恶化的原因正是导频信息被破坏，限幅门限越低，导频信息被破坏得越严重。从图 5.23(b)中可以看出，相对三种结构，信道估计精度最高的 E-IAM-C 方法受限幅影响最严重。

3. 局部互补累积分布函数

OQAM/OFDM 信号是若干不同频率信号的叠加，发送信号的幅度具有较大的动态范围。而 IAM 导频是人工设计的符号序列，更加容易使各载波通过相同的相位叠加以产生较高瞬时功率。PAPR 用来描述信号的变化特性，设发送信号为 $s(t)$，$\boldsymbol{S}[n]$为其采样，则 PAPR 可表示为

$$\text{PAPR(dB)}=10\lg\frac{\max\limits_{n}\{|\boldsymbol{S}[n]|^2\}}{\mathrm{E}\{|\boldsymbol{S}[n]|^2\}}\tag{5.92}$$

在使用 EGF 滤波器的 OQAM/OFDM 系统中，滚降系数 α_k 为 1 时，CCDF 的表达式(即 PAPR 大于 γ 时的概率)为

$$P(\mathrm{PAPR}>\gamma)=1-(1-\mathrm{e}^{-\gamma})^{N} \tag{5.93}$$

仿真参数与上节保持一致，三种 IAM 导频结构下的 OQAM/OFDM 发送信号的 CCDF 如图 5.24 所示。

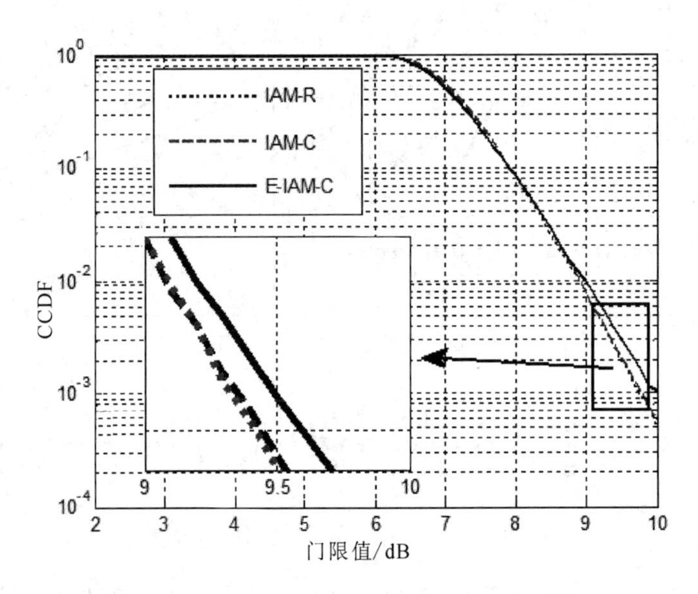

图 5.24 不同 IAM 导频结构的 OQAM/OFDM 信号 CCDF

由图 5.24 可以看出，插入导频后对整体发送信号的 CCDF 没有造成太大影响，CCDF 不能很好地反映出导频的 PAPR 性能。由于本次仿真中，导频符号只占三列时频格点，经过 IFFT 后，导频的时域采样点占全部信号采样点的比例为

$$\frac{(L/T_0+(3-1)/2)F_{\mathrm{S}}}{(L/T_0+(n-1)/2)F_{\mathrm{S}}}=0.106 \tag{5.94}$$

虽然导频的插入引起了某些时刻功率值的增加，但是相对于整体发送信号来说，这些高功率的时刻是很少的，而 CCDF 描述的正是全部信号中超过某一门限的概率，导频的插入对于此概率的影响很小，因此，导频的 PAPR 性能并不能直接从 CCDF 反映出来。基于此，本节提出一种局部互补累积分布函数(Part-CCDF，P-CCDF)来反映导频的 PAPR 性能。

P-CCDF 的定义为，时域上导频采样点的值与发送信号的比值超过某一门限 γ 的概率。P-CCDF 与 CCDF 的区别在于，选取峰值信号采样点时，只选取导频符号经 IFFT 变换后对应的采样点而非全部采样点，而信号均值仍采用全部发送信号的均值。设 $\boldsymbol{S}_{\mathrm{P}}[n]$为导频采样点，则 P-CCDF 的计算公式为

$$(\mathrm{PAPR})_{\mathrm{P}}(\mathrm{dB})=10\lg\frac{\max\limits_{n}\{|\boldsymbol{S}_{\mathrm{P}}[n]|^2\}}{\mathrm{E}\{|\boldsymbol{S}[n]|^2\}} \tag{5.95}$$

$$P((\mathrm{PAPR})_{\mathrm{P}}>\gamma)=1-(1-\mathrm{e}^{-\gamma})^{N} \tag{5.96}$$

由于IAM导频包含三列符号，计算P-CCDF时选取前$(L/T_0+(3-1)/2)F_{\mathrm{S}}$个采样点进行概率的计算，得P-CCDF如图5.25所示。

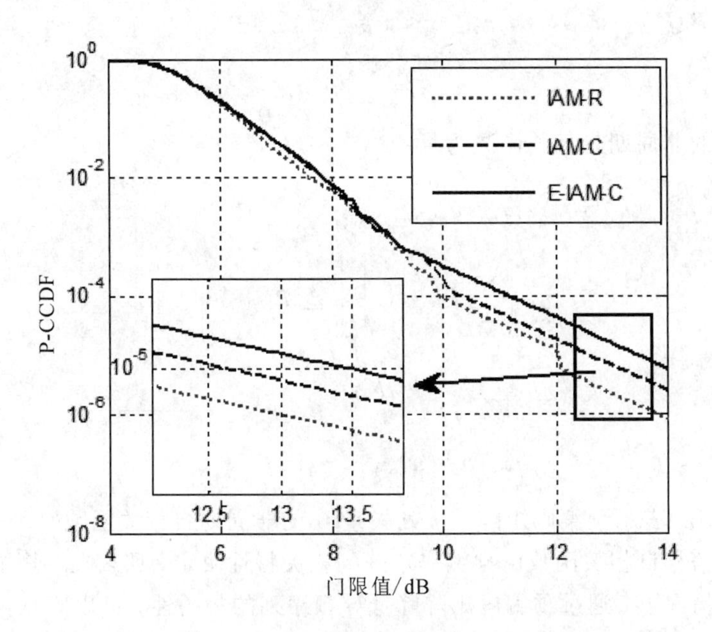

图5.25 不同IAM导频结构的导频P-CCDF

从图5.25可以看出，通过P-CCDF可以清楚地展示出三种IAM导频的PAPR性能，E-IAM-C的PAPR性能最差，因此受HPA的限幅影响最严重。虽然理论上基于E-IAM-C导频结构的信道估计有较好的估计精度，但是受到HPA限幅影响，OQAM/OFDM系统性能变得更差。

5.5.2 改进的导频PAPR降低方法

如5.1.3节中所述，编码类技术是通过编码手段避免大功率信号的出现，虽然因为码字受限等原因，编码法在多载波系统PAPR降低方法中不常使用，但是导频序列是预先设定好的，因此，编码类技术适合用于导频PAPR的降低。结合IAM导频结构，本节提出基于编码和基于离线计算补偿两种导频PAPR降低方法。

1. 基于编码的导频 PAPR 降低方法

导频 PAPR 过高造成的原因主要是导频信号相关性高，同一时刻相同相位的信号数量多，编码法的原理是通过预编码矩阵的相关特性以改变导频信号的相关特性，改善导频 PAPR。

设预编码矩阵为 $\boldsymbol{P}=(p_{ij})N\times M$，经预编码矩阵处理的新的导频符号矩阵为$\boldsymbol{U}^m=\boldsymbol{P}\,\boldsymbol{Q}^m=(u_0^m,\ u_1^m,\ u_2^m,\ \cdots,\ u_{N-1}^m)^{\mathrm{T}}$，其中

$$u_{m,n}=\sum_{j=0}^{N-1}p_{ij}a_{m,j} \tag{5.97}$$

$u_{m,n}$的非周期自相关函数为

$$\begin{aligned}\rho_{m,u}(n)&=\sum_{p=0}^{N-1-n}u_{m,n}u_{m,p+n}^{*}\\&=\sum_{p=0}^{N-1-n}\left(\sum_{j=0}^{N-1}p_{pj}a_{m,j}\right)\left(\sum_{j=0}^{N-1}p_{(p+n)j}a_{m,j}\right)^{*}\\&=\sum_{p=0}^{N-1-n}\sum_{j=0}^{N-1}a_{m,j}^{2}p_{pj}p_{(p+n)j}^{*}\\&=\sum_{j=0}^{N-1}a_{m,j}^{*}p_{pj}(n)\end{aligned} \tag{5.98}$$

其中，$p_{pj}(n)$表示预编码矩阵第 j 列矢量$\boldsymbol{P}_l$ 的非周期自相关函数。经过预编码后的导频信号自相关函数由预编码矩阵的相关特性决定，那么在不影响子载波正交性的情况下，通过预编码矩阵降低导频序列的相关性，可以降低导频信号的 PAPR。

预编码矩阵需要满足两个条件，一是矩阵元素的模为 1，二是编码矩阵为正交矩阵。满足条件的矩阵有哈达玛矩阵和离散傅里叶变换矩阵。本节采用离散傅里叶变换矩阵来降低导频信号的 PAPR。

离散傅里叶变换矩阵是将离散傅里叶变换以矩阵乘法来表示的一种表达式，其定义为

$$\boldsymbol{F}_N=\begin{bmatrix}1 & 1 & 1 & \cdots & 1\\1 & W_N^1 & W_N^2 & \cdots & W_N^{N-1}\\1 & W_N^2 & W_N^4 & \cdots & W_N^{2(N-1)}\\\vdots & \vdots & \vdots & & \vdots\\1 & W_N^{N-1} & W_N^{2(N-1)} & \cdots & W_N^{(N-1)2(N-1)}\end{bmatrix} \tag{5.99}$$

其中，$W_N^{kn}=\mathrm{e}^{-\mathrm{j}2\pi kn/N}$。

为了进一步降低导频信号的相关性，可以采用对导频加扰的方式，具体操

作为使用一串伪随机序列与信号相乘，使得信号的随机性增加。加扰序列可以采用编码矩阵的列向量构成形式，则经过加扰后的信号只改变相位。

基于编码的导频 PAPR 降低方法的步骤如下。

步骤 1：生成导频矩阵 $\boldsymbol{Q}$ 和 F 编码矩阵 $\boldsymbol{F}$。

步骤 2：令预编码矩阵 $\boldsymbol{P}=\boldsymbol{F}$，变换导频信号为

$$\boldsymbol{U}^m=\boldsymbol{P}\,\boldsymbol{Q}^m=(u_0^m,\ u_1^m,\ u_2^m,\ \cdots,\ u_{N-1}^m)^{\mathrm{T}} \tag{5.100}$$

则导频符号经过 OQAM/OFDM 系统调制后的信号为

$$S_Q(t)=\sum_{m=0}^{M}\sum_{n=0}^{N-1}u_{m,n}g(t-n\tau_0)\,\mathrm{e}^{\mathrm{j}2\pi m v_0 t}\,\mathrm{e}^{\mathrm{j}(\phi_0+(m+n)\pi/2)} \tag{5.101}$$

步骤 3：加扰。令$\boldsymbol{c}_m^k\in[P_1,\ P_2,\ \cdots,\ P_N]$，其中 $k=1,\ 2,\ \cdots,\ N$，对于第 m 个子载波，生成 N 个加扰后的序列：

$$S_Q^k(t)=\sum_{n=1}^{N}S_Q(t)\boldsymbol{c}_m^k \tag{5.102}$$

步骤 4：在生成后的加扰序列中选取 PAPR 最低的序列：

$$\hat{S}_Q^m(t)=\min_{\text{PAPR}}S_Q^k(t)\quad k=1,\ 2,\ \cdots,\ N \tag{5.103}$$

步骤 5：将每个子载波选取的序列相加，得到最后的导频序列：

$$\hat{S}_Q=\sum_{m=1}^{M}\hat{S}_Q^m(t) \tag{5.104}$$

使用与 5.5.1 节中同样的仿真参数，对导频编码后系统的 BER 性能和 NMSE 性能进行仿真，仿真结果如图 5.26、图 5.27 和图 5.28 所示。

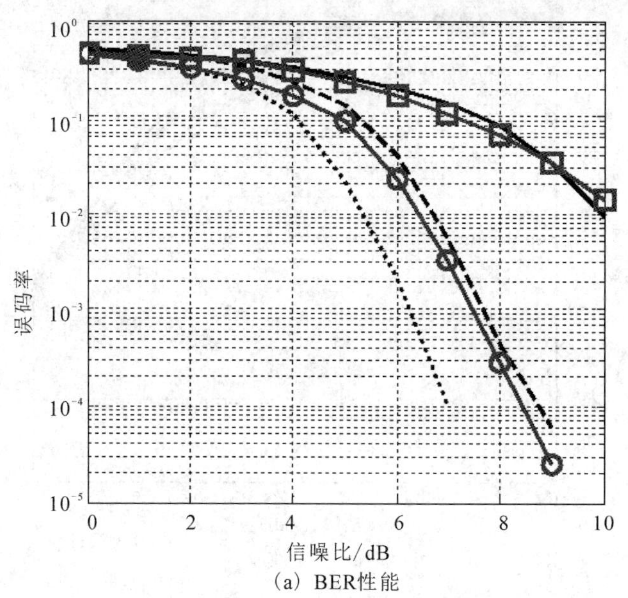

(a) BER性能

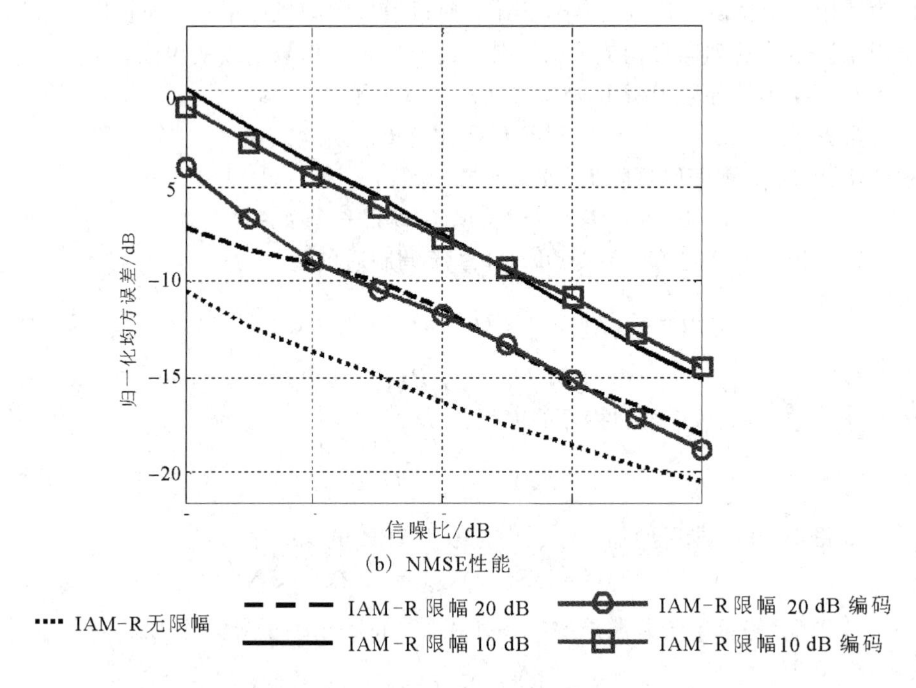

(b) NMSE性能

图 5.26　不同限幅门限下 IAM-R 导频编码后系统性能曲线

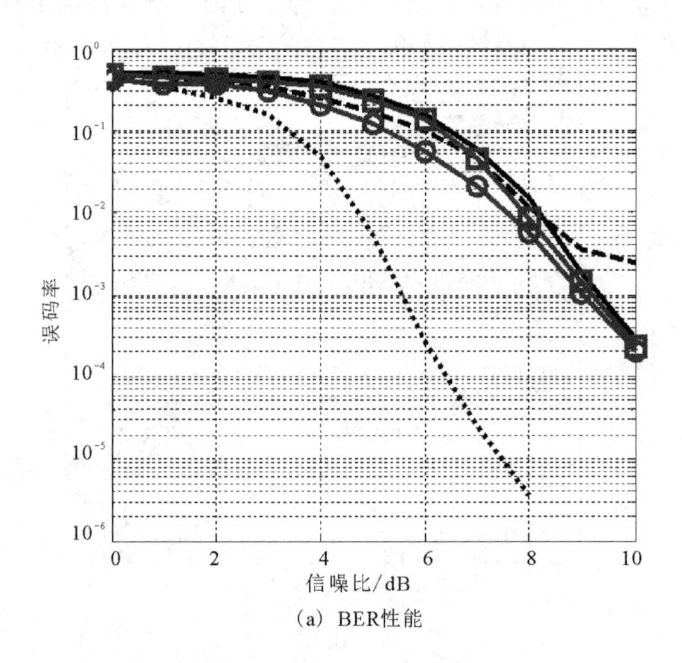

(a) BER性能

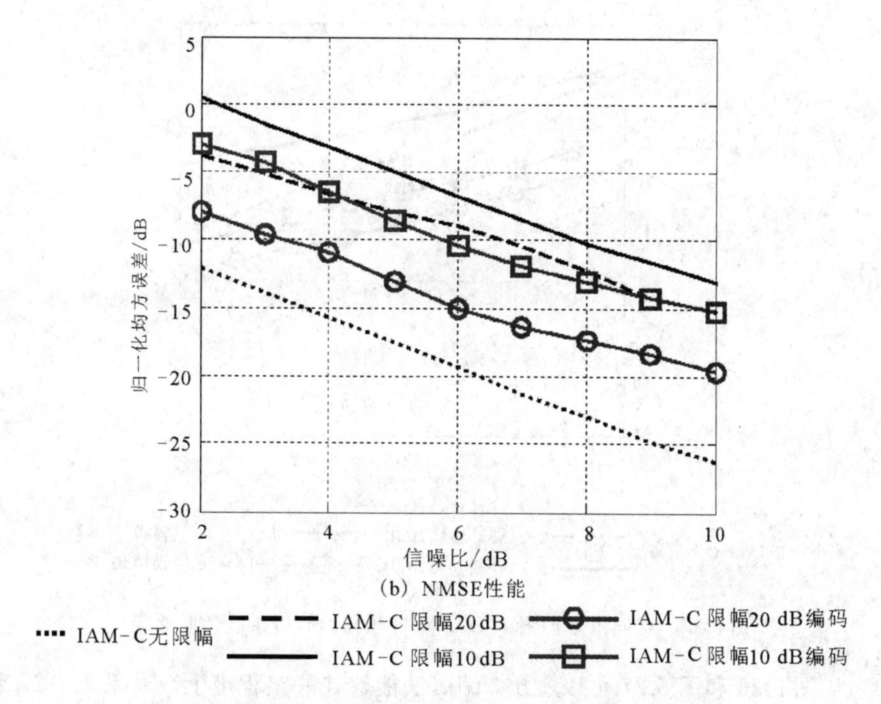

(b) NMSE性能

图 5.27 不同限幅门限下 IAM-C 导频编码后系统性能曲线

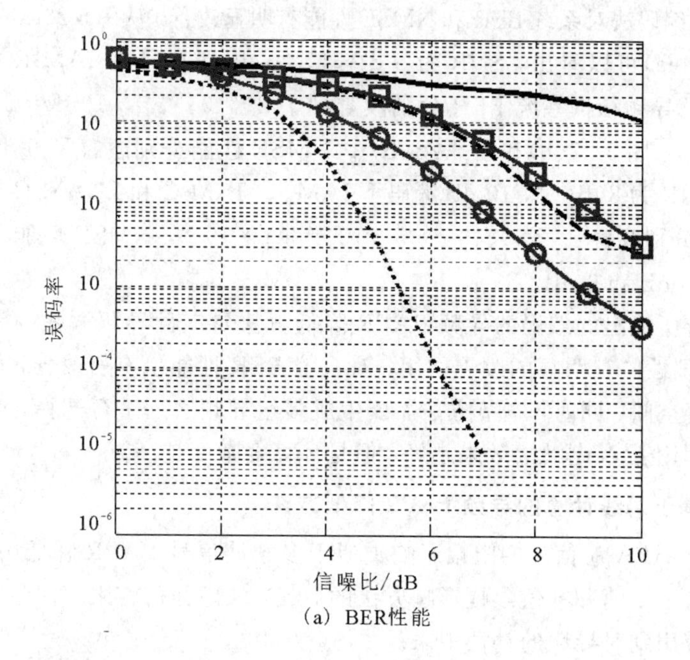

(a) BER性能

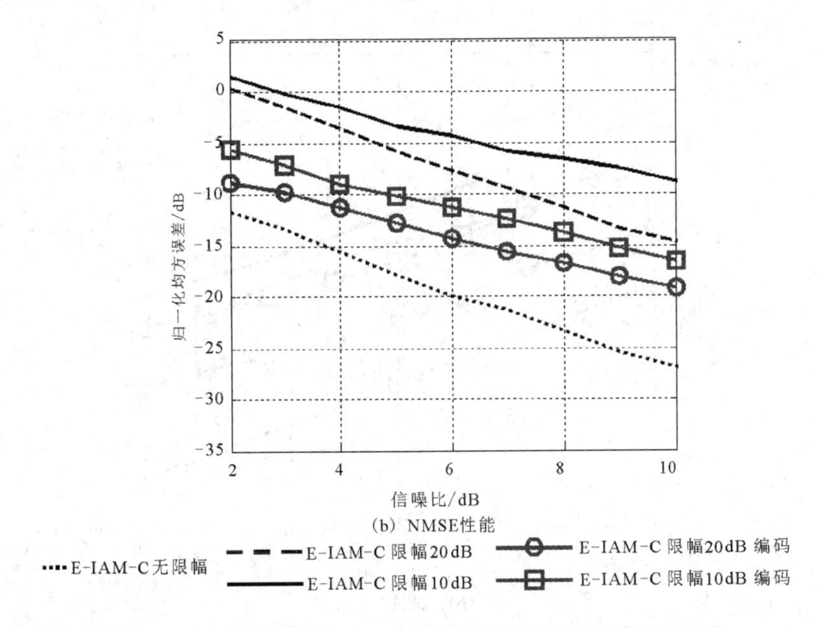

(b) NMSE性能

图 5.28 不同限幅门限下 E-IAM-C 导频编码后系统性能曲线

从图 5.26 和图 5.27 可以看出，编码法能够在一定程度上改善系统 BER 性能和 NMSE 性能，IAM-C 的编码效果要好于 IAM-R。图 5.28 中可以看出，E-IAM-C编码法对系统 BER 和 NMSE 性能有明显改善。从图 5.26(a)、图 5.27(a)和图 5.28(a)可以看出，SNR 为 8 dB 时，20 dB 编码下的 IAM-R、IAM-C 和 E-IAM-C 导频结构系统 BER 分别改善到了 2×10^{-3}、5×10^{-3} 和 1×10^{-3}，在图5.26(b)、图 5.27(b)和图 5.28(b)中 NMSE 性能分别改善了 5 dB、6 dB 和 9 dB；SNR 为 8 dB 时，10 dB 编码下 IAM-R、IAM-C 和 E-IAM-C 导频结构系统 BER 分别改善到了 5×10^{-2}、5×10^{-2} 和 1×10^{-3}，NMSE 性能分别改善了 0.5 dB、5 dB 和 9 dB。

本节所提出的编码的导频 PAPR 降低方法对三种导频方式的系统信道估计 NMSE 性能有明显的改善作用，对系统 BER 性能也有所改善，但是还有一定的改善空间。同时，本节方法需要生成多组导频序列进行选择，生成的数量为 N，理论上 N 越大，效果越好，但是计算复杂度越高。

2. 基于离线计算的导频 PAPR 降低方法

由于 HPA 对信号的限幅影响类似于多载波信号 PAPR 降低中的限幅法，受限幅法中抵消和补偿限幅影响方法的启发，考虑如何将限幅法中对信号的限幅补偿应用到对导频的补偿中来。

相比发送信号，导频符号是预先设定好的，IFFT 之后导频信号的幅度信息也是已知的，因此，只要提前计算好导频信号的幅值和设置限幅门限，那么既对接收端导频信号进行补偿比较容易，又可以降低发送信号的 PAPR。具体过程为：

步骤 1：计算导频符号的 IFFT，计算结果为向量 $\boldsymbol{\varepsilon}$，向量长度为 $n=(L/T_0+(3-1)/2)F_S$。

步骤 2：计算：

$$\bar{\boldsymbol{\varepsilon}}(i)=10\lg\frac{\boldsymbol{\varepsilon}(i)}{\mathrm{E}(\boldsymbol{\varepsilon})}\quad i=1,\cdots,n \tag{5.105}$$

得到向量 $\bar{\boldsymbol{\varepsilon}}$。

步骤 3：根据限幅门限 γ，取补偿向量 $\tilde{\boldsymbol{\varepsilon}}$：

$$\tilde{\boldsymbol{\varepsilon}}(i)=\begin{cases}1, & \bar{\boldsymbol{\varepsilon}}(i)\leqslant\gamma\\ \bar{\boldsymbol{\varepsilon}}(i), & \bar{\boldsymbol{\varepsilon}}(i)>\gamma\end{cases}\quad i=1,\cdots,n \tag{5.106}$$

步骤 4：接收端的导频采样序列 $\boldsymbol{S}_P$ 的各采样点与补偿向量 $\tilde{\boldsymbol{\varepsilon}}$ 相应点相乘，得到补偿后的导频采样序列

$$\tilde{\boldsymbol{S}}_P[i]=\boldsymbol{S}_P[i]\tilde{\boldsymbol{\varepsilon}}(i)\quad i=1,\cdots,n \tag{5.107}$$

该方法不需要进行迭代和传输额外的补偿信息，不会增加系统的复杂度和信号传输效率。下面通过仿真来验证方法的有效性。

采用与 5.5.1 节中相同的仿真参数，导频补偿方法仿真结果如图 5.29、图 5.30 和图 5.31 所示。采用的导频结构分别为 IAM-R、IAM-C 和 E-IAM-C，计算系统的 BER 性能和 NMSE 性能。

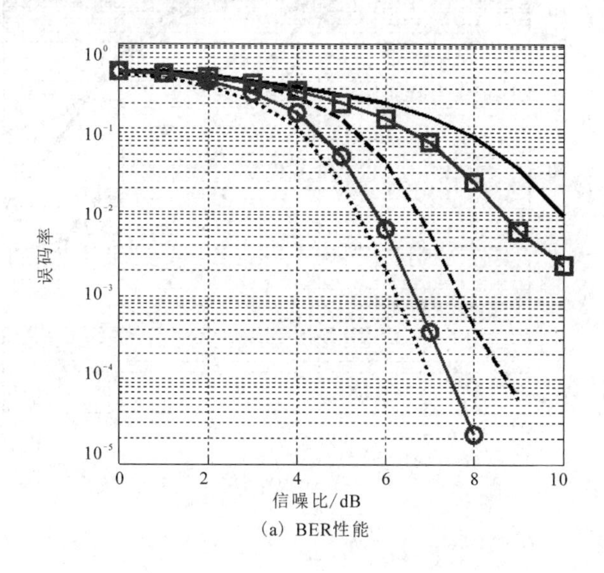

(a) BER性能

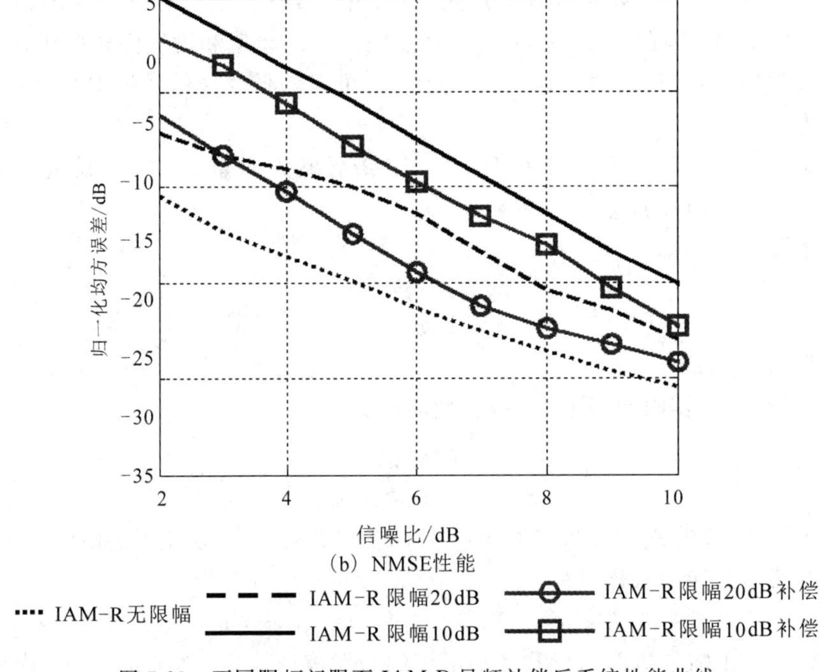

(b) NMSE性能

图 5.29 不同限幅门限下 IAM-R 导频补偿后系统性能曲线

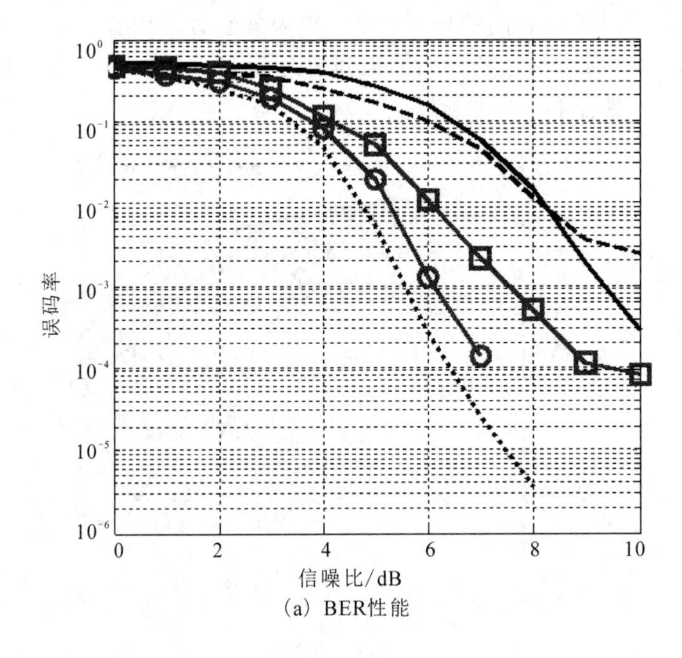

(a) BER性能

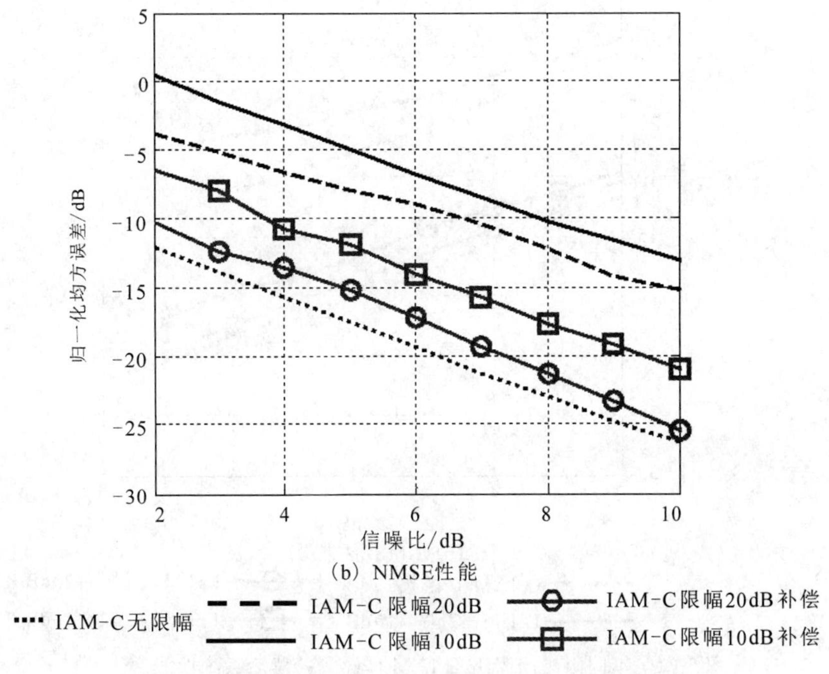

(b) NMSE性能

图 5.30　不同限幅门限下 IAM-C 导频补偿后系统性能曲线

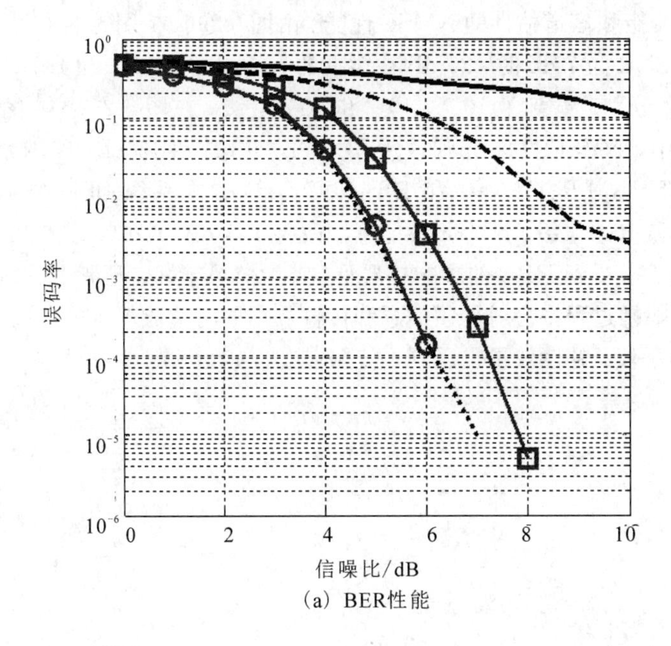

(a) BER性能

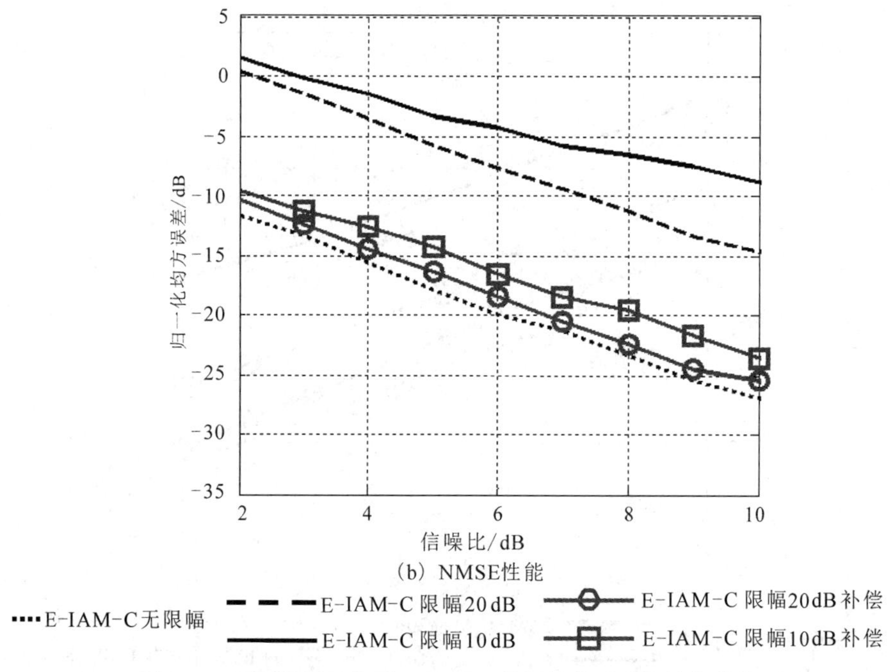

图 5.31　不同限幅门限下 E-IAM-C 导频补偿后系统性能曲线

图 5.29、图 5.30 和图 5.31 表明本节提出的导频限幅补偿方法能够改善系统的 BER 性能和信道估计的 NMSE 性能。由图 5.29(a)、图 5. 34(a)和图 5.31(a)可以看出，SNR 为 7 dB 时，20 dB 补偿下的 IAM-R、IAM-C 和 E-IAM-C 导频结构系统 BER 分别改善到了 10^{-4}、10^{-4} 和 10^{-5} 量级，在图 5.29(b)、图 5.30(b)和图 5.31(b)中，NMSE 性能分别改善了 4 dB、9 dB 和 15 dB；SNR 为 8 dB 时，10 dB补偿下 IAM-R、IAM-C 和 E-IAM-C 导频结构系统 BER 分别改善到了 10^{-2}、10^{-3} 和 10^{-4} 量级，NMSE 性能分别改善了 3 dB、6 dB 和 11 dB。导频结构的 PAPR 越高，受到 HPA 的影响越严重，补偿效果越好。但是如果 HPA 的限幅门限过低，限幅过程将会对导频信息和传输数据同时造成严重的非线性破坏，即使采用补偿手段，补偿效果也受到一定限制。

第 6 章　OQAM/OFDM 系统原型滤波器设计技术

采用多载波传输技术可以提高大容量对流层散射通信的抗多径干扰能力，但是传统的 CP-OFDM 多载波技术由于添加了循环前缀而导致发送效率较低，并且还存在抗 ICI 能力弱的缺点。为了克服 CP-OFDM 的这些缺点，可以采用 OQAM/OFDM 原型滤波器技术，不需要循环前缀的同时，在时间和频率弥散信道下有更好的抗干扰性能。本章在分析几种原型滤波器的基础上，针对散射信道的时频弥散特性，提出基于最小化阻带能量和基于最大信干比准则的滤波器设计方法。

6.1　经典的原型滤波器分析

OQAM/OFDM 系统之所以在没有 CP 的情况下依然具有比 OFDM 更好的抗干扰能力，在于其采用了具有良好时频局域化特性的原型滤波器。这种滤波器的使用，使通信系统在弥散信道下也有较好的稳健性。下面首先讨论经典的 EGF 函数、IOTA 函数和 Hermite 函数原型滤波器。

6.1.1　时频局域化特性

时频局域化特性体现了任意时频格点位置上符号的能量集中程度，它可以直接使用模糊函数来衡量，也可以采用海森堡(Heisenberg)参数 ξ 来衡量：

$$\xi=\frac{1}{4\pi\delta_t\delta_f} \tag{6.1}$$

式中，δ_t 和 δ_f 分别描述了滤波器的能量沿时域和频域的扩散程度，对于不同的滤波器，它的值可以通过计算得到。根据海森堡不确定性原理有 $0\leqslant\xi\leqslant1$，且参数 ξ 越大，时频局域化特性越好。

此外，在设计原型滤波器时，为了减少信道的时频弥散特性的影响，滤波器函数的时频扩散程度应该与信道的时频扩散程度相匹配，即

$$\frac{\Delta\tau}{\Delta v}=\frac{\delta_t}{\delta_f} \tag{6.2}$$

式中，$\Delta\tau$ 和 Δv 分别表示无线信道的时频扩散值，通常可以用最大多径时延和最大多普勒频移来描述。图 6.1 为信道与原型滤波器匹配的示意图。

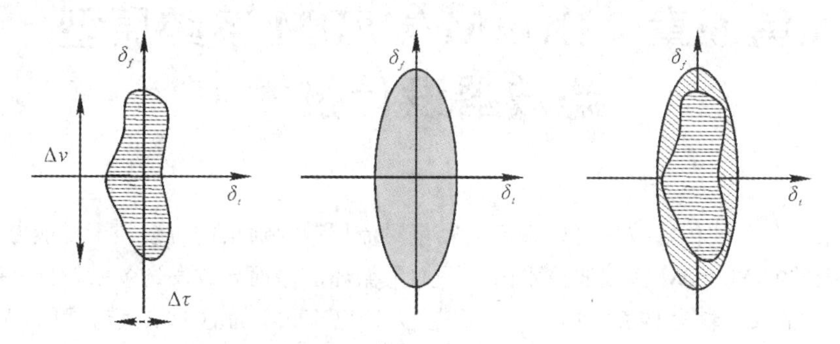

图 6.1 信道与原型滤波器匹配示意图

6.1.2 EGF 函数滤波器

根据前面的分析，在设计原型滤波器时应该使其具有尽可能好的时频聚焦特性，而高斯函数的时频聚焦特性是最好的，其表达式为

$$g_\alpha(t)=(2\alpha)^{1/4}\mathrm{e}^{-\pi\alpha t^2},\quad a>0 \tag{6.3}$$

它的傅里叶变换可以表示为

$$F(g_\alpha(t))=(2/\alpha)^{1/4}\mathrm{e}^{-\pi f^2/\alpha}=g_{1/\alpha}(f) \tag{6.4}$$

可见高斯函数的傅里叶变换仍然是高斯型的，这是它的一个重要特征。从其函数表达式得到它的模糊函数：

$$A_g(\tau,\ v)=\mathrm{e}^{-\frac{\pi}{2}\left(\alpha\tau^2+\frac{1}{\alpha}v^2\right)} \tag{6.5}$$

可以看出，高斯函数的能量分布随 τ 和 v 按平方关系快速衰减，这对抵抗信道弥散带来的 ISI 和 ICI 是十分有利的。实际上，当 $\alpha=1$ 时，高斯函数的 Heisenberg 参数 $\xi=1$，达到了最大值。但是其模糊函数无法满足式(6.2)的正交条件，也就无法直接作为原型滤波器使用。为解决这个问题，有学者设计了各向同性正交变换方法，可以对高斯函数进行正交变换。定义正交运算变换：

$$y_\alpha(t)=O_{\tau_0}g_\alpha(t)=\frac{g_\alpha(t)}{\sqrt{\tau_0\sum\limits_{k=-\infty}^{\infty}\left|g_\alpha(t-k\tau_0)\right|^2}},\ \tau_0>0 \tag{6.6}$$

其中，O_{τ_0} 表示正交运算符号。经过变换后的 $y_\alpha(t)$ 的模糊函数满足：

$A_y(0, 0)=1$，$A_y(0, p/\tau_0)=0$，$\forall p \neq 0$，也就是沿其频率轴满足正交条件。为了使函数同时也满足时间轴的正交条件，利用运算符 $F^{-1}O_{F_0}F$ 对 $y_\alpha(t)$ 进行变换：

$$\begin{aligned} z_{\alpha,\tau_0,F_0}(t) &= F^{-1}O_{F_0}F(y_\alpha(t)) \\ &= F^{-1}O_{F_0}FO_{\tau_0}g_\alpha(t) \\ &= O_{\tau_0}F^{-1}O_{F_0}F(y_\alpha(t)) \end{aligned} \tag{6.7}$$

其中，F 和 F^{-1} 分别表示傅里叶变换和傅里叶逆变换，$\tau_0 F_0=1/2$。经过上式变换之后，函数的模糊函数满足：

$$A_z(q/F_0, p/\tau_0)=A_z(2q\tau_0, 2pF_0)=\begin{cases}1, & (p, q)=(0, 0) \\ 0, & (p, q)\neq(0, 0)\end{cases} \tag{6.8}$$

于是，高斯函数经过上述正交变换之后得到的滤波器函数 $z_{\alpha,\tau_0,F_0}(t)$ 满足 OQAM/OFDM 系统的正交条件。因此，将 $z_{\alpha,\tau_0,F_0}(t)$ 称为扩展高斯函数，它在保持高斯函数良好的时频聚焦特性的基础上，同时满足了正交条件的要求。扩展高斯函数的闭合表达式可以表示为

$$z_{\alpha,\tau_0,F_0}(t)=\frac{1}{2}\left\{\sum_{k=0}^{\infty}d_{k,\alpha,F_0}\left[g_\alpha\left(t+\frac{k}{F_0}\right)+g_\alpha\left(t-\frac{k}{F_0}\right)\right]\right\}\sum_{l=0}^{\infty}d_{l,1/\alpha,\tau_0}\cos\left(2\pi l\frac{t}{\tau_0}\right) \tag{6.9}$$

式(6.9)中，$0.528F_0^2 \leqslant \alpha \leqslant 7.568F_0^2$。虽然 EGF 函数是无数项之和，但通常在截取数量较少的项时仍然能保持比较好的正交性和时频聚焦特性。

由于 $y_\alpha(t)=O_{\tau_0}g_\alpha(t)$ 是偶函数，因此，$F(y_\alpha(t))=F^{-1}(y_\alpha(t))$。结合式(6.3)和(6.6)，可以得到

$$\begin{aligned} F(z_{\alpha,\tau_0,F_0}(t)) &= FF^{-1}O_{F_0}F(y_\alpha(t))=O_{F_0}F(y_\alpha(t)) \\ &= O_{F_0}F^{-1}(y_\alpha(t))=O_{F_0}F^{-1}O_{\tau_0}g_\alpha(t) \\ &= O_{F_0}F^{-1}O_{\tau_0}F(g_{1/\alpha}(t))=z_{1/\alpha,F_0,\tau_0}(t) \end{aligned} \tag{6.10}$$

从上式可以看出，如果令 $\alpha=1$，$\tau_0=F_0=1/\sqrt{2}$，那么可以得到一个特殊的函数 $\xi(t)=z_{1,1/\sqrt{2},1/\sqrt{2}}(t)$，并且容易得到 $F(\xi(t))=\xi(t)$，也就是说函数 $\xi(t)$ 和它的傅里叶变换是等价的，函数在时频域上具有各向同性的特点，因此被称为 IOTA 函数。对 IOTA 函数的模糊函数进行仿真，结果如图 6.2 和图 6.3 所示。可以看出，IOTA 函数的模糊函数衰减较快，并且具有各向同性的特点。

考虑到 EGF 函数的形状受扩展因子 α 的影响，为了分析扩展高斯函数的性能特点，扩展因子分别为 $\alpha=1/2$ 和 $\alpha=2$ 时，EGF 函数的模糊函数以及等高线的示意图如图 6.4 和图 6.5 所示。

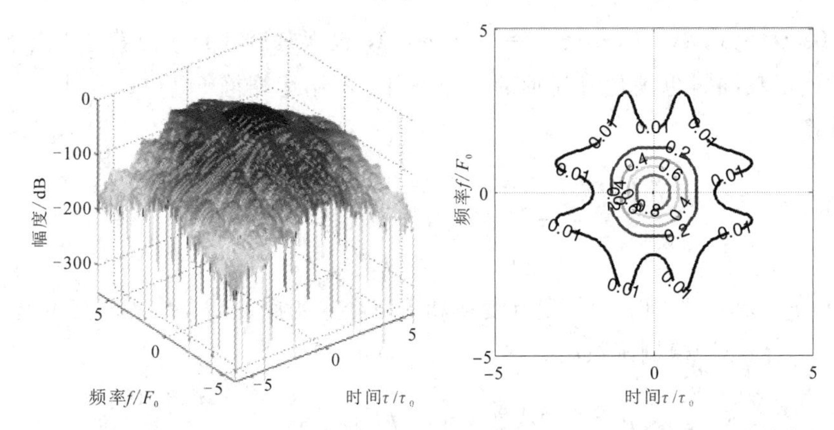

图 6.2　IOTA 函数的模糊函数特性　　图 6.3　IOTA 函数的模糊函数等高线

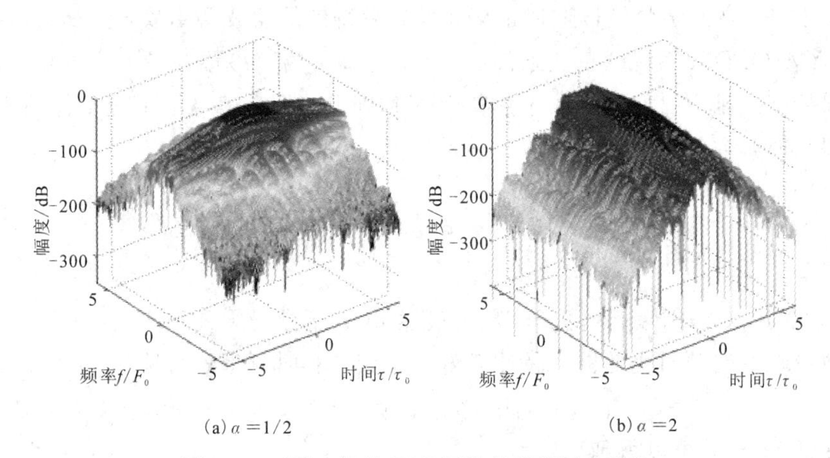

(a) $\alpha=1/2$　　(b) $\alpha=2$

图 6.4　不同 α 值的 EGF 函数的模糊函数特性

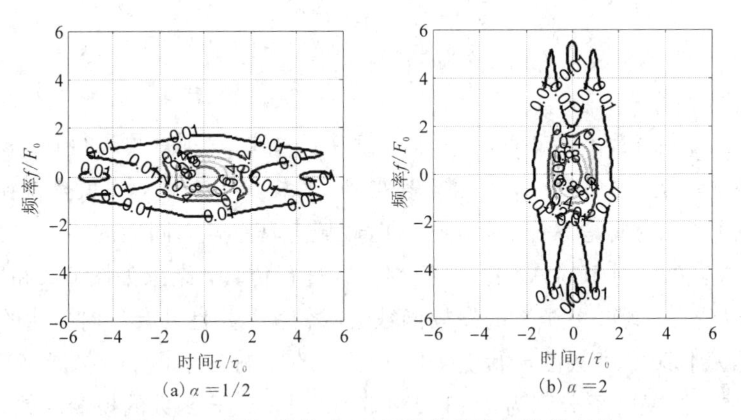

(a) $\alpha=1/2$　　(b) $\alpha=2$

图 6.5　不同 α 值的 EGF 函数的模糊函数等高线

从上面的结果可以看出，如果改变 EGF 函数中扩展因子 α，那么时频聚焦特性呈现出不同的特征。当 $\alpha<1$，EGF 模糊函数随时间偏移下降较慢，因此具有良好的时域聚焦特性，能够有效地抑制 ISI；当 $\alpha=1$，EGF 函数就是 IOTA 函数，具有各向同性的时频聚焦特性；当 $\alpha>1$，EGF 模糊函数随着频率偏移下降较慢，因此具有良好的频域聚焦特性，能够有效地抑制 ICI。实际应用中，可以根据实际信道的弥散特点选取合适的 α，使系统抗 ISI 和 ICI 干扰的性能最佳。

6.1.3　Hermite 函数滤波器

Hermite 函数滤波器是由若干个 Hermite(厄米特)函数加权组成的，并且通过模糊函数的正交条件得到其权系数的值。首先，定义 n 阶 Hermite 多项式：

$$\mathrm{h}_n(x)=\mathrm{e}^{-x^2/2}\frac{\mathrm{d}^n}{\mathrm{d}x^n}\mathrm{e}^{-x^2} \tag{6.11}$$

可以证明，$\lambda_n \mathrm{h}_n(x)=\int_{-\infty}^{\infty}\mathrm{h}_n(s)\mathrm{e}^{\mathrm{j}sx}\mathrm{d}s$，其中，$\lambda_n=\mathrm{j}^n\sqrt{2\pi}$。对上式进行归一化后可以得到 n 阶 Hermite 函数：$\mathrm{H}_n(t)=\mathrm{h}_n(\sqrt{2\pi}t)$，于是可以得到

$$\mathrm{j}^n\mathrm{H}_n(t)=\int_{-\infty}^{\infty}\mathrm{H}_n(f)\,\mathrm{e}^{\mathrm{j}2\pi ft}\,\mathrm{d}f \tag{6.12}$$

上式表明，当 $n=4k$，$k=0, 1, \cdots$时，$\mathrm{H}_n(t)$和它自身的傅里叶变换是相等的。因此，对函数 $\mathrm{H}_{4k}(t)$，$k=0, 1, \cdots$进行线性相加得到的函数 $g(t)$和其自身的傅里叶变换也是相等的，这实际上类似于 IOTA 函数的各向同性的特点。于是，可以将 Hermite 函数滤波器定义为

$$g(t)=\sum_{k=0}^{L-1}\alpha_k\mathrm{H}_{4k}(t) \tag{6.13}$$

式中，α_k 表示加权系数，L 表示所选取的 Hermite 函数的个数。根据式(6.11)，可以得到前五个归一化的 Hermite 函数的表达式：

$\mathrm{H}_0(t)=\exp(-\pi t^2)$

$\mathrm{H}_4(t)=16\exp(-\pi t^2)(4\pi^2t^4-6\pi t^2+0.75)$

$\mathrm{H}_8(t)=256\exp(-\pi t^2)(16\pi^4t^8-112\pi^3t^6+210\pi^2t^4-105\pi t^2+11.67)$

$\mathrm{H}_{12}(t)=4096\exp(-\pi t^2)(64\pi^6t^{12}-1056\pi^5t^{10}+5940\pi^4t^8-13\,860\pi^3t^6+12\,993.75\pi^2t^4-3898\pi t^2+162.42)$

$\mathrm{H}_{16}(t)=65\,536\exp(-\pi t^2)(256\pi^8t^{16}-7680\pi^7t^{14}+87\,360\pi^6t^{12}-48\,048\pi^5t^{10}+1\,351\,350\pi^4t^8-1\,891\,890\pi^3t^6+1\,182\,431.25\pi^2t^4-253\,378.125\pi t^2+7918)$

注意到第一个函数 $H_0(t)$就是高斯函数。因此，如果阶数较小的函数取的权值很大，那么函数应该具有良好的时频聚焦特性。$g(t)$的模糊函数可以表示为

$$\begin{aligned} A_g(\tau, v) &= \int_{-\infty}^{\infty} \sum_{k=0}^{L-1} \alpha_k H_{4k}\left(t+\frac{\tau}{2}\right) \sum_{p=0}^{L-1} \alpha_p H_{4p}^*\left(t-\frac{\tau}{2}\right) e^{-j2\pi v t} dt \\ &= \sum_{k=0}^{L-1} \sum_{p=0}^{L-1} \alpha_k \alpha_p A_{k,p}(\tau, v) \end{aligned} \tag{6.14}$$

式中，$A_{k,p}(\tau, v)$表示 $H_{4k}(t)$和 $H_{4p}(t)$的互模糊函数：

$$A_{k,p}(\tau, v) = \int_{-\infty}^{\infty} H_{4k}\left(t+\frac{\tau}{2}\right) H_{4p}^*\left(t-\frac{\tau}{2}\right) e^{-j2\pi v t} dt \tag{6.15}$$

在实际应用中，它可以通过下式计算得到：

$$A_{k,p}(\tau, v) = \frac{(4p)!}{\sqrt{2}} e^{-\frac{\pi}{2}(\tau^2+v^2)} (\sqrt{2})^{4(k+p)} (\sqrt{\pi})^{4(k-p)} (-\tau+iv)^{4(k-p)} L_{4p}^{4(k-p)}(\pi(\tau^2+v^2)) \tag{6.16}$$

式中，$L_n^\alpha(x)$表示归一化的 Laguerre(拉盖尔)多项式：

$$L_n^\alpha(x) = \frac{1}{n!} e^x x^{-\alpha} \frac{d^n}{dx^n}(x^{n+\alpha} e^{-x}) = \sum_{p=0}^{n} \frac{(-1)^p x^p}{p!\ (n-p)!} \prod_{k=p+1}^{n} (k+\alpha) \tag{6.17}$$

为了表示方便，我们定义 $\boldsymbol{\alpha} = [\alpha_0\ \alpha_1 \cdots \alpha_L]^T$，并且令

$$\mathbf{A}(\tau, v) = \begin{bmatrix} A_{0,0}(\tau, v) & A_{0,1}(\tau, v) & \cdots & A_{0,L}(\tau, v) \\ A_{1,0}(\tau, v) & A_{1,1}(\tau, v) & \cdots & A_{1,L}(\tau, v) \\ \vdots & \vdots & & \vdots \\ A_{L,0}(\tau, v) & A_{L,1}(\tau, v) & \cdots & A_{L,L}(\tau, v) \end{bmatrix} \tag{6.18}$$

那么，式(6.14)可以简化为

$$A_g(\tau, v) = \boldsymbol{\alpha}^T \mathbf{A}(\tau, v) \boldsymbol{\alpha} \tag{6.19}$$

为了使滤波器满足正交性，其模糊函数需要满足正交性。考虑到函数 $g(t)$具有良好的时频聚焦特性，只需要令$(p, q)=(0, 0)$附近的时频格点处的模糊函数值为 0，如图 6.6 所示。

因此，对于 $\tau_0 = F_0 = 1/\sqrt{2}$ 的系统结构来说，只需要使下面五个等式成立即可：

$$\boldsymbol{\alpha}^T \mathbf{A}(0, 0) \boldsymbol{\alpha} = 1$$

$$\boldsymbol{\alpha}^T \mathbf{A}(\sqrt{2}, 0) \boldsymbol{\alpha} = 0$$

$$\boldsymbol{\alpha}^T \mathbf{A}(\sqrt{2}, \sqrt{2}) \boldsymbol{\alpha} = 0$$

$$\boldsymbol{\alpha}^{\mathrm{T}}\boldsymbol{A}(2\sqrt{2},\ 0)\boldsymbol{\alpha}=0$$

$$\boldsymbol{\alpha}^{\mathrm{T}}\boldsymbol{A}(2\sqrt{2},\ \sqrt{2})\boldsymbol{\alpha}=0$$

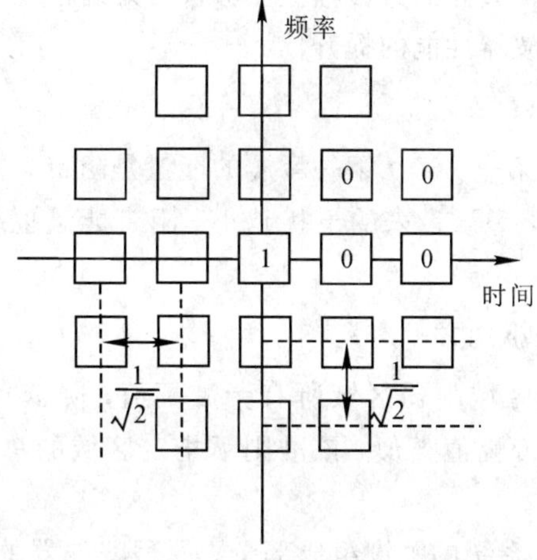

图 6.6 满足 Hermite 函数正交条件的时频格点示意图

对于给定的$(\tau,\ v)$，矩阵 $\boldsymbol{A}(\tau,\ v)$可以通过式(6.15)～(6.17)计算得到。因此，当 $L=5$ 时，可以通过求解上面 5 个方程得到系数矩阵 $\boldsymbol{\alpha}$。通过数值方法可以求得

$$\alpha_0=1.185\ 089\ 9$$

$$\alpha_1=-1.932\ 488\ 1\times10^{-3}\alpha_0$$

$$\alpha_2=-7.311\ 058\ 8\times10^{-6}\alpha_0$$

$$\alpha_3=-3.154\ 209\ 6\times10^{-9}\alpha_0$$

$$\alpha_4=9.663\ 413\ 8\times10^{-13}\alpha_0$$

6.2 基于最小化阻带能量的滤波器设计

为抑制对流层散射信道时频弥散引起的干扰，通常采用原型滤波器对符号进行脉冲成形。针对 OQAM/OFDM 系统的原型滤波器设计问题，以最小化阻带能量为目标函数，将原型滤波器设计转化为一个最优化问题。

6.2.1 目标函数确立

在设计原型滤波器时，通常依据以下三种基于阻带能量的准则来确立目标函数：

1. 最小最大化阻带幅值

该准则主要是为了削弱阻带中幅值最大的旁瓣。幅值越低，能量越低。在这种准则下，虽然位于阻带边界的旁瓣幅值能够被很好地削弱，但总的阻带能量却有所增大，不利于滤波器性能的提升。

2. 最小化阻带能量

该准则主要针对的是第一旁瓣。第一旁瓣的能量是阻带总能量的主要组成部分，第一旁瓣能量越低，旁瓣带来的干扰越小，阻带能量也越低，原型滤波器的性能就越好。

3. 基于峰值限制的最小均方

该准则针对一个限定区域削弱区域所有旁瓣幅值，降低指定区域的总能量，但是与最小最大化阻带幅值类似，该准则下指定区域的总能量有所增大，不利于滤波器性能的提升。

作为 OQAM/OFDM 系统的关键组成部分，原型滤波器的 PSD 决定了系统传输信号的功率谱密度，且会影响到系统的带外辐射性能；低的带外辐射有利于提高系统的频谱效率。为了降低带外辐射，通常的做法是使原型滤波器的阻带能量最小化。因此，本节在确立目标函数时，将主要依据准则 2，即通过最小化滤波器的阻带能量来设计原型滤波器。

6.2.2 约束条件选取

原型滤波器还会对 OQAM/OFDM 系统的固有干扰产生影响。由于固有干扰会影响导频的性能，因此原型滤波器会对 OQAM/OFDM 系统基于导频的信道估计产生影响。但以往方法在设计原型滤波器时，并未将原型滤波器对信道估计的影响考虑在内。低的阻带能量只能保证原型滤波器具有良好的频率聚焦性，这将导致原型滤波器时间聚焦性变差。原型滤波器的差的时间聚焦性将会增加 OQAM/OFDM 系统中相邻数据符号对导频符号产生的干扰，使系统的整体性能变差。因此，约束条件中应该体现原型滤波器对信道估计产生的影响。

因此，本节在设计原型滤波器之前，首先对系统的信道估计进行分析讨论，改进 IAM 导频结构，并利用改进后的导频对信道进行估计，得到信道的脉冲响应；然后，将噪声的影响与原型滤波器对信道估计的影响都考虑在内，采用信号与干扰和噪声的比值(Signal to Interference plus Noise Ratio，SINR)对噪声的影响进行量化。

1. 改进的导频结构

通常，接收端精确的信道估计是信号检测不可或缺的一部分。目前已经提出了很多有关 OQAM/OFDM 系统基于导频的信道估计方法。OQAM/OFDM 只在实数域正交这一特点，虽然使得 OQAM/OFDM 能够引入性能更为优良的原型滤波器，但只在实数域正交同样将会给系统带来更为严重的 ISI，进而影响系统的信道估计精度。因此，对于 OQAM/OFDM 系统来说，在进行信道估计时，如何克服干扰的影响，提高信道估计精度是一个亟待解决的问题。

为了消除固有干扰，通常会在 OQAM/OFDM 系统的导频和数据符号之间插入零值导频作为保护间隔，但零值导频的插入会降低系统的频谱效率。因此，为了有效提高 OQAM/OFDM 系统的频谱利用率，必须对零值导频进行改进。值得注意的是，伪导频的功率直接决定了信道估计性能的好坏，而零值导频的存在，极大降低了伪导频功率。改进导频结构，避免零值导频的插入，提高伪导频功率，将是本节在进行信道估计时主要解决的问题。

为了提高 OQAM/OFDM 系统的频谱效率和信道估计精度，在利用一般导频结构进行信道估计时，由于缺乏足够的接收信号先验知识，无法直接对信道进行估计。为了解决这一问题，提出了一种预判决方法，并通过迭代减小了预判决引入的误差，提高了估计精度。

由于时域形式适用于所有的频选信道，但频域形式却受限于某些频率平坦信道，因此本节将主要采用时域形式来设计原型滤波器。

连续时间 OQAM 基带传输信号可以表示为

$$s(t)=\sum_{n=-\infty}^{+\infty}\sum_{m=0}^{M-1}a_{m,n}\underbrace{\mathrm{e}^{\mathrm{j}\phi_{mn}}\mathrm{e}^{\mathrm{j}2\pi m\nu_0 t}g(t-n\tau_0)}_{g_{m,n}(t)}\tag{6.20}$$

其中，M 代表子载波数，$a_{m,n}$ 代表在子载波 m 符号时间 n 所传递的实数符号，$g(t)$ 代表脉冲成形滤波器函数，ν_0 代表子载波间隔，τ_0 为一个 OQAM 信号相邻实部和虚部的时间偏移。$\nu_0=1/T_0=1/2\tau_0$，其中 T_0 代表复数符号的周期。

$$\phi_{m,n}=\phi_0+\frac{\pi}{2}(m+n)(\mathrm{mod}\ \pi)\tag{6.21}$$

式中，$\phi_{m,n}$ 表示位于位置 (m,n) 处的信号相位，而 ϕ_m 表示附加的一个随机相位，在式(6.21)中以 ϕ_0 体现，ϕ_0 可以随机选择，为方便讨论又不失一般性，令 $\phi_0=0$。

为了完美重构信号 $a_{m,n}$，OQAM 系统必须满足下式的正交条件：

$$\Re\left\{\left\langle g_{m,n},g_{p,q}\right\rangle\right\}=\Re\left\{\int g_{m,n}(t)g_{p,q}^{*}(t)\mathrm{d}t\right\}=\delta_{m,p}\delta_{n,q}\tag{6.22}$$

其中，$\delta(t)$为狄拉克函数，$\Re\{\cdot\}$为取实部操作。在无失真信道中，接收信号 $y(t)$ 与传输信号 $s(t)$相等。在子载波 p 的时隙 q 上传递的复信号为

$$\begin{aligned} y_{p,q}^{c} &= \langle s(t),\, g_{p,q}(t) \rangle = \int s(t) g_{p,q}^{*}(t)\mathrm{d}t \\ &= \sum_{n=-\infty}^{+\infty} \sum_{m=0}^{M-1} a_{m,n} \int g_{m,n}(t) g_{p,q}^{*}(t)\mathrm{d}t \end{aligned} \tag{6.23}$$

定义$\langle g_{m,n},\, g_{p,q} \rangle = \mathrm{j}\,\langle g \rangle_{m,n}^{p,q}$，当$(m,\, n) \neq (p,\, q)$时，$\langle g \rangle_{m,n}^{p,q}$为纯实数，则公式(6.23)可以改写为

$$y_{p,q}^{c} = a_{p,q} + \mathrm{j} \sum_{(m,n)\neq(p,q)} a_{m,n} \langle g \rangle_{m,n}^{p,q} \tag{6.24}$$

公式(6.24)当中的第二项为系统的虚部干扰。在无失真信道中，通过对 $y_{p,q}^{c}$的解调信号 $y_{p,q}$进行取实部操作，就可以重构传输符号 $a_{m,n}$：

$$\hat{a}_{p,q} = \Re\{y_{p,q}\} = a_{p,q} \tag{6.25}$$

在多径信道中，多径效应会给系统带来严重的 ICI 和 ISI。在这种情况下，为了保证在接收端能够重构传输信号，需要提出对应的信道估计方法。

OQAM 信号经过带有 AWGN 为 $\eta(t)$和脉冲传递函数为 $h(t)$的多径信道后，接收信号可以表示为

$$\begin{aligned} y(t) &= \int_{0}^{\Delta} h(\tau) s(t-\tau)\mathrm{d}\tau + \eta(t) \\ &= \sum_{n=-\infty}^{+\infty} \sum_{m=0}^{M-1} a_{m,n} \int_{0}^{\Delta} h(\tau) \mathrm{e}^{-\mathrm{j}2\pi m\nu_0 \tau} \mathrm{e}^{\mathrm{j}\frac{\pi(m+n)}{2}} \mathrm{e}^{\mathrm{j}2\pi m\nu_0 t} \times g(t-\tau-n\tau_0)\mathrm{d}\tau + \eta(t) \end{aligned} \tag{6.26}$$

式中 Δ 代表信道最大延迟。假设原型滤波器函数在时间间隔 $\tau\in[0,\, \Delta]$内变化缓慢，即 $g(t-\tau-n\tau_0)\approx g(t-n\tau_0)$。此时，式(6.26)可改写为

$$\begin{aligned} y(t) &= \sum_{n=-\infty}^{+\infty} \sum_{m=0}^{M-1} a_{m,n} \mathrm{e}^{\mathrm{j}\frac{\pi(m+n)}{2}} \mathrm{e}^{\mathrm{j}2\pi m\nu_0 t} g(t-n\tau_0) \times \int_{0}^{\Delta} h(\tau) \mathrm{e}^{-\mathrm{j}2\pi m\nu_0 \tau}\mathrm{d}\tau + \eta(t) \\ &= \sum_{n=-\infty}^{+\infty} \sum_{m=0}^{M-1} a_{m,n} g_{m,n}(t) H_m + \eta(t) \end{aligned} \tag{6.27}$$

式中 $H_m = \int_{0}^{\Delta} h(t)\mathrm{e}^{-\mathrm{j}2\pi m\nu_0 t}\mathrm{d}t$ 为信道的频率脉冲响应。由于接收端已知时频点$(m_0,\, n_0)$处传递的导频符号，根据已有信息，可以对该点处的信道响应进行估计。

在时频点$(m_0,\, n_0)$处接收到的解调信号为

$$\begin{aligned} y_{m_0,n_0} &= \langle y(t),\, g_{m_0,n_0} \rangle \\ &= \sum_{n=-\infty}^{+\infty} \sum_{m=0}^{M-1} a_{m,n} H_m \langle g_{m,n}(t),\, g_{m_0,n_0} \rangle + \eta_{m_0,n_0}^{1} \end{aligned} \tag{6.28}$$

式中$\langle x, y\rangle$为x和y的内积，$\eta^1_{m_0, n_0}=\langle \eta(t), g_{m_0, n_0}\rangle$。

显然，系统的固有干扰包含在$\langle g_{m,n}, g_{m_0}, n_0\rangle$中。为了分析ISI和ICI对信道估计的影响，下面将会首先把系统的固有干扰从$\langle g_{m,n}, g_{m_0, n_0}\rangle$中分离出来。

令$m=m_0+p$，$n=n_0+q$，$p\in \mathbf{Z}$，$q\in \mathbf{Z}$，则滤波器函数的内积$\langle g_{m,n}, g_{m_0, n_0}\rangle$可以改写为如下形式：

$$\begin{aligned}\langle g_{m,n}, g_{m_0,n_0}\rangle &= \int_{-\infty}^{+\infty} g_{m_0+p, n_0+q}(t) g^*_{m_0+n_0}(t)\mathrm{d}t \\ &= \int_{-\infty}^{+\infty} \mathrm{e}^{\mathrm{j}\frac{\pi}{2}(m_0+n_0+p+q)}\mathrm{e}^{\mathrm{j}2\pi(m_0+p)\nu_0 t} g(t-n_0\tau_0-q\tau_0)\times \\ &\quad \mathrm{e}^{-\mathrm{j}\frac{\pi}{2}(m_0+n_0)}\mathrm{e}^{-\mathrm{j}2\pi m_0\nu_0 t} g^*(t-n_0\tau_0)\mathrm{d}t \\ &= \mathrm{j}^{(p+q)}\int_{-\infty}^{+\infty} g(t-n_0\tau_0-q\tau_0)g^*(t-n_0\tau_0)\mathrm{e}^{\mathrm{j}2\pi p\nu_0 t}\mathrm{d}t\end{aligned} \tag{6.29}$$

式中$*$代表复共轭。由于$\nu_0\tau_0=\dfrac{1}{2}$，可作变换$t-n_0\tau_0-q\tau_0=l-\dfrac{q}{2}\tau_0$和$t-n_0\tau_0=l+\dfrac{q}{2}\tau_0$，此时式(6.29)可进一步表示为

$$\begin{aligned}\langle g_{m,n}(t), g_{m_0,n_0}\rangle &= \mathrm{j}^{(p+q)}\int_{-\infty}^{+\infty} g\left(l+\frac{-q}{2}\tau_0\right)g^*\left(l-\frac{-q}{2}\tau_0\right)\times \mathrm{e}^{-\mathrm{j}2\pi p\nu_0(l+n_0\tau_0+q\tau_0/2)}\mathrm{d}l \\ &= \mathrm{j}^{(p+q+pq+2pn_0)}A_g(-q\tau_0, p\nu_0)\end{aligned} \tag{6.30}$$

式中$A_g(\tau, \nu)$是滤波器函数$g(t)$的模糊度函数，定义为

$$A_g(\tau, \nu)=\int g\left(t+\frac{\tau}{2}\right)g^*\left(t-\frac{\tau}{2}\right)\mathrm{e}^{\mathrm{j}2\pi\nu t}\mathrm{d}t \tag{6.31}$$

由于$g(t)$是偶函数，其自相关函数$R_g(\tau, t)=g(t+\frac{\tau}{2})g^*(t-\frac{\tau}{2})$在$t$轴上是偶共轭。因此，作为$R_g(\tau, t)$的傅里叶变换，$A_g(\tau, \nu)$为实函数。将(6.30)代入(6.28)，可得

$$\begin{aligned}y_{m_0,n_0} &= \sum_{(p,q)\in \mathbf{Z}} \mathrm{j}^{(p+q+pq+2pn_0)}A_g(-q\tau_0, p\nu_0)\times a_{m_0+p, n_0+q}H_{m_0+p}+\eta^1_{m_0,n_0} \\ &= a_{m_0,n_0}H_{m_0}+\sum_{(p,q)\neq(0,0)} \mathrm{j}^{(p+q+pq+2pn_0)}\times A_g(-q\tau_0, p\nu_0)a_{m_0+p, n_0+q} \\ &\quad H_{m_0+p}+\eta^1_{m_0,n_0}\end{aligned} \tag{6.32}$$

式(6.32)中的第二项为分离得到的干扰项。当时频点(m_0, n_0)处的导频符号在信道中传播时，如果直接将OFDM的信道估计方法应用到OQAM/OFDM

中，得到的 $\hat{H}_{m_0}$ 为

$$\hat{H}_{m_0}=\frac{y_{m_0,n_0}}{a_{m_0,n_0}}=H_{m_0}+I_1+I_2 \tag{6.33}$$

其中

$$I_1=\sum_{(p,q)\neq(0,0)}\frac{a_{m_0+p,n_0+q}}{a_{m_0,n_0}}H_{m_0+p}\mathrm{j}^{(p+q+pq+2pn_0)}A_g(-q\tau_0,p\nu_0) \tag{6.34}$$

$$I_2=\frac{\eta^1_{m_0,n_0}}{a_{m_0,n_0}} \tag{6.35}$$

可以看出，即使式(6.33)中的 $I_2=0$，由于 I_1 的存在，仍然无法得到信道的频率响应估计值 $\hat{H}_{m_0}$。显然，I_1 的值由模糊函数 $A_g(-q\tau,\nu)$，导频符号 a_{m_0,n_0} 和传输符号 a_{m_0+p,n_0+q} 共同决定。因此，直接将 OFDM 的方法应用到 OQAM/OFDM 中是行不通的，必须对其加以改进。

作为基于导频的信道估计方法之一，干扰近似法(Interference Approximate Method，IAM)能够减弱固有干扰对导频的影响。IAM 的结构(即干扰近似法流程图)如图 6.7 所示。

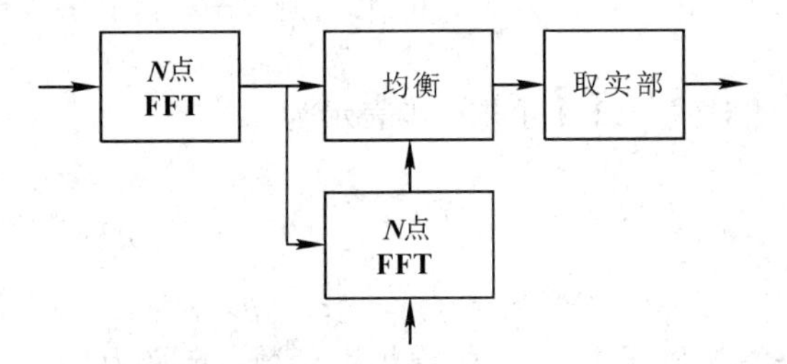

图 6.7 干扰近似法流程图

令 $C_{p,q}=\mathrm{j}^{(p+q+pq+2pn_0)}A_g(-q\tau_0,p\nu_0)$，$a_{m_0-1,n_0}$ 与 a_{m_0+1,n_0} 设为符号相反。此时式(6.32)可以改写为

$$y_{m_0,n_0}=a_{m_0,n_0}H_{m_0}+C_{-1,0}a_{m_0-1,n_0}H_{m_0-1}+C_{1,0}a_{m_0+1,n_0}H_{m_0+1}+\sum_{(p,q)\neq(0,0),(p,q)\neq(\pm1,0),q\neq\pm1}C_{p,q}a_{m_0+p,n_0+q}H_{m_0+p}+\eta^1_{m_0,n_0} \tag{6.36}$$

当 $H_{m_0}=H_{m_0+1}=H_{m_0-1}$ 时，此时系统的 CFR 估计值为

$$\begin{aligned}\hat{H}_{m_0}&=\frac{y_{m_0,n_0}}{a'_{m_0,n_0}}\\&=H_{m_0}+\frac{\eta^1_{m_0,n_0}}{a'_{m_0,n_0}}+\sum_{(p,q)\neq(0,0),(p,q)\neq(\pm1,0),q\neq\pm1}\frac{C_{p,q}a_{m_0+p,n_0+q}H_{m_0+p}}{a'_{m_0,n_0}}\end{aligned} \tag{6.37}$$

其中 $a'_{m_0,n_0}=a_{m_0,n_0}+C_{1,0}a_{m_0+1,n_0}+C_{-1,0}a_{m_0-1,n_0}$，$a'_{m_0,n_0}$ 为伪导频。从式(6.37)可以看出，由于存在 $\dfrac{\eta^1_{m_0,n_0}}{a'_{m_0,n_0}}$，伪导频功率越大，系统的信道估计性能越好。通过改变导频结构，可以提升伪导频的功率。因此，本节改进的导频结构如图 6.8 所示。

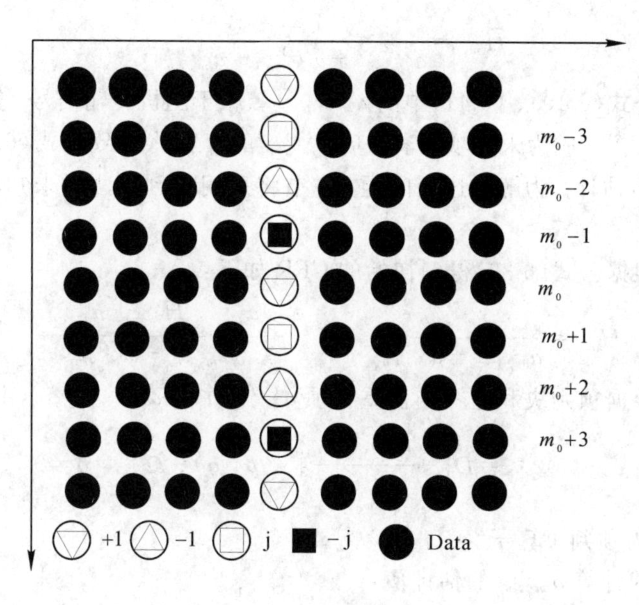

图 6.8　改进的导频结构

上图 6.8 中的导频符号被周围的数据符号包围，式(6.34)中的 I_1 项会被所有符号所影响。当采用时频聚焦特性较好 IOTA 滤波器时，定义 $\Omega_{\Delta m_0,\Delta n_0}$ 为时频点 (m_0, n_0) 的邻域，$\Omega_{\Delta m_0,\Delta n_0}=\{(p, q), |p|\leqslant\Delta m_0, |q|\leqslant\Delta n_0 \mid H_{m_0+p,n_0+q}\approx H_{m_0,n_0}\}$。令 $\Omega^*_{\Delta m_0,\Delta n_0}=\Omega_{\Delta m_0,\Delta n_0}-(0, 0)$，当 $|p|$ 和 $|q|$ 增大时，$C_{p,q}$ 将会迅速减小。对于 IOTA 滤波器来说，当 $(p, q)\notin\Omega_{1,1}$ 时，

$$\frac{\sum_{(p,q)\notin\Omega_{1,1}}|C_{p,q}|^2}{\sum_{(p,q)\in\Omega^*_{1,1}}|C_{p,q}|^2}\approx 0.02 \tag{6.38}$$

式(6.38)说明一阶邻域符号的影响占了绝对比重。随着 $|p|$ 和 $|q|$ 的增大，$C_{p,q}$ 迅速减小，当 $(p, q)\notin\Omega_{3,3}$ 时，$C_{p,q}$ 近似等于 0。因此，本节只考虑 3 阶邻域内符号的干扰。此时，式(6.32)可改写为

$$y_{m_0,n_0}=a_{m_0,n_0}H_{m_0}+a^{(i1)}_{m_0,n_0}H_{m_0}+a^{(i2)}_{m_0,n_0}H_{m_0}+\eta^1_{m_0,n_0} \tag{6.39}$$

其中

$$a_{m_0, n_0}^{(i1)} = \sum_{(p, q) \in \Omega_{3, 3}^*, q=0} C_{p, q} a_{m_0+p, n_0+q} \tag{6.40}$$

$$a_{m_0, n_0}^{(i2)} = \sum_{(p, q) \in \Omega_{3, 3}^*, q \neq 0} C_{p, q} a_{m_0+p, n_0+q} \tag{6.41}$$

然后，可以得到信道的估计值 $\hat{H}_{m_0}$：

$$\hat{H}_{m_0} = \frac{y_{m_0, n_0}}{a_{m_0, n_0} + a_{m_0, n_0}^{(i1)} + a_{m_0, n_0}^{(i2)}} \tag{6.42}$$

但是，公式(6.40)、(6.41)中的 a_{m_0+p, n_0+q} 属于随机传输信号，数值无法确定，这使得 $a_{m_0, n_0}^{(i2)}$ 成为未知项。未知项 $a_{m_0, n_0}^{(i2)}$ 的存在将导致公式(6.42)无法被直接用于信道估计。为解决这一问题，本节将采用预判决法对未知项 $a_{m_0, n_0}^{(i2)}$ 进行处理。

首先，根据公式(6.39)得到初始的 CFR 如下：

$$\bar{H}_{m_0} = \frac{y_{m_0, n_0}}{a_{m_0, n_0} + a_{m_0, n_0}^{(i1)}} = H_{m_0} + \frac{a_{m_0, n_0}^{(i2)} H_{m_0} + \eta_{m_0, n_0}^1}{a_{m_0, n_0} + a_{m_0, n_0}^{(i1)}} \tag{6.43}$$

然后，根据预判决和迫零均衡重构项 $a_{m_0, n_0}^{(i2)}$ 中的 a_{m_0+p, n_0+q}。由此可得

$$\hat{a}_{m_0+p, n_0+q} = D\left[\frac{y_{m_0+p, n_0+q}}{\bar{H}_{m_0}}\right], (p, q) \in \Omega_{3, 3}^*, q \neq 0 \tag{6.44}$$

其中 $D[\cdot]$ 为预判决算子。

通过下式计算 $a_{m_0, n_0}^{(i2)}$ 的估计值：

$$\hat{a}_{m_0, n_0}^{(i2)} = \sum_{(p, q) \in \Omega_{3, 3}^*, q \neq 0} C_{p, q} \hat{a}_{m_0+p, n_0+q} \tag{6.45}$$

最后，将 $a_{m_0, n_0}^{(i2)}$ 的估计值 $\hat{a}_{m_0, n_0}^{(i2)}$ 带入公式(6.42)，就可以得到 CFR 的估计值为

$$\hat{H}_{m_0} = \frac{y_{m_0, n_0}}{a_{m_0, n_0} + a_{m_0, n_0}^{(i1)} + \hat{a}_{m_0, n_0}^{(i2)}} \tag{6.46}$$

由于 a_{m_0+p, n_0+q} 的初始值是随机选择的，这使得通过(6.46)得到的 CFR 估计值与真实值之间存在较大误差。为了减小误差，提升信道估计精度，将(6.46)得到的估计值带入(6.47)中进行第二次的迭代运算。通过多次的迭代之后，误差将会逐渐变小。

2. 干扰与噪声功率

在设计原型滤波器时，噪声的影响常常会被忽略。例如，在对双色散信道进行原型滤波器设计时，将最大化加权信号干扰比作为目标函数，却并未将信道噪声考虑在模型中。但在实际系统中，噪声功率等于甚至大于干扰功率，不

可忽略。因此，在对原型滤波器设计问题进行建模时，需要充分考虑噪声信号带来的影响。通常，采用信干噪比(Signal to Interference plus Noise Ratio，SINR)对噪声的影响进行量化。SINR 越大，系统性能越好。但是，当把 SINR 作为优化问题的约束条件时，它的上界阈值很难确定。

在原型滤波器设计中，为了将噪声的影响与原型滤波器对信道估计造成的影响都考虑在内，本节将选用 RSINR 作为这两种影响的衡量指标。

根据式(6.46)得到的信道 CFR，通过 IFFT 将其转换为 CIR：

$$\hat{h}(t)=\frac{1}{2\pi}\int_{0}^{\Delta}\hat{H}_{m}\mathrm{e}^{-\mathrm{j}2\pi m\nu_0 t}\mathrm{d}t \tag{6.47}$$

将 CIR $h(t)$ 离散化为

$$\hat{h}(t)=\sum_{i=0}^{P-1}\hat{h}_{i}\delta(\tau-\tau_{i}) \tag{6.48}$$

$$\hat{h}_{l}=\begin{cases}\hat{h}_{i}, & l=\left\lceil\dfrac{\tau_{i}}{T_{\mathrm{S}}}\right\rceil\\ 0, & \text{其他}\end{cases} \tag{6.49}$$

式中，$\lceil x \rceil$为大于或等于 x 的最小整数，$T_{\mathrm{S}}=\dfrac{T_0}{2M}$为采样时间。

系统的期望功率与所传输的信号密切相关。经过均衡之后，时频点(m_0, n_0)接收到的传输信号表达式为

$$\hat{a}_{m0,n0}=\Re\left[\frac{y_{m_0,n_0}}{\hat{H}_{m_0}}\right] \tag{6.50}$$

由此可得系统传输的 QAM 信号 $\hat{c}_{m_0,n_0}$ 为

$$\hat{c}_{m_0,n_0}=\hat{a}_{m_0,2n_0}+\mathrm{j}\hat{a}_{m_0,2n_0+1} \tag{6.51}$$

定义

$$H_{m_0}^{p,q}=\sum_{l=0}^{L_h-1}\hat{h}_{l}\mathrm{e}^{-\mathrm{j}\pi(2m_0+p)l/M}A_{g}\left[-l-q\frac{M}{2},-p\right] \tag{6.52}$$

式中 L_h 为信道抽头数量，$A_g[k,l]=A_g\left(kT_{\mathrm{S}},\dfrac{l}{MT_{\mathrm{S}}}\right)$。

系统的期望功率表达式为

$$P_{\mathrm{d}}(m_0)=\sigma_{\mathrm{c}}^{2}\left|\Re\left\{\frac{H_{m_0}^{p,q}}{\hat{H}_{m_0}}\right\}\right|^{2} \tag{6.53}$$

式中，σ_{c}^{2} 为复信号 $c_{m,n}$ 的偏差。

同理可得系统的干扰功率和噪声功率分别为

$$P_{\text{ISI+ICI}}(m_0)=2\sigma_a^2\sum_{(p,\,q)\neq(0,\,0)}\left|\Re\left\{\frac{e^{j\frac{\pi}{2}(p+q+pq)}H_{m_0}^{p,\,q}}{\hat{H}_{m_0}}\right\}\right|^2 \tag{6.54}$$

$$P_{\text{noise}}(m_0)=\text{var}\left[\eta_{m_0,\,n_0}^1\right]=\frac{\sigma_\eta^2}{\left|\hat{H}_{m_0}\right|^2} \tag{6.55}$$

式中，σ_a^2 为实值信号 $a_{m,n}$ 的偏差，σ_η^2 为噪声 η 的偏差。

由式(6.53)，(6.54)，(6.55)可得 RSINR 为

$$\begin{aligned}\text{RSINR}&=\frac{P_{\text{ICI+ISI}}+P_{\text{noise}}}{P_d(m_0)}\\&=\frac{2\sigma_a^2\sum\limits_{(p,\,q)\neq(0,\,0)}\left|\Re\left\{\dfrac{e^{j\frac{\pi}{2}(p+q+pq)}H_{m_0}^{p,\,q}}{\hat{H}_{m_0}}\right\}\right|^2+\dfrac{\sigma_\eta^2}{\left|\hat{H}_{m_0}\right|^2}}{\sigma_c^2\left|\Re\left\{\dfrac{H_{m_0}^{p,\,q}}{\hat{H}_{m_0}}\right\}\right|^2}\end{aligned} \tag{6.56}$$

6.2.3 优化模型

假设 OQAM/OFDM 系统中的原型滤波器函数是实值的，具有对称性和归一化能量。本节将原型滤波器的设计问题建模为如下的优化问题 P4：

$$\begin{aligned}&\text{P4}:\min_{g(k)}\int_{\frac{2\pi}{M}}^{\pi}\left|G(e^{j\omega})\right|^2 d\omega\\&\text{s.t.}\begin{cases}g[k]=g[L_g-1-k],\ k=0,\,1\cdots L_g-1\\\sum\limits_{k=0}^{L_g-1}g^2[k]=1\\\text{RSINR}\leqslant\text{TH}\end{cases}\end{aligned} \tag{6.57}$$

式中 L_g 为原型滤波器长度，$\left|G(e^{j\omega})\right|=\left|\sum\limits_{k=0}^{L_g-1}g(k)e^{-j\omega k}\right|$ 是原型滤波器的幅度响应函数，$g[k]$为离散化原型滤波器函数，TH 为 RSINR 的阈值(Threshold)，有 $g[k]=\sqrt{T_S}\,g\left(\left(k-\frac{L_g-1}{2}\right)T_S\right)$。

由于式(6.57)建立的模型中变量数量较多，而且目标函数与约束条件均为二次形式，因此很难直接对 P4 进行求解。众所周知，正交变换不会改变原函数的性质，因此，考虑对式(6.57)建立的模型进行正交变换，然后再进行求解。

首先，式(6.57)建立的模型中的第一个约束条件表明只有一半数量的原型滤波器参数是独立的。因此，为了减少优化问题中的变量数量，用 $\boldsymbol{x}$ 对 $g[k]$进

行变量代换。定义：

$$\begin{aligned}\boldsymbol{x}&=[x_1\quad x_2\quad \dots\quad x_L]^{\mathrm{T}}\\&=\left[g[0]\quad g[1]\quad \dots\quad g\left[\frac{L_g-1}{2}\right]\right]^{\mathrm{T}}\end{aligned}\tag{6.58}$$

然后，将目标函数改写为矩阵形式 $\boldsymbol{f}_0(\boldsymbol{x})=\boldsymbol{x}^{\mathrm{T}}\boldsymbol{C}\boldsymbol{x}$。$\boldsymbol{C}$ 为实对称正定矩阵。求解矩阵 $\boldsymbol{C}$ 的特征值 λ_1，λ_2，…，λ_L，$\boldsymbol{v}=[v_1\ v_2\cdots\ v_L]^{\mathrm{T}}$ 为对应的经过单位正交化后的特征向量。

对新变量 $\boldsymbol{x}$ 进行正交变换 $\boldsymbol{x}=\boldsymbol{v}\boldsymbol{z}$，其中，$\boldsymbol{z}=[z_1\ z_2\cdots\ z_L]^{\mathrm{T}}$ 为变换后的正交变量。最后，经过变量代换之后，优化问题 P4 转换为

$$\begin{aligned}&\text{P5}: f_0(\boldsymbol{x})\overset{\boldsymbol{x}=\boldsymbol{v}\boldsymbol{z}}{=}\min\sum_{j=1}^{L}\lambda_j z_j^2\\&\text{s.t.}\begin{cases}c_1(\boldsymbol{z})=-\left(\displaystyle\sum_{k=0}^{L_g-1}g^2[k]-1\right)\leqslant 0\\c_2(\boldsymbol{z})=\text{RSINR}\leqslant\text{TH}\end{cases}\end{aligned}\tag{6.59}$$

通过变量代换(6.58)，优化模型中的变量数量减少了几乎一半。容易发现，经过正交变换后，式(6.59)优化问题 P5 中的方程变为标准二次型。

可以利用基于 α 因子的分支定界法(α based Branch and Bound，αBB)对(6.59)的优化问题进行求解。对于 αBB 算法来说，当约束条件与解集之间没有交集时，算法将会失效，并且解集上下界的确定主要依赖于参数 α，而 α 的计算将会大大增加系统的时间复杂度。为了降低计算复杂度，利用因式分解法对原型滤波器进行设计，由于分解的因式是随机选取的，该方法的有效性无法得到保证。当系统中的子载波数量规模很大时，有学者提出了一种有效的迭代方法设计原型滤波器。该方法的主要设计思想是通过推导目标函数的梯度向量对优化问题进行迭代求解，并通过矩阵转置降低该迭代算法的复杂度。上述所涉及的原型滤波器设计方法各有优劣，但都无法保证得到全局最优解，甚至直接陷入局部最优。

遗传算法能够有效地解决这个问题。鲍德温效应是指不由遗传信息指导的个体自发随机产生的行为或习惯，经过许多代的积累沉淀，成为可以由父代通过遗传信息遗传到子代的行为或习惯的现象。具备学习能力的个体，更容易适应自然环境，并生存下去。父代通过学习获得的某些适应环境的行为特征，即使没有通过基因遗传给下一代，子代大概率也会通过学习获得。鲍德温效应已经被用来改进各种优化算法。算法中的鲍德温效应，主要是指接近最优解的可行解将会被优先搜索，从而加快搜索进程。鲍德温效应可用于改进遗传算法的

历史网络，提高搜索效率，但该方法中包含了很多类似于随机赋值的随机操作。此外，通过修剪操作避免了初始化赋值和杂交操作中的随机赋值，提高了收敛速度。受此启发，在本节中，将修剪操作运用到遗传算法的历史网络中，从而避免多余的随机操作，提高收敛速度。

遗传算法中若存在最优解，则一定存在于搜索区域内，然而遗传算法中的各种干扰将会扩大搜索区域，并且某些不存在最优解的区域将会被搜索多次，这大大增加了算法的时间复杂度。

父代的搜索信息通过历史网络遗传给子代，避免了重复搜索情况的发生，鲍德温效应也被用来避免重复搜索，提升搜索效率。基于历史网络的遗传算法的流程图如图 6.9 所示。

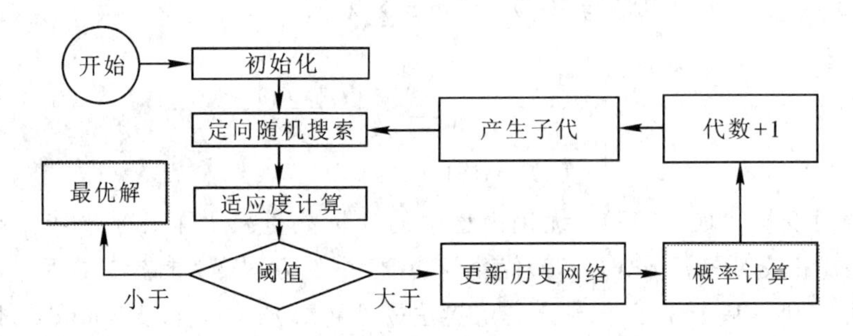

图 6.9 基于历史网络的遗传算法流程图

可以看出，基于历史网络的遗传算法中包含有很多的随机操作，主要集中在定向随机搜索过程、历史网络更新过程和产生新一代的过程。这些随机操作可能会导致冗余迭代，过早收敛和跳出循环，甚至局部最优。利用修剪操作对算法中的随机操作进行了处理。修剪操作主要目的是避免错误解导致收敛时间的增长，从而更快地找到全局最优解。本节利用修剪操作改进的遗传算法流程图如图 6.10 所示。

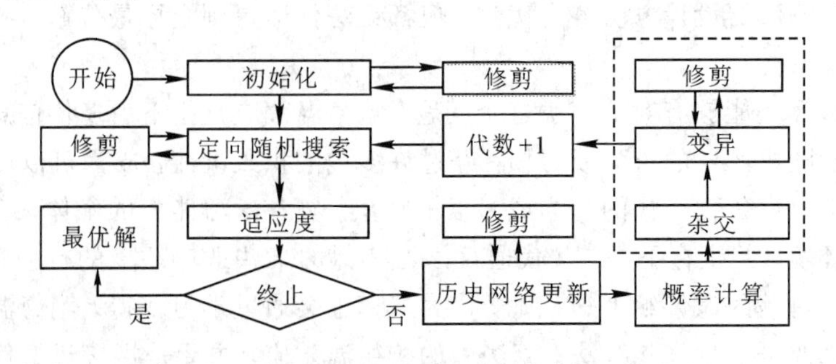

图 6.10 本节改进的遗传算法流程图

从图 6.10 可以看出，本节对初始化、定向随机搜索、历史网络和变异四个部分增加了修剪算子。

对初始化进行修剪操作，主要是删除空的子集，从而在一开始就缩小最优解的定义域。

改进之后的初始化部分的时间复杂度为

$$\text{Initialization}=O(N\text{p}\times N\text{g}\times N\text{c}) \tag{6.60}$$

其中，$N\text{g}$ 代表着每个染色体上的基因组的数量，$N\text{c}$ 为每一代个体的染色体的数量，$N\text{p}$ 为修剪系数，其表达式为

$$\text{Npruning}=\begin{cases}\eta, & \eta\leqslant N\text{g}\times N\text{c}\\ N\text{g}\times N\text{c}, & \eta>N\text{g}\times N\text{c}\end{cases} \tag{6.61}$$

其中，η 为搜索空间的收缩系数。

在定向随机搜索(Directed Random Search，DRS)部分，通过修剪操作将搜索方向的变化控制在一定范围内，从而将与其他个体差距比较大的个体直接删除，避免远离上一个可靠的搜索方向。

在历史网络中包含很多的范例，这些范例根据一定规则限定在一定范围内。修剪操作主要是去除重复的范例或者是更新搜索过程中的变化剧烈的范例。

变异算子是搜索最优解的关键。在变异过程中，父代的基因组随机变异，从而产生子代新的基因。然而，这种随机变异有可能产生偏离最优解的基因组。这种偏离带来的影响需要多次的迭代才能消除，这会降低收敛速度。修剪操作就是保证基因的变异尽可能地接近最优解个体的基因。总之，变异过程中的基因赋值越优良，算法的收敛速度越快。

搜索过程的时间复杂度为

$$\text{Search loop}=O\left(\frac{N\text{s}}{\eta}\times N\text{c}\times N\text{c}\times N\text{p}\right) \tag{6.62}$$

其中，$N\text{s}$ 代表解集空间。

6.2.4　仿真分析

1. 导频性能分析

本节通过一系列仿真，分析了改进导频的性能。A 为本节所提出的导频结构和信道估计方法，B 为传统的信道估计方法。导频功率与数据符号功率比为 1.5∶1。仿真所需参数值如表 6.1 所示。

表 6.1 参数设置

参数名称	数值
采样频率	10 MHz
星座映射方式	4-QAM，16-QAM
子载波个数	512
信道编码	卷积码，$k=7$，$g_1=(133)_8$，$g_2=(171)_8$
信道路径延迟(μs)	[0，0.2，0.4，0.6，1.6，2.3，3.5，5.0]
信道平均增益(dB)	[−3，−5，0，−2，−4，−6，−8，−10]
结构长度	20 个 OQAM 符号
滤波器长度	IOTA，抽头数 4

改进的导频结构（A）与 IAM 方法（B）在 4-QAM 与 16-QAM 两种星座映射调制下的信道估计性能如图 6.11 所示。在 16-QAM 调制情况下，当信噪比较低时(SNR<15 dB)，本节提出的改进的导频结构的信道估计性能略优于 IAM 方法，但优势不明显。随着信噪比的不断增大，本节所提出的导频结构的信道估计性能不断提高，性能优势越来越明显。一方面，这是因为 IAM 方法存在性能平台，当 SNR 为 15 dB 左右时，IAM 的性能不再随 SNR 的增加而提高；另一方面，本节所提出的导频结构具有更高的伪导频功率，随着 SNR 的增加，伪导频功率不断增大，信道估计性能也随之不断提高。类似地，当采用 4-QAM调制时，IAM 方法将在 SNR 为 20 dB 左右时到达性能平台。可以看出，该条件下本节所提出的导频结构在信道估计性能方面同样优于 IAM 方法。

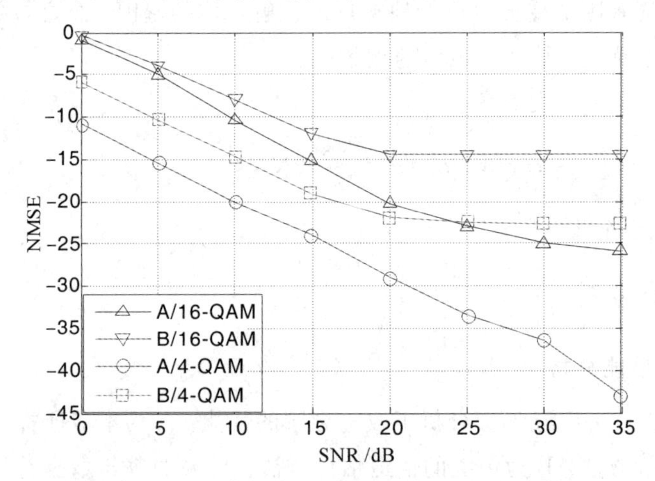

图 6.11 4-QAM 与 16-QAM 调制下的 NMSE 性能

比较 4-QAM 与 16-QAM 两种调制方式下两种方法的 BER 性能如图 6.12 所示。当 BER=10^{-3} 时，在 4-QAM 调制下，方法 A 优于方法 B 0.4 dB，在 16-QAM调制下，方法 A 优于方法 B 1 dB。随着 SNR 的增加，两种方法之间的差异变化并不大。而且 16-QAM 调制条件下方法 A 的性能最优。上述结果表明本节提出的方法在 OQAM/OFDM 信道估计方面有优势。

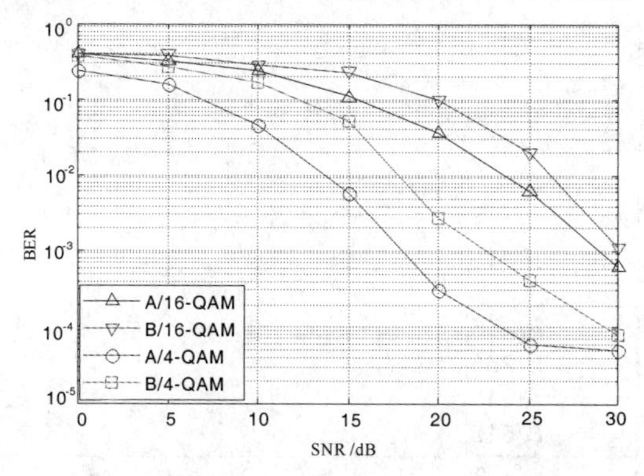

图 6.12　4-QAM 与 16-QAM 调制下的 BER 性能

不同迭代次数条件下方法 A 的 NMSE 性能如图 6.13 所示。经过迭代后，信道估计方法的性能明显增强。当迭代次数小于 4 时，随迭代次数的增加，性能提升明显。但迭代次数为 4 和 5 时，两者之间的性能差异并不大。说明经过 4 次迭代后，得到的信道估计值已经接近真实值，达到性能上限。与传统方法只需 2 次迭代相比，迭代次数有所增加。这是因为本节提出的导频结构只占有一个符号间隔，并未插入零值导频。因此，为了减小固有干扰造成的影响，需要更多次数的迭代才能够逼近真实值。

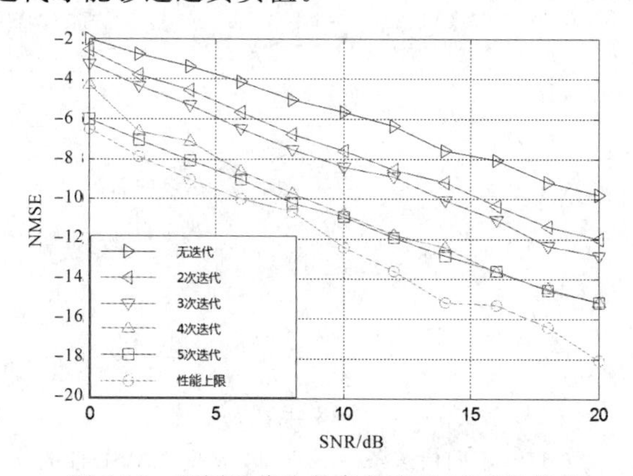

图 6.13　不同迭代次数条件下的 NMSE 性能

不同子载波个数条件下两种信道估计方法 NMSE 性能的对比如图 6.14 所示。当子载波个数为 256 时，两种方法没有明显差异；当子载波个数为 512 时，两种方法的性能曲线近似重合。但方法 A 仍然略优于方法 B，并且两种方法在子载波个数较大时性能更加优良。

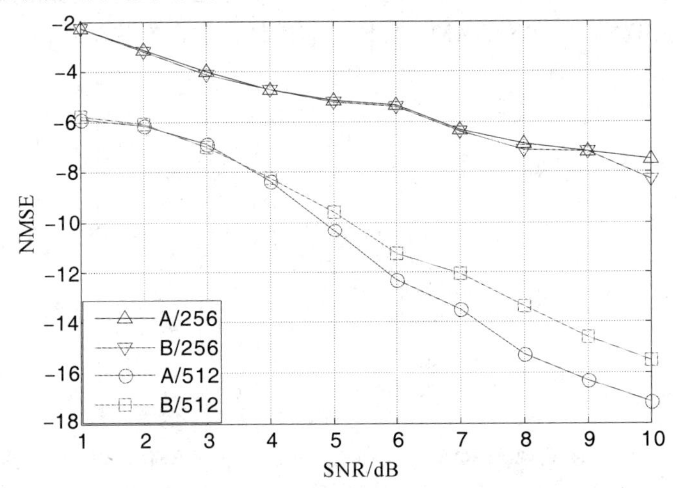

图 6.14 不同子载波个数条件下两种信道估计方法的 NMSE 性能

不同信道条件下方法 A 与方法 B 的 NMSE 性能如图 6.15 所示。其中，WR 代表无线区域网络信道，TU 代表典型城市信道。仿真结果表明，在两种信道条件下，本节改进的导频结构性能要优于 IAM 方法。

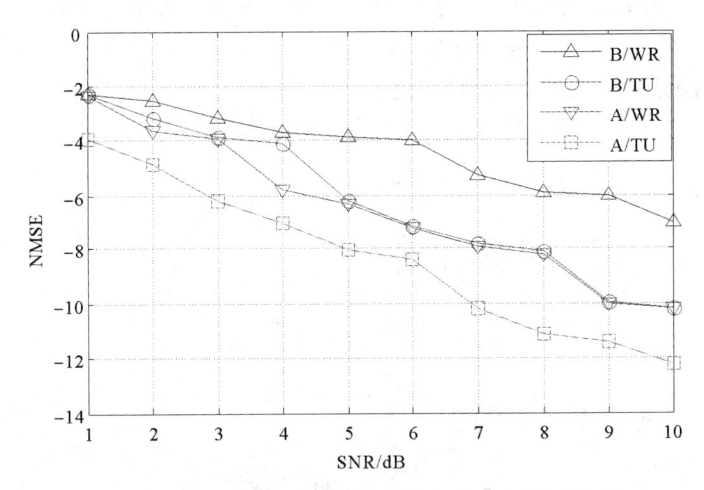

图 6.15 不同信道条件下两种方法的 NMSE 性能

综上所述，本节提出的导频结构能够提高系统的信道估计性能。同时，由于只占用一个符号间隔，该导频结构能够节约系统的频谱资源，提高频谱效率。

2. 改进的遗传算法性能分析

这一部分将分析改进的遗传算法的性能。历史网络中的相关参数设置如下：好阈值被设定为10%，坏阈值被设定为25%，更新阈值被设定为变异半径的10%。变异半径指的是搜索空间内的点在变异前后的欧氏距离中的最大值。其余参数设置如表 6.2 所示。

表 6.2　遗传算法参数设置

参　数	数　值
种群	双精度向量
选择策略	锦标赛选择
杂交策略	二点交叉
变异策略	蠕变
杂交概率	0.8
淘汰概率	0.95
计算精度	1×10^{-9}

不同遗传算法的收敛时间如表 6.3 所示。从表 6.3 可以看出，与基于鲍德温效应和基于修剪操作的方法相比，本节提出的改进遗传算法能够提升 8% 到 22.1% 的收敛速度。与其他三种方法相比，由于本节提出的改进遗传算法避免了历史网络中无效的随机赋值，使得每一代中包含的个体数量最少，减小了冗余个体的数量，因此本节提出的算法能够减少搜索最优解的时间，加快收敛速度，比其他三种遗传算法更为有效。

表 6.3　不同遗传算法的收敛时间

	经典遗传算法	基于鲍德温效应改进的遗传算法	基于修剪操作改进的遗传算法	本节提出的遗传算法
收敛时间	163.275 s	139.682 s	143.233 s	127.354 s

3. 原型滤波器性能分析

载波数目为 256 时，带有不同滤波器的 OQAM/OFDM 系统的误码率性能如图 6.16 所示。方法 A 与方法 B 分别为基于最小化限带能量和粒子群算法设计的滤波器，方法 C 为本节设计的滤波器。从图 6.16 可以看出，当载波数目为 256 时，方法 C 的误码率性能要优于其他两种方法。当 SNR 小于 14 dB 时，方法 A 与方法 B 的误码率性能相差不大，当 SNR 小于 8 dB 时，方法 B 与方法 C 的误码率性能相差也不大。虽然在图 6.16 中，三种滤波器的性能曲线有交叉，但当 SNR 大于 10 dB 时，方法 C 的性能曲线要明显高于其他两种方法。

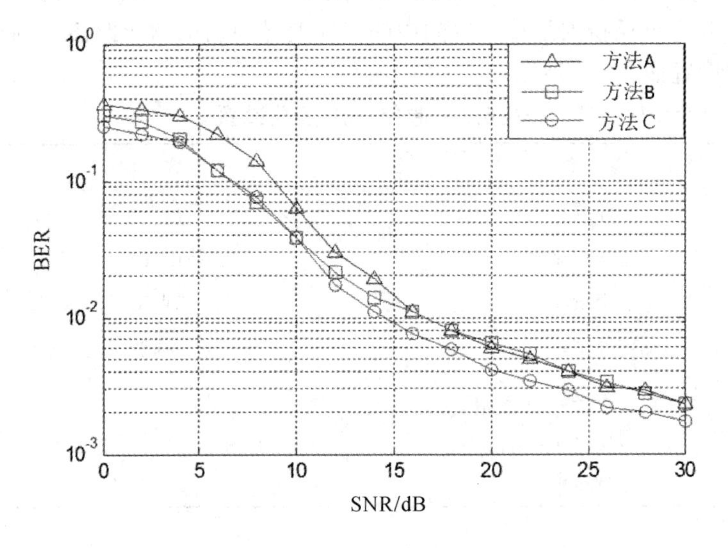

图 6.16　OQAM/OFDM 系统的 BER 性能

基于最小化限带能量在设计滤波器时，并没有考虑噪声的影响。但噪声的存在破坏了滤波器的性能表现，尤其是在 SNR 较小时，噪声带来的影响更不容忽视。粒子群算法中的目标函数为最大化信号与加权干扰之间的比值，当 SNR 较大时，大的阻带能量将会破坏正交条件，导致滤波器的 BER 性能变差。与基于最小化限带能量和粒子群算法不同的是，本节在设计原型滤波器时，将 RSINR 作为约束条件，不仅将噪声对原型滤波器带来的影响考虑在内，而且 RSINR 能够保证减小干扰功率的同时增大期望功率，因此本节设计的原型滤波器具有更好的性能表现。

为了进一步说明本节设计的原型滤波器的优良性能，不同滤波器的阻带能量如表 6.4 所示。从表 6.4 可以看出，IOTA、基于最小化限带能量中的滤波器和粒子群算法中的滤波器的阻带能量分别为－32 dB，－43 dB 和－41 dB，而本节设计的原型滤波器具有最小的阻带能量，约为－51 dB。低的阻带能量说明本节设计的原型滤波器具有更好的滤波性能。之所以本节设计的原型滤波器的阻带能量最小，是因为在设计滤波器时，约束条件已经将噪声、干扰、信道估计等的影响都考虑在内了。

表 6.4　不同滤波器的阻带能量

	IOTA 滤波器	基于最小化限带能量设计的原型滤波器	基于粒子群算法设计的原型滤波器	本节设计的原型滤波器
阻带能量	−32 dB	−43 dB	−41 dB	−51 dB

6.3　基于最大信干比准则的滤波器设计

对于理想的无线通信系统来说，虽然 6.1 节给出的满足正交条件的原型滤波器可以完全消除 ISI 和 ICI 的影响，但是这样的滤波器在时频弥散信道下可能会引入比较大的干扰。而最优的滤波器设计应该是在当前信道条件下使干扰最小化，进一步说，应该使系统接收端的信干比最大化。下面我们首先分析散射信道下 OQAM/OFDM 系统接收信号的信干比，然后利用 Hermite 函数提出了一种基于最大信干比准则的原型滤波器设计方法。

6.3.1　散射信道下接收信号的信干比分析

OQAM/OFDM 系统的发送信号可以表示为

$$s(t)=\sum_{m=0}^{M-1}\sum_{n=-\infty}^{\infty}a_{m,n}g_{m,n}(t) \tag{6.63}$$

其中，$g_{m,n}(t)=\mathrm{j}^{m+n}g(t-n\tau_0)\mathrm{e}^{\mathrm{j}2\pi mF_0t}$。在此处分析信干比时，不考虑信道高斯噪声的影响。因此，经过散射信道后系统接收端的输入为

$$\begin{aligned}r(t)&=\int_\tau h(t,\tau)s(t-\tau)\,\mathrm{d}\tau\\&=\int_\tau\int_v H(\tau,v)s(t-\tau)\,\mathrm{e}^{\mathrm{j}2\pi vt}\,\mathrm{d}\tau\,\mathrm{d}v\end{aligned} \tag{6.64}$$

式中，$h(t,\tau)$和$H(\tau,v)$分别表示信道的时变冲激响应和时延多普勒扩展函数。在系统的接收端，时频格点(m_0,n_0)处的解调输出为

$$\hat{a}_{m_0,n_0}=\left\langle r(t),g_{m_0,n_0}(t)\right\rangle_{L_2(\Re),\Re}=\Re\left\{\int_{-\infty}^{\infty}r(t)g_{m_0,n_0}^{*}(t)\mathrm{d}t\right\} \tag{6.65}$$

将式(6.63)和(6.64)代入上式，可以得到

$$\hat{a}_{m_0,n_0}=\Re\left\{\sum_{m=0}^{M-1}\sum_{n=-\infty}^{\infty}a_{m,n}\underbrace{\int_{-\infty}^{\infty}\int_{\tau}\int_{v}H(\tau,v)g_{m,n}(t-\tau)\mathrm{e}^{\mathrm{j}2\pi vt}g_{m_0,n_0}^{*}(t)\mathrm{d}\tau\mathrm{d}v\mathrm{d}t}_{H_{m_0,n_0;m,n}}\right\}\tag{6.66}$$

把基函数 $g_{m,n}(t)=g(t-n\tau_0)\mathrm{e}^{\mathrm{j}2\pi mF_0t}\mathrm{e}^{\mathrm{j}\phi_{m,n}}$ 代入 $H_{m_0,n_0;m,n}$，经过推导可得

$$\begin{aligned}H_{m_0,n_0;m,n}=&\mathrm{j}^{m+n-(m_0+n_0)}\int_{\tau}\int_{v}H(\tau,v)\mathrm{e}^{-\mathrm{j}2\pi mF_0\tau}\mathrm{e}^{\mathrm{j}\pi((m-m_0)F_0+v)((n+n_0)\tau_0+\tau)}\times\\&A_g^{*}((n-n_0)\tau_0+\tau,(m-m_0)F_0+v)\mathrm{d}\tau\mathrm{d}v\end{aligned}\tag{6.67}$$

从上式可以看出，解调数据主要受到信道的时延多普勒扩展函数及原型滤波器的模糊函数的影响。对于理想的信道条件，式(6.67)退化为

$$\begin{aligned}H_{m_0,n_0;m,n}&=\mathrm{j}^{(m+n-m_0-n_0)+(m-m_0)(n+n_0)}A_g^{*}((n-n_0)\tau_0,(m-m_0)F_0)\\&=\mathrm{j}^{(m+n-m_0-n_0)+(m-m_0)(n+n_0)}A_g((n_0-n)\tau_0,(m_0-m)F_0)\end{aligned}\tag{6.68}$$

此时，如果基函数满足正交条件，在输出端就能够不失真地解调出原始数据。但是只要信道存在时频弥散现象，模糊函数就会出现偏移，从而导致当前时频格点的输出受到其他格点的干扰。为了分析干扰的影响，将式(6.70)进一步表示为

$$\hat{a}_{m_0,n_0}=\Re\{a_{m_0,n_0}H_{m_0,n_0;m_0,n_0}\}+\Re\left\{\sum_{m\neq m_0,n\neq n_0}a_{m,n}H_{m_0,n_0;m,n}\right\}\tag{6.69}$$

上式中，右边第一项为有用信息部分，第二项为干扰部分。由于传输的符号 $a_{m,n}$ 是实值的，并且假设发射符号 $a_{m,n}$ 是独立同分布的零均值随机变量，方差为 σ_{a}^2。那么根据式(6.69)，接收信号的总功率可以表示为

$$\begin{aligned}\varepsilon&=E\left[\left|\Re\left\{\sum_{m=0}^{M-1}\sum_{n=-\infty}^{\infty}a_{m,n}H_{m_0,n_0;m,n}\right\}\right|^2\right]=E\left[\left|\sum_{m=0}^{M-1}\sum_{n=-\infty}^{\infty}a_{m,n}\Re\{H_{m_0,n_0;m,n}\}\right|^2\right]\\&=\sigma_{\mathrm{a}}^2\sum_{m=0}^{M-1}\sum_{n=-\infty}^{\infty}E[|\Re\{H_{m_0,n_0;m,n}\}|^2]\\&=\underbrace{\sigma_{\mathrm{a}}^2E[|\Re\{H_{m_0,n_0;m_0,n_0}\}|^2]}_{\sigma_{\mathrm{S}}^2}+\underbrace{\sigma_{\mathrm{a}}^2\sum_{m\neq m_0,n\neq n_0}E[|\Re\{H_{m_0,n_0;m,n}\}|^2]}_{\sigma_{\mathrm{I}}^2}\end{aligned}\tag{6.70}$$

式中，σ_{S}^2 表示期望信号功率，σ_{I}^2 表示干扰部分的功率。如果假设时延多普勒扩展函数 $H(\tau,\nu)$ 对于每一个 (τ,ν)，它的实部和虚部的方差相等，而且是不相干的，那么根据上式可以得到

$$E[|\Re\{H_{m_0,n_0;m,n}\}|^2]=\frac{1}{2}E[|\Xi_{m_0,n_0;m,n}|^2]$$

$$=\frac{1}{2}E\{\Xi_{m_0,n_0;m,n}^{*}\Xi_{m_0,n_0;m,n}\} \tag{6.71}$$

其中

$$\Xi_{m_0,n_0;m,n}=\int_\tau\int_v H(\tau,v)\mathrm{e}^{-\mathrm{j}2\pi mF_0\tau}\mathrm{e}^{\mathrm{j}\pi((m-m_0)F_0+v)((n+n_0)\tau_0+\tau)}\times A_g^{*}((n-n_0)\tau_0+\tau,(m-m_0)F_0+v)\mathrm{d}\tau\mathrm{d}v \tag{6.72}$$

在 WSSUS 的信道假设下，经过推导可得

$$\varepsilon=\frac{\sigma_{\mathrm{a}}^2}{2}\sum_m\sum_n\int_\tau\int_v S(\tau,v)\left|A_g((n-n_0)\tau_0+\tau,(m-m_0)F_0+v)\right|^2\mathrm{d}\tau\mathrm{d}v \tag{6.73}$$

期望信号功率为

$$\sigma_{\mathrm{S}}^2=\frac{\sigma_{\mathrm{a}}^2}{2}\int_\tau\int_v S(\tau,v)\left|A_g(\tau,v)\right|^2\mathrm{d}\tau\mathrm{d}v \tag{6.74}$$

干扰部分的功率为

$$\sigma_{\mathrm{I}}^2=\frac{\sigma_{\mathrm{a}}^2}{2}\sum_{m\neq m_0}\sum_{n\neq n_0}\int_\tau\int_v S(\tau,v)\left|A_g((n-n_0)\tau_0+\tau,(m-m_0)F_0+v)\right|^2\mathrm{d}\tau\mathrm{d}v \tag{6.75}$$

最后可以得到接收信号的信干比：

$$\mathrm{SIR}=\frac{\sigma_{\mathrm{S}}^2}{\sigma_{\mathrm{I}}^2} \tag{6.76}$$

6.3.2　基于 Hermite 函数的原型滤波器设计

在 6.1 节中介绍的 Hermite 滤波器是由 L 个 Hermite 函数加权组成的，其权系数通过模糊函数的正交条件求得，这样可以保证系统在理想信道条件下完全消除 ISI/ICI 的影响。但是，从上面的分析可以看出，信道的时频弥散现象会引起模糊函数的偏移。因此，通过正交化得到的滤波器并不能得到最好的性能。考虑到 Hermite 函数良好的时频聚焦特性，在本节的分析中，我们依然采用 Hermite 函数加权的滤波器设计方法：

$$g(t)=\sum_{k=0}^{L-1}\alpha_k H_{4k}(t) \tag{6.77}$$

然后基于信干比最大化的准则求解最优的加权系数 α_k，从而得到最优的滤波器函数，也就是

$$g_{\mathrm{opt}}(t)=\arg\max\nolimits_{g(t)}\mathrm{SIR} \tag{6.78}$$

将式(6.14)的模糊函数表达式代入(6.74)，经过简化，期望信号的功率可

以写成：

$$\sigma_{\mathrm{S}}^{2}=\frac{\sigma_{\mathrm{a}}^{2}}{2}\sum_{0\leqslant k,\ p,\ k',\ p'\leqslant L}\alpha_{k}\alpha_{p}\alpha_{k'}\alpha_{p'}S(k,\ p,\ k',\ p') \tag{6.79}$$

其中

$$S(k,\ p,\ k',\ p')=\int_{\tau}\int_{v}S(\tau,\ v)A_{k,\ p}(\tau,\ v)A_{k',\ p'}^{*}(\tau,\ v)\,\mathrm{d}\tau\,\mathrm{d}v \tag{6.80}$$

同样地，干扰信号的功率可以写成：

$$\sigma_{\mathrm{I}}^{2}=\frac{\sigma_{\mathrm{a}}^{2}}{2}\sum_{0\leqslant k,\ p,\ k',\ p'\leqslant L}\alpha_{k}\alpha_{p}\alpha_{k'}\alpha_{p'}I(k,\ p,\ k',\ p') \tag{6.81}$$

其中，

$$I(k,\ p,k',\ p')=\sum_{m\neq m_0}\sum_{n\neq n_0}\int_{\tau}\int_{v}S(\tau,\ v)A_{k,\ p}((n-n_0)\tau_0+\tau,\ (m-m_0)F_0+v)\times A_{k',\ p'}^{*}((n-n_0)\tau_0+\tau,\ (m-m_0)F_0+v)\,\mathrm{d}\tau\,\mathrm{d}v \tag{6.82}$$

在上式中，可以令$|n-n_0|\leqslant 4$，$|m-m_0|\leqslant 4$，这是由于 Hermite 函数具有良好的时频聚焦特性，在计算时频格点$(m_0,\ n_0)$处的干扰功率的时候，我们只需要考虑它附近的符号带来的干扰。

我们定义系数矩阵：$\boldsymbol{\alpha}=[\alpha_0\ \alpha_1\cdots\ \alpha_{L-1}]^{\mathrm{T}}$，定义 $L^2\times 1$ 阶列向量 $\boldsymbol{w}=\boldsymbol{\alpha}\otimes\boldsymbol{\alpha}$，$\otimes$表示矩阵的直积。将式(6.79)和(6.81)代入式(6.80)，可以得到信干比的表达式：

$$\mathrm{SIR}=\frac{\boldsymbol{w}^{\mathrm{T}}\boldsymbol{S}\boldsymbol{w}}{\boldsymbol{w}^{\mathrm{T}}\boldsymbol{I}\boldsymbol{w}} \tag{6.83}$$

其中，$\boldsymbol{S}$ 和 $\boldsymbol{I}$ 表示 $L^2\times L^2$ 的对称正定矩阵，其元素可分别由式(6.84)和(6.86)得到：$S_{i,\ j}=S(k,\ p,\ k',\ p')$，$I_{i,\ j}=I(k,\ p,\ k',\ p')$，$i=kL+p$，$j=k'L+p'$。如果已知信道的时延多普勒函数 $S(\tau,\ \nu)$，对于给定的$(k,\ p,\ k',\ p')$，可以通过数值计算的方法得到 $S(k,\ p,\ k',\ p')$和 $I(k,\ p,\ k',\ p')$的值。

考虑到 $\boldsymbol{w}$ 的表达式中矩阵直积运算的影响，这对向量 $\boldsymbol{w}$ 引入了一些固有的约束条件：

$$\boldsymbol{w}^{\mathrm{T}}\boldsymbol{D}_{ij}\boldsymbol{w}=0,\boldsymbol{C}\boldsymbol{w}=0,\boldsymbol{G}\boldsymbol{w}\geqslant 0 \tag{6.84}$$

最终，式(6.78)的滤波器设计问题可以转化为下面的最优化问题：

$$\begin{aligned}&\max_{\boldsymbol{w}}\frac{\boldsymbol{w}^{\mathrm{T}}\boldsymbol{S}\boldsymbol{w}}{\boldsymbol{w}^{\mathrm{T}}\boldsymbol{I}\boldsymbol{w}}\\&\text{s.t. } C1\text{：}\boldsymbol{w}^{\mathrm{T}}\boldsymbol{D}_{ij}\boldsymbol{w}=0,0\leqslant i,\ j\leqslant L^2-1\\&\qquad C2\text{：}\boldsymbol{C}\boldsymbol{w}=0\\&\qquad C3\text{：}\boldsymbol{G}\boldsymbol{w}\geqslant 0\end{aligned} \tag{6.85}$$

上述问题是一个分数规划问题，由于目标函数是非凸的，因此该问题是

NP 难问题，很难直接求解。通常这类问题可以由 Dinkelbach 型方法来解决，通过这种方法可以将问题中的分数目标函数转换为非分数目标函数的等价形式。首先引入函数 $F(\lambda)$：

$$F(\lambda)=\max_{w\in\Omega}[f(\lambda,\ \boldsymbol{w})=\boldsymbol{w}^{\mathrm{T}}\boldsymbol{S}\boldsymbol{w}-\lambda\ \boldsymbol{w}^{\mathrm{T}}\boldsymbol{I}\boldsymbol{w}] \tag{6.86}$$

其中，Ω 表示 $\boldsymbol{w}$ 的可行域。已经证明，如果存在 $\lambda^*\geqslant 0$，使 $F(\lambda^*)=0$，那么 $F(\lambda^*)$ 所对应的最优解即为问题(6.86)的解，也就是

$$\boldsymbol{w}(\lambda^*)=\arg\max_{w\in\Omega}f(\lambda^*,\ \boldsymbol{w}) \tag{6.87}$$

因此可以采用一种迭代算法来解决上面的等效最优化问题。具体算法的描述如下：

步骤 1：初始化，设置迭代次数 L_{outer} 和误差容忍度 $\varepsilon_{\text{outer}}>0$，令 $i=0$，$\lambda_0=0$；

步骤 2：计算 $F(\lambda_i)$ 所对应的最优解 $\boldsymbol{w}_i^*=\arg\max_{w\in\Omega}f(\lambda_i,\ \boldsymbol{w})$；

步骤 3：如果 $i>L_{\text{outer}}$ 或者 $f(\lambda_i,\ \boldsymbol{w}_i^*)<\varepsilon_{\text{outer}}$，则得到最优解 $\boldsymbol{w}=\boldsymbol{w}_i^*$；否则，转到步骤 4；

步骤 4：更新 $i=i+1$；

步骤 5：令 $\lambda_i=\boldsymbol{w}_{i-1}^{*}{}^{\mathrm{T}}\boldsymbol{S}\boldsymbol{w}_{i-1}^*/\boldsymbol{w}_{i-1}^{*}{}^{\mathrm{T}}\boldsymbol{I}\boldsymbol{w}_{i-1}^*$，返回步骤 2。

最终可以得到最优解 $\boldsymbol{w}^*$。算法中需要解决的问题是：在步骤 2 中对于给定的 λ_i，如何求解式(6.86)中的这种二次分式二次规划问题(Quadratically Constrained Quadratic Program，QCQP)。因此，式(6.85)的分式规划问题就被分解为一系列的 QCQP 问题：

$$\begin{aligned}&\max_{w}\quad \boldsymbol{w}^{\mathrm{T}}(\boldsymbol{S}-\lambda_{i-1}\boldsymbol{I})\boldsymbol{w},\\&\text{s.t.}\quad C1,C2,C3\end{aligned} \tag{6.88}$$

由于矩阵$(\boldsymbol{S}-\lambda_i\boldsymbol{I})$的性质取决于参数 λ_i，而 λ_i 的值是不定的，这使得矩阵$(\boldsymbol{S}-\lambda_i\boldsymbol{I})$也是不定的。在这种情况下，采用半定松弛技术(Semi-Definite Relaxation，SDR)可以得到问题的次优解。考虑到 $\boldsymbol{w}^{\mathrm{T}}\boldsymbol{H}\boldsymbol{w}=\mathrm{tr}(\boldsymbol{H}(\boldsymbol{w}\boldsymbol{w}^{\mathrm{T}}))$，其中 $\mathrm{tr}(\cdot)$ 表示矩阵的迹。并且如果令 $\boldsymbol{M}=\boldsymbol{w}\boldsymbol{w}^{\mathrm{T}}$，则 $\boldsymbol{M}$ 是半正定的，并且它的秩为 1。于是，式(6.88)等价于：

$$\begin{aligned}&\max\ \mathrm{tr}((\boldsymbol{S}-\lambda_i\boldsymbol{I})\boldsymbol{M})\\&\text{s.t.}\quad C1:\mathrm{tr}(\boldsymbol{D}_{ij}\boldsymbol{M})=0,\ 0\leqslant i,\ j\leqslant L^2-1\\&\qquad\ C2:\mathrm{tr}(\boldsymbol{C}^{\mathrm{T}}\boldsymbol{C}\boldsymbol{M})=0\\&\qquad\ C3:\boldsymbol{G}\boldsymbol{w}\geqslant 0\\&\qquad\ C4:\boldsymbol{M}\geqslant 0,\ \mathrm{rank}(\boldsymbol{M})=1\end{aligned} \tag{6.89}$$

其中，$\geqslant$表示半正定，$\mathrm{rank}(\cdot)$表示矩阵的秩。如果忽略掉 $\mathrm{rank}(\boldsymbol{M})=1$ 的约

束，得到的就是半正定规划问题(Semi-Definite Programming，SDP)。对此类问题，可通过基于内点方法的工具包求解。

6.3.3 仿真分析

对本节提出的基于最大信干比准则的滤波器设计方法进行性能仿真，并与前面提到的 IOTA 函数滤波器和 Hermite 函数滤波器进行对比。为了计算方便，选取均匀弥散的信道进行仿真，其散射函数表示为

$$S(\tau, v)=\frac{1}{2\tau_{\max} f_{\mathrm{d}}}, \ 0 \leqslant \tau \leqslant \tau_{\max}, \ |v|<f_{\mathrm{d}} \tag{6.90}$$

定义 $\theta=\tau_{\max} f_{\mathrm{d}}$ 为信道扩展因子，它刻画了信道在时域和频域上总的扩散程度。一般的无线信道是欠扩展的，也就是满足 $\theta \ll 1$。仿真时设置信号采样频率为 10 MHz，系统中包含 256 个子载波，子载波映射方式为 QPSK。

由于本节方法中的滤波器是由 L 个 Hermite 函数加权得到的，所以如果 L 选取不同的值，得到的优化滤波器也会有不同的性能。因此，我们在不同信道条件下，通过选取不同的 L，对得到的滤波器的 SIR 性能进行仿真分析，结果如图 6.17 所示。

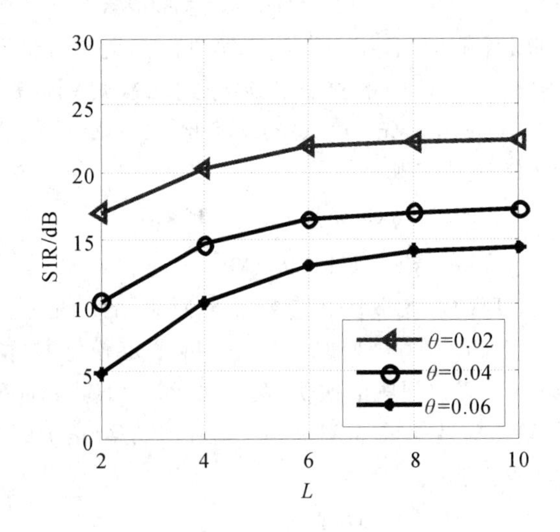

图 6.17　SIR 性能随 L 值的变化趋势

图 6.17 分别仿真了信道扩展因子 $\theta=0.02$，$\theta=0.04$ 和 $\theta=0.06$ 三种情况。从图中可以看出，在三种信道条件下采用本节方法的滤波器的信干比性能都随着 L 值的增加而变好，但是当 L 的值增加到一定程度时，信干比性能改善的并不明显。由于算法中求解最优化问题时，计算复杂度随着 L 的增加而急剧增

大，因此我们根据仿真的结果，一般可以选取 $L=6$，以达到性能和计算量的折中。

下面我们将本节提出的滤波器设计方法与 IOTA 函数滤波器、Hermite 函数滤波器以及矩形滤波器的 SIR 性能进行仿真对比，结果如图 6.18 所示。

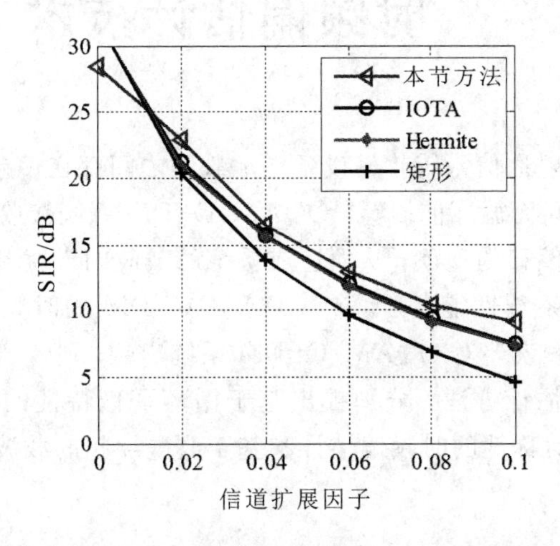

图 6.18　不同原型滤波器的 SIR 性能比较

从图中可以看出，矩形滤波器的 SIR 性能最差，这是由于矩形脉冲对信道的频域弥散十分敏感。由于 IOTA 和 Hermite 函数滤波器都具有各向同性的特点，因此，它们的 SIR 性能十分接近。而基于本节方法的滤波器在信道扩展因子大于 $\theta>0.018$ 时，其 SIR 性能要优于其他滤波器，并且随着信道弥散程度的增加，该滤波器的优势更加明显。注意到，当信道扩展因子非常小时，本节滤波器的 SIR 性能较差，这是由于本节方法在求解滤波器的时候忽略了正交条件，从而导致系统在理想信道条件下还存在一定的残余干扰。但是考虑到散射信道的时频弥散特性，采用本节方法的滤波器可以带来比较好的 SIR 性能。

第7章　OQAM/OFDM系统时频偏估计技术

由于对流层散射通信系统收发设备本地载频之间存在偏差、传输信道的多普勒效应、子载波间无循环前缀等，OQAM/OFDM系统接收信号子载波会出现频率偏移和时间偏移的现象，从而造成系统的载波间干扰和符号间干扰。因此，为获得较好的系统性能，必须对OQAM/OFDM的时频偏移进行精确估计。本章分析时频偏误差对OQAM/OFDM系统影响，讨论盲时频偏估计方法和数据辅助时频偏估计方法，分别提出基于循环平稳特性的盲时频偏估计方法、基于导频共轭对称性的时频偏估计和基于改进导频的载波频率偏差与信道联合估计方法。

7.1　时频偏误差的影响分析

载波频偏是指接收端的载波和接收信号的载波之间存在的频率偏差，它是由发送与接收端的振荡器的不匹配以及移动信道中的多普勒频移所造成的，而时间偏移是由接收机的定时误差造成的。这种时频偏差会在OQAM/OFDM系统接收端的解调过程中引入ISI和ICI。下面对载波频偏和时偏带来的影响进行量化分析。

7.1.1　接收信号信干比的数学模型

发送信号$s(t)$通过AWGN信道后，如果同时引入时偏Δt和频偏Δf，那么接收信号可以表示为

$$r(t)=\mathrm{e}^{\mathrm{j}2\pi\Delta f t}s(t-\Delta t)+n(t) \tag{7.1}$$

式中，$n(t)$表示加性高斯白噪声。不失一般性，假设解调符号的时频格点为(m_0, n_0)，则接收端的解调信号可以表示为

$$\begin{aligned}\hat{a}_{m_0,n_0}&=\left\langle r(t), g_{m_0,n_0}(t)\right\rangle_{L2(\Re),\Re}\\&=\Re\left\{\int_{\mathbf{R}}\mathrm{e}^{\mathrm{j}2\pi\Delta f t}\sum_{m=0}^{M-1}\sum_{n=-\infty}^{\infty}a_{m,n}g_{m,n}(t-\Delta t)g_{m_0,n_0}^{*}(t)\mathrm{d}t\right\}+n'(t)\end{aligned} \tag{7.2}$$

式中，$n'(t)$表示经过实内积操作后的噪声项：

$$n'(t)=\Re\left\{\int_{\mathbf{R}} n(t)g_{m_0,n_0}^{*}(t)\mathrm{d}t\right\}$$

并且令 $p=m-m_0$，$q=n-n_0$，经过一系列计算可以得到

$$\begin{aligned}\hat{a}_{m_0,n_0}=\Re\Big\{\sum_{p,q}a_{m_0+p,n_0+q}\mathrm{e}^{-\mathrm{j}2\pi(m_0+p)F_0\Delta t}\mathrm{e}^{\mathrm{j}\pi((q+2n_0)\tau_0+\Delta t)(pF_0+\Delta f)}\times\\ \mathrm{e}^{\mathrm{j}\frac{\pi}{2}(p+q)}A_g(-q\tau_0-\Delta t,-pF_0-\Delta f)\Big\}+n'(t)\end{aligned}\tag{7.3}$$

上式中，A_g 为原型滤波器的模糊函数。由上式可知，时偏 Δt 和频偏 Δf 通过影响原型滤波器的模糊函数从而对解调的输出信号造成影响。因此，不同的原型滤波器对系统的时偏和频偏的适应性也是不同的。

令 $\phi_1=2\pi(n_0\tau_0\Delta f-m_0F_0\Delta t+0.5\Delta f\Delta t)$，$\phi_2=(\pi/2)(p+q+pq)$，$\phi_3=\pi(q\tau_0\Delta f-pF_0\Delta t)$，$\phi_4=\pi pn_0$，并且忽略掉信道噪声的影响，那么式(7.3)可以简化为

$$\begin{aligned}\hat{a}_{m_0,n_0}&=\Re\Big\{\sum_{p,q}a_{m_0+p,n_0+q}\mathrm{e}^{\mathrm{j}\phi_1}\mathrm{e}^{\mathrm{j}\phi_2}\mathrm{e}^{\mathrm{j}\phi_3}\mathrm{e}^{\mathrm{j}\phi_4}A_g(-q\tau_0-\Delta t,-pF_0-\Delta f)\Big\}\\&=\Re\{\alpha_{m_0,n_0}a_{m_0,n_0}+J_{m_0,n_0}\}\end{aligned}\tag{7.4}$$

式中

$$\alpha_{m_0,n_0}=\mathrm{e}^{\mathrm{j}\phi_1}A_g(-\Delta t,-\Delta f)\tag{7.5}$$

$$J_{m_0,n_0}=\sum_{p\neq0,q\neq0}a_{m_0+p,n_0+q}\mathrm{e}^{\mathrm{j}\phi_1}\mathrm{e}^{\mathrm{j}\phi_2}\mathrm{e}^{\mathrm{j}\phi_3}\mathrm{e}^{\mathrm{j}\phi_4}A_g(-q\tau_0-\Delta t,-pF_0-\Delta f)\tag{7.6}$$

可以看出，不考虑噪声的情况下，可以把解调输出分成两部分，第一部分是有用信号部分，即待解调数据 a_{m_0,n_0} 乘以一个对应的衰减因子 α_{m_0,n_0}，而这个衰减因子由参数 m_0，n_0，Δt，Δf 共同决定的。第二部分是周围数据对待解调数据的干扰，包括 ICI 和 ISI。(p,q)决定了干扰邻域的大小，考虑到原型滤波器良好的时频聚焦特性，所以对信号 a_{m_0,n_0} 的干扰主要来自(m_0,n_0)附近格点的符号。在本节的计算中，取$|p|=|q|\leqslant3$。

为了补偿有用信号部分的衰减，可以在解调器的输出端采取迫零(ZF)均衡的措施，得到同步误差分析的数学模型如图 7.1 所示。

均衡后的信号可以表示为

$$\begin{aligned}\hat{a}_{m_0,n_0}^{\mathrm{ZF}}&=\Re\left\{\frac{\alpha_{m_0,n_0}}{H_{m_0,n_0}}\right\}a_{m_0,n_0}+\Re\left\{\frac{J_{m_0,n_0}}{H_{m_0,n_0}}\right\}\\&=A_g(-\Delta t,-\Delta f)a_{m_0,n_0}+J_{\mathrm{ZF}}\end{aligned}\tag{7.7}$$

式中，$H_{m_0,n_0}=e^{j\phi_1}$ 表示 ZF 均衡器的抽头系数。

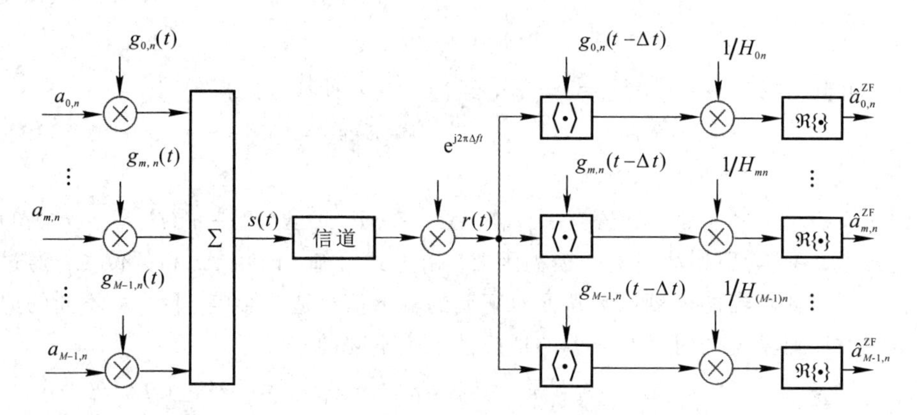

图 7.1 同步误差分析的数学模型

假设发送信号具有独立同分布的特性，方差为 σ_a^2。考虑到 $e^{j\phi_4}=e^{j\pi pn_0}=\pm 1$，那么可以得到干扰信号的功率为

$$\begin{aligned}P_J&=E\{|J_{ZF}|^2\}\\&=\sigma_a^2\sum_{p\neq 0,\ q\neq 0}|\Re\{e^{j\phi_2}e^{j\phi_3}A_g(-q\tau_0-\Delta t,-pF_0-\Delta f)\}|^2\end{aligned}\tag{7.8}$$

由于原型滤波器是实值偶函数，它的模糊函数也是实值偶函数。因此，上式可以简化为

$$P_J=\sigma_a^2\sum_{p\neq 0,\ q\neq 0}\cos^2(\phi_2+\phi_3)A_g^2(-q\tau_0-\Delta t,-pF_0-\Delta f)\tag{7.9}$$

有用信号的功率可以表示为

$$\begin{aligned}P_S&=E\{|A_g(-\Delta t,-\Delta f)a_{m_0,n_0}|^2\}\\&=\sigma_a^2A_g^2(-\Delta t,-\Delta f)\end{aligned}\tag{7.10}$$

根据式(7.9)和(7.10)，可以得到解调信号信干比的表达式：

$$\mathrm{SIR}(\Delta t,\Delta f)=\frac{A_g^2(-\Delta t,-\Delta f)}{\sum\limits_{p\neq 0,\ q\neq 0}\cos^2(\phi_2+\phi_3)A_g^2(-q\tau_0-\Delta t,-pF_0-\Delta f)}\tag{7.11}$$

综上所述，原型滤波器的模糊函数对解调信号的信干比有较大的影响。

7.1.2 时频偏对系统性能的影响分析

平方根升余弦(Square-Root Raised-Cosine，SRRC)、IOTA 以及最佳有限

脉冲(Optimal Finite Duration Pulse，OFDP)这三种滤波器具有不同的时频域衰减特性：SRRC滤波器是根据奈奎斯特准则设计的，它具有较好的频域衰减特性；OFDP滤波器是一种有限长度的滤波器，具有较好的时域衰减特性；而IOTA滤波器具有各向同性的特点，在时频域有相等的衰减特性。因此，利用这三种滤波器可以比较全面地分析不同的滤波器对解调信号带来的影响。

在本节中计算解调信号的信干比时，OQAM/OFDM系统参数设置为：信号采样频率为10 MHz，子载波个数为256，SRRC滤波器的滚降系数为0.6，IOTA滤波器的抽头数为4。为了便于比较，将时偏Δt和载波频偏Δf进行归一化，进而得到归一化的时偏$\Delta\tau$和归一化的载波频偏$\Delta\varepsilon$。

为了分析时偏对解调信号信干比的影响，将载波频偏设为零，根据式(7.11)计算得到的信干比性能随归一化时偏的变化曲线如图7.2所示。从图中可以看出，使用OFDP滤波器时，解调信号的信干比最高，IOTA滤波器次之，SRRC滤波器最差。这是由于OFDP滤波器的时域衰减性能相对较好，更容易抵抗系统时偏引起的符号间干扰。

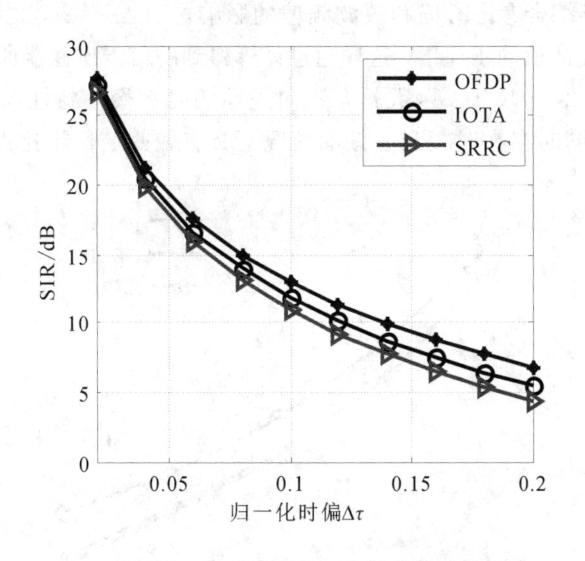

图7.2　信干比随归一化时偏的变化

时偏为零时，信干比性能随归一化载波频偏的变化曲线如图7.3所示。可以看出，在使用SRRC滤波器时，解调信号的信干比最高，IOTA滤波器次之，OFDP滤波器最差。这实际上是由于时域衰减性能好的滤波器通常频率衰减性能较差。

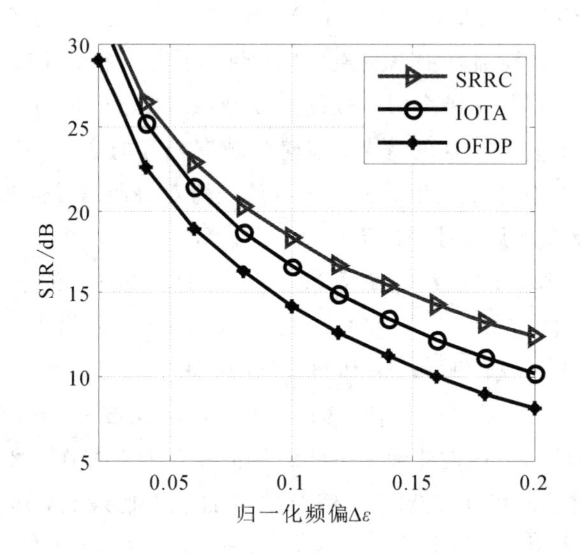

图 7.3　信干比随归一化频偏的变化

最后，为了综合考虑时偏和载波频偏的影响，令 $\Delta\tau=\Delta\varepsilon$，也就是使归一化时偏和载波频偏的值同步递增，这样通过计算得到的信干比性能曲线如图 7.4 所示。可以看出，由于 IOTA 函数具有各向同性的时频聚焦特性，它在 OQAM/OFDM 系统中同时存在时频和频偏的情况下具有较好的信干比性能。

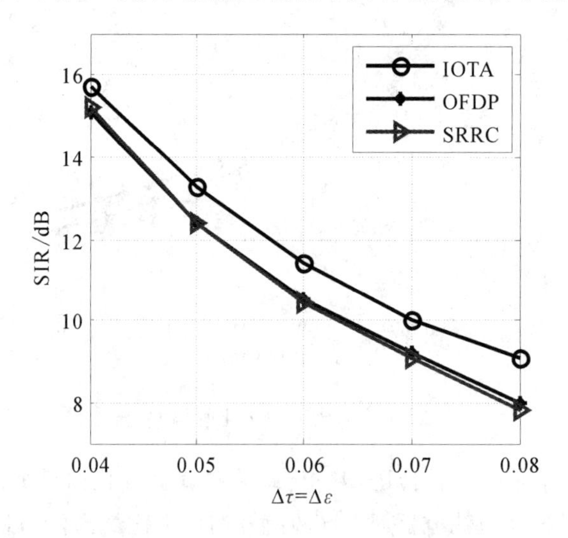

图 7.4　信干比随时偏和频偏的变化

由图所知，对于不同情况的时频偏误差来说，选取合适的原型滤波器可以在一定程度上削弱误差带来的影响。但是从总体上看，随着同步误差的增加，解调信号的信干比下降较快，导致系统性能的下降。

时频偏估计方法一般可分为盲估计方法和数据辅助估计方法两大类，其中盲估计方法根据传输符号的自身特性，比如循环平稳性、共轭对称性(Conjugate Symmetry Property，CSP)等对时频偏进行估计。数据辅助估计方法在发送端插入具有一定分布规律或者重复结构的导频，在接收端根据导频的分布规律或者重复结构所满足的数学特性对系统的时频偏进行估计。盲估计方法不需要增加额外的辅助符号，系统频谱利用率高，但该方法将符号定时偏差(Symbol Timing Offset，STO)与 CFO 作为特性函数的参数，需要对系统的特性函数进行推导证明，而系统特性函数的推导证明又比较复杂，导致盲时频偏估计方法的复杂度较高。基于数据辅助的时频偏同步估计方法不需要分析数据的相关特性，具有复杂度低、实时性好的优点，但是导频数据的传输会降低系统的频谱效率。两种方法各有所长，应当针对不同应用场景选择相应方法，下文结合对流层散射信道特点分析讨论两种方法在 OQAM/OFDM 系统中的应用。

7.2　基于循环平稳特性的盲时频偏估计方法

基于循环平稳特性的盲时频偏估计方法属于盲同步方法。本节首先分析 OFDM/OQAM 系统在 AWGN 信道下基于循环平稳特性的同步方法，然后将散射信道建模为基扩展模型，提出一种适合散射信道的盲同步参数估计方法。

7.2.1　接收信号的循环平稳特性

循环平稳信号 $x(t)$ 的数学期望和它的自相关函数都是关于时间变量的周期函数。因此，对连续时间的循环平稳信号来说，它的期望 $E\{x(t)\}$ 和自相关函数 $r_x(t,\delta)$ 满足下面的关系式：

$$E(x(t))=E(x(t+lT)),\ l\in\mathbf{Z} \tag{7.12}$$

$$r_x(t,\delta)=r_x(t+lT,\delta)=E\left[x\left(t+\frac{\delta}{2}\right)x^*\left(t-\frac{\delta}{2}\right)\right],\ l\in\mathbf{Z} \tag{7.13}$$

式中，T 表示信号的循环周期。

离散时间的循环平稳信号 $x(k)$ 的定义与连续时间的循环平稳信号类似，其数学期望和自相关函数满足下面的关系式：

$$E(x(k))=E(x(k+lM)),\ l\in\mathbf{Z} \tag{7.14}$$

$$c_x(k,\delta)=c_x(k+lM,\delta)=E(x(k)x^*(k-\delta)),\ l\in\mathbf{Z} \tag{7.15}$$

式中 M 为信号的循环周期。由于 $x(t)$ 的自相关函数 $c_x(t, \delta)$ 是关于时刻 t 以 T 为周期的函数，所以可对其进行傅里叶级数展开：

$$r_x(t, \delta)=\sum_{m=-\infty}^{\infty} R_x(m, \delta) \mathrm{e}^{\mathrm{j} \frac{2\pi}{T} m t} \tag{7.16}$$

式中，傅里叶级数的展开系数 $R_x(m, \delta)$ 称为 $x(t)$ 的循环自相关函数，可以通过下式计算得到

$$R_x(m, \delta)=\frac{1}{T} \int_{-T/2}^{T/2} r_x(t, \delta) \mathrm{e}^{-\mathrm{j} \frac{2\pi}{T} m t} \mathrm{d} t \tag{7.17}$$

同样地，可以对 $x(k)$ 的自相关函数 $c_x(k, \delta)$ 进行傅里叶级数展开：

$$c_x(k, \delta)=\sum_{m=-\infty}^{\infty} C_x(m, \delta) \mathrm{e}^{\mathrm{j} \frac{2\pi}{N} m k} \tag{7.18}$$

式中，傅里叶系数 $C_x(m, \delta)$ 称为 $x(k)$ 的循环自相关函数，可以由下式计算得到

$$C_x(m, \delta)=\frac{1}{M} \sum_{m=0}^{M-1} c_x(k, \delta) \mathrm{e}^{-\mathrm{j} \frac{2\pi}{M} m k} \tag{7.19}$$

7.2.2 AWGN 信道下的盲时偏和载波频偏估计

考虑等效离散基带发送信号，假设数据符号 $\{c_{m,n}^{\mathrm{R}}\}_{n=-\infty}^{\infty}$ 和 $\{c_{m,n}^{\mathrm{I}}\}_{n=-\infty}^{\infty}$ 是符合独立同分布的零均值随机变量，其方差分别为 σ_{R}^2 和 σ_{I}^2，也就是满足下面的条件：

$$E\{c_{m,n}^{\mathrm{R}} c_{m',n'}^{\mathrm{R}}\}=\sigma_{\mathrm{R}}^2 \delta(m-m') \delta(n-n') \tag{7.20}$$

$$E\{c_{m,n}^{\mathrm{I}} c_{m',n'}^{\mathrm{I}}\}=\sigma_{\mathrm{I}}^2 \delta(m-m') \delta(n-n') \tag{7.21}$$

$$E\{c_{m,n}^{\mathrm{R}} c_{m',n'}^{\mathrm{I}}\}=0 \tag{7.22}$$

发送信号在 AWGN 信道的传输过程中，受到系统时偏、频偏和信道噪声的影响，接收端的离散等效基带信号 $r(k)$ 可以表示为

$$r(k)=\mathrm{e}^{\mathrm{j} 2\pi \varepsilon k} s(k-\tau)+v(k) \tag{7.23}$$

式中，时偏 $\tau \in \mathbf{Z}$，ε 为归一化载波频偏，$v(k)$ 表示均值为零，方差为 σ_v^2 的加性高斯白噪声序列，可以得到接收信号 $r(k)$ 的自相关函数表达式：

$$\begin{aligned} c_r(k, \delta)=\mathrm{e}^{\mathrm{j} 2\pi \varepsilon \delta} \Gamma_M(\delta) \cdot \sum_{n=-\infty}^{+\infty} [&\sigma_{\mathrm{R}}^2 g(k-nM-\tau) g(k-\delta-nM-\tau)+ \\ &\sigma_{\mathrm{I}}^2 g(k-M/2-nM-\tau) g(k-\delta-M/2-nM-\tau)]+c_v(\delta) \end{aligned} \tag{7.24}$$

式中，$\Gamma_M(\delta)=\sum_{m=0}^{M-1} \mathrm{e}^{\mathrm{j} 2\pi m \delta / M}$。$c_v(\delta)=E\{v(k) v^*(k-\delta)\}$，表示噪声序列的相关

函数。为了表述简便，在后面的分析中，我们令 $a_M^{\delta}(k)=\sum_{n=-\infty}^{\infty}a^{\delta}(k-nM)$，$a^{\delta}(k)=g(k)g(k-\delta)$。

根据式(7.20)可以得到，对于任意的 δ，$c_r(k, \delta)$是关于 k 以 M 为周期的函数，也就是：$c_r(k, \delta)=c_r(k+\mathrm{i}M, \delta)$。由于 $\Gamma_M(\delta)=\sum_{m=0}^{M-1}\mathrm{e}^{\mathrm{j}2\pi m\delta/M}=M\sum_{s=-\infty}^{\infty}\delta(sM-\delta)$，也就是说当 $\delta\neq sM$ 时，$c_r(k, \delta)=c_v(\delta)$。因此，如果采用长度为 M 的矩形滤波器 $g(k)=1/\sqrt{M}$，$k\in[0, M-1]$，那么式(7.24)中并不包含要估计的参数，因此并不能用来进行同步误差的参数估计。实际上，此时接收信号 $r(k)$是平稳信号序列。但是，如果采用长度为 L_g 的原型滤波器，式(7.24)可以表示为

$$c_r(k, \delta)=\begin{cases}M(\sigma_{\mathrm{R}}^2a_M^0(k-\tau)+\sigma_{\mathrm{I}}^2a_M^0(k-M/2-\tau))+c_v(0),\ \delta=0\\ M\mathrm{e}^{\mathrm{j}2\pi\varepsilon\lambda M}(\sigma_{\mathrm{R}}^2a_M^{\lambda M}(k-\tau)+\sigma_{\mathrm{I}}^2a_M^{\lambda M}(k-M/2-\tau))+c_v(\lambda M),\\ \delta=\lambda M,\ \lambda\in[-L, L]\\ c_v(\delta),\ 其他\end{cases}\tag{7.25}$$

上式中，$L=[((L_g-1)/N)]$。此时，接收到的 OQAM/OFDM 信号具有周期为 M 的二阶循环平稳特性，这实际上是由原型滤波器的使用所引入的。可以看出，当 $\delta=\lambda M$ 时，式(7.21)中包含要估计的时偏和频偏信息。

将式(7.22)代入式(7.19)，得到 $r(k)$的循环自相关函数：

$$\begin{aligned}C_r(m, \delta)=&\frac{1}{M}\mathrm{e}^{\mathrm{j}2\pi\varepsilon\delta}\,\mathrm{e}^{-\mathrm{j}\frac{2\pi}{M}m\tau}\,\Gamma_M(\delta)\times\\ &A_g(\delta, m/M)(\sigma_{\mathrm{R}}^2+(-1)^m\sigma_{\mathrm{I}}^2)+c_v(\delta)\delta(m)\end{aligned}\tag{7.26}$$

式中，$m=0, 1, \cdots, M-1$。$A_g(\alpha, \beta)=\sum_{k=-\infty}^{\infty}g(k)g(k-\alpha)\mathrm{e}^{-\mathrm{j}2\pi k\beta}$，它实际上是滤波器 $g(k)$的模糊函数。

式(7.26)中 $C_r(m, \delta)$的相移 $\mathrm{e}^{\mathrm{j}2\pi\varepsilon\delta}$ 和 $\mathrm{e}^{-\mathrm{j}\frac{2\pi}{M}m\tau}$ 是由载波频偏 ε 和定时偏移 τ 所引起的，所以可以用来进行盲同步参数估计。考虑到滤波器函数 $g(k)$是已知的，如果 σ_{R}^2 和 σ_{I}^2 也是已知的，那么它们的影响可以通过下式消除掉：

$$G_r(m, \delta)=\begin{cases}\dfrac{C_r(m, \delta)}{\psi(m, \delta)},\ (m, \delta)\in\gamma\\ 0,\ 其他\end{cases}\tag{7.27}$$

式中，$\psi(m, \delta)=\frac{1}{M}\Gamma_M(\delta)A_g\left(\delta, \frac{m}{M}\right)(\sigma_{\mathrm{R}}^2+(-1)^m\sigma_{\mathrm{I}}^2)$，$\gamma=\{(m, \delta)\mid\psi(m, \delta)\neq 0\}$。

注意到对于给定的(m, δ)，$\psi(m, \delta)$的值可以通过计算得到。最终可以得到

$$G_r(m, \delta) = \mathrm{e}^{\mathrm{j}2\pi\varepsilon\delta}\mathrm{e}^{-\mathrm{j}2\pi m\tau/M} + \frac{c_v(\delta)}{\psi(m, \delta)}\delta(m) \tag{7.28}$$

在上式中通过选取$m \neq 0$，使得$c_v(\delta)\delta(m)=0$，可以消除信道加性噪声的影响，因此这种估计方法对噪声的影响不敏感，在低信噪比条件下也能得到较好的估计性能。

根据(7.24)可以看出，使用某个$(m, \delta) \in \gamma$，就可以求出系统频偏和时偏的估计值：

$$\hat{\varepsilon} = \frac{1}{4\pi\delta}\arg\{G_r(m, \delta)G_r(M-m, \delta)\}, (m, \delta) \in \gamma' \tag{7.29}$$

式中，$\gamma' = \{(m, \delta) | \psi(m, \delta)=0, \delta \neq 0, m \in [1, M-1]\}$，$\arg\{\cdot\}$表示解相位因子。

在得到了频偏的估计值$\hat{\varepsilon}$后，可以对时偏进行估计：

$$\hat{\tau} = -\frac{M}{2\pi m}\arg\{G_r(m, \delta)\mathrm{e}^{-\mathrm{j}2\pi\hat{\varepsilon}\delta}\}, (m, \delta) \in \gamma'' \tag{7.30}$$

式中，$\gamma'' = \{(m, \delta) | \psi(m, \delta) \neq 0, m \in [1, M-1]\}$。

式(7.29)和式(7.30)都是通过求解复数的幅角对参数进行估计，由于arg函数值域的限制，只有当时偏和载波频偏的值在某个范围内时才能被正确地估计，否则会产生相位模糊现象。从式(7.29)可以得到频偏的估计范围：

$$|4\pi\delta\hat{\varepsilon}| < \pi \Rightarrow |\hat{\varepsilon}| < \frac{1}{|4\delta|} \tag{7.31}$$

由上式可知，δ的值越小，可估计的频偏范围越大。根据式(7.30)，δ的取值需要满足$\psi(m, \delta) \neq 0$。由$\Gamma_M(\delta)$的表达式可知，$\psi(m, \delta)$仅在$\delta = sM$，$s \in \mathbf{Z}$处有非零值，因此δ的最小值为$\delta_{\min} = M$。此时算法的可估计频偏范围$|\hat{\varepsilon}| < 1/(4M)$。

从式(7.30)可以得到时偏的估计范围：

$$\left|\frac{2\pi m\hat{\tau}}{M}\right| < \pi \Rightarrow |\hat{\tau}| < \left|\frac{M}{2m}\right| \tag{7.32}$$

由上式可知，m的值越小，可估计的时偏范围越大。由于m的取值需要满足$\psi(m, \delta) \neq 0$，$m \in [1, M-1]$，于是由$\psi(m, \delta)$的表达式可知，m的最小值为$m_{\min}=1$。此时算法的可估计时偏范围$|\hat{\tau}| < M/2$，也就是整个符号持续时间。

在实际应用中，统计值$C_r(m, \delta)$可由L个有限长度的接收符号$\{r(k)\}_{K=0}^{L-1}$估计得到

$$\hat{C}_r(m, \delta) = \frac{1}{LM}\sum_{k=0}^{LM-1} r(k)r^*(k-\delta)\mathrm{e}^{-\mathrm{j}2\pi mk/M} \tag{7.33}$$

于是，根据式(7.24)可以进一步得到 $G_r(m, \delta)$的估计值：

$$\hat{G}_r(m, \delta) = \frac{\hat{C}_r(m, \delta)}{\psi(m, \delta)}, (m, \delta) \in \gamma \tag{7.34}$$

根据式(7.34)估计出的统计量 $\hat{G}(m, \delta)$可以得到时偏和频偏的估计方法。为了提高估计精度，进一步抑制信道噪声的影响，可以采取求平均的方法得到如下的估计：

$$\hat{\varepsilon} = \frac{1}{4\pi\Delta_1}\sum_{(m, \delta)\in\gamma'}\frac{1}{\delta}\arg\{\hat{G}_r(m, \delta)\hat{G}_r(M-m, \delta)\} \tag{7.35}$$

$$\hat{\tau} = -\frac{M}{2\pi\Delta_2}\sum_{(m, \delta)\in\gamma''}\frac{1}{m}\arg\{\hat{G}_r(m, \delta)\mathrm{e}^{-\mathrm{j}2\pi\hat{\varepsilon}\delta}\} \tag{7.36}$$

式中，Δ_1 表示从集合 γ'中选取的(m, δ)的个数，Δ_2 表示从集合 γ''中选取的(m, δ)的个数。

由于这种载波频偏和时偏的估计方法是基于对 OQAM/OFDM 信号的二阶循环平稳特性进行分析得到的，为了检验这种方法在 AWGN 信道下的性能，本节对其进行了性能仿真。仿真中，OQAM/OFDM 系统的子载波数目设为$M=256$，每个子载波采用 4QAM 的调制方式，选用抽头数为 4 的 IOTA 原型滤波器。载波频率设为 4.7 GHz，信号采样频率为 10 MHz。系统中归一化的时偏和载波频偏分别设为 $\tau=0.1$，$\varepsilon=0.2$。仿真中选取 $L=32$ 个接收符号进行估计，通过 500 次蒙特卡洛仿真来分析估计方法的均方误差性能。

图 7.5(a)表示根据式(7.31)的估计方法得到的载波频偏估计的均方误差随信噪比的变化曲线。图 7.5(b)表示根据式(7.32)的估计方法得到的时偏估计的

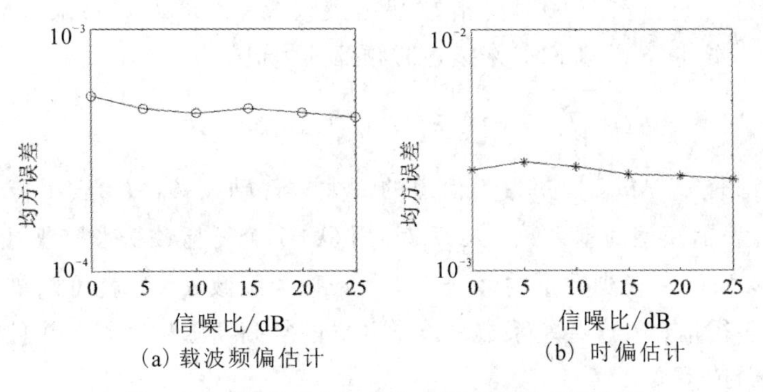

图 7.5　不同信噪比下的均方误差性能变化曲线

均方误差性能曲线。从图中可以看出，信噪比对载波频偏和时偏的估计性能影响较弱，在低信噪比下也具有较好的均方误差性能，这是由于这种基于循环平稳特性的估计方法对信道中的平稳噪声有较好的抑制能力。

7.2.3 散射信道下的盲载波频偏估计

基于对OQAM/OFDM信号的二阶循环平稳特性的载波频偏和时偏进行估计的方法是在AWGN信道的假设条件下得到的，在多径衰落信道下这种方法的估计性能会受到很大的影响。基于最小二乘的盲载波频偏估计算法在多径衰落信道下有较好的估计性能，但是这种方法是在频率选择性慢衰落信道的假设条件下得到的。由于在散射信道中存在时间和频率双选择性衰落，如果仍然假设信道条件是慢变或时不变的，那么散射信道的快衰落特性将引起估计性能的迅速恶化。基于以上分析，本节讨论时间和频率双选择性衰落信道下的盲载波频偏估计方法。

发送信号在散射信道中传输时，假设受到归一化载波频偏 ε 的影响，那么在接收端得到的离散基带信号 $r(k)$ 可以表示为

$$r(k)=\mathrm{e}^{\mathrm{j}2\pi\varepsilon k}\sum_{l=0}^{L_h}h(k,\ l)s(k-l)+v(k) \tag{7.37}$$

式中，$s(k-l)$ 表示将发送信号，$s(k)$ 延迟 l 个符号后得到的信号，$h(k,\ l)$ 表示信道在时刻 k 第 l 径的时变抽头增益，L_h 表示信道的最大抽头数，$v(k)$ 表示均值为零，方差为 σ_v^2 的加性高斯白噪声序列。

基扩展模型采用相互正交的基函数近似地模拟时间和频率双选择性衰落信道，由于它可以利用信道中多普勒扩展的有限带宽性质，把一个块内的时变信道用数量很少的块内时不变参数来表示，因此利用这种模型可以比较方便地对信道进行分析。本节采用复指数基扩展模型(Complex Exponential Basis Expansion Model，CE-BEM)来描述时频双选信道：

$$h(k,\ l)=\sum_{q=-Q/2}^{Q/2}h_q(l)\mathrm{e}^{\mathrm{j}2\pi qk/M},\ 0\leqslant l\leqslant L_h \tag{7.38}$$

式中，$Q=2[f_{\max}MT_{\mathrm{S}}]$，$f_{\max}$ 为信道的最大多普勒频移，T_{S} 表示符号采样周期。$h_q(l)$ 表示模型的基系数。式(7.38)用 $Q+1$ 个复指数基来捕获每条径上的时变特性，那么用较少数量的 $(Q+1)(L_h+1)$ 个系数 $h_q(l)$ 就可以描述整个块内的时变多径信道，这些基系数是彼此独立的复高斯随机变量，并且在一个符号周期内保持不变。

将式(7.38)代入式(7.37)，得到接收信号的表达式：

$$r(k)=\mathrm{e}^{\mathrm{j}2\pi\varepsilon k}\sum_{l=0}^{L_h}\sum_{q=-Q/2}^{Q/2}\sum_{m=0}^{M-1}\sum_{n=-\infty}^{\infty}h_q(l)\mathrm{e}^{\mathrm{j}\frac{2\pi qk}{M}}[c_{m,n}^{\mathrm{R}}g(k-nM-l)+$$
$$\mathrm{j}c_{m,n}^{\mathrm{I}}g(k-M/2-nM-l)]\mathrm{e}^{\mathrm{j}m\left(\frac{2\pi(k-l)}{M}+\frac{\pi}{2}\right)}+v(k) \tag{7.39}$$

将式(7.39)代入式(7.25)，可以得到接收信号 $r(k)$的自相关函数：

$$\begin{aligned}c_r(k,\delta)&=E\{r(k)r^*(k-\delta)\}\\&=\mathrm{e}^{\mathrm{j}2\pi\varepsilon\delta}\Big\{\sum_{l,q,l',q'}h_q(l)h_{q'}^*(l')\mathrm{e}^{\mathrm{j}\frac{2\pi(q-q')k}{M}}\mathrm{e}^{\mathrm{j}\frac{2\pi q'\delta}{M}}\Gamma_M(\delta+l'-l)\times\\&\quad\left(\sigma_{\mathrm{R}}^2b_{l,l'}^{\delta}(k)+\sigma_{\mathrm{I}}^2b_{l,l'}^{\delta}\left(k-\frac{M}{2}\right)\right)\Big\}+c_v(\delta)\end{aligned} \tag{7.40}$$

式中

$$c_v(\delta)=E(v(k)v^*(k-\delta)) \tag{7.41}$$

$$b_{l,l'}^{\delta}(k)=\sum_{n=-\infty}^{\infty}g(k-nM-l)g(k-nM-l'-\delta) \tag{7.42}$$

式(7.40)的计算同样利用了数据符号独立同分布的特性。为了表述简便，用符号 $\sum\limits_{l,q,l',q'}(\cdot)$代表 $\sum\limits_{l=0}^{L_h}\sum\limits_{q=-Q/2}^{Q/2}\sum\limits_{l'=0}^{L_h}\sum\limits_{q'=-Q/2}^{Q/2}(\cdot)$。为了证明接收信号 $r(k)$的循环平稳特性，在式(7.41)中用 $k+M$ 代替 k，可以得到

$$\begin{aligned}c_r(k+M,\delta)=\mathrm{e}^{\mathrm{j}2\pi\varepsilon\delta}\Big\{&\sum_{l,q,l',q'}h_q(l)h_{q'}^*(l')\mathrm{e}^{\mathrm{j}\frac{2\pi(q-q')(k+M)}{M}}\mathrm{e}^{\mathrm{j}\frac{2\pi q'\delta}{M}}\Gamma_M(\delta+l'-l)\times\\&\left(\sigma_{\mathrm{R}}^2b_{l,l'}^{\delta}(k+M)+\sigma_{\mathrm{I}}^2b_{l,l'}^{\delta}\left(k+M-\frac{M}{2}\right)\right)\Big\}+c_v(\delta)\end{aligned} \tag{7.43}$$

根据式(7.42)可以得到

$$\begin{aligned}b_{l,l'}^{\delta}(k+M)&=\sum_{n=-\infty}^{\infty}g(k-nM-l+M)g(k-nM-l'-\delta+M)\\&\overset{c=n-1}{=}\sum_{c=-\infty}^{\infty}g(k-cM-l)g(k-cM-l'-\delta)\\&=b_{l,l'}^{\delta}(k)\end{aligned} \tag{7.44}$$

同理，可以证明：

$$b_{l,l'}^{\delta}(k+M-M/2)=b_{l,l'}^{\delta}(k-M/2) \tag{7.45}$$

因此，根据式(7.43)容易证明：$c_r(k+M,\delta)=c_r(k,\delta)$。也就是说，对于任意的 δ，$c_r(k,\delta)$是关于 k 以 M 为周期的函数。至此，我们得到了一个重要的结论：OQAM/OFDM 信号在经过了 BEM 双选衰落信道后，接收信号仍然具有二阶循环平稳特性，而利用这种特性可以进行同步参数的盲估计。

将式(7.40)代入式(7.19)，得到 $r(k)$ 的循环自相关函数：

$$
\begin{aligned}
C_r(m,\delta)=&\frac{1}{M}\sum_{m=0}^{M-1}\mathrm{e}^{\mathrm{j}2\pi\varepsilon\delta}\sum_{l,q,l',q'}h_q(l)h_{q'}^*(l')\mathrm{e}^{\mathrm{j}2\pi\frac{(q-q')k+q'\delta}{M}}\Gamma_M(\delta+l'-l)\times\\
&(\sigma_{\mathrm{R}}^2b_{l,l'}^{\delta}(k)+\sigma_{\mathrm{I}}^2b_{l,l'}^{\delta}(k-M/2))\mathrm{e}^{-\mathrm{j}2\pi mk/M}+c_v(\delta)\delta(m)\\
=&\frac{1}{M}\mathrm{e}^{\mathrm{j}2\pi\varepsilon\delta}\sum_{l,q,l',q'}\mathrm{e}^{-\mathrm{j}2\pi\frac{l(m-(q-q'))-q'\delta}{M}}h_q(l)h_{q'}^*(l')\Gamma_M(\delta+l'-l)\times\\
&\sum_{k=-\infty}^{\infty}g(k)g(k+l-l'-\delta)\mathrm{e}^{-\mathrm{j}2\pi k\frac{m-(q-q')}{M}}\{\sigma_{\mathrm{R}}^2+(-1)^{m-(q-q')}\sigma_{\mathrm{I}}^2\}+\\
&c_v(\delta)\delta(m)\\
=&\mathrm{e}^{\mathrm{j}2\pi\varepsilon\delta}B(m,\delta)+c_v(\delta)\delta(m)
\end{aligned}
\tag{7.46}
$$

式中

$$
\begin{aligned}
B(m,\delta)=&\frac{1}{M}\sum_{l,q,l',q'}\mathrm{e}^{-\mathrm{j}2\pi\frac{l(m-(q-q'))-q'\delta}{M}}h_q(l)h_{q'}^*(l')\Gamma_M(\delta+l'-l)\times\\
&A_g\left(\delta+l'-l,\frac{m-(q-q')}{M}\right)\{\sigma_{\mathrm{R}}^2+(-1)^{m-(q-q')}\sigma_{\mathrm{I}}^2\}
\end{aligned}
\tag{7.47}
$$

式中，$m=0, 1, \cdots, M-1$，$A_g(\cdot,\cdot)$ 表示原型滤波器 $g(k)$ 的模糊函数。

式(7.46)中 $C_r(m,\delta)$ 的相移 $\mathrm{e}^{\mathrm{j}2\pi\varepsilon\delta}$ 是由载波频偏所引起的，所以可以用来进行盲载波频偏估计，$B(m,\delta)$ 中包含了衰落信道对循环自相关函数造成的影响。由于系统在进行相干接收时，接收机需要知道信道的状态，于是在此将信道信息，也就是 $h_q(l)$ 和 L_h 看作是已知的。而且 σ_{R}^2 和 σ_{I}^2 对于接收端也是已知的，于是对于给定的 (m,δ)，$B(m,\delta)$ 的值可以通过计算得到。将式(7.46)的两边同乘以 $B^{-1}(m,\delta)$ 就可以消除信道衰落的影响，也就是

$$
M_r(m,\delta)=C_r(m,\delta)B^{-1}(m,\delta)=\mathrm{e}^{\mathrm{j}2\pi\varepsilon\delta}+\frac{c_v(\delta)}{B(m,\delta)}\delta(m),\ (m,\delta)\in\gamma
\tag{7.48}
$$

式中，$\gamma=\{(m,\delta)\mid B(m,\delta)\neq 0\}$。于是，使用某个给定的 m 和 δ，就可以求出系统频偏的估计值：

$$
\hat{\varepsilon}=\frac{1}{2\pi\delta}\arg\{M_r(m,\delta)\},\ (m,\delta)\in\gamma'
\tag{7.49}
$$

在上式中，$\gamma'=\{(m,\delta)\mid B(m,\delta)\neq 0,\ \delta\neq 0,\ m\in[1, M-1]\}$。

为了进一步提高估计精度，采取求平均的方法得到如下的估计：

$$
\hat{\varepsilon}=\frac{1}{2\pi\Delta}\sum_{(m,\delta)\in\gamma'}\frac{\arg\{M_r(m,\delta)\}}{\delta}
\tag{7.50}
$$

式中 Δ 表示从集合 γ' 中选取的 (k, τ) 的个数。

在实际应用中，统计值 $C_r(m, \delta)$ 可由 L 个有限长度的接收符号 $\{r(k)\}_{k=0}^{L-1}$ 估计得到

$$\hat{C}_r(m, \delta)=\frac{1}{LM}\sum_{k=0}^{LM-1} r(k) r^*(k-\delta) \mathrm{e}^{-\mathrm{j} 2 \pi m k / M} \tag{7.51}$$

综上所述，本节提出的盲载波频偏估计算法可以分为以下四步：

步骤 1：根据式(7.51)估计出 $r(k)$ 的循环自相关函数 $C_r(m, \delta)$；

步骤 2：根据式(7.47)选取合适的 (m, δ) 满足 $(m, \delta) \in \gamma'$，并计算相应的 $B(m, \delta)$；

步骤 3：根据式(7.48)计算包含载波频偏信息的统计量 $M_r(m, \delta)$；

步骤 4：根据式(7.50)求出载波频偏的估计值 $\hat{\varepsilon}$。

下面首先对参数估计范围和算法的复杂度进行分析，然后对盲载波频偏估计算法在 BEM 双选衰落信道下的估计性能进行仿真。

式(7.49)中由于 arg 函数的使用，只有 $|2\pi\delta\hat{\varepsilon}| \leqslant \pi$ 时，才能避免产生相位模糊。因此，频偏的估计范围与 δ 可取的最小值有关。

从式(7.47)可以看出，使 $B(m, \delta)$ 不为 0 的 δ 的最小取值为 $\delta_{\min}=1$。因此频偏的估计范围为 $|\hat{\varepsilon}| \leqslant 1/2$，也就是可以达到整个系统的带宽。

算法的复杂度主要在于循环自相关函数 $C_r(m, \delta)$ 的估计和 $B(m, \delta)$ 的值的计算。如果直接使用式(7.51)估计 $C_r(m, \delta)$，需要 $2LM^2$ 次复数乘法和 $(LM-1)M$ 次复数加法，运算量较大。为提高算法的实时性，可采用 FFT 快速算法，运算量降为 $LM+(LM/2)\mathrm{lb}\, M$ 次复数乘法和 $LM\mathrm{lb}\, M$ 次复数加法。考虑到式(7.47)中 $\Gamma_M(\cdot)$ 和 $A_g[\cdot]$ 可以提前计算出来，因此可以利用查表法来计算 $B(m, \delta)$，这需要 $2(L_h+1)^2(Q+1)^2$ 次复数乘法和 $(L_h+1)^2(Q+1)^2-1$ 次复数加法。

在仿真中，OQAM/OFDM 系统参数设置如下：子载波数目为 256，每个子载波采用 4QAM 的调制方式，选用抽头数为 4 的 IOTA 原型滤波器。载波频率设为 4.7 GHz，信号采样频率为 10 MHz。对于散射信道，采用 7 径瑞利衰落模型，最大多径时延 $\tau_{\max}=0.6\ \mu\mathrm{s}$，各径相对于主径的电平衰减分别为 −15 dB、−6 dB、0 dB、−3 dB、−10 dB、−15 dB、−20 dB，定义信道中归一化多普勒频移为 f_{d}。

仿真中，通过 500 次的蒙特卡洛仿真实验比较了本节所提算法与 Bolcskei 方法和 Fusco 方法的均方误差性能。Bolcskei 方法是基于二阶循环平稳特性的载波频偏的估计方法，而 Fusco 方法是基于最小二乘估计的信道和载波频偏联

合估计方法。

不同信噪比条件下载波频偏估计的均方误差性能如图 7.6 所示，仿真中选取 $L=32$ 个接收符号进行估计，归一化的载波频偏设为 $\varepsilon=0.2$，考虑 $f_d=0.5$ 的时频双选衰落信道。

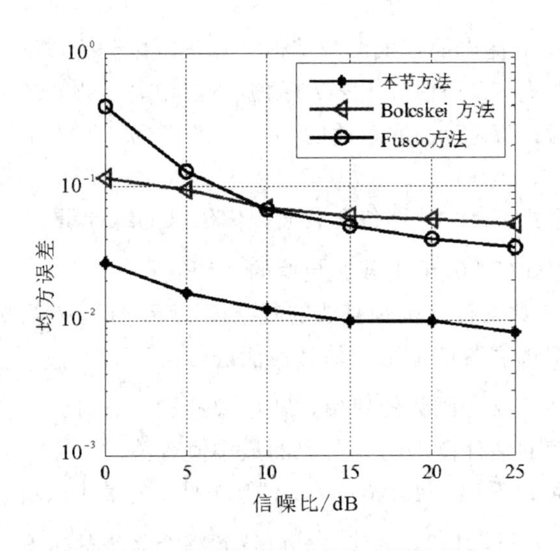

图 7.6 不同信噪比下的均方误差性能

从图中可以看出，在 BEM 双选信道下，本节方法的均方误差性能要优于另外两种方法。同时注意到，信噪比对本节方法和 Bolcskei 方法估计性能的影响较弱。这是由于两种算法都是基于接收信号的循环平稳特性来进行估计的，对于平稳噪声有较好的抑制能力。

不同多普勒频移下，三种算法的均方误差性能对比如图 7.7 所示。仿真中选取 $L=32$，SNR＝15 dB，$\varepsilon=0.2$。从图中可以看出，当信道变化较慢，也就是 $f_d<5\times10^{-3}$ 时，Fusco 方法的性能要优于另外两种方法，本节方法和 Bolcskei 方法的性能接近；但是随着 f_d 增大，Fusco 方法和 Bolcskei 方法的性能急剧恶化。相比之下，本节方法的 MSE 增加得较慢，性能损失在可容忍的范围内，说明该算法对双选信道有较好的适应性。这是由于在计算式(7.48)中的统计量 $M_r(m, \delta)$时，消除了信道衰落的影响。

在归一化多普勒频移为 0.015 和 0.5 时，本节算法在不同的载波频偏取值条件下进行估计的均方误差性能如图 7.8 所示。仿真中，$L=32$，SNR＝15 dB。可以看出，不管是在哪种时变信道下，当载波频偏在(－0.5，0.5)的范围内的时候，本节所提算法都呈现比较平稳的性能，也就是说该算法的载波频偏估计范围可以达到整个系统的带宽。

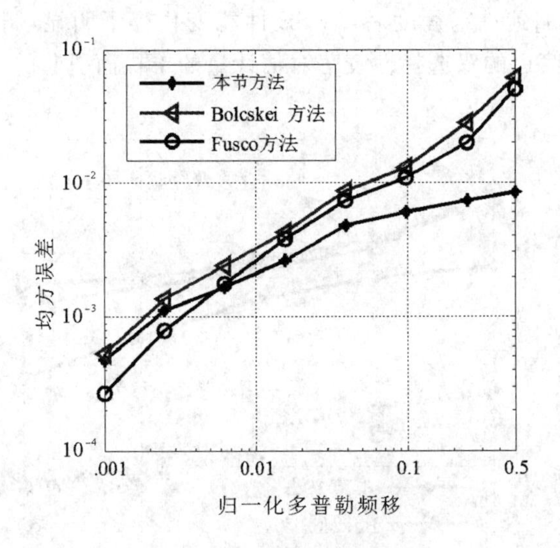

图 7.7　均方误差性能比较

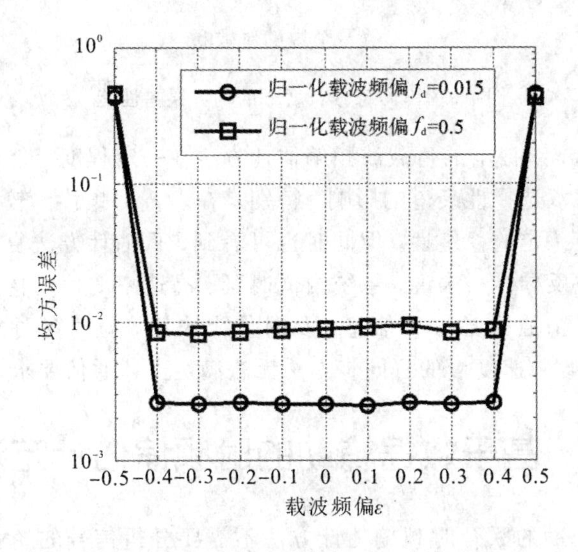

图 7.8　不同载波频偏下的均方误差性能

估计算法中的统计量和观察的接收符号长度有关，不同的符号长度下的方误差性能如图 7.9 所示。仿真中，SNR＝15 dB。从图中可以看出，当 $f_d=0$ 时，也就是在时不变信道下，三种方法的 MSE 性能随着 L 的增大都有所改善，Fusco 方法的性能要优于另外两种方法，本节方法和 Bolcskei 方法的性能几乎一样；当 $f_d=0.1$ 时，本节方法的估计精度最高，而 Fusco 方法和 Bolcskei 方法在符号长度增加到一定程度后，MSE 性能变化得不明显，出现了所谓的地板效应，这是由信道的双选择性衰落对估计量的干扰而引起的。

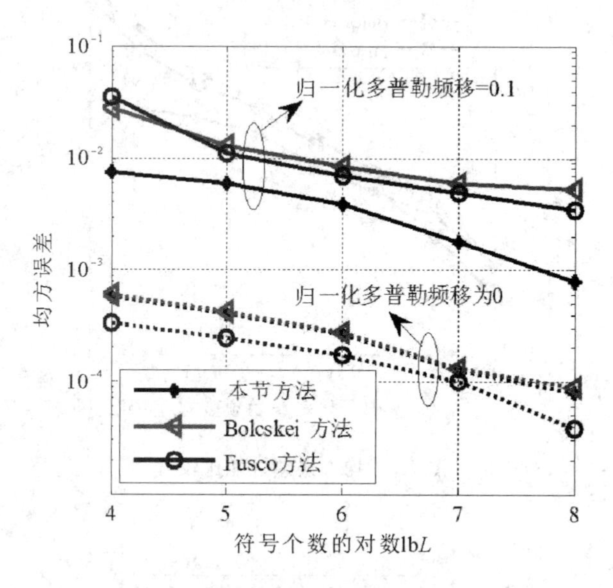

图 7.9　不同符号长度下的均方误差性能

综上所述，本节提出的盲载波频偏估计方法在一定程度上能够抑制散射信道的时间和频率双选择性衰落的影响，特别是在多普勒频移比较大的时候，本节方法仍然具有一定的稳健性，但同时也可看到，盲估计方法复杂度较高，对于战区联合防空反导体系来说，系统内低时延、高速率的信息传递与共享，有利于快速整合整个战区各方面信息，及时作出决策，应对各种突发情况。显然，复杂度高、收敛速度慢的盲同步方法无法满足上述通信要求。

7.3　基于数据辅助的时频偏估计方法

基于数据辅助的联合时频偏估计方法不需要分析信号的统计特性，复杂度低、实时性好，仅通过插入的辅助导频，就能够实现时频偏估计，能够满足战区联合防空反导体系对于指挥控制信息和探测制导信息的低时延、高速率、大容量的传输需求。本节首先分析了基于数据辅助的时域和频域时频偏估计方法，而后针对导频的传输时间占比问题，介绍了基于 CSP 的时频偏估计方法。

7.3.1　时域时频偏估计方法

下面首先对 OQAM/OFDM 系统的时频偏问题进行数学描述。为方便分析，本节采用 OQAM/OFDM 系统的离散时间系统模型，则基带发送信号的离散形式如下：

$$s(k)=\sum_{m=0}^{M-1}\sum_{n=-\infty}^{\infty}(a_{m,n}^{\mathrm{R}}g(k-nM)+\mathrm{j}a_{m,n}^{\mathrm{I}}g(k-M/2-nM))\mathrm{e}^{\mathrm{j}m(2\pi k/M+\pi/2)} \tag{7.52}$$

其中，M 为系统的子载波个数，$g(k)$为系统的原型滤波器。$a_{m,n}^{\mathrm{R}}=\Re\{a_{m,n}\}$和$a_{m,n}^{\mathrm{I}}=\Im\{a_{m,n}\}$分别为第 m 子载波上的第 n 个复数数据符号 $a_{m,n}$的实部与虚部。

信号经过多径信道传输后，传输信号在接收端受到系统时偏、载波频偏与信道噪声的影响后的离散基带信号 $r(k)$能够表示为

$$r(k)=\mathrm{e}^{\mathrm{j}2\pi\varepsilon k}\sum_{l=0}^{L_h}h(k,l)s(k-l-\tau)+\omega(k) \tag{7.53}$$

其中，时偏 $\tau\in\mathbf{Z}$，频偏 ε 为归一化后的载波频偏，$h(k,l)$为信道在 k 时刻第 l 径的时变抽头增益系数。L_h 为信道最大抽头数，且 $L_h=\lfloor\tau_{\max}/T_{\mathrm{S}}\rfloor$，$\tau_{\max}$与 T_{S} 分别为信道最大时延扩展与符号采样周期。$\omega(k)$表示均值为 0，方差为 σ_ω^2 的 AWGN 序列。

时域内的时频偏估计方法是在发送端发送数据之前添加一些具有重复结构的导频训练序列，之后在接收端利用与这一部分导频相对应的接收信号进行计算，进而得到系统的时偏与频偏估计值。

当 OQAM/OFDM 系统在发送端发送 L 个相同的频域导频数据符号时，即 $p_{m,n}^{\mathrm{R}}=p_m^{\mathrm{R,tr}}$，$p_{m,n}^{\mathrm{I}}=p_m^{\mathrm{I,tr}}$，其中$\forall n\in\{0,\cdots,L\}$，这组导频符号的时域合成信号可以表示为

$$s_T(k)=\sum_{n=0}^{L-1}\sum_{m=0}^{M-1}[p_m^{\mathrm{R,tr}}g(k-nM)+\mathrm{j}p_m^{\mathrm{I,tr}}g(k-nM-M/2)]\mathrm{e}^{\mathrm{j}m(2\pi k/M+\pi/2)} \tag{7.54}$$

其中，原型滤波器 $g(k)$的长度为 $L_g=KM$，K 为交叠因子。即，当且仅当$k\in\{0,1,\cdots,KM-1\}$时，原型滤波器的值不为零。因此，由式(7.52)可以推出，当 $k\in\{0,1,\cdots,KM-1\}$时，导频的时域合成信号有如下关系：

$$s_T(k+M)=s_T(k) \tag{7.55}$$

因此，通过式(7.54)和式(7.55)可以建立具有$(L-K)$个重复结构的导频

训练序列。即，在 OQAM/OFDM 系统中，在频域内发送相等的导频符号，在时域内便能够实现具有周期特性的导频训练序列的构建。

当发送信号经过多径信道传输之后，根据式(7.53)可得，在接收端的等效基带信号 $r(k)$ 可以表示为

$$r(k)=\mathrm{e}^{\mathrm{j}2\pi\varepsilon k}s(k-\tau)+\omega(k) \tag{7.56}$$

最后，根据式(7.54)和式(7.55)所描述的导频训练序列的重复特性，对时偏 τ 和频偏 ε 的估计问题可以转变为求解下式的最小化问题：

$$(\hat{\varepsilon},\hat{\tau})=\arg\min_{(\varepsilon,\tau)}\left\{\sum_{k=L_g-1}^{(L-1)M-1}\left|r(k+\tau)-r(k+M+\tau)\mathrm{e}^{-\mathrm{j}2\pi M\varepsilon}\right|^2\right\} \tag{7.57}$$

经过进一步的推导，式(7.57)可以重新写为

$$(\hat{\varepsilon},\hat{\tau})=\arg\min_{(\varepsilon,\tau)}\{Q_1(\tau)+Q_2(\tau)-2|R(\tau)|\cos(-2\pi M\varepsilon+\arg\{R(\tau)\})\} \tag{7.58}$$

其中，arg(·)为解相位因子操作，且

$$Q_1(\tau)=\sum_{k=L_g-1}^{(L-1)M-1}|r(k+\tau)|^2 \tag{7.59}$$

$$Q_2(\tau)=\sum_{k=L_g-1}^{(L-1)M-1}|r(k+M+\tau)|^2 \tag{7.60}$$

$$R(\tau)=\sum_{k=L_g-1}^{(L-1)M-1}r^*(k+\tau)r(k+M+\tau) \tag{7.61}$$

对式(7.58)进行分析可得，当系统的时间偏移 τ 为某一值时，取式中第三项的余弦项的值为 1 时，式(7.58)能够取得最小值，此时可以计算出系统频偏 ε 的估计值：

$$\hat{\varepsilon}(\tau)=\frac{1}{2\pi M}\arg(R(\tau)) \tag{7.62}$$

此时，式(7.58)可以简化为

$$\Gamma(\hat{\varepsilon},\hat{\tau})=Q_1(\tau)+Q_2(\tau)-2|R(\tau)| \tag{7.63}$$

进而能够得到系统时偏 τ 的估计表达式：

$$\hat{\tau}=\arg\max_{\tau}\{2|R(\tau)|-Q_1(\tau)-Q_2(\tau)\} \tag{7.64}$$

为了进一步提升系统的时频偏估计性能，取 $Q(\tau)=Q_1(\tau)+Q_2(\tau)$，取式(7.64)中目标函数与 $Q(\tau)$ 的比值，可以得到进一步修正的时偏估计表达式：

$$\hat{\tau}=\arg\max_{\tau}\left\{\frac{|R(\tau)|}{Q(\tau)}\right\} \tag{7.65}$$

以及修正的频偏估计表达式：

$$\hat{\varepsilon}(\hat{\tau})=\frac{1}{2\pi M}\arg\{R(\hat{\tau})\} \tag{7.66}$$

综上所述，时域时频偏估计方法计算步骤为：首先求解式(7.65)的最大化问题，解得系统的时偏估计值 $\hat{\tau}$；而后将时偏估计值 $\hat{\tau}$ 代入式(7.66)中的频偏估计表达式，求得系统的频偏估计值 $\hat{\varepsilon}$。本节方法是对基于 LS 准则进行修正后得到的方法，在此将其命名为修正的 MLS 方法。

7.3.2　频域时频偏与信道联合估计方法

时域时频偏估计方法虽然能够保证较高的时频偏估计性能，但是其所需的导频训练序列必须包含重复结构，因而系统的导频开销一般都较大，且无法对其导频结构进行灵活的设计以适应不同环境要求。相比于时域时频偏估计方法，OQAM/OFDM 系统在频域内的时频偏估计方法能够以更少的导频开销获得与时域时频偏估计方法相近的性能，且系统的导频结构具有更好的灵活性，能够利用系统接收端分析滤波器组(Analysis Filter Bank，AFB)良好的频率选择性性能。因此，下面对 OQAM/OFDM 系统的频域时频估计方法进行分析。

首先对 OQAM/OFDM 系统频域内时频偏估计的数学模型进行简单描述。OQAM/OFDM 系统在发送端经过综合滤波器组(Synthesis Filter Bank，SFB)后的传输信号可以表示为

$$x[n]=\sum_{m=0}^{M-1}\sum_{k\in\mathbf{Z}}\mathrm{j}^{\mathrm{mod}(m+k,\,2)}D_{k,\,m}p_k[n-mT/2] \tag{7.67}$$

其中，M 是实值 OQAM/OFDM 符号的数目，$\mathbf{Z}$ 是 Z 个可用子载波中已使用的子载波序列的集合。$D_{k,m}$ 则是由 QAM 符号交错得到的脉冲幅度调制符号，k 和 m 分别代表着第 k 个子载波与第 m 个 OFDM 符号，$D_{k,m}$ 包括了用于同步的导频序列 $S_{k,q}$ 以及系统传输的数据符号，mod($m+k$，2)为 $m+k$ 除以 2 取余。因此，系统采样频率为 $f_S=1/T_S$ 时，两个连续 QAM 符号之间的间隔为 $T=ZT_S$。

为了简化分析，在接下来的分析中，T_S 以及一些标准化的因子将会被省略。原型滤波器 $p[n]$的频移表达形式 $p_k[n]$的定义如下所示：

$$p_k[n]=p[n]\,\mathrm{e}^{\mathrm{j}\frac{2\pi}{Z}kn} \tag{7.68}$$

在接收端，当传输信号经过多径信道 $h[n]$的传输，加入了信道噪声、时延及频偏的影响之后，接收信号可以表示为

$$y[n]=(x[n-\tau-\mu T/2]\cdot h[n])\mathrm{e}^{\mathrm{j}\frac{2\pi}{Z}\varepsilon n+\varphi}+\omega[n] \tag{7.69}$$

其中，$h[n]$是离散信道冲激响应，$\omega[n]$为均值为 0 的加性高斯白噪声序列，φ 是一个随机的相位偏移值。时延由系统时偏 τ 以及固有的系统时延 μ 组成，频

偏 ε 则是归一化后的系统频偏。接收端的 AFB 输出结果 $Y_{k,m}$ 可以表示为

$$Y_{k,m}=\left[\left(y[n]\mathrm{e}^{-\mathrm{j}\frac{2\pi}{Z}kn}\right)\cdot p[n]\right]_{n=\frac{mT}{2}} \tag{7.70}$$

由于在频域内，信号在接收端通过 AFB 后再次被接收到，因而同步符号的位置能够很好地被挑选出来，以被更好地进一步应用。这使得在频域内的时频同步导频序列的设计变得更为灵活。

一种利用 AP 方法来消除系统固有干扰影响的导频结构如图 7.10 所示。每两个子载波必须设置一个导频符号，以获得最大的时偏估计范围$[-Z/4, Z/4]$。同时，在进行导频设计时也需要考虑系统 ISI 和 ICI 的影响，即需要保证最小的导频间隔以尽量降低 ISI 和 ICI 对系统性能的影响。

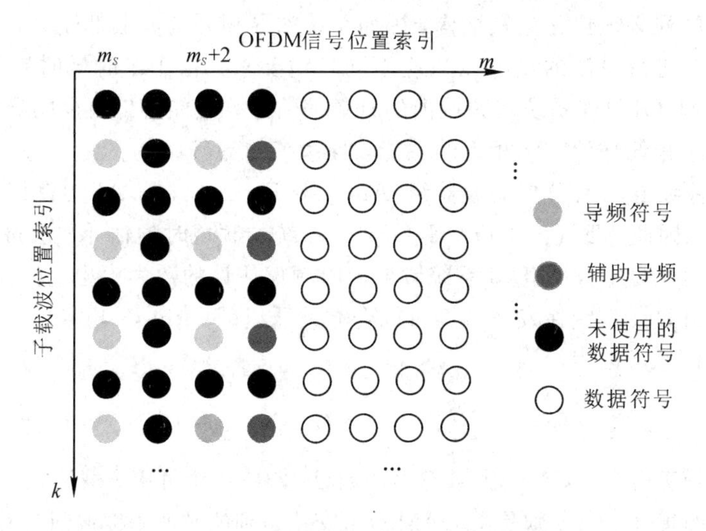

图 7.10　一种消除系统固有干扰影响的导频结构

图 7.10 中时频同步序列块的设计表达式如下所示：

$$S_{k,m}=\begin{cases}+R[k]，k\ 为偶数且\ m=m_{\mathrm{S}}\\ -R[k]，k\ 为偶数且\ m=m_{\mathrm{S}}+2\\ 0，其他\end{cases} \tag{7.71}$$

其中，$R[k]$为自由选择的比特序列，m_{S} 为导频序列中第一个同步信号的位置。相比于两个相同的导频符号，从第一个到第二个导频符号的变化使得系统在多径条件下能够实现对时偏更加可靠的估计。因此，在图 7.10 中的导频方案中，导频的设定如下所示：

$$P_{l,i}=\begin{cases}S_{l,m_{\mathrm{S}}}, & i=1\\ S_{l,m_{\mathrm{S}}+2}, & i=2\end{cases} \tag{7.72}$$

其中，$l \in L$ 是 $\mathbf{Z}$ 的一个子序列，其由子载波位置索引偶数 k 所组成。i 代表的是导频子载波 $S_{k,m}$ 上的第一或第二个导频符号。假若是以导频序列进行使用，则 $m_S=0$ 是导频序列结构的第一个 OFDM 信号。否则，在第 m_S 个 OFDM 信号之前需要插入一个由 0 与辅助导频组成的保护信号，就像 $m=m_S+3$ 处的信号一样。

频域内时频偏估计方法主要分为两个步骤：首先，对接收端 AFB 信号进行自相关处理，得到系统同步序列的符号位置以及一个初步的频偏估计值，这也是在第二步之前对时域信号进行的一个校正；其次，采用基于互相关的度量方法，获得系统的时偏估计值、剩余的 CFO 估值以及信道的响应函数。

在第一步中，从接收端的 AFB 输出开始，利用在 $S_{k,m}$ 上的导频符号之间的频域上的自相关度量来估计 $Y_{k,m}$ 中的时频偏估计序列的位置。这一自相关度量如下所示：

$$\xi[m]=\frac{\left|\sum_{l\in L}-Y_{l,m}Y_{l,m+2}^{*}\right|}{\frac{1}{2}\sum_{l\in L}(|Y_{l,m}|^{2}+|Y_{l,m+2}|^{2})} \tag{7.73}$$

当式(7.73)能够取得最大值时，即获得时频偏估计序列位置的估计值，即

$$\hat{m}=\underset{m}{\operatorname{argmax}}(\xi[m]) \tag{7.74}$$

将度量 ξ 在 $\hat{m}$ 处估计值与一个提前设定好的门限值 γ 进行比较，来判断系统是否检测到了时频偏估计序列的位置。假若 $\xi[\hat{m}]>\gamma$，则 $\hat{m}$ 提供了时频偏估计序列开始的位置估值。在获得了时频偏估计序列 $S_{k,m}$ 在 AFB 输出 $Y_{k,m}$ 中初始的频域位置估值 $\hat{m}$ 后，$Y_{k,m}$ 上所接收到的导频 $P_{k,1}^{Y}$ 和 $P_{k,2}^{Y}$ 就能够计算出一个粗频偏估计值，其计算公式如下所示：

$$\hat{\varepsilon}=\frac{1}{2\pi}\angle\left(\sum_{l\in L}w_{l}\frac{-P_{l,2}^{Y}}{P_{l,1}^{Y}}\right) \tag{7.75}$$

上式中$\angle$为弧度角度转换运算符。式(7.75)每一个导频的权重系数 w_l 与接收到导频 $P_{l,i}^{Y}$ 的能量值成比例关系，其计算公式可以写为

$$w_{l}=\frac{|P_{l,1}^{Y}|^{2}+|P_{l,2}^{Y}|^{2}}{\sum_{u\in L}\left(|P_{u,1}^{Y}|^{2}+|P_{u,2}^{Y}|^{2}\right)} \tag{7.76}$$

通过式(7.76)，即可以获得导频的信号能量相关的权重系数 w_l，这能够降低噪声较大情况下噪声对系统时频偏估计的性能影响。

在第二步中，首先利用第一步中得到的频偏估值 $\hat{\varepsilon}$ 对系统接收到的信号进行修正，修正后的接收信号可以表示为

$$y'[n]=y[n]\mathrm{e}^{-\mathrm{j}\frac{2\pi}{Z}\hat{\varepsilon}n} \tag{7.77}$$

对于时偏 τ 的估值则是利用接收导频符号之间的互相关函数进行计算，其计算公式可以表示为

$$\hat{\tau}=\underset{\tau}{\operatorname{argmax}}\left(\frac{\left|\sum_{k\in\mathbf{Z}}\sum_{q\in[0,2]}w_k^{-\frac{1}{2}}Y'_{k,\hat{m}+q}S^*_{k,q}\mathrm{e}^{\mathrm{j}\frac{2\pi}{Z}k\tau}\right|}{\Gamma_{S+Y}[\hat{m}]}\right) \tag{7.78}$$

其中，$\tau\in\{-Z/4, \cdots, -1, 0, 1, \cdots, Z/4-1\}$，且 $\Gamma_{S+Y}[m]$的表达式为

$$\Gamma_{Y+S}[m]=\frac{1}{2}\sum_{k\in\mathbf{Z}}\sum_{q\in[0,2]}(|Y'_{k,m+q}|^2+|S_{k,q}|^2) \tag{7.79}$$

经过一次迭代循环后，系统可以在时域内对系统的时偏进行修正，修正后的系统信号 $Y''_{k,m}$可以用来与导频 $P''^{Y}_{l,i}$一起完成对估计残余的频偏 ε''的估计，其估计公式如下所示：

$$\varepsilon''=\frac{1}{2\pi}\angle\left(\sum_{l\in L}w_l\frac{-P''^{Y}_{l,2}}{P''^{Y}_{l,1}}\right) \tag{7.80}$$

因此，最终的频偏估计值为

$$\hat{\varepsilon}_{\text{final}}=\hat{\varepsilon}+\varepsilon'' \tag{7.81}$$

最后，在对系统时频偏估计的基础上，利用已有的导频结构进行系统的信道估计，其计算公式可以表示为

$$\hat{H}_l=\frac{1}{2}\sum_{v\in[1,2]}P''^{Y}_{l,v}/P^{S}_{l,v} \tag{7.82}$$

在本方法中，当只需要获得 CFO 的初始估值时，方法中的第二步则可以不进行。此外，在该方法的基础上，还可以利用已有的导频符号来完成系统的信道估计过程，无需额外插入导频符号，可以有效降低系统的导频开销。该方法能够消除大部分 STO 与 CFO 的影响，在多径信道条件下能够获得较为稳定的性能。

7.3.3 基于导频 CSP 的时频偏估计

在基于数据辅助的时频偏估计方法中，导频结构不仅与同步算法的性能密切相关，也影响着系统的频谱效率。本节介绍的基于导频 CSP 的时频偏估计，可在实现 CFO 与 STO 的联合估计的同时，兼顾系统的频谱资源消耗。

OQAM/OFDM 系统中基带离散信号可表示为如下形式：

$$s^{\mathrm{R}}_{m,n}\triangleq\frac{1}{\sqrt{2}}\sum_{l=0}^{M-1}a^{\mathrm{R}}_{l,n}\mathrm{e}^{\mathrm{j}l\left(\frac{2\pi}{M}m+\frac{\pi}{2}\right)}g[m] \tag{7.83}$$

$$s^{\mathrm{I}}_{m,n}\triangleq\frac{1}{\sqrt{2}}\sum_{l=0}^{M-1}a^{\mathrm{I}}_{l,n}\mathrm{e}^{\mathrm{j}l\left(\frac{2\pi}{M}m+\frac{\pi}{2}\right)}g\left[m+\frac{M}{2}\right] \tag{7.84}$$

$$s[k]=\sigma_s\sum_{n=-\infty}^{\infty}[s^{\mathrm{R}}_{k-nM,n}+\mathrm{j}s^{\mathrm{I}}_{k-nM,n}] \tag{7.85}$$

其中 $\sigma_s^2=E[|s[k]|^2]$，$a^{\mathrm{R}}_{l,n}$ 与 $a^{\mathrm{I}}_{l,n}$ 分别为子载波 l 上传输的第 n 个复数据符号 $a_{l,n}$ 的实部与虚部，独立同分布，并且 $E[(a^{\mathrm{I}}_{l,n})^2]=\sigma_{\mathrm{I}}^2$，$E[(a^{\mathrm{R}}_{l,n})^2]=\sigma_{\mathrm{R}}^2$，$E[a^{\mathrm{R}}_{l,n}a^{\mathrm{I}}_{l,n}]=0$。

假设信道中的噪声 $\eta[k]$ 为零均值 AWGN，与基带信号 $s[k]$ 相互独立，并且 $E[|\eta[k]|^2]=\sigma_\eta^2$，则接收端的接收信号 $r[k]$ 的表达式为

$$r[k]=s[k-\tau]\mathrm{e}^{\mathrm{j}2\pi\mu_0 k}+\eta[k] \tag{7.86}$$

其中 μ_0 为系统的 CFO，τ 为系统的 STO。

当系统同时存在载波相位偏移 ϕ，CFO(即 μ_0)，STO(即 τ)时，接收信号表达式为

$$r[k]=s[k-\tau]\mathrm{e}^{\mathrm{j}2\pi\mu_0 k+\phi}+\eta[k] \tag{7.87}$$

下面分别介绍 STO 估计和 CFO 估计。

1. STO 估计

STO 估计的基本思想如下：首先搜索接收符号序列中具有 CSP 的区域(即两区域的正负频率幅度分量对称，同时其相位分量正好相反)，然后根据最小二乘原则，实现对 STO 与载波相位偏移的估计。从上面的分析可以看出，要实现对于系统 STO 的估计，需要首先对接收符号序列的 CSP 进行证明。

定义 M 维向量 $\boldsymbol{a}^{\mathrm{R}}_n$，它的第 $l+1$ 个元素为式(7.49)中的 $a^{\mathrm{R}}_{l,n}$，其中 $l\in\{0,1,\cdots,M-1\}$，$n\in\{0,1,\cdots,N\}$，类似地，定义 M 维向量 $\boldsymbol{a}^{\mathrm{I}}_n$，它的第 $l+1$ 个元素为式(7.50)中的 $a^{\mathrm{I}}_{l,n}$，定义 M 维向量 $\boldsymbol{w}$，它的第 $l+1$ 个元素 $w_l=\mathrm{j}^l$。

令

$$\begin{cases}\boldsymbol{b}^{\mathrm{R}}_n=\mathrm{IDFT}[\boldsymbol{w}\times\boldsymbol{a}^{\mathrm{R}}_n]\\ \boldsymbol{b}^{\mathrm{I}}_n=\mathrm{IDFT}[\boldsymbol{w}\times\boldsymbol{a}^{\mathrm{I}}_n]\end{cases} \tag{7.88}$$

其中 IDFT[·]为离散傅里叶逆变换。

定义 M 维向量 $\boldsymbol{g}_k$，其中 $k\in\{0,1,\cdots,K-1\}$，它的第 $l+1$ 个元素为 $g_{l,k}=g[kM+l]$。定义传输信号向量 $\boldsymbol{d}^{\mathrm{R}}_n$，$\boldsymbol{d}^{\mathrm{I}}_n$ 的第 m 个元素分别为 $d^{\mathrm{R}}_{n,m}\triangleq S^{\mathrm{R}}[nM+m]$，$d^{\mathrm{I}}_{n,m}\triangleq S^{\mathrm{I}}[nM+m]$，其中 $m\in\{0,1,\cdots,M-1\}$，则根据式(7.83)，式(7.84)，式(7.85)以及式(7.88)，可得

$$\begin{cases}\boldsymbol{d}^{\mathrm{R}}_n=\sum\limits_{n'=0}^{K-1}\boldsymbol{g}_{n'}\times\boldsymbol{b}^{\mathrm{R}}_{n-n'}\\ \boldsymbol{d}^{\mathrm{I}}_n=\sum\limits_{n'=0}^{K-1}\boldsymbol{g}_{n'}\times\boldsymbol{b}^{\mathrm{I}}_{n-n'}\end{cases} \tag{7.89}$$

1）OFDM 系统

在 OFDM 系统中，若 M 维向量 $\boldsymbol{w}$ 为单位化向量，当不考虑原型滤波器和 $\frac{M}{2}$ 采样偏移时，关系式 $\boldsymbol{d}_n^{\mathrm{R}}+\mathrm{j}\boldsymbol{d}_n^{\mathrm{I}}=\mathrm{IDFT}[\boldsymbol{a}_n^{\mathrm{R}}+\mathrm{j}\boldsymbol{a}_n^{\mathrm{I}}]$ 成立，而当 $\boldsymbol{a}_n^{\mathrm{I}}=\boldsymbol{0}$ 时，向量 $\boldsymbol{d}_n^{\mathrm{R}}+\mathrm{j}\boldsymbol{d}_n^{\mathrm{I}}=\boldsymbol{d}_n^{\mathrm{R}}$ 具有 CSP，此时数据序列的结构如图 7.11 所示。

图 7.11 中，a，b 和 c 分别代表与区域 a^*，b^* 和 c^* 共轭对称的区域，c 代表不会被用到的区域，×代表不具有 CSP 的区域。

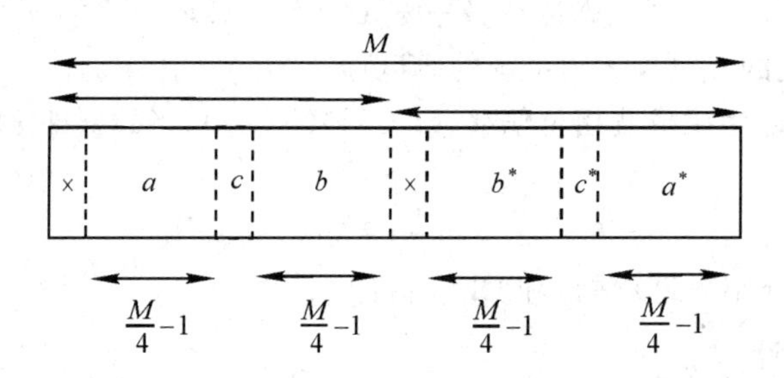

图 7.11 OFDM 系统 CSP 结构

可以证明，在发送端的发送信号中，循环前缀中的连续 M 个采样符号具有 CSP。证明过程如下：如果 M 个采样符号来自向量 $\boldsymbol{u}=[u_0 \quad \boldsymbol{u}_1 \quad u_{\frac{M}{2}} \quad \boldsymbol{u}_2]$，其中 u_0 与 $u_{\frac{M}{2}}$ 为向量 $\boldsymbol{u}$ 的第 1 个元素和第 $\frac{M}{2}+1$ 个元素，$\boldsymbol{u}_1$ 与 $\boldsymbol{u}_2$ 为两个长度为 $\frac{M}{2}-1$ 的分块向量，令向量 $\boldsymbol{u}_2^{\#}$ 为 $\boldsymbol{u}_2$ 的翻转共轭向量(即向量 $\boldsymbol{u}_2^{\#}$ 的第 $m+1$ 个元素 $u_{2,m}^{\#}$ 与向量 $\boldsymbol{u}_2$ 的第 $\frac{M}{2}-m-1$ 个元素的共轭元素 $u_{2,\frac{M}{2}-2-m}^{*}$ 相等)，则 $\boldsymbol{u}_1=\boldsymbol{u}_2^{\#}$，即向量 $\boldsymbol{u}_1$ 的第 $m+1$ 个元素 $u_{1,m}$ 与向量 $\boldsymbol{u}_2$ 的第 $\frac{M}{2}-m-1$ 个元素的共轭元素 $u_{2,\frac{M}{2}-2-m}^{*}$ 相等。

同理，可以证明在同一系统接收端的接收信号中，当不考虑噪声和频偏时，循环前缀中的连续 M 个采样符号同样具有 CSP。证明过程如下：如果 M 个采样符号来自向量 $\boldsymbol{v}=[v_0 \quad \boldsymbol{v}_1 \quad v_{\frac{M}{2}} \quad \boldsymbol{v}_2]=[u_0\mathrm{e}^{\mathrm{j}\phi} \quad \boldsymbol{u}_1\mathrm{e}^{\mathrm{j}\phi} \quad u_{\frac{M}{2}}\mathrm{e}^{\mathrm{j}\phi} \quad \boldsymbol{u}_2\mathrm{e}^{\mathrm{j}\phi}]$，其中 v_0 与 $v_{\frac{M}{2}}$ 为向量 $\boldsymbol{v}$ 的第 1 个元素和第 $\frac{M}{2}+1$ 个元素，$\boldsymbol{v}_1$ 与 $\boldsymbol{v}_2$ 为两个长度为 $\frac{M}{2}-1$ 的分块向量，令向量 $\boldsymbol{v}_2^{\#}$ 为 $\boldsymbol{v}_2$ 的翻转共轭向量，则 $\boldsymbol{v}_1\mathrm{e}^{-\mathrm{j}\phi}=[\boldsymbol{v}_2\mathrm{e}^{-\mathrm{j}\phi}]^{\#}=\mathrm{e}^{\mathrm{j}\phi}\boldsymbol{v}_2^{\#}$，即 $\boldsymbol{v}_1=\mathrm{e}^{\mathrm{j}2\phi}\boldsymbol{v}_2^{\#}$。

从上面的分析可以看出，OFDM 信号具有 CSP。因此，可以通过对接收信号序列进行扫描，判断循环前缀的末端位置，然后寻找接收信号序列中具有 CSP 的区域，最后利用最小二乘法，实现对于 OFDM 系统的同步估计。

$$\{\hat{\theta}^{\mathrm{LS}},\ \hat{\phi}^{\mathrm{LS}}\}=\arg\min_{\theta,\ \phi}\ \|\ \boldsymbol{v}_1(\theta)-\mathrm{e}^{\mathrm{j}2\phi}\ \boldsymbol{v}_2^{\#}(\theta)\ \|^2 \tag{7.90}$$

其中 $\theta=\dfrac{\tau_0}{T_{\mathrm{S}}}$，$T_{\mathrm{S}}=\dfrac{T}{M}$为采样间隔，$T$ 为符号间隔。求解式(7.86)可以得到 $\hat{\phi}^{\mathrm{LS}}$ 的闭式解。在得到 $\hat{\phi}^{LS}$之后，代入到式(7.90)中，可以进一步求解得到 $\hat{\theta}^{LS}$。但是，考虑到在利用最小二乘法对 STO 进行估计时，阈值设置过程复杂，因而提出了如下改进的最小二乘估计方法：

$$\hat{\theta}^{\mathrm{LS}}=\arg\max_{\theta}\psi(\theta)\triangleq\arg\max_{\theta}\frac{2\,|\,\boldsymbol{v}_1(\theta)\cdot\boldsymbol{v}_2^{\#}(\theta)\,|}{\|\ \boldsymbol{v}_1(\theta)\ \|^2+\|\ \boldsymbol{v}_2(\theta)\ \|^2} \tag{7.91}$$

2) OQAM/OFDM 系统

下面对 OQAM/OFDM 系统接收信号序列的 CSP 进行证明。

在 OQAM /OFDM 系统中，令 M 维向量 $\boldsymbol{w}$ 的第 $l+1$ 个元素为 $w_l=\mathrm{j}^l=\mathrm{e}^{\mathrm{j}\pi\frac{1}{2}}$，$\boldsymbol{a}_n^{\mathrm{R}}$ 与 $\boldsymbol{a}_n^{\mathrm{I}}$ 为实值向量。向量 $\boldsymbol{b}_n^{\mathrm{R}}$ 与向量 $\boldsymbol{b}_n^{\mathrm{I}}$ 都是左循环移位结构，移位长度为$\dfrac{M}{4}$。对于长度为 M 的向量来说，将每$\dfrac{M}{2}$长度划分为一个间隔，则在每个间隔中，都具有 CSP，如图 7.12 所示。

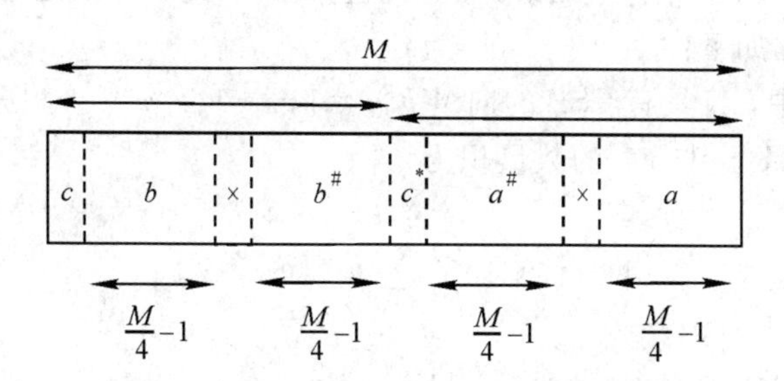

图 7.12 OQAM/OFDM 系统 CSP 结构

对于 OFDM 系统来说，由于不考虑原型滤波器和$\dfrac{M}{2}$采样偏移，向量序列$\{\boldsymbol{b}_n^{\mathrm{R}}\}$具有的 CSP 可以传递给传输信号向量序列$\{\boldsymbol{d}_n^{\mathrm{R}}\}$，因此根据式(7.91)，可以直接利用向量序列$\{\boldsymbol{b}_n^{\mathrm{R}}\}$估计出具有 CSP 的间隔的位置。然而，对于 OQAM/OFDM 系统来说，根据式(7.89)，向量序列$\{\boldsymbol{b}_n^{\mathrm{R}}\}$具有的 CSP 并不能传递给传输信号向量序列$\{\boldsymbol{d}_n^{\mathrm{R}}\}$。

但在传输信号向量序列$\{\boldsymbol{d}_n^{\mathrm{R}}\}$的起始端，仍然具有近似CSP，可以将其用作同步估计。下面对传输信号向量序列$\{\boldsymbol{d}_n^{\mathrm{R}}\}$起始端的近似CSP进行分析证明。为了表述方便，采用的原型滤波器的重叠系数设定为$K=4$。

根据式(7.89)可得

$$\begin{cases}\boldsymbol{d}_{0,s}^{\mathrm{R}}=\boldsymbol{g}_{0,s}\times\boldsymbol{b}_{0,s}^{\mathrm{R}}\\\boldsymbol{d}_{0,i}^{\mathrm{R}}=\boldsymbol{g}_{0,i}\times\boldsymbol{b}_{0,i}^{\mathrm{R}}\\\boldsymbol{d}_{1,s}^{\mathrm{R}}=\boldsymbol{g}_{0,s}\times\boldsymbol{b}_{1,s}^{\mathrm{R}}+\boldsymbol{g}_{1,s}\times\boldsymbol{b}_{0,s}^{\mathrm{R}}\\\boldsymbol{d}_{1,i}^{\mathrm{R}}=\boldsymbol{g}_{0,i}\times\boldsymbol{b}_{1,i}^{\mathrm{R}}+\boldsymbol{g}_{1,i}\times\boldsymbol{b}_{0,i}^{\mathrm{R}}\\\boldsymbol{d}_{2,2}^{\mathrm{R}}=\boldsymbol{g}_{0,s}\times\boldsymbol{b}_{2,s}^{\mathrm{R}}+\boldsymbol{g}_{2,s}\times\boldsymbol{b}_{0,s}^{\mathrm{R}}+\boldsymbol{g}_{1,s}\times\boldsymbol{b}_{0,s}^{\mathrm{I}}\end{cases}\tag{7.92}$$

其中，向量$\boldsymbol{d}_{k,s}^{\mathrm{R}}$和向量$\boldsymbol{d}_{k,i}^{\mathrm{R}}$分别代表向量$\boldsymbol{d}_k^{\mathrm{R}}$的第一个$\dfrac{M}{2}$采样向量和第二个$\dfrac{M}{2}$采样向量；$\boldsymbol{g}_{k,s}$和向量$\boldsymbol{g}_{k,i}$分别代表向量$\boldsymbol{g}_k$的第一个$\dfrac{M}{2}$采样向量和第二个$\dfrac{M}{2}$采样向量；向量$\boldsymbol{b}_{k,s}^{\mathrm{R}}$和向量$\boldsymbol{b}_{k,i}^{\mathrm{R}}$分别代表向量$\boldsymbol{b}_k^{\mathrm{R}}$的第一个$\dfrac{M}{2}$采样向量和第二个$\dfrac{M}{2}$采样向量。

由于$\boldsymbol{b}_0^{\mathrm{R}}$具有如图7.12所示的CSP，因此在长度为$\dfrac{M}{2}$的间隔中，$\boldsymbol{b}_{0,i}^{\mathrm{R}}$具有如图7.11所示的CSP。由于在式(7.90)中，$\boldsymbol{b}_{0,i}^{\mathrm{R}}$与$\boldsymbol{g}_{0,i}^{\mathrm{R}}$相乘，这表明$\boldsymbol{d}_{0,i}^{\mathrm{R}}$不具有CSP。但是，由于$\boldsymbol{g}_{0,i}$中元素都是负实值的，因此，可以证明$\boldsymbol{d}_{0,i}^{\mathrm{R}}$具有近似CSP。证明过程如下：

式(7.92)中，将具有CSP的向量$\boldsymbol{b}_{0,i}^{\mathrm{R}}=[v_0\quad \boldsymbol{v}_1\quad v_{\frac{M}{4}}\quad \boldsymbol{v}_2]$进行分块，得到的两个相等向量$\boldsymbol{v}_1$与$\boldsymbol{v}_2^{\#}$的数量积为

$$\begin{aligned}|\boldsymbol{v}_1\cdot\boldsymbol{v}_2^{\#}|&=\left|\sum_{m=0}^{\frac{M}{4}-2}v_{1,m}v_{2,\frac{M}{4}-2-m}\right|\\&=\sum_{m=0}^{\frac{M}{4}-2}|v_{1,m}(\theta)|^2\end{aligned}\tag{7.93}$$

其中，$v_{i,m}$为向量$\boldsymbol{v}_i$的第$m+1$个元素。对向量$\boldsymbol{d}_{0,i}^{\mathrm{R}}=[v_0\quad \boldsymbol{v}_1\quad v_{\frac{M}{4}}\quad \boldsymbol{v}_2]$来说，由于$\boldsymbol{d}_{0,i}^{\mathrm{R}}=\boldsymbol{g}_{0,i}\times\boldsymbol{b}_{0,i}^{\mathrm{R}}$，则式(7.93)的数量积变为

$$\begin{aligned}|\boldsymbol{v}_1\cdot\boldsymbol{v}_2^{\#}|&=\left|\sum_{m=0}^{\frac{M}{4}-2}[v_{1,m}g_{0,i,m+1}][v_{2,\frac{M}{4}-2-m}g_{0,i,\frac{M}{2}-m-1}]\right|\\&=\left|\sum_{m=0}^{\frac{M}{4}-2}|v_{1,m}|^2g_{0,i,m+1}g_{0,i,\frac{M}{2}-m-1}\right|\end{aligned}\tag{7.94}$$

其中，$g_{0,i,m+1}$为向量 $\boldsymbol{g}_{0,i}$的第 m 个元素。由于 $g_{0,i,m+1} \neq g_{0,i,\frac{M}{2}-m-1}$，此时 $\boldsymbol{d}_{0,i}^{\mathrm{R}}$不具有 CSP。但是仍然可以得到以下结论：

(a) 当 $g_{0,i,m+1} g_{0,i,\frac{M}{2}-m-1} \geqslant 0$ 时，由式(7.94)得到的值依然是正的，并且大于将该间隔内其他向量代入得到的值，即相互共轭对称的两向量乘积的模值最大。此时，可以利用式(7.91)检测该$\frac{M}{2}$长度间隔内共轭对称的位置。

(b) 当 $g_{0,i,m+1} g_{0,i,\frac{M}{2}-m-1}$的正负符号不固定时，$\boldsymbol{d}_{0,i}^{\mathrm{R}}$仍然具有近似 CSP。实际上，如果 $g_{0,i,m+1} g_{0,i,\frac{M}{2}-m-1}$的正负符号能够使得式(7.94)模值中的$\frac{M}{4}-1$个因子的正负符号大部分是相同的，则式(7.94)得到的模值最大。由于只有相互共轭对称的两向量乘积的模值才能取得最大值，因此，可以通过式(7.91)判断式(7.94)中的$\frac{M}{4}-1$ 个因子的正负符号是否大部分相同，从而判断 $\boldsymbol{d}_{0,i}^{\mathrm{R}}$中具有近似 CSP 的位置。

综上所述，传输信号向量序列$\{\boldsymbol{d}_n^{\mathrm{R}}\}$的起始端具有近似 CSP。下面，将讨论如何利用传输信号向量序列$\{\boldsymbol{d}_n^{\mathrm{R}}\}$起始端的近似 CSP，对 STO 进行估计。

根据原型滤波器 $g[k]$的性质以及 $\boldsymbol{d}_n^{\mathrm{R}}$ 与 $\boldsymbol{d}_n^{\mathrm{I}}$ 之间存在的$\frac{M}{2}$的采样延迟，可得如式(7.95)所示的近似关系：

$$
\begin{cases}
\boldsymbol{d}_0^{\mathrm{T}} = \boldsymbol{g}_{0,s} \times \boldsymbol{b}_{0,s}^{\mathrm{R}} \\
\boldsymbol{d}_1^{\mathrm{T}} \approx \boldsymbol{g}_{0,i} \times \boldsymbol{b}_{0,i}^{\mathrm{R}} \\
\boldsymbol{d}_2^{\mathrm{T}} \approx \boldsymbol{g}_{1,s} \times \boldsymbol{b}_{0,s}^{\mathrm{R}} \\
\boldsymbol{d}_3^{\mathrm{T}} \approx \boldsymbol{g}_{1,i} \times \boldsymbol{b}_{0,i}^{\mathrm{R}} \\
\boldsymbol{d}_4^{\mathrm{T}} \approx \boldsymbol{g}_{2,s} \times \boldsymbol{b}_{0,s}^{\mathrm{R}} + \boldsymbol{g}_{1,i} \times \boldsymbol{b}_{0,i}^{\mathrm{I}}
\end{cases}
\tag{7.95}
$$

其中，向量 $\boldsymbol{d}_0^{\mathrm{T}}$ 代表传输信号的第一个$\frac{M}{2}$采样，向量 $\boldsymbol{d}_1^{\mathrm{T}}$ 代表传输信号的第二个$\frac{M}{2}$采样，以此类推；当 $k \geqslant 5$ 时，向量 $\boldsymbol{d}_k^{\mathrm{T}}$ 的结构与向量 $\boldsymbol{d}_4^{\mathrm{T}}$ 结构相同；

当 $k \leqslant 3$ 时，根据前面的讨论，可知 $\boldsymbol{d}_k^{\mathrm{T}}$ 具有近似 CSP。此时可以采用式(7.91)对系统 STO 进行最小二乘估计。

当 $k \geqslant 4$ 时，可得 $\| g_0 \| \ll \| g_1 \|$，$\| g_{0,s} \| \ll \| g_{0,i} \|$，$\| g_{1,s} \| \ll \| g_{1,i} \|$，$\| g_{2,s} \| \gg \| g_{2,i} \|$，$\| g_{2,s} \| = \| g_{1,i} \|$，由于向量 $\boldsymbol{d}_k^{\mathrm{T}}$ 同时包含了 $\boldsymbol{g}_{1,i}$和 $\boldsymbol{g}_{2,s}$，

因此无法利用向量 $\boldsymbol{d}_k^{\mathrm{T}}$ 对式(7.91)进行求解。

从上面的讨论可以看出，若将 $M/2$ 采样区间内的接收信号 $r[k]$ 看作是向量 $\boldsymbol{d}_n^{\mathrm{T}}$ 的一个序列，则可以根据式(7.91)实现对于系统 STO 的估计。将接收信号 $r[k]$ 代入到式(7.91)中，则统计量 $\psi(\theta)$ 的表达式变为

$$\psi(\theta) \triangleq \frac{2\left|\sum_{k=0}^{\frac{M}{4}-1} r[\theta-k] r[\theta+k]\right|}{\sum_{k=0}^{\frac{M}{4}-1}|r[\theta-k]|^2+\sum_{k=0}^{\frac{M}{4}-1}|r[\theta+k]|^2} \tag{7.96}$$

其中 θ 为 STO，统计量 $\psi(\theta)$ 与系统的 CFO 相互独立。

当利用式(7.91)在长度为 $\frac{M}{2}$ 的采样间隔内寻找接收信号 $r[k]$ 中相互共轭对称的位置时，发现向量 $\boldsymbol{d}_3^{\mathrm{T}}$ 所在的采样间隔能够使统计量 $\psi(\theta)$ 取得最大值，求得此时的 STO 为 $\hat{\theta}=\theta_1$。向量 $\boldsymbol{d}_3^{\mathrm{T}}$ 所在采样间隔的起始位置的 STO 与初始采样间隔起始位置的 STO 相比，在时间上偏移了 $\frac{3M}{2}$。又根据式(7.96)可知，估计值 $\hat{\theta}=\theta_1$ 为该采样间隔中心点的 STO。因此，与第一个传送信号的 STO 相比，$\hat{\theta}=\theta_1$ 偏移了 $\frac{7M}{4}$。因此，根据式(7.96)的最优解 $\hat{\theta}=\theta_1$ 与偏移量 $\frac{7M}{4}$，可得 OQAM/OFDM 系统的 STO 估计值为 $\hat{\theta}=\theta_1-\frac{7M}{4}$。

噪声的存在会对式(7.96)产生影响，导致求得估计值最优解的位置并不是该最优解所在的实际位置。为了消除噪声对时偏估计的影响，避免上述情况的发生，在进行 STO 估计之前，需要设置阈值 ζ。当式(7.96)中的统计量 $\psi(\theta)>\zeta$ 时，仍然采用上述方案对 STO 进行估计；当 $\psi(\theta)\leqslant\zeta$ 时，可以利用下式对 STO 进行粗估计：

$$\hat{\theta}=\arg\min_k\left|Z[k]-\frac{Z_{\max}+Z_{\min}}{2}\right|-\frac{11}{4}M \tag{7.97}$$

其中

$$\begin{cases}s[k]=s[k-1]+|r[k]|^2-|r[k-M]|^2\\ Z[k]=Z[k-1]+s[k]-s[k-M]\end{cases} \tag{7.98}$$

因此，系统的 STO 估计值 $\hat{\theta}$ 为

$$\begin{cases} \hat{\theta}=\operatorname{argmax}\dfrac{2\left|\sum\limits_{k=0}^{\frac{M}{4}-1} r[\theta-k] r[\theta+k]\right|}{\sum\limits_{k=0}^{\frac{M}{4}-1}|r[\theta-k]|^{2}+\sum\limits_{k=0}^{\frac{M}{4}-1}|r[\theta+k]|^{2}}, \psi(\theta)>\zeta \\ \hat{\theta}=\arg \min\limits_{k}\left|Z[k]-\dfrac{Z_{\max }+Z_{\min }}{2}\right|-\dfrac{11}{4} M, \psi(\theta) \leqslant \zeta \end{cases} \tag{7.99}$$

2. CFO 估计

由上述可知，根据传输序列的 CSP，在没有导频先验知识的条件下可以得到 STO 与载波相位偏移的估计值，在此基础上，只需利用导频的 CSP 对系统的 CFO 进行估计。

将向量序列$\{\boldsymbol{a}_n^{\mathrm{R}} | n=0, 1, \cdots, N\}$的前 N_{b} 个 M 维向量设置为已知导频向量 $\boldsymbol{a}^{\mathrm{P}}$，即向量序列$\{\boldsymbol{a}_n^{\mathrm{R}} | n=0, 1, \cdots, N\}$的结构为

$$\underbrace{\boldsymbol{a}^{\mathrm{P}}, \cdots, \boldsymbol{a}^{\mathrm{P}}}_{N_{\mathrm{b}}}, \boldsymbol{a}_{N_{\mathrm{b}}}^{\mathrm{R}}, \boldsymbol{a}_{N_{\mathrm{b}}+1}^{\mathrm{R}}, \cdots, \boldsymbol{a}_{N-1}^{\mathrm{R}} \tag{7.100}$$

其中导频向量 $\boldsymbol{a}^{\mathrm{P}}$ 中的元素与负载向量$(\boldsymbol{a}_n^{\mathrm{R}}+\mathrm{j}\boldsymbol{a}_n^{\mathrm{I}})(N_{\mathrm{b}} \leqslant n \leqslant N-1)$的元素具有相同的功率。当 $n \notin \{0, 1, \cdots, N-1\}$，令 $\boldsymbol{a}_n^{\mathrm{R}} \triangleq \mathbf{0}$。

将向量序列$\{\boldsymbol{a}_n^{\mathrm{I}} | n=0, 1, \cdots, N\}$的前 N_{b} 个 M 维向量设置为 $\mathbf{0}$ 向量，即向量序列$\{\boldsymbol{a}_n^{\mathrm{I}} | n=0, 1, \cdots, N\}$的结构为

$$\underbrace{\mathbf{0}, \cdots, \mathbf{0}}_{N_{\mathrm{b}}}, \boldsymbol{a}_{N_{\mathrm{b}}}^{\mathrm{I}}, \boldsymbol{a}_{N_{\mathrm{b}+1}}^{\mathrm{I}}, \cdots, \boldsymbol{a}_{N-1}^{\mathrm{I}} \tag{7.101}$$

当 $n \notin \{0, 1, \cdots, N-1\}$，令 $\boldsymbol{a}_n^{\mathrm{I}} \triangleq \mathbf{0}$。

根据式(7.87)，可以利用接收信号 $r[k]$的 CSP 对 STO 与载波相位偏移进行估计。同样地，利用两个相邻导频符号可以对 CFO 进行估计。当不存在噪声干扰与同步时间误差时，对于 $N_{\mathrm{b}} \geqslant 2$，第 $n(0 \leqslant n \leqslant N_{\mathrm{b}}-2)$个接收导频向量 $\boldsymbol{r}_1$ 与第 $n+1(0 \leqslant n \leqslant N_{\mathrm{b}}-2)$个接收导频向量 $\boldsymbol{r}_2$ 满足关系 $\boldsymbol{r}_2=\boldsymbol{r}_1 \mathrm{e}^{\mathrm{j}2\pi\mu_0}$。因此，系统的 CFO 估计值 $\hat{\mu}_0$ 可以由下式得到

$$\hat{\mu}_0=\frac{1}{2\pi} \angle \{\boldsymbol{r}_2 \cdot \boldsymbol{r}_1\} \tag{7.102}$$

由于基于数据辅助的同步估计方法中导频的存在，系统的频谱效率将会被降低。该劣势影响了基于数据辅助的同步估计方法在实际中的应用。为了改善这种情况，将采用预加载技术提升本小节所提出的同步估计方法的频谱利用率。

在式(7.101)中，当 $n \notin \{0, 1, \cdots, N-1\}$时，不再设置 $\boldsymbol{a}_n^{\mathrm{R}} \triangleq 0$，而是在系

统初始化阶段，即 $n<0$ 时，设置 $\boldsymbol{b}_n^{\mathrm{R}}=\mathrm{IDFT}[\boldsymbol{w}\times\boldsymbol{a}^{\mathrm{P}}]$，此时前 N_{b} 个符号间隔内的符号 $s[k]$是相等的，即 $s[k]=s[k+pM]$，其中 $i\in\{0,1,\cdots,M-1\}$，$p\in\{0,1,\cdots,N_{\mathrm{b}}-1\}$。采用上述设置方法后，$N_{\mathrm{b}}$ 个导频符号起到的作用与未采用预加载技术的 $N_{\mathrm{b}}+K$ 个导频符号起到的作用相同。例如，当 $K=4$，$N_{\mathrm{b}}=4$，$N=54$ 时，若不考虑频谱容量的损失，导频所占频谱将由 $\dfrac{N_{\mathrm{b}}+K-1}{N+K-1}\approx 12.28\%$ 下降为 $\dfrac{N_{\mathrm{b}}}{N}\approx 7.41\%$。

从上面的分析可以看出：一方面，基于导频共轭对称性的同步估计方法需要将导频设计为特定的共轭对称结构，导频结构复杂，不易操作。另一方面，通常要求系统的导频要具备降低系统 ISI 和 ICI 的功能，而上述导频结构并没有考虑 ISI 和 ICI 对系统性能的影响。因此，需要提出一种适用性更广的导频结构，使其既能够降低系统的 ISI 和 ICI，又能够用于同步估计。

7.4 基于改进导频的 CFO 与信道联合估计方法

为充分利用导频信息，降低系统的 ISI 和 ICI，提高系统性能，本节针对对流层散射信道，将 6.2.2 节提出的改进的导频结构应用于时频偏估计，提出一种基于改进导频的 CFO 与信道联合估计方法。

OQAM/OFDM 系统的离散基带传输信号 $s[k]$可以表示为

$$s[k]=\sum_{n}\sum_{m}\underbrace{\theta_{m,n}d_{m,n}}_{y_{m,n}}f_m\left[k-\frac{nM}{2}\right]\mathrm{e}^{\frac{-\mathrm{j}2\pi km}{M}} \tag{7.103}$$

其中，M 为子载波数目，n 为传输符号的序号，$m\in\{0,1,\cdots,M-1\}$为子载波序号，$d_{m,n}$为实值 OQAM 符号，输入信号 $c_{m,n}$在经过复数-实数转换后，与 $\theta_{m,n}=\mathrm{j}^{m+n}$ 和 $d_{m,n}$相乘得到实际传输信号 $y_{m,n}$，然后 $y_{m,n}$经过 $\dfrac{M}{2}$ 过采样后输入滤波器 $f_m[k]$。$f_m[k]$表达式为

$$f_m[k]=g[k]\mathrm{e}^{\mathrm{j}\frac{2\pi m}{M}\left(k-\frac{L_g-1}{2}\right)} \tag{7.104}$$

其中，$g[k]$是长度为 L_g 的低通原型滤波器。

对于不失真信道而言，为了完美重构 $\chi_{m,n}[k]$，需要满足以下实数域正交条件：

$$\Re\left\{\sum_{k=-\infty}^{+\infty}\chi_{m,n}[k],\ \chi_{m',n'}^{*}[k]\right\}=\delta_{m,m'}\delta_{n,n'} \tag{7.105}$$

其中，$\Re\{\cdot\}$代表取实部操作，$(\cdot)^*$ 代表复数共轭，$\delta_{m,m'}$代表 Dirac's delta 函

数，并且

$$\chi_{m,n}[k]=\theta_{m,n}f_m\left[k-\frac{nM}{2}\right]\mathrm{e}^{\mathrm{j}\left(\phi_{m,n}-\frac{2\pi km}{M}\right)} \tag{7.106}$$

其中 $\phi_{m,n}=\frac{\pi}{2}(m+n)$。

假设能够实现完美的时间同步估计，则 OQAM/OFDM 信号 $s[k]$经过多径信道后，接收信号 $r[k]$可以表示为

$$r[k]=s[k]*h[k]\mathrm{e}^{\mathrm{j}\left(\frac{2\pi\mu_0 k}{M}\right)}+\eta[k] \tag{7.107}$$

其中，$h[k]$为信道响应，长度为 L_h，μ_0 为系统 CFO，$\mu_0\in[-\Delta,\Delta]$，并且假设对于接收端而言，Δ 是已知参数，$\eta[k]$是期望为 0，方差为 σ_η^2 的加性复高斯噪声。

7.4.1　整数倍频偏估计

6.2.2 节设计的导频结构如图 7.13 所示，其中 p 为导频长度，L_d 为数据符号长度。它能够抑制 ICI 与 ISI，提高伪导频功率。发送的导频符号表达式为

$$s[k]=\sum_{n=0}^{p-1}\sum_{m=0}^{M-1}\underbrace{\theta_{m,n}d_{m,n}}_{y_{m,n}}f_m\left[k-\frac{nM}{2}\right]\mathrm{e}^{\frac{-\mathrm{j}2\pi km}{M}} \tag{7.108}$$

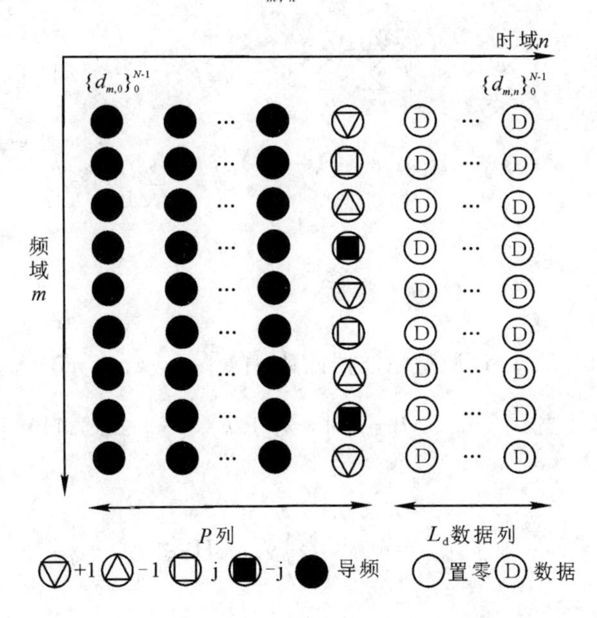

图 7.13　抑制 ICI 与 ISI 的导频结构

粗载波频偏(Coarse Carrier Frequency Offset, CCFO)在频偏估计中可看作整数倍频偏的估计值 $\hat{\mu}_0^{\mathrm{C}}$，其可以通过式(7.109)得到

$$\hat{\mu}_0^{\mathrm{C}} = \operatorname{argmax}\left| \sum_{\forall k} s[k+q] r^*[k] \mathrm{e}^{\mathrm{j}\frac{2\pi\mu_0 k}{M}} \right| \tag{7.109}$$

在得到 $\hat{\mu}_0^{\mathrm{C}}$ 之后，利用该估计值对接收的导频信号进行修正，得到修正后的接收信号 $r_{\mathrm{c}}[k]$表达式为

$$\begin{aligned} r_{\mathrm{c}}[k] &= r[k]\mathrm{e}^{-\mathrm{j}\frac{2\pi\hat{\mu}_0^{\mathrm{C}} k}{M}} \\ &= s[k]^* h[k] \mathrm{e}^{\mathrm{j}\frac{2\pi k}{M}(\mu_0 - \hat{\mu}_0^{\mathrm{C}})} + \eta[k]\mathrm{e}^{-\mathrm{j}\frac{2\pi\hat{\mu}_0^{\mathrm{C}} k}{M}} \end{aligned} \tag{7.110}$$

7.4.2 小数倍频偏估计

假设接收端已知信道的频率响应，令 $\mu_0^f = \mu_0 - \hat{\mu}_0^{\mathrm{C}}$ 为系统小数倍频偏(Fine Carrier Frequency Offset, FCFO)。在利用 $\hat{\mu}_0^{\mathrm{C}}$ 对接收信号进行修正后，时频格点(m_0, n_0)处的解调信号 $\hat{y}_{m_0, n_0}$ 可以表示为如下形式

$$\begin{aligned} \hat{y}_{m_0, n_0} &= \sum_{k=-\infty}^{+\infty} r[k]\chi_{m_0, n_0}^*[k] \\ &= \sum_{l=0}^{L_h-1} h[l] \sum_{k=-\infty}^{+\infty} \mathrm{e}^{\mathrm{j}\frac{2\pi\mu_0^f k}{M}} \left(\sum_{n=0}^{p+L_d-1} \sum_{m=0}^{M-1} y_{m,n}\, g[k-l-nM]\, g[k-n_0 M] \times \right. \\ &\quad \left. \mathrm{e}^{-\mathrm{j}\frac{2\pi lm}{M}} \mathrm{e}^{\mathrm{j}(\phi_{m,n}-\phi_{m_0,n_0})} \mathrm{e}^{\frac{2\pi}{M}(m-m_0)\left(k-\frac{L_g-1}{2}\right)} \right) + \underbrace{\sum_{k=-\infty}^{+\infty} \eta[k]\, \mathrm{e}^{-\mathrm{j}\frac{2\pi\hat{\mu}_0^{\mathrm{C}} k}{M}} \chi_{m_0, n_0}^*[k]}_{\eta_{m_0, n_0}} \end{aligned} \tag{7.111}$$

对于 $l \in [0, L_h]$，设原型滤波器函数 $g[k] \approx g[k-l]$成立。对于导频符号 $\{d_{m,0}\}^{N-1}$ 而言，当 $0 \leqslant m_0 \leqslant M-1$ 时，对于 $k = \frac{L_g}{2}$，式(7.111)可以进一步表示为

$$\hat{y}_{m_0, 0} \approx \hat{y}_{m_0, 0}^{\mathrm{IAM}} = \mathrm{e}^{\mathrm{j}\frac{\pi\mu_0^f L_g}{M}} \sum_{m=0}^{M-1} y_{m_0, 0} H_m \xi_{m, 0}^{m_0, 0} + \eta_{m_0, 0} \tag{7.112}$$

其中，$H_m = \sum_{l=0}^{L_h-1} h[l]\mathrm{e}^{-\mathrm{j}\frac{2\pi lm}{M}}$ 为第 m 个子载波的 CFR，定义 $\xi_{m, n}^{m_0, n_0}$ 的表达式如下：

$$\xi_{m,n}^{m_0,n_0}=\sum_{k=-\infty}^{+\infty}\chi_{m,n}[k],\ \chi_{m_0,n_0}^{*}[k]$$
$$=\begin{cases}1,(m,n)=(m_0,n_0)\\ 虚数,(m,n)\neq(m_0,n_0)\end{cases}\tag{7.113}$$

根据式(7.113)，$\hat{y}_{m_0,0}^{\text{IAM}}$可以表示为如下形式：

$$\hat{y}_{m_0,0}^{\text{IAM}}=H_{m_0}\underbrace{\Big(y_{m_0,0}+\sum_{\substack{m=1\\m\neq m_0}}^{M-1}y_{m_0,0}\frac{H_m}{H_{m_0}}\xi_{m,0}^{m_0,0}\Big)}_{干扰}\text{e}^{\text{j}\frac{\pi\mu_0^f L_g}{M}}+\eta_{m_0,0}\tag{7.114}$$

定义 $\Omega_{\Delta m_0,\Delta n_0}=\{(p,q),|p|\leqslant\Delta m_0,|q|\leqslant\Delta n_0|H_{m_0+p,n_0+q}\approx H_{m_0,n_0}\}$，其中 $\Omega_{\Delta m_0,\Delta n_0}$ 为时频点(m_0,n_0)的邻域。由 6.2.2 节分析可知，只考虑 3 阶邻域内符号的干扰是合理的，则 $\hat{y}_{m_0,0}^{\text{IAM}}$的表达式可以简化为

$$\hat{y}_{m_0,0}^{\text{IAM}}=H_{m_0}\underbrace{\Big(y_{m_0,0}+\sum_{(m,0)\in\Omega_{3,3}}^{M-1}y_{m_0,0}\xi_{m,0}^{m_0,0}\Big)}_{干扰}\text{e}^{\text{j}\frac{\pi\mu_0^f L_g}{M}}+\eta_{m_0,0}\tag{7.115}$$

令 $y_{m_0,0}^{\text{C}}=\sum\limits_{(m,0)\in\Omega_{3,3}}^{M-1}y_{m_0,0}\xi_{m,0}^{m_0,0}$，将式(7.115)转换为如下的矩阵形式：

$$\boldsymbol{y}^{\text{IAM}}=\text{e}^{\text{j}\frac{\pi\mu_0^f L_g}{M}}\boldsymbol{H}\boldsymbol{y}+\boldsymbol{\eta}\tag{7.116}$$

其中，$\boldsymbol{y}^{\text{IAM}}=[y_{0,0}^{\text{IAM}}\quad y_{1,0}^{\text{IAM}}\quad\cdots\quad y_{M-1,0}^{\text{IAM}}]^{\text{T}}$ 为 $M\times1$ 维接收导频符号矩阵，$\boldsymbol{H}=\text{diag}[H_0\quad H_1\quad\cdots\quad H_{M-1}]$为 $M\times M$ 维 CFR 对角矩阵，$\boldsymbol{y}=[y_{0,0}+y_{0,0}^{\text{C}}\quad y_{1,0}+y_{1,0}^{\text{C}}\quad\cdots\quad y_{M-1,0}+y_{M-1,0}^{\text{C}}+]^{\text{T}}$ 为 $M\times1$ 维发送导频符号矩阵，$\boldsymbol{\eta}=[\eta_{0,0}\quad\eta_{1,0}\quad\cdots\quad\eta_{M-1,0}]^{\text{T}}$ 为 $M\times1$ 维噪声矩阵。

由于噪声 $\eta[k]$是期望为 0，方差为 σ_η^2 的加性复高斯噪声，因此

$$E[\eta_{m_0,0}]=E\Big[\sum_{k=-\infty}^{+\infty}\eta[k]\text{e}^{-\text{j}\frac{2\pi\hat{\mu}_0^{\text{C}}k}{M}}\chi_{m_0,0}^{*}[k]\Big]=0\tag{7.117}$$

$$\text{var}(\eta_{m_0,0})=E[\eta_{m_0,0}\eta_{m_0,0}^{*}]=\sigma_\eta^2\tag{7.118}$$

根据式(7.117)与式(7.118)，可得 $\eta_{m_1,0}$ 与 $\eta_{m_2,0}$ 的协方差为 $\text{cov}(\eta_{m_1,0}\ \eta_{m_2,0}^{*})=E[\eta_{m_1,0}\eta_{m_2,0}^{*}]=\sigma_\eta^2\xi_{m_2,0}^{m_1,0}$，因此，噪声矩阵 $\boldsymbol{\eta}$ 的协方差矩阵

$$\boldsymbol{C}=E[\boldsymbol{\eta}\ \boldsymbol{\eta}^{\text{H}}]=\delta_\eta^2\begin{pmatrix}1&\xi_{0,0}^{1,0}&\cdots&\xi_{0,0}^{M-1,0}\\ \xi_{1,0}^{0,0}&1&\cdots&\xi_{1,0}^{M-1,0}\\ \vdots&\vdots&&\vdots\\ \xi_{M-1,0}^{0,0}&\xi_{M-1,0}^{1,0}&\cdots&1\end{pmatrix}\tag{7.119}$$

根据式(7.116)，可得如下似然函数

$$f(\boldsymbol{y}^{\text{IAM}}, \mu_0^f) = \frac{1}{(2\pi)^{\frac{M}{2}}\sqrt{|\boldsymbol{C}|}} \mathrm{e}^{-J(\mu_0^f)} \tag{7.120}$$

其中

$$J(\mu_0^f) = \left(\boldsymbol{y}^{\text{IAM}} - \mathrm{e}^{\mathrm{j}\frac{\pi\mu_0^f L_g}{M}} \boldsymbol{H}\boldsymbol{y}\right)^{\mathrm{H}} \boldsymbol{C}^{-1} \left(\boldsymbol{y}^{\text{IAM}} - \mathrm{e}^{\mathrm{j}\frac{\pi\mu_0^f L_g}{M}} \boldsymbol{H}\boldsymbol{y}\right) \tag{7.121}$$

利用最大似然估计法，可得 FCFO 的估计值 $\hat{\mu}_0^f$ 为

$$\hat{\mu}_0^f = \arg\max f(\boldsymbol{y}^{\text{IAM}}, \mu_0^f) = \arg\min J(\mu_0^f) \tag{7.122}$$

综上所述，系统的 CFO 估计值为 $\hat{\mu} = \hat{\mu}_0^{\mathrm{C}} + \hat{\mu}_0^f$。

实际上，在接收端想要获得信道信息是很困难的。当 CFR 未知时，将式(7.112)修改为如下形式：

$$\boldsymbol{y}^{\text{IAM}} = \boldsymbol{H}(\mu_0^f)\boldsymbol{y} + \boldsymbol{\eta} \tag{7.113}$$

其中，$\boldsymbol{H}(\mu_0^f) = \mathrm{e}^{\mathrm{j}\frac{\pi\mu_0^f L_g}{M}} \boldsymbol{H}$ 为 $M \times M$ 维对角矩阵。将 FCFO 与信道的联合估计问题转化为以 μ_0^f 为参数的 $\hat{H}_{m_0}(\mu_0^f)$ 的估计问题。易得，当 $0 \leqslant m_0 \leqslant M-1$ 时，有

$$\hat{H}_{m_0}(\mu_0^f) = \frac{y_{m_0,0}^{\text{IAM}}}{y_{m_0,0} + y_{m_0,0}^{\mathrm{C}}} = H_{m_0}(\mu_0^f) + \frac{\eta_{m_0,0}}{y_{m_0,0} + y_{m_0,0}^{\mathrm{C}}} \tag{7.124}$$

7.4.4 仿真分析

本小节将 7.3.3 节基于导频 CSP 的时频偏估计方法、本节基于改进导频的 CFO 与信道联合估计方法以及传统的基于数据辅助的时频偏估计方法进行仿真分析和对比，相关的仿真参数设置如表 7.1 所示。

表 7.1 仿真参数

参数名称	数值
子载波数目 M(个)	1024，2048，4096
载波频率(MHz)	11.2
信道	AWGN，ITU-A，ITU-B，
调制方式	4 - QAM
采样频率(MHz)	4
滚降系数 α	1
重叠系数 K	4
μ_0	$[-0.45, 0.45]$
τ_0	$\left\{-\frac{\mathrm{M}}{4}, \cdots, \frac{\mathrm{M}}{4}\right\}$
L_g	$4M$

1. STO 估计

针对不同的信道和阈值，分别在三种信道和不同阈值条件下对 7.3.3 节所提 STO 估计方法的均方根误差(RMSE)性能进行了仿真。

如图 7.14、图 7.15 与图 7.16 所示，下面分别是该 STO 估计方法在不同载波数目下的 STO 估计性能，其中横轴表示 SNR(单位为 dB)，纵轴表示 RMSE。粗估计 AWGN，粗估计 ITU-A 与粗估计 ITU-B 分别为当 $\psi(\theta)\leqslant\zeta$ 时，利用式(7.97)得到的 STO 估计值曲线。

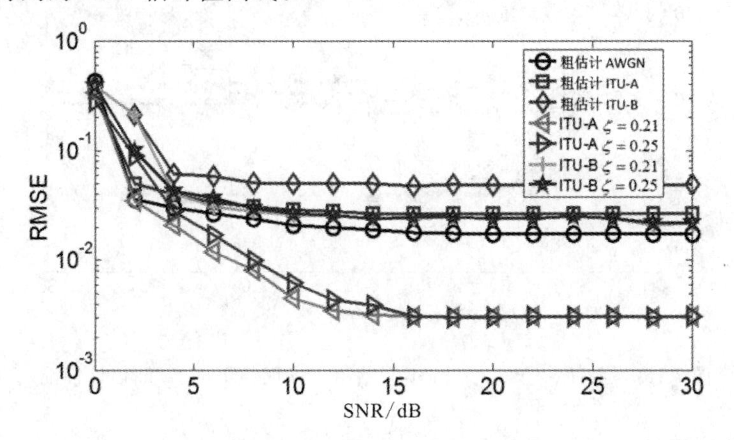

图 7.14　当 $M=1024$ 时，在不同信道不同阈值下的 STO 估计性能

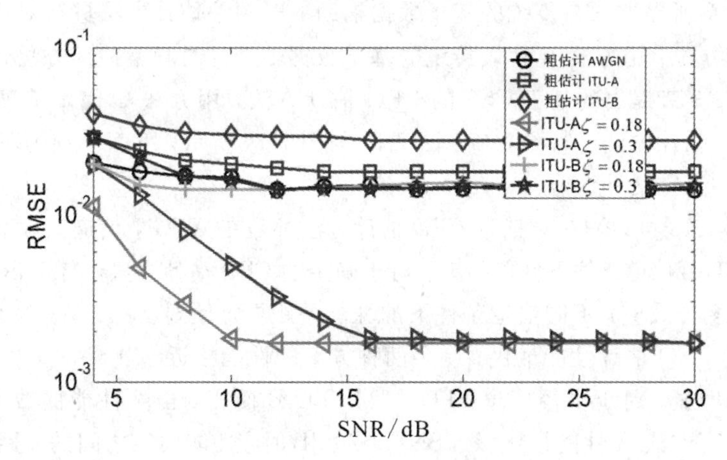

图 7.15　当 $M=2048$ 时，在不同信道不同阈值下的 STO 估计性能

从图 7.14 可以看出，式(7.96)所示的 STO 估计方法在 ITU-A 和 ITU-B 信道中的性能要优于式(7.97)所示的 STO 估计方法；式(7.96)所示的 STO 估计方法在 ITU-A 信道中的性能要优于在 AWGN 信道中的性能。在同一信道

条件下，阈值越大，STO 估计性能越差。STO 估计方法在 ITU-A 信道中的收敛速度要比 ITU-B 和 AWGN 信道慢。这是由于 ITU-A 信道为移动信道，随着移动性的增加，多普勒频移变大，信道时变性增强。图 7.15、图 7.16 的曲线与图 7.14 具有相同的趋势。

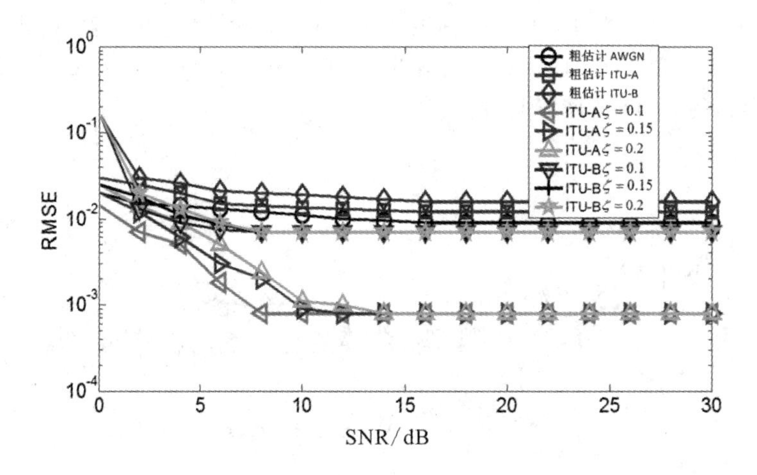

图 7.16 当 $M=4096$ 时，在不同信道不同阈值下的 STO 估计性能

2. CFO 估计

将本章所提方法与传统的基于数据辅助的时频偏估计方法进行对比。为方便表述，仿真中用方法 A 代表传统的基于数据辅助的时频偏估计方法，用方法 B 代表 7.3.3 节提出的基于 CSP 的 CFO 估计方法，用方法 C 代表基于改进导频的 CFO 估计方法。如图 7.17、图 7.18 与图 7.19 所示，下面分别为不同载波数目下的 CFO 估计性能。

从图 7.18 可以看出，三种 CFO 估计方法都是在 AWGN 信道条件下性能最优，在 ITU-B 信道条件下性能最差。对于确定的 CFO 估计方法，当 SNR>10 dB 时，由于多径效应，不同信道条件下的性能差距更加明显。在 AWGN 信道下，方法 C 的 CFO 估计性能最优，剩余两种方案的性能接近。当 SNR>14 dB，该趋势更加明显。对于多径信道 ITU-A 和 ITU-B 而言，虽然性能曲线有交叉，但总体而言方法 A 性能最优。当 SNR>20 dB 时，性能曲线之间的差距更加明显。另外需要注意的是，无论在哪种信道条件下，SNR 越大，CFO 估计性能越好。综上所述，上节提出的基于 IAM 的 CFO 估计方法在不同的信道条件下都能够实现 CFO 估计，并且性能优良。从图 7.17 和图 7.19 中可以得到类似的结论。

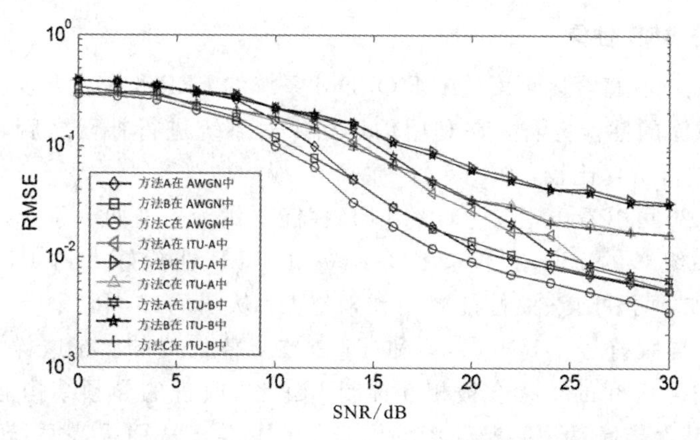

图 7.17　当 $M=1024$ 时，在不同信道下三种 CFO 估计方法的性能对比

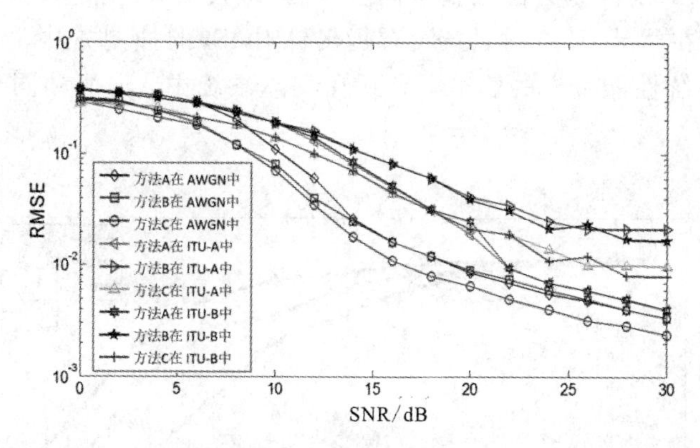

图 7.18　当 $M=2048$ 时，在不同信道下三种 CFO 估计方法的性能对比

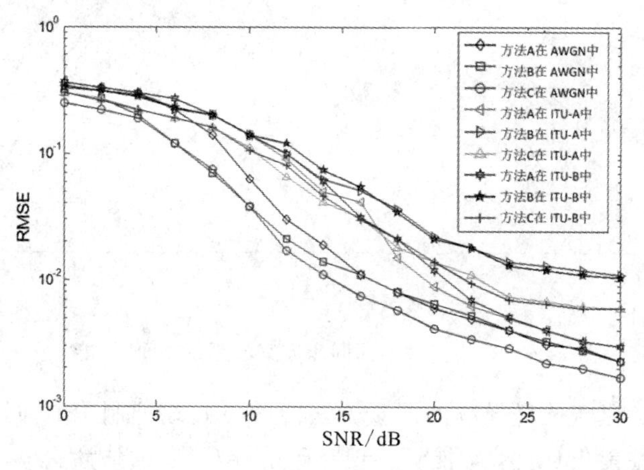

图 7.19　当 $M=4096$ 时，在不同信道下三种 CFO 估计方法的性能对比

3. 系统 BER 性能

CFO 的存在将会降低 OQAM/OFDM 系统的 BER 性能。为了进一步说明不同同步方案的性能差异，在利用估计结果对系统进行补偿之后，对系统的 BER 性能进行仿真比较，如图 7.20 所示。

从图 7.20 可以看出，系统 C 的 BER 性能要优于另外两个系统。当 SNR＝10 dB时，系统 C 的 BER 性能要比系统 A 的 BER 性能好大约 1.3 dB。随着 SNR 的增加，两种方法的性能差距越来越大。从图 7.13 可以看出，改进的导频结构中，导频符号＋1，－1，j 和－j 是被交替放置的。在这样的结构中，相邻导频符号之间的干扰会被相互抑制。因此，改进的导频结构能够降低系统 ISI，提升伪导频功率，提升系统同步估计精度，从而提高系统的 BER 性能。而基于 CSP 的同步方法和基本同步方法(即方法 A：基于数据辅助的时频偏估计方法)在估计 CFO 时，并没有提出针对 ISI 的抑制方法，而是直接忽略了 ISI 对系统性能带来的影响，导致在实际系统中，这两种同步方法的性能下降。

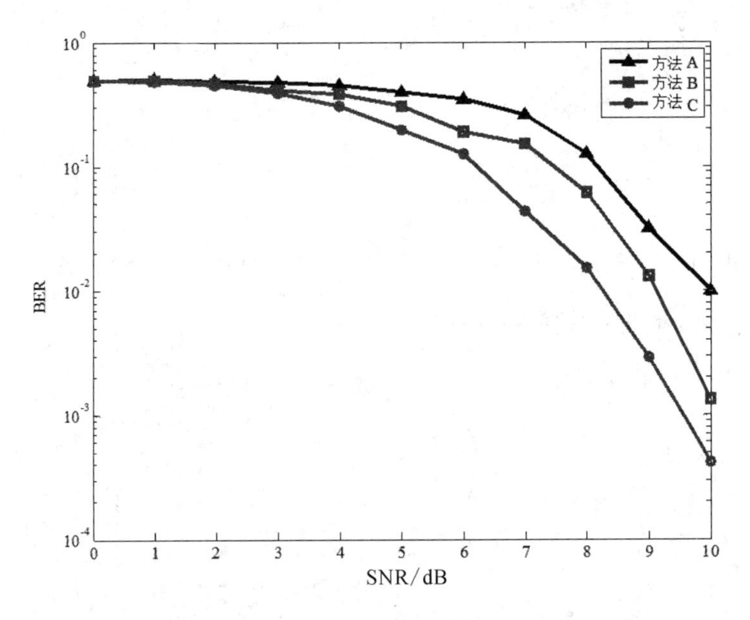

图 7.20　采用三种不同同步方案的系统 BER 性能

综上所述，基于改进导频的同步方法能够更好地抑制 ISI，同步估计的误差更小，因此性能更加优良，能够实现对于系统 CFO 的估计。

第 8 章　MIMO-SCFDE 系统信道估计技术

信道估计是 MIMO-SCFDE 系统进行频域均衡的前提。现有的半盲估计和盲估计方法均存在计算复杂度较高的问题，无法满足具有更高传输速率和频谱利用率的 MIMO-SCFDE 系统对估计方法在实时性方面的要求。本章针对时变多径信道下的 MIMO-SCFDE 系统信道估计问题，提出一种基于导频辅助的 MMSE 信道估计方法；针对快速时变信道，将基于虚拟导频辅助的信道估计方法和基于部分最小均方误差均衡的方法结合起来，提出一种基于迭代的 IFI 消除方法。

8.1　单载波信道估计方法

通信系统经常采用差分检测或相干检测来完成信号的解调。通常，差分检测方法比较适用于传输速率较低的系统。对于 MIMO-SCFDE 系统，则一般采用相干检测。在无线通信系统中，信道的时变和多径特性会造成信号失真，因此接收机要对其影响进行估计和补偿。

相干检测利用信道估计得到传输符号的相位信息和幅度信息，以便发送端可以使用多幅度信号调制，从而提高传输速率。

信道估计是接收机进行相干检测的关键。常用的信道估计方法包括基于导频的非盲估计、基于调制信号统计特性的盲估计和介于二者之间的半盲估计。半盲估计和盲估计方法均存在计算复杂度较高的问题，无法满足 MIMO-SCFDE 系统对估计方法在实时性方面的要求。因此，在综合考虑估计算法性能和复杂度的基础上，本章重点讨论基于导频的 MIMO-SCFDE 系统非盲信道估计。

8.1.1　基于导频的 SC-FDE 系统信道估计

基于导频的信道估计方法的估计过程是，根据插入的已知导频符号通过估计算法获得导频位置处的信道估计参数，然后再利用内插等算法来获得数据位置处的信道估计参数。

通常情况下，对于慢衰落信道一般采用块状导频进行信道估计；而对于信道特性变化较快的快衰落，即在相邻两个 SC-FDE 符号持续时间内信道发生变化时，为得到比较好的估计性能，选择在整个信号的时频空间内插入梳状导频符号。从可靠性角度考虑，插入的导频符号越多，估计就越准确；但若从频谱利用率角度看，插入的导频符号越少，传输效率越高，二者对导频符号数量的要求显然是相互矛盾的。对于实际的通信系统，在选择信道估计方法时，应综合考虑估计性能和传输效率，选择相对合适的导频插入方式和数量。

在讨论 MIMO-SCFDE 系统的信道估计方法前，先给出 SC-FDE 系统常用信道估计方法。对于 SC-FDE 系统而言，经 DFT 后，在一个 SC-FDE 符号周期内第 k 个频点处的导频接收符号可表示为

$$Y(k)=H(k)X(k)+N(k) \tag{8.1}$$

其中，$X(k)$是第 k 个频点处的导频发送符号，满足均值为 0，方差为 σ_x^2；$H(k)$是第 k 个频点处的信道频域响应；$N(k)$是第 k 个频点处的零均值加性高斯白噪声，方差为 σ^2。可将式(8.1)进一步简化成矩阵形式：

$$\boldsymbol{Y}=\boldsymbol{X}\boldsymbol{H}+\boldsymbol{N} \tag{8.2}$$

其中，$\boldsymbol{Y}=[Y(0),\ \cdots,\ Y(N-1)]^{\mathrm{T}}$，$\boldsymbol{X}=\mathrm{diag}\{X(0),\ \cdots,\ X(N-1)\}$，$\boldsymbol{H}=[H(0),\ \cdots,\ H(N-1)]^{\mathrm{T}}$，$\boldsymbol{N}=[N(0),\ \cdots,\ N(N-1)]^{\mathrm{T}}$。

下面对几种常用的基于导频的 SC-FDE 系统信道估计方法进行阐述。

1. LS 信道估计

LS 估计方法使得测量值与加权的信道估计值之间的误差最小。若用 $\hat{\boldsymbol{H}}_{\mathrm{LS}}$ 来表示 $\boldsymbol{H}$ 的 LS 估计值，则代价函数为

$$J(\hat{\boldsymbol{H}}_{\mathrm{LS}})=(\boldsymbol{Y}-\boldsymbol{X}\hat{\boldsymbol{H}}_{\mathrm{LS}})^{\mathrm{H}}(\boldsymbol{Y}-\boldsymbol{X}\hat{\boldsymbol{H}}_{\mathrm{LS}}) \tag{8.3}$$

对式(8.3)求 $\hat{\boldsymbol{H}}_{\mathrm{LS}}$ 的偏导数，并令其为零，可求得

$$\hat{\boldsymbol{H}}_{\mathrm{LS}}=\boldsymbol{X}^{\mathrm{H}}\ (\boldsymbol{X}^{\mathrm{H}}\boldsymbol{X})^{-1}\boldsymbol{Y}=\boldsymbol{X}^{-1}\boldsymbol{Y} \tag{8.4}$$

进一步推导得到 $\hat{\boldsymbol{H}}_{\mathrm{LS}}$ 的均方误差，即

$$(\mathrm{MSE})_{\mathrm{LS}}=E\{(\boldsymbol{H}-\hat{\boldsymbol{H}}_{\mathrm{LS}})^{\mathrm{H}}(\boldsymbol{H}-\hat{\boldsymbol{H}}_{\mathrm{LS}})\}=E\{\boldsymbol{N}^{\mathrm{H}}(\boldsymbol{X}\boldsymbol{X}^{\mathrm{H}})^{-1}\boldsymbol{N}\}=\frac{\sigma^2}{\sigma_x^2} \tag{8.5}$$

可见，LS 信道估计易受到加性噪声的影响，尤其是在低信噪比情况下。

2. MMSE 信道估计

MMSE 估计使得实际信道与信道估计值之间的均方误差最小。若用 $\hat{\boldsymbol{H}}_{\mathrm{MMSE}}$ 表示 $\boldsymbol{H}$ 的 MMSE 估计值，则代价函数为

$$J(\hat{\boldsymbol{H}}_{\text{MMSE}}) = E\{(\boldsymbol{H} - \hat{\boldsymbol{H}}_{\text{MMSE}})^{\text{H}}(\boldsymbol{H} - \hat{\boldsymbol{H}}_{\text{MMSE}})\} \tag{8.6}$$

对式(8.6)求 $\hat{\boldsymbol{H}}_{\text{MMSE}}$ 的偏导数，并令其为零，可求得

$$\hat{\boldsymbol{H}}_{\text{MMSE}} = \boldsymbol{F}\boldsymbol{Q}_{\text{MMSE}}\boldsymbol{F}^{\text{H}}\boldsymbol{X}^{\text{H}}\boldsymbol{Y} \tag{8.7}$$

其中

$$\boldsymbol{Q}_{\text{MMSE}} = \boldsymbol{R}_{\text{HH}}\ (\boldsymbol{R}_{\text{HH}} + (\boldsymbol{F}^{\text{H}}\ \boldsymbol{X}^{\text{H}}\boldsymbol{X}\boldsymbol{F})^{-1}\sigma^2)^{-1}\ (\boldsymbol{F}^{\text{H}}\boldsymbol{X}^{\text{H}}\boldsymbol{X}\boldsymbol{F})^{-1} \tag{8.8}$$

其中，$\boldsymbol{F}$ 为 DFT 变换矩阵，$\boldsymbol{R}_{\text{HH}} = E\{\boldsymbol{H}\boldsymbol{H}^{\text{H}}\}$ 是信道自相关矩阵。为不失一般性，将 $\boldsymbol{H}$ 的信道衰减系数归一化，即 $E\{|H(k)|^2\} = 1$。根据式(8.8)，式(8.7)可以进一步简化为

$$\hat{\boldsymbol{H}}_{\text{MMSE}} = \boldsymbol{R}_{\text{HH}}\ (\boldsymbol{R}_{\text{HH}} + \sigma^2\ (\boldsymbol{X}\boldsymbol{X}^{\text{H}})^{-1})^{-1}\boldsymbol{X}^{-1}Y \tag{8.9}$$

由式(8.4)和式(8.9)可得到 MMSE 估计和 LS 估计之间的关系表达式，即

$$\hat{\boldsymbol{H}}_{\text{MMSE}} = \boldsymbol{R}_{\text{HH}}(\boldsymbol{R}_{\text{HH}} + \sigma^2\ (\boldsymbol{X}\boldsymbol{X}^{\text{H}})^{-1})^{-1}\hat{\boldsymbol{H}}_{\text{LS}} \tag{8.10}$$

为进一步降低 MMSE 算法复杂度，可将式(8.10)中的 $(\boldsymbol{X}\boldsymbol{X}^{\text{H}})^{-1}$ 用其期望值代替，当在所有频点上信号星座相同且信号等概率时，有

$$E\{(\boldsymbol{X}\boldsymbol{X}^{\text{H}})^{-1}\} = \text{E}\{|x_k|^2\}\boldsymbol{I} \tag{8.11}$$

式(8.10)可进一步简化为

$$\hat{\boldsymbol{H}}_{\text{MMSE}} = \boldsymbol{R}_{\text{HH}}\left(\boldsymbol{R}_{\text{HH}} + \frac{\beta}{\text{SNR}}\boldsymbol{I}\right)^{-1}\hat{\boldsymbol{H}}_{\text{LS}} \tag{8.12}$$

其中，β 对于特定的信号星座调制为常数；SNR 为信噪比，大小与调制方式有关；$\hat{\boldsymbol{H}}_{\text{LS}} = \boldsymbol{X}^{-1}\boldsymbol{Y}$；$\boldsymbol{I}$ 为单位矩阵。

作为对 MMSE 的近似，式(8.12)的估计称为线性 MMSE(Linear MMSE, LMMSE)估计。当信道估计值的均方误差相同时，相较于 LS 估计方法，LMMSE 估计有 10～15 dB 的信噪比增益；但是 LMMSE 估计方法需要预先获知信道的统计特性以及实时的信噪比，且计算复杂度较高。

3. 基于 DFT 的信道估计

该方法利用时域内信道能量集中于较少采样点这一特性，将能量较低的样值置零，来降低加性噪声对信道估计性能的影响。

基于 DFT 的信道估计方法，首先利用 LS 估计算法在频域内得到信道的频域响应估计值 $\hat{H}_{\text{LS}}(k)$，$k = 0, 1, \cdots, N-1$，将 $\hat{H}_{\text{LS}}(k)$ 经 IDFT 变换到时域内，即

$$\hat{h}_{\text{P}}(n) = \frac{1}{L}\sum_{k=0}^{L-1}\hat{H}_{\text{LS}}(k)\text{e}^{\text{j}(2\pi kn/N)},\ 0 \leqslant n \leqslant L-1 \tag{8.13}$$

其中，L 为信道的多径数。

利用多速率信号处理特性，通过下式将传输信号由 L 点变换成 N 点，即

$$\hat{h}_N(n)=\begin{cases}\hat{h}_P(n), & n=0, 1, \cdots, L-1\\ 0, & n=L, \cdots, N-1\end{cases} \tag{8.14}$$

再经过 DFT 变换到频域，得到基于 DFT 的信道估计方法的频域响应估计值，即

$$\hat{H}(k)=\sum_{n=0}^{N-1}\hat{h}_N(n)\mathrm{e}^{-\mathrm{j}(2\pi kn/N)}, \ 0\leqslant k\leqslant N-1 \tag{8.15}$$

在根据插入的导频符号通过上述的估计算法获得导频位置处的信道估计参数以后，还需再利用内插、滤波、变换等方法来获得数据位置处的信道参数。其中，遵循 MMSE 准则的最优方法称为二维维纳滤波，但是计算量很大。实际中，二维维纳滤波可以使用两个级联的一维维纳滤波来代替，即首先在频域进行滤波，再将第一级滤波的输出在时间方向上继续滤波，但复杂度仍然相对较高。

相对于维纳滤波，内插方法更易于实现。为不失一般性，这里仅讨论频域内插算法，时域的内插方法与此类似。假设导频在频率方向等间隔分布，且间距为 M。下面对基于导频的 SC-FDE 系统信道估计中常用的一维内插算法进行阐述。

1）一阶线性内插

该内插利用两个相邻导频位置的估计值，来估计数据位置处的信道，即

$$\hat{H}_P(k)=\hat{H}_P(mM+q)=\left(1-\frac{q}{M}\right)\hat{H}_P(mM)+\frac{q}{M}\hat{H}_P(mM+M) \tag{8.16}$$

其中，$k=mM+q$，$mM\leqslant k\leqslant(m+1)M$，$0\leqslant q\leqslant M$，$\hat{H}_P(mM)$ 和 $\hat{H}_P(mM+M)$ 则分别表示同一个 SC-FDE 符号周期内第 m 个和第 $m+1$ 个导频位置处的信道估计值。

2）二阶多项式内插

该内插利用连续三个相邻导频位置的估计值，来估计数据位置处的信道，即

$$\begin{aligned}\hat{H}_P(k)&=\hat{H}_P(mM+q)\\&=C_1\hat{H}_P(mM-M)+C_0\hat{H}_P(mM)+C_{-1}\hat{H}_P(mM+M)\end{aligned} \tag{8.17}$$

其中，多项式系数可由下式求出，即

$$C_1=\frac{q}{2M}\left(\frac{q}{M}-1\right),\ C_0=-\left(\frac{q}{M}+1\right)\left(\frac{q}{M}-1\right),\ C_{-1}=\frac{q}{2M}(M+1) \tag{8.18}$$

除了一阶线性内插外，常用的拉格朗日内插算法还有二阶抛物线内插和三阶样条内插。此外，还有高阶多项式内插等算法，这里不再赘述。通常，二阶的多项式内插性能优于一阶线性内插，但是复杂度要略高于一阶线性内插。在选择内插算法时，可根据具体情况，综合考虑性能和实现复杂度。

8.1.2　基于导频的 MIMO-SCFDE 系统信道估计

在 MIMO-SCFDE 系统中，发送端进行空时编码、接收端进行频域均衡都需要信道状态信息，信道估计的精度将直接影响 MIMO-SCFDE 系统的性能。MIMO-SCFDE 系统信道估计的性能主要取决于导频信息和信道估计算法。

对于 MIMO-SCFDE 系统，接收端各个天线上导频位置接收的信号是来自各个发射天线的导频信号经过多径衰落后相互叠加的结果，这使得信道估计更为困难。在多天线系统中，导频可以基于时间正交或者频率正交进行设计，这里重点对 MIMO-SCFDE 系统基于导频的信道估计方法进行详细分析。

1. 基本信道估计算法

考虑有 N_{T} 个发射天线和 N_{R} 个接收天线的空间复用 MIMO-SCFDE 系统。不失一般性，接收端每个天线上收到的第 n 个 SC-FDE 符号、第 k 个频点上的信号可以表示为

$$Y(n,k)=\sum_{i=1}^{N_{\mathrm{T}}}H_i(n,k)X_i(n,k)+N(n,k) \tag{8.19}$$

其中，$0\leqslant k\leqslant N-1$，$X_i(n,k)$和 $N(n,k)$分别为相应的发送信号和噪声；$H_i(n,k)$为第 i 个发射天线与任意一个接收天线之间第 n 个 SC-FDE 符号、第 k 个频点上的信道频率响应，可表示为

$$H_i(n,k)=\sum_{m=0}^{N-1}h_i(n,m)\mathrm{e}^{-\mathrm{j}2\pi km/N} \tag{8.20}$$

因此只要得到 $h_i(n,m)$，就可获得 $H_i(n,k)$。

若已知在第 n 个 SC-FDE 符号、第 i 个发射天线上发送的导频 SC-FDE 块符号 $p_{s,i}(n,k)$，基于 LS 准则，使 MSE 代价函数：

$$\sum_{k=0}^{N-1}\left|Y(n,k)-\sum_{i=1}^{N_{\mathrm{T}}}\sum_{m=0}^{N-1}h_i(n,m)\mathrm{e}^{-\mathrm{j}2\pi km/N}p_{s,i}(n,k)\right|^2 \tag{8.21}$$

最小，得到 $h_i(n, m)$ 的估计值 $\hat{h}_i(n, m)$，即

$$\begin{bmatrix} \hat{\boldsymbol{h}}_1(n) \\ \vdots \\ \hat{\boldsymbol{h}}_{N_T}(n) \end{bmatrix} = \begin{bmatrix} \boldsymbol{Q}_{11} & \cdots & \boldsymbol{Q}_{N_T 1} \\ \vdots & & \vdots \\ \boldsymbol{Q}_{1N_T} & \cdots & \boldsymbol{Q}_{N_T N_T} \end{bmatrix}^{-1} \begin{bmatrix} \boldsymbol{p}_1(n) \\ \vdots \\ \boldsymbol{p}_{N_T}(n) \end{bmatrix} \tag{8.22}$$

其中，$\hat{\boldsymbol{h}}_i(n)$ 为信道向量的估计值，可表示为

$$\hat{\boldsymbol{h}}_i(n) = [\hat{h}_i(n, 0), \hat{h}_i(n, 1), \hat{h}_i(n, N-1)]^{\mathrm{T}} \tag{8.23}$$

此外，$q_{ij}(n, m)$，$\boldsymbol{Q}_{ij}(n)$，$p_i(n, m)$ 和 $\boldsymbol{p}_i(n)$ 的定义如下：

$$q_{ij}(n, m) = \sum_{k=0}^{N-1} p_{s,i}(n, k) p_{s,j}^*(n, k) \mathrm{e}^{\mathrm{j}2\pi km/N} \tag{8.24}$$

$$\boldsymbol{Q}_{ij}(n) = \begin{bmatrix} q_{ij}(n, 0) & q_{ij}(n, -1) & \cdots & q_{ij}(n, 1-N) \\ q_{ij}(n, 1) & q_{ij}(n, 0) & \cdots & q_{ij}(n, 2-N) \\ \vdots & \vdots & & \vdots \\ q_{ij}(n, N-1) & q_{ij}(n, N-2) & \cdots & q_{ij}(n, 0) \end{bmatrix} \tag{8.25}$$

$$p_i(n, m) = \sum_{k=0}^{N-1} Y(n, k) p_{s,i}^*(n, k) \mathrm{e}^{\mathrm{j}2\pi km/N} \tag{8.26}$$

$$\boldsymbol{p}_i(n) = [p_i(n, 0), p_i(n, 1), \cdots, p_i(n, N-1)]^{\mathrm{T}} \tag{8.27}$$

通常情况下，式(8.22)所表征的基本信道估计算法需进行 $NN_{\mathrm{T}} \times NN_{\mathrm{T}}$ 维矩阵的求逆运算，计算复杂度很高。为降低复杂度，需简化上述的基本信道估计算法。

2. 简化信道估计算法

利用信道延时分布特性进行信道有效抽头的选取。假定 $h_i(n, l_m)$，$(m = 1, \cdots, M)$ 为 $M(M < N)$ 个有效抽头，则只需估计 $h_i(n, l_m)$，这样就只需要进行 $MN_{\mathrm{T}} \times MN_{\mathrm{T}}$ 维矩阵的求逆运算，大大降低了计算复杂度。

同时，假设导频符号在连续模式下进行调制，则有 $|p_{s,i}(n, m)| = 1$；式(8.24)可进一步化简为

$$q_{ij}(n, m) = N\delta(m) \tag{8.28}$$

其中，$\delta(\cdot)$为单位冲击函数。因此 $\boldsymbol{Q}_{ii}(n) = N\boldsymbol{I}$。若恰当地选择训练序列，使得 $\boldsymbol{Q}_{ij}(n) = \boldsymbol{0}$，$(i \neq j)$，则由式(8.22)可得到

$$\tilde{\boldsymbol{h}}_i(n) = \frac{1}{N}\boldsymbol{p}_i(n) \tag{8.29}$$

如果第一个发射天线上发送的导频符号序列为 $p_{s,1}(n, k)$，令第 i 个发射天线上的导频符号序列为

$$p_{s,i}(n, k) = p_{s,1}(n, k)\mathrm{e}^{-\mathrm{j}2\pi N_0(i-1)k/N} \tag{8.30}$$

其中，$i=2, \cdots, N_{\mathrm{T}}$，$N_0=\lfloor N/N_{\mathrm{T}} \rfloor$，符号$\lfloor \cdot \rfloor$表示向下取整。通过计算可知，满足式(8.30)的导频序列对所有的 $i \neq j$，有 $\boldsymbol{Q}_{ij}(n)=\boldsymbol{0}$。因此，导频序列的优化设计能降低信道估计的复杂度。

在数据传输阶段，对第 n 个 SC-FDE 符号块，有

$$\boldsymbol{Q}_{ii}(n)\tilde{\boldsymbol{h}}_i(n) = \boldsymbol{p}_i(n) - \sum_{j=1,\, j\neq i}^{N_{\mathrm{T}}} \boldsymbol{Q}_{ij}(n)\tilde{\boldsymbol{h}}_i(n) \tag{8.31}$$

对于常系数调制的 SC-FDE 符号，$\boldsymbol{Q}_{ii}(n)=N\boldsymbol{I}$，因此有

$$\tilde{\boldsymbol{h}}_i(n) = \frac{1}{N}\left[\boldsymbol{p}_i(n) - \sum_{j=1,\, j\neq i}^{N_{\mathrm{T}}} \boldsymbol{Q}_{ij}(n)\tilde{\boldsymbol{h}}_i(n)\right] \tag{8.32}$$

若用前一个 SC-FDE 符号块的估计值 $\tilde{\boldsymbol{h}}_i(n-1)$ 代替式(8.32)右端的 $\tilde{\boldsymbol{h}}_i(n)$，有

$$\tilde{\boldsymbol{h}}_i(n) = \frac{1}{N}\left[\boldsymbol{p}_i(n) - \sum_{j=1,\, j\neq i}^{N_{\mathrm{T}}} \boldsymbol{Q}_{ij}(n)\tilde{\boldsymbol{h}}_i(n-1)\right] \tag{8.33}$$

8.2　MIMO-SCFDE 系统信道估计

通常讨论的信道估计方法，仅适用于慢时变信道，即信道参数在一个 SC-FDE符号周期内保持不变。然而当频率色散效应引起信道的时间选择性衰落时，信道会在一个 SC-FDE 符号周期内发生变化。针对这种情况，本节提出一种基于导频辅助的 MMSE 信道估计方法，该方法借助最优多项式内插算法估计数据位置处的信道频域响应，在 MMSE 准则下具有最优性能。

8.2.1　导频结构设计

基于导频的非盲信道估计方法，通常情况下是通过发送在发送端和接收端都已知的导频序列，来估计导频位置处信道频域响应，再通过某种插值方法来估计数据位置处信道频域响应。这里选取正交梳状导频来进行信道估计，其频域响应如图 8.1 所示。

用 $P_t(f)(t=1, \cdots, N_{\mathrm{T}})$ 表示第 t 个发射天线上导频符号的频率响应。为构建正交梳状导频，先在时域构建第一个发射天线上的导频符号。选取长度为 N/N_{T} 的时域 Chu 序列 $\boldsymbol{c}$ 来构建长度为 N 的导频序列 $\boldsymbol{p}_1$，即 $\boldsymbol{p}_1=[\boldsymbol{c}, \cdots, \boldsymbol{c}]$。

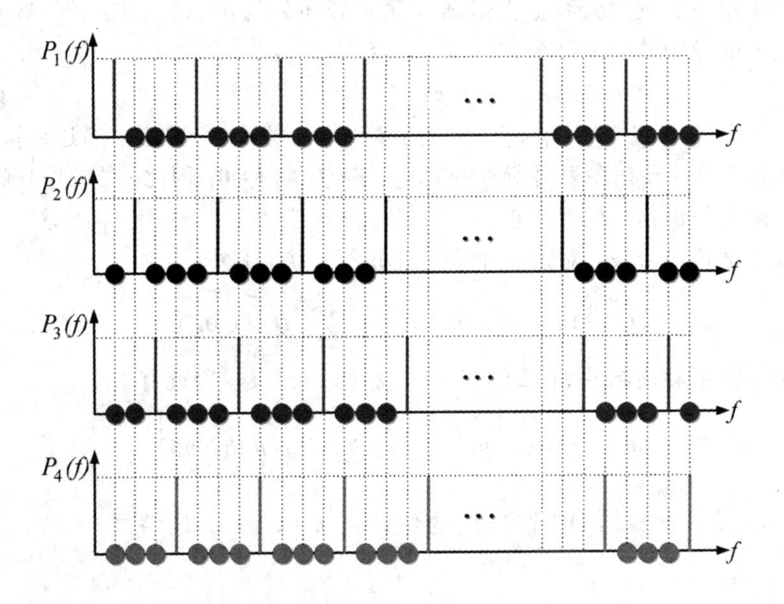

图 8.1　不同天线上的正交梳状导频的频域响应(以 $N_{\mathrm{T}}=4$ 为例)

对于多天线系统，不同发送天线上导频序列间的正交性至关重要，其他天线上的导频序列可通过第一个发射天线上的频域导频符号经相位旋转得到，即

$$P_t(n,k)=P_1(n,k)\mathrm{e}^{\mathrm{j}2\pi(k-1)(t-1)/N},\ k=1,\cdots,N \tag{8.34}$$

其中，$P_t(n,k)$为第 t 个发射天线上的时域导频符号 $\boldsymbol{p}_t$ 经 DFT 后在第 n 时刻的第 k 个元素。

8.2.2　导频位置处的信道估计

采用正交梳状导频，定义第 t 个发射天线上的导频位置处的非零频点集合为 $\psi_t=[t,t+N_{\mathrm{T}},\cdots,t+N-N_{\mathrm{T}}]$。不同天线上的导频块之间的正交性能够保证除 $k\in\psi_t$ 集合以外的 $P_t(k)=0$。因此在 n 时刻，第 r 个接收天线上、第 k 个频点处的频域导频接收信号 $R_r(n,k)$可表示为

$$R_r(n,k)=H_{r,t}(n,k)P_t(n,k)+V_r(n,k),\ k\in\psi_t \tag{8.35}$$

其中，$H_{r,t}(n,k)$为第 r 个接收天线与第 t 个发射天线子信道在 n 时刻、第 k 个频点处的信道频率响应，$V_r(n,k)$为第 r 个接收天线上的信道噪声。

显然，MMSE 信道估计方法相比 LS 方法，以复杂度提升和提前获知信道统计特性为代价得到更好的估计性能。这里，选取 MMSE 信道估计方法对导频位置处的信道频域响应进行估计，即

$$\hat{H}_{r,t}(n, k) = G_t(n, k) R_r(n, k), \ k \in \psi_t \tag{8.36}$$

其中，$G_t(n, k)$表示频域信道估计系数。根据 MMSE 准则，$G_t(n, k)$可表示为

$$G_t(n, k) = \frac{P_t(n, k)^*}{|P_t(n, k)|^2 + \sigma_n^2/\sigma_h^2}, \ k \in \psi_t \tag{8.37}$$

其中，σ_n^2 为信道噪声的方差，且

$$\sigma_h^2 = E\{|H_{r,t}(n, k)|^2\} \tag{8.38}$$

假设信道频域响应 $H_{r,t}(n, k)$、导频符号 $P_t(n, k)$和噪声 $V_r(n, k)$彼此相互独立，则可推导出：

$$\begin{aligned}\sigma_r^2 = E\{|R_r(n, k)|^2\} = E\{|H_{r,t}(n, k)|^2\} \cdot E\{|P_t(n, k)|^2\} + \\ E\{|V_r(n, k)|^2\} = \sigma_h^2 \cdot \sigma_t^2 + \sigma_n^2\end{aligned} \tag{8.39}$$

其中，$\sigma_t^2 = E\{|P_t(n, k)|^2\}$ 。当信道的噪声方差 σ_n^2 可获知时，可进一步推导得到

$$\sigma_h^2 = \frac{\sigma_r^2 - \sigma_n^2}{\sigma_t^2} \tag{8.40}$$

将式(8.40)代入式(8.37)，可推导得到

$$G_t(n, k) = \frac{P_t(n, k)^*}{|P_t(n, k)|^2 + \sigma_n^2 \cdot \sigma_h^2/(\sigma_r^2 - \sigma_n^2)}, \ k \in \psi_t \tag{8.41}$$

然而，式(8.41)仅推导出了导频位置在 $k \in \psi_t$ 频点的信道频域响应，为获得信道在导频位置所有频点处的信道频率响应，可采用变换域处理方法。

先将 $H_{r,t}(n, k)$，$k \in \psi_t$ 变换到时域，得到 $h_{r,t}(n, k)$，$k \in \psi_t$；再在其他频点处进行补零操作，即 $h_{r,t}(n, k) = 0$，$k \notin \psi_t$；最后将 $h_{r,t}(n, k)$，$1 \leqslant k \leqslant N$ 变换回频域，可得到信道在导频位置所有频点处的频率响应。变换域方法将 $k \notin \psi_t$ 频点处的信道噪声置为零，能够有效抑制所有频点处的信道噪声。

8.2.3　数据位置处的信道估计

对于时变多径信道，数据位置处的信道估计可采用基于插值向量的估计方法，其估计方法如图 8.2 所示。

由图 8.2 可知，每个块包含 N_P 个导频符号和 $N_D = N + N_{CP}$ 个数据符号，则块的总长度为 $N_S = N_P + N_D$ 。显然，借助于连续的四个($2J$)块上的导频符号，可以建立基于插值向量的估计方法。

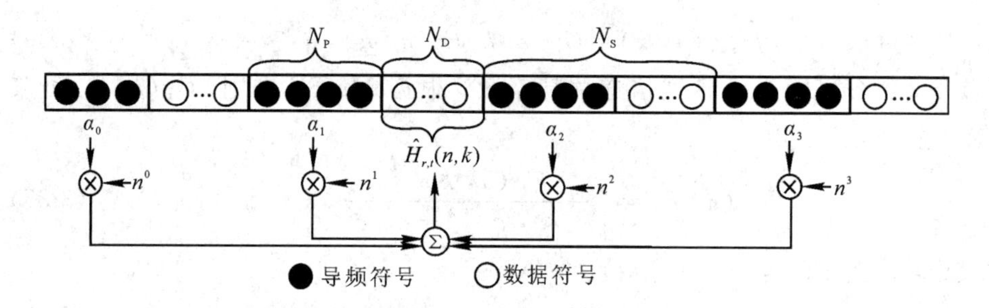

图 8.2 数据位置处的信道估计插值方法

由于信道衰落在一个 SC-FDE 符号周期内的导频位置处几乎保持恒定，则可求得一个 SC-FDE 符号周期内连续的导频符号的信道频率响应的平均值，即

$$\hat{\eta}_{r,t}(m,k)=\frac{1}{N_P}\sum_{n=1}^{N_P}\hat{H}_{r,t}(mN_S+n,k) \tag{8.42}$$

其中，$\hat{\eta}_{r,t}(m,k)$可近似第(r,t)收发天线对间在第 m 个数据块中间位置处的瞬时信道频域响应。多项式插值方法的基本思想是，利用连续的 $2J$ 个块上的导频符号建立一个能表征信道动态特性的多项式，即

$$\hat{H}_{r,t}(m+jN_S,k)=\sum_{i=0}^{q}\alpha_i\varphi_i(jN_S),\ j=-J+1,\cdots,0,\cdots,J \tag{8.43}$$

其中，$\varphi_i(n)=n^i$，$i=0,1,\cdots,q$。选择 $\boldsymbol{\alpha}=[\alpha_0,\alpha_1,\cdots,\alpha_q]^{\mathrm{T}}$ 来最小化如下的均方误差：

$$\hat{\boldsymbol{\alpha}}=\arg\min_{\alpha}\sum_{j=-J+1}^{J}\left[\hat{\eta}_{r,t}(m+j,k)-\hat{H}_{r,t}\left(m+jN_S+\frac{1}{2}N_P,k\right)\right]^2 \tag{8.44}$$

可见，式(8.44)的最小化是一个拉格朗日插值问题，其解为

$$\hat{\boldsymbol{\alpha}}=(\psi^{\mathrm{T}}\psi)^{-1}\psi^{\mathrm{T}}\hat{\eta}_{r,t}(m,k) \tag{8.45}$$

其中

$$\boldsymbol{\psi}=\begin{bmatrix}1 & (-J+1)N_S & \cdots & [(-J+1)N_S]^q\\ \vdots & \vdots & & \vdots\\ 1 & 0 & \cdots & 0\\ \vdots & \vdots & & \vdots\\ 1 & JN_S & \cdots & (JN_S)^q\end{bmatrix} \tag{8.46}$$

$$\hat{\boldsymbol{\eta}}_{r,t}(m,k)=[\hat{\eta}_{r,t}(m-J+1,k),\cdots,\hat{\eta}_{r,t}(m,k),\cdots,\hat{\eta}_{r,t}(m+J,k)]^{\mathrm{T}} \tag{8.47}$$

定义 $\boldsymbol{\varphi}(n)=[\varphi_0(n), \cdots, \varphi_{2J-1}(n)]^{\mathrm{T}}$，则 $\hat{H}_{r,t}(m+jN_{\mathrm{S}}, k)$ 能从式(8.43)推导得到，即

$$\hat{H}_{r,t}(mN_{\mathrm{S}}+n, k)=\boldsymbol{\varphi}(n)^{\mathrm{T}}(\boldsymbol{\psi}^{\mathrm{T}}\boldsymbol{\psi})^{-1}\boldsymbol{\psi}^{\mathrm{T}}\hat{\boldsymbol{\eta}}_{r,t}(m, k), \ n=N_{\mathrm{P}}+1, \cdots, N_{\mathrm{S}} \tag{8.48}$$

显然，$\boldsymbol{\varphi}(n)^{\mathrm{T}}(\boldsymbol{\psi}^{\mathrm{T}}\boldsymbol{\psi})^{-1}\boldsymbol{\psi}^{\mathrm{T}}$ 是与 m 无关的常矢量。不失一般性，可设置 $J=2$，且多项式的阶数 $q=3$。

8.2.4　仿真分析

为验证所提出的基于导频辅助的 MMSE 信道估计方法(记为 MMSE-CE 方法)的误码率 BER 性能，在不同信道条件下进行仿真。为便于比较，采用两种普遍采用的仿真信道，同时给出理想信道条件下的系统性能作为基准。

1. 针对密集多径信道

在进行仿真分析时，选用抽头数量为 60 的频率选择性瑞利衰落信道模型作为密集多径信道。信道的功率延迟谱设置为：前 20 个抽头的平均功率线性增加，后 40 个抽头的平均功率线性减小，且信道总的平均功率归一化为 1。

系统仿真参数设置为：数据块长度 $N=256$，CP 的长度 $N_{\mathrm{CP}}=64$，采用分块传输，每个块包含 16 个导频符号和 256 个数据符号，即 $N_{\mathrm{P}}=16$，$N_{\mathrm{D}}=256$，$N_{\mathrm{S}}=N_{\mathrm{P}}+N_{\mathrm{D}}=272$，符号周期 $T_{\mathrm{S}}=0.25\ \mu\mathrm{s}$，最大多普勒频移 $f_{\mathrm{d}}=100$ Hz。为便于比较，这里也给出了 RLS 信道估计方法的估计性能。

图 8.3 给出了在密集多径信道下，4×4 天线配置时 QPSK 和 8PSK 在 $f_{\mathrm{d}}=100$ Hz 情形下信道估计算法的 BER 性能，其中横轴表示信噪比(SNR)。在相同的 MIMO-SCFDE 仿真环境下，QPSK 映射方式具有更好的 BER 性能。在相同的映射方式下，所提出的 MMSE-CE 方法相比于 RLS 方法，能够获得更好的 BER 性能。在密集多径信道和 $f_{\mathrm{d}}=100$ Hz 时，所提出的 MMSE-CE 方法能获得接近于(1 dB 以内)理想信道条件下的系统性能。并且在 SNR=12 dB 时，所提出的 MMSE-CE 方法能够获得比 RLS 估计方法几乎小一个数量级的 BER 性能。显然，MMSE-CE 方法获得的 BER 性能优势非常明显。

图 8.4 给出了在密集多径信道下，不同天线配置时 QPSK 映射方式在 $f_{\mathrm{d}}=100$ Hz 情形下信道估计算法的 BER 性能。通过固定发射天线数量，只增加接收天线数量，能获得分集增益；相比于 4×4 的天线配置，4×8 的天线配置系统能够获得更大的性能提升。所提出的 MMSE-CE 方法与理想信道条件下系统性能相比，在 4×8 的天线配置时具有更小的性能差距。然而，4×8 的天线

配置所带来的系统性能提升是以系统复杂度的提升为代价的。

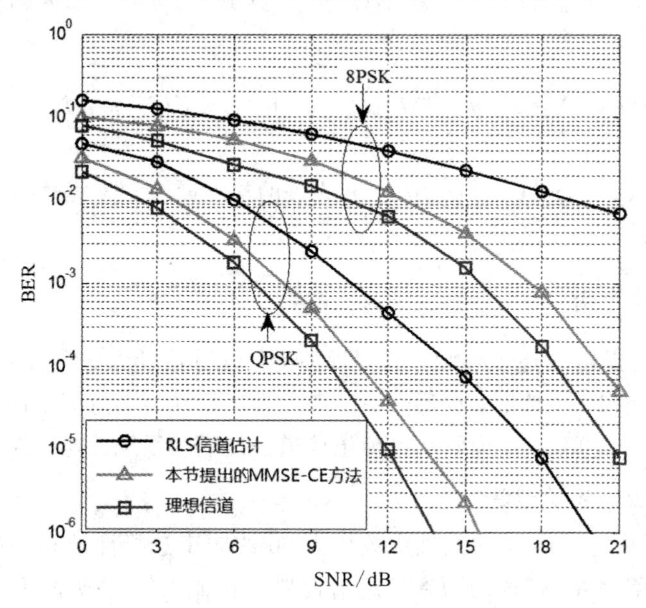

图 8.3 4×4 天线配置时 QPSK 和 8PSK 映射方式的 BER 性能($f_d = 100$ Hz)

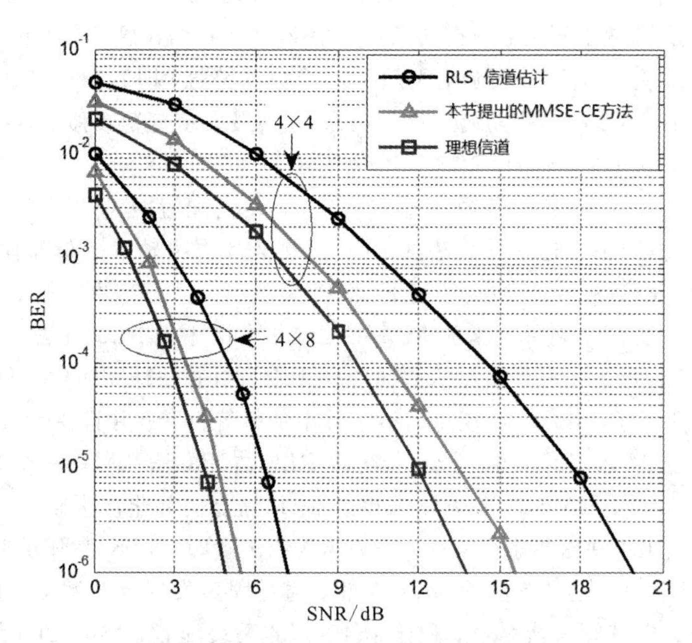

图 8.4 不同天线配置时 QPSK 映射的 BER 性能($f_d = 100$ Hz)

图 8.5 给出了在密集多径信道下，4×4 天线配置和 QPSK 映射时不同多

普勒频移情形下信道估计算法的 BER 性能。随着最大多普勒频移 f_d 的增大，信道估计算法的 BER 性能逐渐变差。所提出的 MMSE-CE 方法在 $f_d=300$ Hz 时，仍能够获得比 RLS 信道估计方法在 $f_d=100$ Hz 时更好的 BER 性能。实际上，较大的 f_d 对应着时变更快速的信道。因此，所提出的 MMSE-CE 方法能够适用于密集多径信道下的时变衰落信道的信道估计。

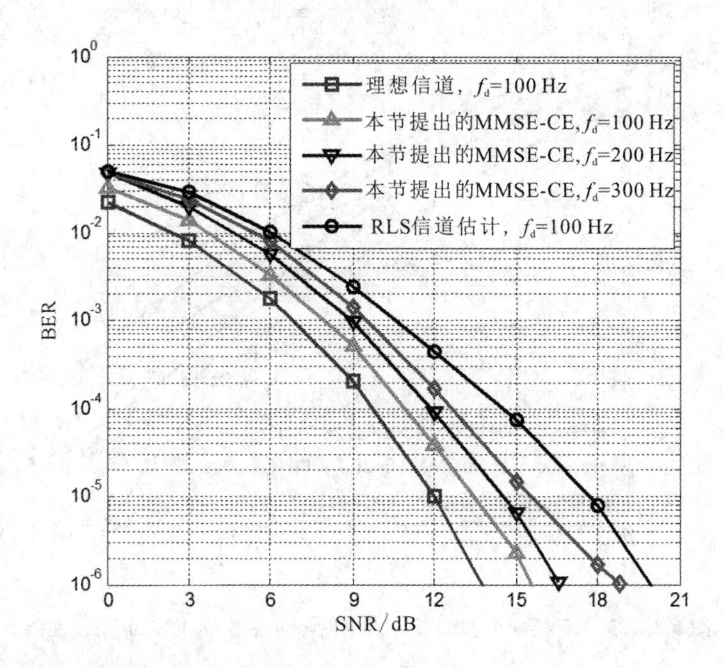

图 8.5　4×4 天线配置和 QPSK 映射时不同多普勒频移下的 BER 性能

2. 针对稀疏多径信道

在进行仿真分析时，选用抽头数量为 8 的频率选择性瑞利衰落信道模型作为稀疏多径信道。信道的功率延迟谱设置为：第 l 个抽头的平均功率为 $\exp(-0.5l)$。

系统仿真参数设置为：数据块长度 $N=128$，CP 的长度 $N_{CP}=10$，采用分块传输，每块包含 8 个导频符号和 128 个数据符号，即 $N_P=8$，$N_D=128$，$N_S=N_P+N_D=136$，符号周期 $T_S=0.25\ \mu s$，映射方式采用 QPSK。对不同多普勒频域情形下各种估计方法的 BER 性能进行对比分析。

图 8.6 给出了在稀疏多径信道下，2×2 天线配置和 QPSK 映射时不同多普勒频移情形下信道估计算法的 BER 性能。在 $f_d=100$ Hz 时，所提出的 MMSE-CE 算法所获得的 BER 性能仅仅比理想信道条件下的系统性能低 0.5 dB。在稀疏信道条件下，当最大多普勒频移由 $f_d=100$ Hz 增加到 $f_d=300$ Hz 时，

MMSE-CE 方法所获得的 BER 性能只有很小的性能损失。此外，MMSE-CE 方法能够处理 RLS 方法三倍的多普勒频移（$f_d = 300$ Hz）情形下的信道估计问题。因此，所提出的 MMSE-CE 信道估计方法能够适用于稀疏多径信道下的时变衰落信道的信道估计。

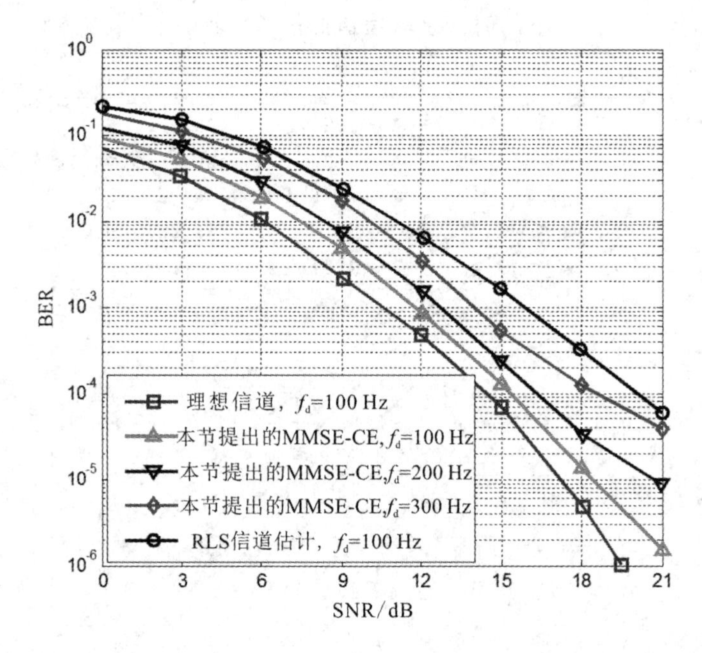

图 8.6 2×2 天线配置和 QPSK 映射时不同多普勒频移的 BER 性能

8.3 基于虚拟导频辅助的 MIMO-SCFDE 系统信道估计

当多普勒频移进一步增大，使信道参数在一个 SC-FDE 符号周期内快速变化时，较长的 SC-FDE 符号周期会对估计性能造成更加严重的影响。对接收端而言，信道的快速时变会破坏 MIMO-SCFDE 系统各频点间的正交性，造成频率间干扰。由于频率间干扰(IFI)的影响，传统的单抽头均衡器将不再适用。

将基于虚拟导频辅助的信道估计方法和基于部分最小均方误差均衡的信道估计方法结合起来，提出一种基于迭代的 IFI 消除方法。对于快速时变信道下的 MIMO-SCFDE 系统，该估计方法能够有效提升信道估计的性能。

8.3.1 系统模型

考虑有 N_T 个发射天线和 N_R 个接收天线的空间复用 MIMO-SCFDE 系

统，采用 V-BLAST 来获取复用增益。发射端采用分块方式进行传输，每 N 个数据符号构成一个 SC-FDE 符号。假设信道多径数目和 CP 长度都为 L，CP 能够完全消除 IBI。

定义 $x_{N_i}(n)$ 为第 N_i 个发射天线上的第 n 个传输符号($n=0, 1, \cdots, N-1$)，在接收端，快速时变信道条件下的 MIMO-SCFDE 系统的时域模型可表示为

$$y_j(n)=\sum_{N_i=1}^{N_\mathrm{T}}\sum_{l=0}^{L-1}h_{jN_i}(n, l)x_{N_i}(n-l)+z_j(n) \tag{8.49}$$

其中，$y_j(n)$ 为第 j 个接收天线上的第 n 个符号。$h_{jN_i}(n, l)$ 表示第(j，N_i)收发天线之间第 l 个多径在第 n 时刻的信道时域响应。$z_j(n)$ 表示零均值的加性高斯白噪声，其方差为 σ^2。定义 $H_{jN_i}(n, f)$ 为 $h_{jN_i}(n, l)$ 对应的信道时变频域响应，可表示为

$$H_{jN_i}(n, f)=\sum_{l=0}^{L-1}h_{jN_i}(n, l)\mathrm{e}^{-\frac{\mathrm{j}2\pi fl}{N}} \tag{8.50}$$

通过对其进行 FFT 变换，可得到对应的 MIMO-SCFDE 系统的频域模型，即

$$Y_j(k)=\sum_{N_i=1}^{N_\mathrm{T}}\sum_{f=0}^{N-1}H_{jN_i}(k, f)X_{N_i}(f)+Z_j(k) \tag{8.51}$$

其中

$$X_{N_i}(k)=\frac{1}{\sqrt{N}}\sum_{n=0}^{N-1}x_{N_i}(n)\mathrm{e}^{-\frac{\mathrm{j}2\pi kn}{N}},\ Z_j(k)=\frac{1}{\sqrt{N}}\sum_{n=0}^{N-1}z_j(n)\mathrm{e}^{-\frac{\mathrm{j}2\pi kn}{N}} \tag{8.52}$$

$$H_{jN_i}(k, f)=\frac{1}{N}\sum_{n=0}^{N-1}H_{jN_i}(n, f)\mathrm{e}^{-\frac{\mathrm{j}2\pi(k-f)n}{N}} \tag{8.53}$$

定义第 k 个频点处的接收信号矢量 $\boldsymbol{Y}(k)=[Y_1(k), Y_2(k), \cdots, Y_{N_\mathrm{R}}(k)]^\mathrm{T}$，可表示为

$$\begin{aligned}\boldsymbol{Y}(k)&=\boldsymbol{H}(k, k)\boldsymbol{X}(k)+\sum_{f=0,\ f\neq k}^{N-1}\boldsymbol{H}(k, f)\boldsymbol{X}(f)+\boldsymbol{Z}(k)\\&=\boldsymbol{H}(k, k)\boldsymbol{X}(k)+\boldsymbol{I}(k)+\boldsymbol{Z}(k)\end{aligned} \tag{8.54}$$

其中，$\boldsymbol{Z}(k)=[Z_1(k), \cdots, Z_{N_\mathrm{R}}(k)]^\mathrm{T}$，为加性高斯白噪声；$\boldsymbol{X}(k)=[X_1(k), \cdots, X_{N_\mathrm{T}}(k)]^\mathrm{T}$，为第 k 个频点处的发送信号矢量。式(8.54)的第二项为 IFI 项，即

$$\boldsymbol{I}(k)=\sum_{f=0,\ f\neq k}^{N-1}\boldsymbol{H}(k, f)\boldsymbol{X}(f) \tag{8.55}$$

其中

$$\boldsymbol{H}(k, f)=\begin{bmatrix} H_{11}(k, f) & H_{12}(k, f) & \cdots & H_{1N_{\mathrm{T}}}(k, f) \\ H_{21}(k, f) & H_{22}(k, f) & \cdots & H_{2N_{\mathrm{T}}}(k, f) \\ \vdots & \vdots & & \vdots \\ H_{N_{\mathrm{R}}1}(k, f) & H_{N_{\mathrm{R}}2}(k, f) & \cdots & H_{N_{\mathrm{R}}N_{\mathrm{T}}}(k, f) \end{bmatrix} \tag{8.56}$$

短时傅里叶变换(Short-Time Fourier Transform，STFT)是获得时变信号时频域表示的有力工具。通过进行 STFT 变换，可得到对应的 MIMO-SCFDE 系统的时频域模型，即

$$Y_j(n, f)=\sum_{N_i=1}^{N_{\mathrm{T}}} H_{jN_i}(n, f) X_{N_i}(n, f)+Z_j(n, f) \tag{8.57}$$

其中，$Y_j(n, f)$，$X_{N_i}(n, f)$ 和 $Z_j(n, f)$ 分别为 $Y_j(f)$，$X_{N_i}(f)$ 和 $Z_j(f)$ 的 STFT 变换。

8.3.2　信道估计初始化

基于导频的信道估计方法一般是通过发送对于发送端和接收端都已知的导频来进行的，并借助于各种插值算法。对于 MIMO-SCFDE 系统，通常是采用周期性地在数据符号间插入正交梳状导频来获得总体的信道状态信息。在本节，不同发送天线上的导频选用相同的格状导频结构，而不是正交的梳状导频结构。所采用的格状导频结构如图 8.7(a)所示。

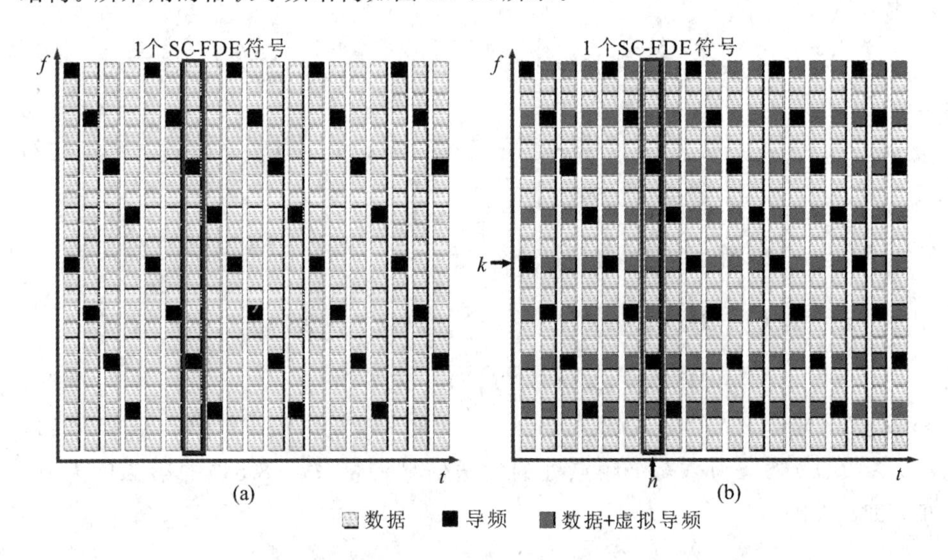

图 8.7　格状导频结构和虚拟导频结构对比

由图 8.7(a)可知，格状导频分散在时间和频率轴上，以便在时频域上进行

插值。对于时间频率双选择性信道而言，这种分散插入导频的方法可以提高信道估计的准确性。此外，为获得LS信道估计的最小均方误差，可采用分布在多个SC-FDE符号上的最优导频序列。假设导频序列由 P 个导频符号组成，分布在 g 个连续的SC-FDE符号上，且每个发送天线上的导频序列的功率为 K，则最优导频序列可以设计为

$$X_{PN_i}(n, p)=\sqrt{\frac{K}{P}}\mathrm{e}^{-\mathrm{j}2\pi(m+pg)(N_i-1)L/P} \tag{8.58}$$

其中，$X_{PN_i}(n, p)$表示第 N_i 个发射天线上的第 n 个传输符号在第 p 个频点处的导频，$n\in\{0, 1, \cdots, g-1\}$，$p\in\{0, 1, \cdots, P/g-1\}$。当 $g=1$ 时，可得到在第 N_i 个发射天线上、在一个SC-FDE符号上的最优导频序列，即

$$X_{PN_i}(p)=\sqrt{\frac{K}{P}}\mathrm{e}^{-\mathrm{j}2\pi p(N_i-1)L/P} \tag{8.59}$$

其中，$p\in\{0, 1, \cdots, P-1\}$。

同时，通过时域的一阶线性插值方法，数据位置处的信道频域响应 $H_{jN_i}(n, k)$可表示为

$$H_{jN_i}(n, k)=\left(1-\frac{c}{d}\right)H_{jN_i}(n', k)+\frac{c}{d}H_{jN_i}(n'', k) \tag{8.60}$$

其中，n'和n''分别为与 n 时刻相邻的导频位置处的两个时刻，$c=n-n'$，$d=n''-n'$。因此，$H_{jN_i}(n, k)$可进一步改写为

$$H_{jN_i}(n, k)=\boldsymbol{T}(n)\boldsymbol{H}_{jN_i}(n', k) \tag{8.61}$$

其中，$\boldsymbol{H}_{jN_i}(n', k)=[H_{jN_i}(n', k), H_{jN_i}(n'', k)]^{\mathrm{T}}$，表示导频位置处的信道频率响应，且

$$\boldsymbol{T}(n)=\left[1-\frac{c}{d}, \frac{c}{d}\right] \tag{8.62}$$

采用虚拟导频对快速时变信道下的MIMO-SCFDE系统进行信道估计，其虚拟导频结构如图8.7(b)所示。假定在第 N_i 个发射天线上、在时间 m、第 p 个频点的数据位置上存在一个叠加的虚拟导频 $X_{\mathrm{VPN}_i}(n, k)$，其只有数学意义上的存在。则在第 j 个接收天线相同的数据位置上，有一个相对应的叠加虚拟导频接收信号 $Y_{j\mathrm{VP}}(n, k)$，可表示为

$$\begin{aligned}Y_{j\mathrm{VP}}(n, k)&=\sum_{N_i=1}^{N_{\mathrm{T}}}H_{jN_i}(n, k)X_{\mathrm{VPN}_i}(n, k)+Z_j(n, k)\\&=\boldsymbol{T}(n)\sum_{N_i=1}^{N_{\mathrm{T}}}X_{\mathrm{VPN}_i}(n, k)\boldsymbol{H}_{jN_i}(n', k)+Z_j(n, k)\end{aligned} \tag{8.63}$$

其中，在时间 m 的虚拟导频 $X_{\mathrm{VPN}_i}(n, k)$ 与在第 p 个频点的实际导频是相同的。根据式(8.59)，虚拟导频 $X_{\mathrm{VPN}_i}(n, k)$ 可进一步表示为

$$X_{\mathrm{VPN}_i}(n, k)=X_{PN_i}(k) \tag{8.64}$$

将式(8.64)代入式(8.63)可得

$$Y_{j\mathrm{VP}}(n, k)=\boldsymbol{T}(n)\sum_{N_i=1}^{N_\mathrm{T}} X_{PN_i}(k)\boldsymbol{H}_{jN_i}(n', k)+Z_j(n, k) \tag{8.65}$$

定义 $\boldsymbol{Y}_{jP}(n', k)=[Y_{jP}(n', k), Y_{jP}(n'', k)]^\mathrm{T}$，可得到

$$\boldsymbol{Y}_{jP}(n', k)=\sum_{N_i=1}^{N_\mathrm{T}} X_{PN_i}(k)\boldsymbol{H}_{jN_i}(n', k)+\boldsymbol{Z}_j(n', k) \tag{8.66}$$

其中，$\boldsymbol{Z}_j(n', k)=[Z_j(n', k), Z_j(n'', k)]^\mathrm{T}$。将式(8.66)代入式(8.65)，可得

$$Y_{j\mathrm{VP}}(n, k)=\boldsymbol{T}(n)(\boldsymbol{Y}_{jP}(n', k)-\boldsymbol{Z}_j(n', k))+Z_j(n, k) \tag{8.67}$$

在实际应用中，叠加的虚拟导频接收信号可被估计为

$$\hat{Y}_{j\mathrm{VP}}(n, k)=\boldsymbol{T}(n)\boldsymbol{Y}_{jP}(n', k) \tag{8.68}$$

可以证明，当 $Z_j(n, k)$为零均值变量时，$\hat{Y}_{j\mathrm{VP}}(n, k)$ 是 $Y_{j\mathrm{VP}}(n, k)$ 的无偏估计。

假定 $\boldsymbol{Y}_{jP}(n)$ 表示在时间 m 上由 P/g 个实际导频接收信号 $Y_{jP}(n, k')$和 $(g-1)P/g$ 个虚拟导频接收信号组成的向量，且按照频率大小从低到高排序，则 $\boldsymbol{Y}_{jP}(n)$ 可表示为

$$\boldsymbol{Y}_{jP}(n)=\boldsymbol{X}_P\boldsymbol{F}_P\boldsymbol{h}\boldsymbol{j}(n) \tag{8.69}$$

其中，

$$\begin{cases}\boldsymbol{X}_P=\mathrm{diag}\{\boldsymbol{X}_P(0), \boldsymbol{X}_P(1), \cdots, \boldsymbol{X}_P(g-1)\}\\ \boldsymbol{X}_P(n)=[\boldsymbol{X}_{P1}(n), \boldsymbol{X}_{P2}(n), \cdots, \boldsymbol{X}_{PN_\mathrm{T}}(n)]\\ \boldsymbol{X}_{PN_i}(n)=\mathrm{diag}\{X_{PN_i}(n, 0), X_{PN_i}(n, 1), \cdots, X_{PN_i}(n, P/g-1)\}\end{cases} \tag{8.70}$$

$$\begin{cases}\boldsymbol{h}_j(n)=[\boldsymbol{h}_{j1}^\mathrm{T}(n), \boldsymbol{h}_{j2}^\mathrm{T}(n), \cdots, \boldsymbol{h}_{jN_\mathrm{T}}^\mathrm{T}(n)]^\mathrm{T}\\ \boldsymbol{h}_{jN_i}(n)=[h_{jN_i}(n, 0), h_{jN_i}(n, 1), \cdots, h_{jN_i}(n, L-1)]^\mathrm{T}\end{cases} \tag{8.71}$$

且 $\boldsymbol{F}_P=\mathrm{diag}\{\boldsymbol{F}_{PL}, \cdots, \boldsymbol{F}_{PL}\}$，为 $PN_\mathrm{T}\times LN_\mathrm{T}$ 的块对角矩阵，其中块 $\boldsymbol{F}_{PL}$ 为 $P\times P$维归一化 DFT 矩阵的前 L 列。

定义 $\boldsymbol{A}=\boldsymbol{X}_P\boldsymbol{F}_P$，可得到 $\boldsymbol{A}^\mathrm{H}\boldsymbol{A}=K\boldsymbol{I}_{LN_\mathrm{T}}$，则 LS 信道估计可由下式得到

$$\hat{\boldsymbol{h}}_j(n)=\frac{1}{K}\boldsymbol{A}^\mathrm{H}\boldsymbol{Y}_{jP}(n) \tag{8.72}$$

由于矩阵 $\boldsymbol{A}$ 可以通过离线计算得到，上述的 LS 信道估计方法复杂度相对较低。将 $\hat{h}_{jN_i}(n, l)$ 代入式(8.50)和式(8.53)，则 $H_{jN_i}(k, f)$ 的估计值为

$$\hat{H}_{jN_i}(k, f)=\frac{1}{N}\sum_{n=0}^{N-1}\sum_{l=0}^{L-1}\hat{h}_{jN_i}(n, l)\mathrm{e}^{-\frac{\mathrm{j}2\pi fl}{N}}\mathrm{e}^{-\frac{\mathrm{j}2\pi(k-f)n}{N}} \tag{8.73}$$

根据式(8.56)，可得到 $\boldsymbol{H}(k, f)$ 的初始估计值 $\hat{\boldsymbol{H}}(k, f)$。

8.3.3 MIMO 检测初始化

定义频域的信号向量如下：

$$\boldsymbol{Y}=\begin{bmatrix}\boldsymbol{Y}^{\mathrm{T}}(0)\\ \boldsymbol{Y}^{\mathrm{T}}(1)\\ \vdots \\ \boldsymbol{Y}^{\mathrm{T}}(N-1)\end{bmatrix}, \boldsymbol{X}=\begin{bmatrix}\boldsymbol{X}^{\mathrm{T}}(0)\\ \boldsymbol{X}^{\mathrm{T}}(1)\\ \vdots \\ \boldsymbol{X}^{\mathrm{T}}(N-1)\end{bmatrix}, \boldsymbol{Z}=\begin{bmatrix}\boldsymbol{Z}^{\mathrm{T}}(0)\\ \boldsymbol{Z}^{\mathrm{T}}(1)\\ \vdots \\ \boldsymbol{Z}^{\mathrm{T}}(N-1)\end{bmatrix} \tag{8.74}$$

则式(8.54)可表示成紧凑的矩阵一向量形式，即

$$\boldsymbol{Y}=\boldsymbol{H}\boldsymbol{X}+\boldsymbol{Z} \tag{8.75}$$

其中，信道矩阵 $\boldsymbol{H}$ 可表示为

$$\boldsymbol{H}=\begin{bmatrix}\boldsymbol{H}(0, 0) & \boldsymbol{H}(0, 1) & \cdots & \boldsymbol{H}(0, N-1)\\ \boldsymbol{H}(1, 0) & \boldsymbol{H}(1, 1) & \cdots & \boldsymbol{H}(1, N-1)\\ \vdots & \vdots & & \vdots \\ \boldsymbol{H}(N-1, 0) & \boldsymbol{H}(N-1, 1) & \cdots & \boldsymbol{H}(N-1, N-1)\end{bmatrix}_{N_{\mathrm{R}}N\times N_{\mathrm{T}}N} \tag{8.76}$$

注意到，当 MMSE 准则用于频域均衡时，均衡算法具有 $O((NN_{\mathrm{R}})^3)$ 的复杂度，并且随着 N_{R} 和 N 的增加而大幅度增大，这将限制其在实际系统中的应用。

然而，可以证明，信道频域响应的大部分能量都将集中在信道矩阵的对角线附近。因此，信道的频域稀疏矩阵 $\boldsymbol{H}$ 可近似为大小为 $2D$ 的带状矩阵，其带状矩阵的结构如图 8.8 所示。

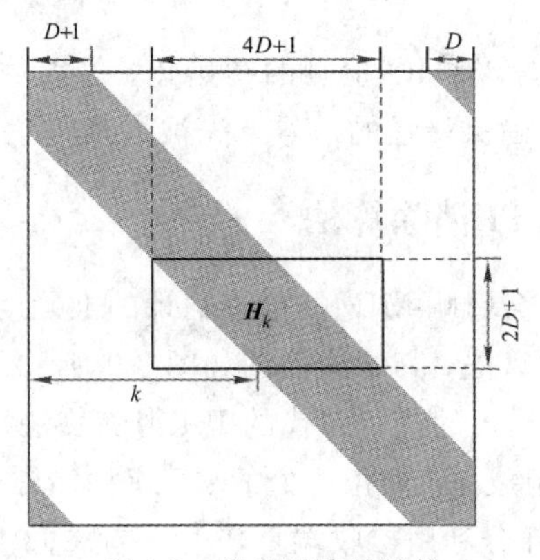

图 8.8　带状矩阵的结构

由图 8.8 可知，带状矩阵用图中的阴影部分表示，其第(r, t)个矩阵块元素为 $\boldsymbol{H}(r-1, t-1)$。定义 $\boldsymbol{Y}_D(k)=[\boldsymbol{Y}^{\mathrm{T}}(k-D)_N, \cdots, \boldsymbol{Y}^{\mathrm{T}}(k)_N, \cdots, \boldsymbol{Y}^{\mathrm{T}}(k+D)_N]^{\mathrm{T}}$，与传统均衡方法有所不同，这里采用分频点的频域均衡。$\boldsymbol{Y}_D(k)$ 可进一步表示为

$$\boldsymbol{Y}_D(k)=\boldsymbol{H}_k\boldsymbol{X}_D(k)+\boldsymbol{Z}_D(k) \tag{8.77}$$

其中，$\boldsymbol{X}_D(k)=[\boldsymbol{X}^{\mathrm{T}}(k-2D)_N, \cdots, \boldsymbol{X}^{\mathrm{T}}(k)_N, \cdots, \boldsymbol{X}^{\mathrm{T}}(k+2D)_N]^{\mathrm{T}}$，为发送的数据向量，且此处第 k 个频点处的信道频域响应 $\boldsymbol{H}_k$ 具有如下形式：

$$\boldsymbol{H}_k=\begin{bmatrix} \boldsymbol{H}((k-D)_N, (k-2D)_N) & \cdots & \boldsymbol{H}((k-D)_N, k) & \cdots & \boldsymbol{H}((k-D)_N, (k+2D)_N) \\ \vdots & & \vdots & & \vdots \\ \boldsymbol{H}(k, (k-2D)_N) & \cdots & \boldsymbol{H}(k, k) & \cdots & \boldsymbol{H}(k, (k+2D)_N) \\ \vdots & & \vdots & & \vdots \\ \boldsymbol{H}((k+D)_N, (k-2D)_N) & \cdots & \boldsymbol{H}((k+D)_N, k) & \cdots & \boldsymbol{H}((k+D)_N, (k+2D)_N) \end{bmatrix} \tag{8.78}$$

定义 $\boldsymbol{W}(k)$为$\boldsymbol{Y}_D(k)$的 MMSE 均衡矩阵，称为部分最小均方误差(Partial Minimum Mean Square Error，PMMSE)均衡。通过最小化如下的 MSE 代价函数求最优的 $\boldsymbol{W}(k)$，代价函数为

$$J=\mathrm{tr}\{E\{|\boldsymbol{W}(k)\boldsymbol{Y}_D(k)-\boldsymbol{X}(n)|^2\}\} \tag{8.79}$$

通过对代价函数的迹(tr)对 $\boldsymbol{W}(k)$求偏导并令其为零，可求得

$$\boldsymbol{W}(k)=\bar{\boldsymbol{G}}_k^{\mathrm{H}}(\boldsymbol{G}_k\boldsymbol{G}_k^{\mathrm{H}}+\sigma^2\boldsymbol{I}_{(2D+1)N_{\mathrm{R}}})^{-1} \tag{8.80}$$

其中，$\boldsymbol{G}_k$ 为 $\boldsymbol{H}_k$ 的前$(2D+1)N_{\mathrm{T}}$ 列，$\bar{\boldsymbol{G}}_k$ 为 $\boldsymbol{H}_k$ 的后 N_{T} 列。最后，可得到 $\boldsymbol{X}(k)$ 的估计：

$$\hat{\boldsymbol{X}}(k)=\boldsymbol{W}(k)\boldsymbol{Y}_D(k) \tag{8.81}$$

这里，$\hat{\boldsymbol{X}}(k)$ 可作为 MIMO 检测的初始化。值得注意的是，系统的 SINR 需要提前计算出来，以确保最强的信号首先被检测。

8.3.4 基于迭代的 IFI 消除算法

导频位置处的 IFI 会影响 MIMO 信道估计的准确度。针对该问题，提出一种基于迭代的 IFI 消除算法，其结构框图如图 8.9 所示。

由图 8.9 可知，所提出的基于迭代的 IFI 消除算法主要由信道估计部分和 MIMO 信号检测部分组成。导频位置处的 IFI 重构能够极大地消除导频接收信号上的 IFI。信道估计部分利用接收端重建的导频来更新信道频域响应(CFR)；之后，更新的 CFR 被用于进行 MIMO 检测。与传统的连续干扰消除不同，IFI

项在每个频点的数据判决后都被估计进而消除，它能够提升下一个频点处的估计准确度，使得算法的收敛速度加速。这里，对所提出的基于迭代的 IFI 消除算法进行详细的描述，具体算法步骤如下：

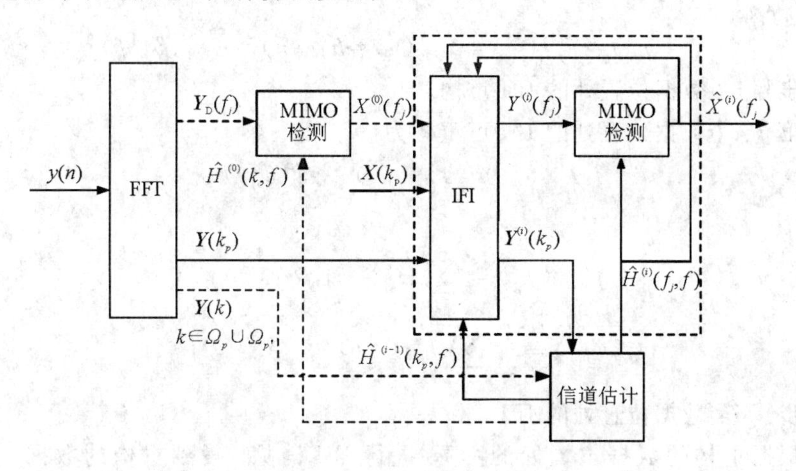

图 8.9　基于迭代的 IFI 消除算法的结构框图

步骤 1：初始化；

根据 8.3.2 节和 8.3.3 节的方法，在初始时刻 $\boldsymbol{H}^{(0)}(k,f)=\hat{\boldsymbol{H}}(k,f)$，$\boldsymbol{X}^{(0)}(k)=\hat{\boldsymbol{X}}(k)$。为简化描述，定义导频位置处的频点集合为 $k_{\mathrm{p}}\in\Omega_{\mathrm{p}}=\{k_1,\cdots,k_{NK}\}$，其中 $N_K=P/g$；定义数据位置处的频点集合为 $f_j\in\Omega_{\mathrm{d}}=\{f_1,f_2,\cdots,f_{N-NK}\}$。

步骤 2：设置迭代次数 N_{iter}；

迭代时，$i=1:N_{\mathrm{iter}}$。

步骤 3：导频位置处的 IFI 重构；

第 k_{p} 个导频位置处的 IFI 可重构为

$$\boldsymbol{I}^{(i-1)}(k_{\mathrm{p}})=\boldsymbol{I}_{\Omega_{\mathrm{p}}}^{(i-1)}(k_{\mathrm{p}})+\boldsymbol{I}_{\Omega_{\mathrm{d}}}^{(i-1)}(k_{\mathrm{p}}) \tag{8.82}$$

其中

$$\boldsymbol{I}_{\Omega_p}^{(i-1)}(k_{\mathrm{p}})=\sum_{q\neq k_{\mathrm{p}},\ q\in\Omega_{\mathrm{p}}}\hat{\boldsymbol{H}}^{(i-1)}(k_{\mathrm{p}},q)\boldsymbol{X}(q) \tag{8.83}$$

$$\boldsymbol{I}_{\Omega_{\mathrm{d}}}^{(i-1)}(k_{\mathrm{p}})=\sum_{f\in\Omega_{\mathrm{d}}}\hat{\boldsymbol{H}}^{(i-1)}(k_{\mathrm{p}},f)\hat{\boldsymbol{X}}^{(i-1)}(f) \tag{8.84}$$

步骤 4：导频位置处的 IFI 消除；

根据重构的导频位置处的 IFI，进行 IFI 消除，得到重构的导频接收信号，即

$$\boldsymbol{Y}^{(i)}(k_{\mathrm{p}})=\boldsymbol{Y}(k_{\mathrm{p}})-\boldsymbol{I}^{(i-1)}(k_{\mathrm{p}}) \tag{8.85}$$

步骤 5：更新信道频域响应；

根据 8.3.2 节的方法，更新信道频域响应，即

$$\boldsymbol{Y}^{(i)}(k_{\mathrm{p}})\Rightarrow Y_j^{(i)}(k_{\mathrm{p}})\Rightarrow \boldsymbol{Y}_{j\mathrm{P}}^{(i)}(n)\Rightarrow \hat{\boldsymbol{h}}_j^{(i)}(n)\Rightarrow \hat{\boldsymbol{H}}^{(i)}(k,f) \tag{8.86}$$

步骤 6：数据位置处的 IFI 重构；

第 f_j 个数据位置处的 IFI 可重构为

$$\boldsymbol{I}^{(i)}(f_j)=\boldsymbol{I}_{\boldsymbol{\Omega}_{\mathrm{p}}}^{(i)}(f_j)+\boldsymbol{I}_{\boldsymbol{\Omega}_{\mathrm{d}}}^{(i)}(f_j) \tag{8.87}$$

其中

$$\boldsymbol{I}_{\boldsymbol{\Omega}_{\mathrm{p}}}^{(i)}(f_j)=\sum_{q\in\boldsymbol{\Omega}_{\mathrm{p}}}\hat{\boldsymbol{H}}^{(i)}(f_j,q)\boldsymbol{X}(q) \tag{8.88}$$

$$\boldsymbol{I}_{\boldsymbol{\Omega}_{\mathrm{d}}}^{(i)}(f_j)=\sum_{f\neq f_j,\, f\in\boldsymbol{\Omega}_{\mathrm{d}}}\hat{\boldsymbol{H}}^{(i)}(f_j,f)\hat{\boldsymbol{X}}^{(i-1)}(f) \tag{8.89}$$

步骤 7：数据位置处的 IFI 消除；

根据重构的数据位置处的 IFI，进行 IFI 消除，得到重构的数据接收信号，即

$$\boldsymbol{Y}^{(i)}(f_j)=\boldsymbol{Y}(f_j)-\boldsymbol{I}^{(i)}(f_j) \tag{8.90}$$

步骤 8：更新 MIMO 信号检测。

根据 8.3.3 节的方法，更新 MIMO 信号检测，即

$$\boldsymbol{Y}^{(i)}(f_j)\Rightarrow \boldsymbol{Y}_{\mathrm{D}}^{(i)}(f_j)\Rightarrow \hat{\boldsymbol{X}}^{(i)}(f_j) \tag{8.91}$$

步骤 9：终止条件。

设置 $i=i+1$，若 $i\leqslant N_{\mathrm{iter}}$，则返回步骤 3，重新进行步骤 3 到步骤 9。

通过在信道估计、IFI 消除和 MIMO 检测之间的连续迭代，该估计方法能实现信道估计部分和 MIMO 检测部分的信息交互。值得注意的是，这里所提出的方法与迭代的 Turbo 检测与解码有相似之处。但不同之处在于，这里的信道估计算法在进行信道估计和 MIMO 检测的信息交互时，仅仅提供硬判决信息；与此对应的是，两者的信号检测方法也有所不同。

8.3.5 仿真分析

为验证基于虚拟导频辅助的 MIMO-SCFDE 系统信道估计方法的 BER 和 NMSE 性能，在不同时变信道条件下进行仿真。为便于比较，以理想信道条件下的系统性能作为基准。鉴于传统的估计方法，对中等程度的多普勒频移情形下 MIMO-SCFDE 系统的快时变信道具有很好的估计性能，这里将其作为比较的对象。

在进行仿真分析时，选用抽头数量为 16 的频率选择性瑞利衰落信道模型作为密集多径信道。信道的功率延迟谱设置为：前 10 个抽头的平均功率线性增加，后 6 个抽头的平均功率线性减小，且信道总的平均功率归一化为 1。

系统仿真参数设置为：发送和接收天线数量为 $N_T = N_R = 4$，且采用 QPSK 映射方式，数据块长度 $N=256$，CP 的长度 $N_{CP}=64$，采用分块传输，每个块包含 16 个导频符号以及 256 个数据符号，即 $N_P=16$，$N_D=256$，$N_S=N_P+N_D=272$，符号周期为 $T_S=0.25\ \mu s$。导频序列分布在 4 个连续的 SC-FDE符号上，即 $P=64$，$g=4$，且表征带状矩阵大小的参数 $D=3$。最大多普勒频移 $f_d=100$ Hz，此时的信道被认为是时变信道。

在 $f_d=100$ Hz 时不同迭代次数时的 BER 性能如图 8.10 所示。可见，所提出的基于虚拟导频的估计方法的性能随着迭代次数的增加不断提升。但是在迭代次数 $N_{iter}=3$ 和 $N_{iter}=4$ 时，其 BER 性能基本相同。这表明所提出的基于虚拟导频的估计方法在三次迭代后就已经收敛，此时再继续增加迭代次数并不能够提升估计性能。极少的迭代次数就可以达到稳态值，这得益于对信道状态信息进行较为准确的初始化。与传统的估计方法相比，所提出的基于虚拟导频的迭代估计方法能获得更优的系统性能。传统的估计方法是借助于相邻的两个导

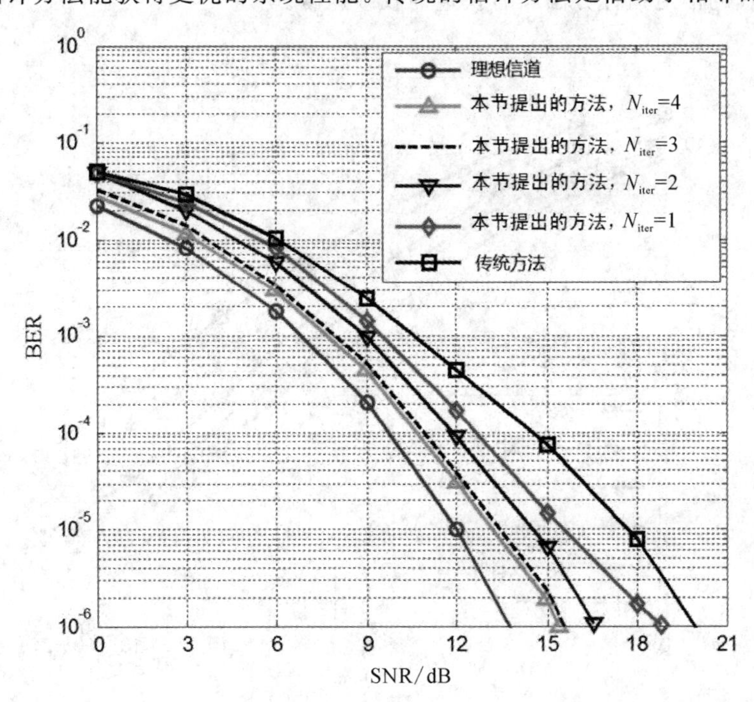

图 8.10　不同迭代次数时的 BER 性能（$f_d=100$ Hz）

频块位置处的信道估计，利用频域插值方法来获得数据块位置处的信道频域响应，但并未将快速时变信道造成的 MIMO-SCFDE 系统的频率间干扰 IFI 考虑在内。快速时变信道条件下，导频位置处的 IFI 会对 MIMO-SCFDE 系统的信道估计的准确度产生严重的影响。这里所提出的基于虚拟导频的信道估计方法，在 $f_d=100$ Hz 时具有接近于理想信道状态信息情形下(1 dB 以内)的系统性能。此外，在 SNR＝12 dB 和 $N_{iter}=3$ 时，本节所提方法能获得与传统方法相比低出一个数量级的 BER 性能。

在 $f_d=100$ Hz 时不同迭代次数时的 NMSE 性能如图 8.11 所示。显然，与传统的估计方法相比，本节所提出的基于虚拟导频的迭代估计方法能够获得更优的系统 NMSE 性能。对 MIMO-SCFDE 系统的快速时变信道，将不可避免地引入 IFI，因此所建立的信道模型与实际的信道间存在很大的差距。考虑到模型误差的问题，本节方法在进行信道和系统的建模时，对信道在一个 SC-FDE符号周期内的时变特性进行刻画。并且最优导频序列被用于对信道估计进行初始化，IFI 消除能够进一步减小导频位置处和数据位置处的 IFI 对系统性能的影响。在三次迭代后，本节所提方法即可达到期望的系统性能，这表明该迭代的信道估计方法具有快速的收敛速度。

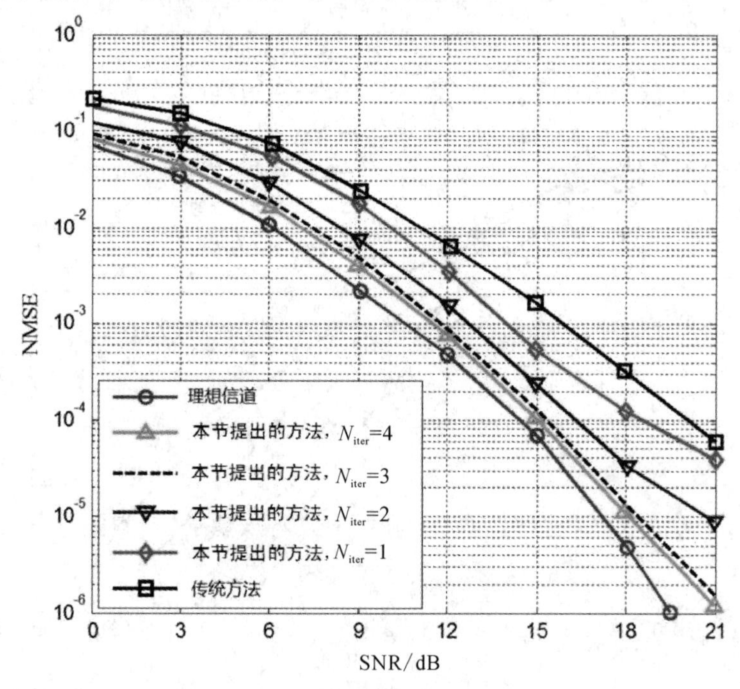

图 8.11 不同迭代次数时的 NMSE 性能($f_d=100$ Hz)

在 $N_{\text{iter}}=3$ 时不同多普勒频移时的 BER 性能如图 8.12 所示。与传统的估计方法相比，本文方法在多普勒频移高达 400 Hz 的情形下仍具有良好的性能，这得益于 MIMO 检测、IFI 消除以及信道估计之间的不断迭代，将 IFI 对快速时变信道估计的不利影响降到了很低的水平。

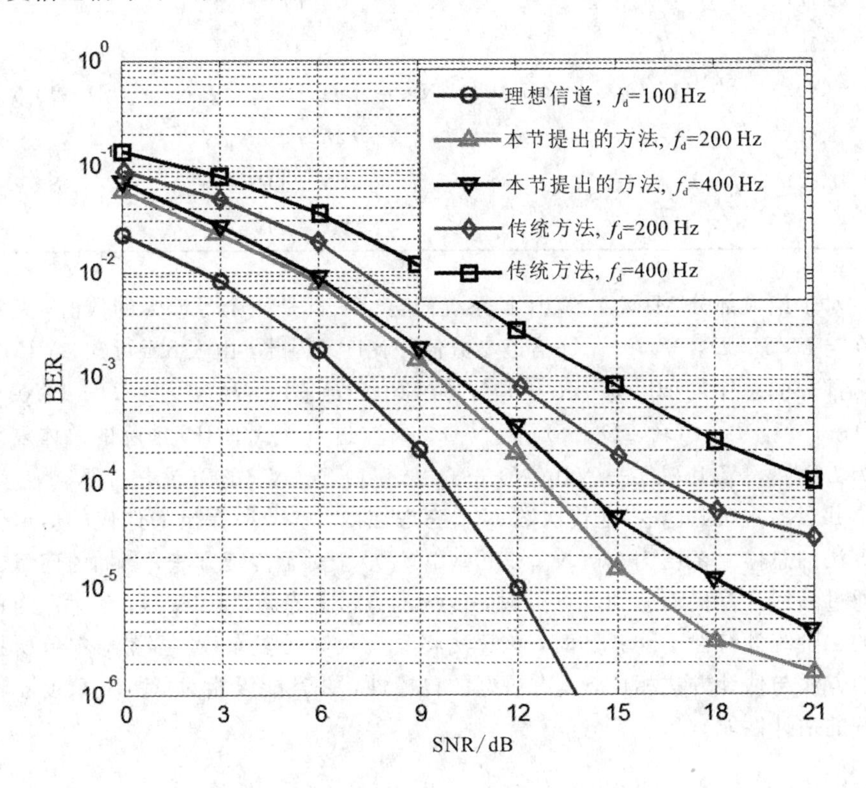

图 8.12　不同多普勒频移时的 BER 性能（$N_{\text{iter}}=3$）

复杂度也是衡量信道估计算法性能的重要指标，下面对估计算法复杂度进行进一步分析。为简化处理，复杂度分析时仅仅考虑其复乘（Complex MULtiplications，CMULs）运算次数。

对于表征信道估计的式(8.72)，$\boldsymbol{A}^{\mathrm{H}}=(\boldsymbol{X}_P\boldsymbol{F}_P)^{\mathrm{H}}\in \boldsymbol{C}^{LN_{\mathrm{T}}\times P}$ 可通过离线计算获得并存储，因此其计算仅需考虑预先得到的矩阵 $\boldsymbol{A}^{\mathrm{H}}$ 与 $P\times 1$ 维 $\boldsymbol{Y}_{jP}(n)$ 的点乘，需 LPN_{T} 次 CMULs 运算。定义 $\boldsymbol{H}_{jN_i}=[\boldsymbol{H}_{jN_i}^{\mathrm{T}}(0), \cdots, \boldsymbol{H}_{jN_i}^{\mathrm{T}}(N-1)]^{\mathrm{T}}$，其中 $\boldsymbol{H}_{jN_i}(k)=[H_{jN_i}(k, 0), \cdots, H_{jN_i}(k, N-1)]^{\mathrm{T}}$。为计算 $\boldsymbol{H}_{jN_i}$，需要分别进行长度为 L 和 N 的 FFT 运算，即 $L\,\mathrm{lb}(L)+N\,\mathrm{lb}(N)$ 次 CMULs 运算。此外为计算 $\boldsymbol{W}(k)$，需要首先计算 $(\boldsymbol{G}_k\boldsymbol{G}_k^H+\sigma^2\boldsymbol{I}_{(2D+1)N_{\mathrm{R}}})^{-1}$，对角矩阵求逆仅需要 $(2D+1)N_{\mathrm{R}}$ 次 CMULs 运算。

各步骤的计算复杂度分析如表 8.1 所示。

表 8.1 各步骤的计算复杂度分析

公式编号	变量	复杂度(CMULs)
(8.72)	$\hat{\boldsymbol{h}}_j(n)$	LPN_{T}
(8.73)	$\boldsymbol{H}_{jN_i}$	$L\mathrm{lb}(L)+N\mathrm{lb}(N)$
(8.80)	$\boldsymbol{W}(k)$	$(2D+1)^3N_{\mathrm{R}}^2N_{\mathrm{T}}+(2D+1)^2N_{\mathrm{R}}^2N_{\mathrm{T}}+(2D+1)N_{\mathrm{R}}$
(8.81)	$\hat{\boldsymbol{X}}(k)$	$(2D+1)N_{\mathrm{R}}N_{\mathrm{T}}$
(8.82)	$\boldsymbol{I}^{(i-1)}(k_{\mathrm{p}})$	$(N-1)N_{\mathrm{R}}N_{\mathrm{T}}$
(8.87)	$\boldsymbol{I}^{(i)}(f_j)$	$(N-1)N_{\mathrm{R}}N_{\mathrm{T}}$

对于绝大部分 MIMO-SCFDE 系统而言，N 都是一个足够大的数值，尤其是在与 L，P，D，N_{R}，N_{T} 等信道参数值相比时。因此，由表 8.1 可知，MIMO 检测部分的总体复杂度为 $(2D+1)^3N_{\mathrm{R}}^2N_{\mathrm{T}}+(2D+1)^2N_{\mathrm{R}}^2N_{\mathrm{T}}+(2D+1)N_{\mathrm{R}}+(2D+1)N_{\mathrm{R}}N_{\mathrm{T}}\propto O((2D+1)^3N_{\mathrm{R}}^2N_{\mathrm{T}})$，每次进行迭代时 IFI 消除的总体复杂度为 $LPN_{\mathrm{T}}+L\mathrm{lb}(L)+N\mathrm{lb}(N)+(2D+1)^3N_{\mathrm{R}}^2N_{\mathrm{T}}+2(N-1)N_{\mathrm{R}}N_{\mathrm{T}}\propto O(N\mathrm{lb}(N))$。因此，将迭代次数 N_{iter} 考虑在内，本节所提出的迭代的信道估计算法的总体复杂度为 $O((N_{\mathrm{iter}}+1)N\mathrm{lb}(N))$。对于传统方法，当插值向量能够通过离线计算提前获知并存贮时，传统的方法复杂度为 $O(N)$；然而，当信道的二阶统计特性不能获知时，该算法将具有很高的复杂度。显然，本节所提出的方法与估计方法相比，具有更好的鲁棒性，并且能以相对低的复杂度获得较好的估计性能。

第 9 章　MIMO-SCFDE 系统频域均衡技术

在功率受限的多径信道中，频率选择性衰落会使信号产生非线性失真，从而导致单载波系统出现 ISI，降低系统传输性能，因此，必须要通过频域均衡技术对单载波系统中存在的 ISI 进行消除。本章针对现有的频域均衡方法存在的误差传播现象和残余符号间干扰、信道噪声等问题，提出基于 MMSE-NP-RISIC 的频域均衡方法以及基于 DFE-FDBiNP 的频域均衡方法。

9.1　单载波频域均衡技术

发挥 MIMO 潜力的关键在于为发送端设计优化的信号传输形式，并在接收端设计合理的信号处理算法。对于 MIMO-SCFDE 系统，发送端采用能获得空间分集增益或复用增益的 MIMO 结构，结合基于 SC-FDE 的分块传输技术进行信号传输；接收端收到来自多个发射天线的信号，其多径效应会使信道呈现频率性选择衰落。

多径传播和带宽受限是无线信道线性失真的主要来源，线性失真将会导致 ISI；若不进行有效补偿，在符号检测时将导致很高的误码率。在接收端必须有效减小或抵消 ISI，以便正确恢复出所发送信号，这是 MIMO-SCFDE 系统的关键。

单纯采用提高发射功率来增大平均信号电平对克服 ISI 是徒劳的，必须通过均衡技术来实现 ISI 的有效减小或抵消；同时，在检测目标发射天线的期望信号时，要最小化或消除来自其他发送天线的干扰信号，这也需要合适的均衡技术来实现。均衡技术通过对干扰进行补偿来抵消或者部分抵消信道对传输信号的不利影响，能够很好地补偿信道的非理想特性，减轻或消除在非理想带限信道上进行高速数据传输而带来的 ISI，从而降低通信系统的误码率。

均衡过程可在时域进行，称为时域均衡。通常，当信道的时延扩展比较大时，时域均衡方法具有很高的计算复杂度，因此不适用于信道时延扩展比较大的宽带通信系统；为降低复杂度，考虑将均衡过程转换到频域进行，即采用频域均衡对频率性选择衰落信道进行补偿。本章将重点讨论单载波频域均衡技术。

对于 MIMO-SCFDE 系统的频域均衡方法，又可细分为频域线性均衡和非线性均衡两种，下面对其进行具体阐述。

9.1.1 MIMO-SCFDE 系统频域线性均衡

最基本的线性均衡包括 ZF 均衡和 MMSE 均衡。无论是 ZF 均衡还是 MMSE 均衡，需要解决的根本问题是如何根据接收信号以及信道矩阵，来确定接收端的均衡矩阵，以便根据该矩阵估计发送信号。两种均衡方法的区别在于均衡矩阵选取规则的不同，ZF 均衡基于峰值失真准则进行均衡矩阵的计算，而 MMSE 均衡是基于均方误差准则进行的。当加性噪声与信号相比很小时，两个准则所对应的线性均衡结果近似相同。

下面分别对窄带和宽带 MIMO-SCFDE 系统的频域线性均衡进行阐述。

1. 窄带 MIMO-SCFDE 系统频域线性均衡

设窄带 MIMO-SCFDE 系统的信道频域响应矩阵为 $\boldsymbol{H}$。

ZF 均衡使用下面的加权矩阵消除符号间干扰：

$$\boldsymbol{W}_{\mathrm{ZF}} = (\boldsymbol{H}^{\mathrm{H}} H)^{-1} \boldsymbol{H}^{\mathrm{H}} \tag{9.1}$$

MMSE 均衡能够最大化均衡后的信干噪比(Signal to Interference plus Noise Ratio，SINR)，其加权矩阵为

$$\boldsymbol{W}_{\mathrm{MMSE}} = \left(\boldsymbol{H}^{\mathrm{H}} \boldsymbol{H} + \frac{\sigma^2}{\bar{\sigma}^2} \boldsymbol{I}_{NN_{\mathrm{T}}}\right)^{-1} \boldsymbol{H}^{\mathrm{H}} \tag{9.2}$$

其中，$\bar{\sigma}^2$ 为一个符号周期内每个发射天线上信号的平均能量。

2. 宽带 MIMO-SCFDE 系统频域线性均衡

在对宽带 MIMO-SCFDE 系统的信道进行均衡时，通常是采用根据逐频点进行处理的方式。设信道频域响应矩阵为 $\boldsymbol{H}_k$，其中 $k=0, 1, \cdots, N-1$，k 表示第 k 个频点处的频域子信道，N 表示子信道的总数。

由式(9.1)可得，ZF 均衡的均衡矩阵为

$$\boldsymbol{W}_{k,\mathrm{ZF}} = (\boldsymbol{H}_k^{\mathrm{H}} \boldsymbol{H}_k)^{-1} \boldsymbol{H}_k^{\mathrm{H}} \tag{9.3}$$

由式(9.2)可得，MMSE 均衡的均衡矩阵为

$$\boldsymbol{W}_{k,\mathrm{MMSE}} = \left(\boldsymbol{H}_k^{\mathrm{H}} \boldsymbol{H}_k + \frac{\sigma^2}{\bar{\sigma}^2} \boldsymbol{I}_{N_{\mathrm{T}}}\right)^{-1} \boldsymbol{H}_k^{\mathrm{H}} \tag{9.4}$$

与窄带 MIMO-SCFDE 系统的频域线性均衡方法类似，按照 ZF 或 MMSE 准则对宽带 MIMO-SCFDE 系统进行均衡可得

$$\hat{\boldsymbol{X}}_{\mathrm{ZF}} = (\boldsymbol{H}^{\mathrm{H}} \boldsymbol{H})^{-1} \boldsymbol{H}^{\mathrm{H}} \boldsymbol{Y} = \boldsymbol{X} + (\boldsymbol{H}^{\mathrm{H}} \boldsymbol{H})^{-1} \boldsymbol{H}^{\mathrm{H}} \boldsymbol{N} \tag{9.5}$$

$$\hat{\boldsymbol{X}}_{\mathrm{MMSE}}=\left(\boldsymbol{H}^{\mathrm{H}}\boldsymbol{H}+\frac{\sigma^2}{\bar{\sigma}^2}\boldsymbol{I}_{NN_\mathrm{T}}\right)^{-1}\boldsymbol{H}^{\mathrm{H}}\boldsymbol{Y} \tag{9.6}$$

进一步，可将发送符号的时域估计表示为

$$\hat{\boldsymbol{x}}_{\mathrm{ZF}}=\boldsymbol{D}_{N_\mathrm{T}}^{\mathrm{H}}\hat{\boldsymbol{X}}_{\mathrm{ZF}}=\boldsymbol{x}+\boldsymbol{D}_{N_\mathrm{T}}^{\mathrm{H}}(\boldsymbol{H}^{\mathrm{H}}\boldsymbol{H})^{-1}\boldsymbol{H}^{\mathrm{H}}\boldsymbol{D}_{N_\mathrm{R}}\boldsymbol{n} \tag{9.7}$$

$$\hat{\boldsymbol{x}}_{\mathrm{MMSE}}=\boldsymbol{D}_{N_\mathrm{T}}^{\mathrm{H}}\hat{\boldsymbol{X}}_{\mathrm{MMSE}}=\boldsymbol{D}_{N_\mathrm{T}}^{\mathrm{H}}\left(\boldsymbol{H}^{\mathrm{H}}\boldsymbol{H}+\frac{\sigma^2}{\bar{\sigma}^2}\boldsymbol{I}_{NN_\mathrm{T}}\right)^{-1}\boldsymbol{H}^{\mathrm{H}}\boldsymbol{D}_{N_\mathrm{R}}\boldsymbol{y} \tag{9.8}$$

9.1.2 MIMO-SCFDE 系统的频域非线性均衡

频域线性均衡是指利用一个线性的横向滤波器来对信道中的 ISI 进行补偿，大多适用于频率特性比较平坦的信道，且抑制噪声干扰和 ISI 能力有限。当信道中存在深度衰落时，可以采用非线性均衡方法。

非线性均衡的反馈和迭代机制能提升恶劣信道下系统的均衡性能，其中判决反馈均衡(DFE)是最常见的非线性均衡方法。

1. 混合判决反馈均衡

混合判决反馈均衡(Hybrid Decision Feedback Equalization，H-DFE)采用的是时频域混合结构，即前馈滤波器 FFF 部分采用频域均衡，反馈滤波器 FBF 部分则使用传统的时域横向滤波器并逐符号进行判决，其结构框图如图 9.1 所示。

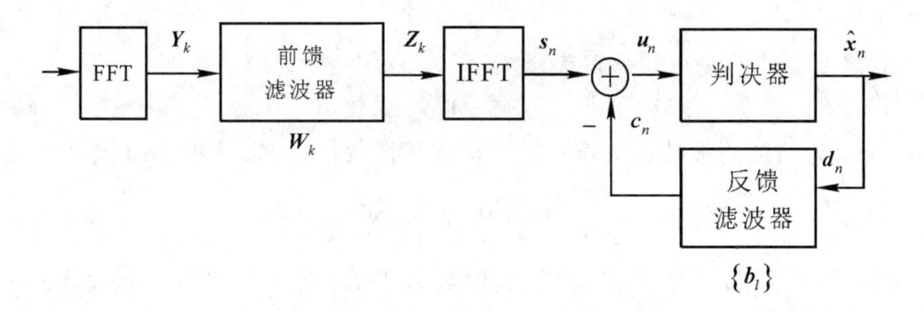

图 9.1 H-DFE 均衡的结构框图

由图 9.1 可知，H-DFE 特点是前馈在频域进行，反馈在时域进行。FFF 的作用是以频域接收信号作为输入进行频域线性均衡；FBF 的作用是以先前的时域判决符号作为输入，估计当前判决符号的 ISI。将 FFF 的输出与 FBF 的输出相减，就可消除当前判决符号中的 ISI，并输入判决器进行再次进行判决。

2. 噪声预测判决反馈均衡

噪声预测判决反馈均衡(Noise Prediction Decision Feedback Equalization，

NP-DEE)的基本思想是以判决前后的信号差作为反馈输入来估计输出噪声，以减小噪声干扰，提高判决准确度。这与 H-DFE 中的直接将判决器输出作为反馈输入有所不同，其结构框图如图 9.2 所示。

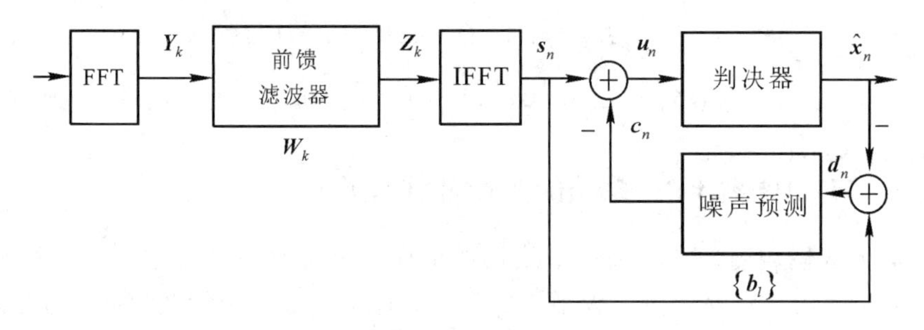

图 9.2　NP-DFE 均衡的结构框图

在 H-DFE 和 NP-DFE 的前馈和反馈系数矩阵的推导中发现，两者在 MMSE 准则下具有等价性。此外，H-DFE 前馈部分的频域线性滤波器和反馈部分的时域滤波器彼此间互相影响，在对均衡器某一部分进行调整时，必须同时对另一部分的均衡模块重新进行对应的设计。而 NP-DFE 的前馈滤波器和噪声预测部分能够分开进行系数矩阵的独立最优化求解，这为均衡器各模块的独立设计和计算提供了便利。因此，这里仅对 MIMO-SCFDE 系统中 NP-DFE 均衡的系数矩阵进行推导，H-DFE 均衡中系数矩阵的推导与此类似，在此不作赘述。

前馈滤波器的输出信号可表示为

$$\boldsymbol{Z}_k = \boldsymbol{W}_k \boldsymbol{Y}_k \tag{9.9}$$

其中，$\boldsymbol{W}_k$ 为前馈滤波器的均衡矩阵。将频域接收信号 $\boldsymbol{Z}_k$ 变换到时域可得

$$\boldsymbol{s}_n = \frac{1}{N}\sum_{k=1}^{N}\boldsymbol{W}_k(\boldsymbol{H}_k\boldsymbol{X}_k + \boldsymbol{N}_k)\mathrm{e}^{\mathrm{j}\frac{2\pi(k-1)n}{N}} \tag{9.10}$$

记噪声预测部分的时域噪声预测器数量为 B，则判决器输入信号 $\boldsymbol{u}_n$ 可由下式得到

$$\boldsymbol{u}_n = \boldsymbol{s}_n - \boldsymbol{c}_n = \boldsymbol{s}_n - \sum_{l=1}^{B}\boldsymbol{b}_l\boldsymbol{d}_{n-l} \tag{9.11}$$

其中，$\boldsymbol{d}_{n-l} = \boldsymbol{s}_{n-l} - \hat{\boldsymbol{x}}_{n-l}$ ，$\boldsymbol{b}_l$ 为第 l 个 $N\times N$ 维的噪声预测器的系数矩阵。

在假设系统判决正确的前提下，有 $\hat{\boldsymbol{x}}_{n-l} = \boldsymbol{x}_{n-l}$ 。此时，误差向量可表示为

$$\boldsymbol{e}_n = \boldsymbol{u}_n - \boldsymbol{x}_n = \boldsymbol{s}_n - \sum_{l=1}^{B}\boldsymbol{b}_l\cdot\boldsymbol{d}_{n-l} - \boldsymbol{x}_n = \boldsymbol{d}_n - \sum_{l=1}^{B}\boldsymbol{b}_l\cdot\boldsymbol{d}_{n-l} = \sum_{l=0}^{B}\boldsymbol{g}_l\cdot\boldsymbol{d}_{n-l} \tag{9.12}$$

其中，

$$\boldsymbol{g}_l=\begin{cases}\boldsymbol{I}_{n_\mathrm{T}}, & l=0\\ -\boldsymbol{b}_l, & l=1,\cdots,B\end{cases} \tag{9.13}$$

误差向量的自相关矩阵可表示为

$$E\{\boldsymbol{e}_n\boldsymbol{e}_n^\mathrm{H}\}=\sum_{l_1=0}^{B}\sum_{l_2=0}^{B}\boldsymbol{g}_{l_1}E\{\boldsymbol{d}_{n-l_1}\boldsymbol{d}_{n-l_2}^\mathrm{H}\}\boldsymbol{g}_{l_2}^\mathrm{H} \tag{9.14}$$

前馈均衡的系数矩阵 $\boldsymbol{W}_k$ 和噪声预测的系数矩阵 $\boldsymbol{b}_l$ 可通过 MMSE 准则求解，即最小化式(9.14)的迹。对 $\boldsymbol{W}_k$ 和 $\boldsymbol{b}_l$ 分别求偏导并令偏导为零，可求得

$$\boldsymbol{W}_k=\bar{\sigma}^2\boldsymbol{H}_k^\mathrm{H}(\bar{\sigma}^2\boldsymbol{H}_k\boldsymbol{H}_k^\mathrm{H}+\sigma^2\boldsymbol{I}_{N_\mathrm{R}})^{-1} \tag{9.15}$$

$$\boldsymbol{b}=\boldsymbol{Q}^{-1}\boldsymbol{q} \tag{9.16}$$

其中，

$$\boldsymbol{b}=\begin{bmatrix}\boldsymbol{b}_1^\mathrm{H}\\ \boldsymbol{b}_2^\mathrm{H}\\ \vdots\\ \boldsymbol{b}_B^\mathrm{H}\end{bmatrix},\ \boldsymbol{Q}=\begin{bmatrix}\boldsymbol{q}_0 & \boldsymbol{q}_1 & \cdots & \boldsymbol{q}_{B-2} & \boldsymbol{q}_{B-1}\\ \boldsymbol{q}_1^\mathrm{H} & \boldsymbol{q}_0 & \cdots & \boldsymbol{q}_{B-3} & \boldsymbol{q}_{B-2}\\ \vdots & \vdots & & \vdots & \vdots\\ \boldsymbol{q}_{B-1}^\mathrm{H} & \boldsymbol{q}_{B-2}^\mathrm{H} & \cdots & \boldsymbol{q}_1^\mathrm{H} & \boldsymbol{q}_0\end{bmatrix},\ \boldsymbol{q}=\begin{bmatrix}\boldsymbol{q}_1^\mathrm{H}\\ \boldsymbol{q}_2^\mathrm{H}\\ \vdots\\ \boldsymbol{q}_B^\mathrm{H}\end{bmatrix} \tag{9.17}$$

$$\boldsymbol{q}_l=\sum_{k=1}^{N}(\bar{\sigma}^2\boldsymbol{H}_k^\mathrm{H}\boldsymbol{H}_k+\sigma^2\boldsymbol{I}_{N_\mathrm{R}})^{-1}\mathrm{e}^{\mathrm{j}\frac{2\pi l(k-1)}{N}} \tag{9.18}$$

9.2 基于 MMSE-NP-RISIC 的 MIMO-SCFDE 系统频域均衡

MMSE 均衡能同时对信道噪声和 ISI 进行抑制，但线性均衡对抗 ISI 能力有限，均衡后系统仍然会存在残余符号间干扰(RISI)。针对 RISI 的问题，H-DFE和 NP-DFE 这两种常见的判决反馈均衡方法被提出，然而其性能取决于时域反馈部分的阶数，阶数越高，性能越好，但复杂度也随之增大。

针对 MMSE 均衡后存在的 RISI，一种不依赖反馈滤波器阶数的判决反馈均衡方法被提出，即将 MMSE 线性均衡与残余符号间干扰消除(Residual Inter Symbol Interference Cancellation，RISIC)方法结合构成 MMSE-RISIC 均衡，用于对 MMSE 均衡后的 RISI 进行进一步消除。同时，考虑到信道噪声对性能的影响，将 NP-DFE 均衡中的时域噪声预测拓展为频域噪声预测，并将其与 MMSE-RISIC 均衡进一步结合构成 MMSE-NP-RISIC 均衡，实现同时对噪声和 RISI 的抑制。

考虑有 N_T 个发射天线和 N_R 个接收天线的空间复用 MIMO-SCFDE 系

统，其采用 V-BLAST 获取复用增益。为降低复杂度，考虑分频点处理频域接收信号，在第 k 个频点处，有如下关系式：

$$\boldsymbol{Y}_k = \boldsymbol{H}_k \boldsymbol{X}_k + \boldsymbol{N}_k \tag{9.19}$$

其中，$\boldsymbol{X}_k = [X_1(k), \cdots, X_{N_{\mathrm{T}}}(k)]^{\mathrm{T}}$，$\boldsymbol{Y}_k = [Y_1(k), \cdots, Y_{N_{\mathrm{R}}}(k)]^{\mathrm{T}}$，$\boldsymbol{N}_k = [N_1(k), \cdots, N_{N_{\mathrm{R}}}(k)]^{\mathrm{T}}$。第 k 个频点处的信道矩阵可表示为

$$\boldsymbol{H}_k = \begin{bmatrix} H_{11}(k, k) & H_{21}(k, k) & \cdots & H_{N_{\mathrm{T}}1}(k, k) \\ H_{12}(k, k) & H_{12}(k, k) & \cdots & H_{N_{\mathrm{T}}2}(k, k) \\ \vdots & \vdots & & \vdots \\ H_{1N_{\mathrm{R}}}(k, k) & H_{2N_{\mathrm{R}}}(k, k) & \cdots & H_{N_{\mathrm{T}}N_{\mathrm{R}}}(k, k) \end{bmatrix} \tag{9.20}$$

其中，$H_{ij}(k, k)$表示对角矩阵 $\boldsymbol{H}_{ij}$ 对角线上的第 k 个元素，$0 \leqslant k \leqslant N-1$。此时再对 $\boldsymbol{Y}_k$ 进行频域线性均衡，复杂度将大大降低。

9.2.1 MMSE-RISIC 均衡

MMSE-RISIC 均衡也是非线性的判决反馈均衡器的一种，能消除 MMSE 线性均衡后残留的符号间干扰，其结构框图如图 9.3 所示。

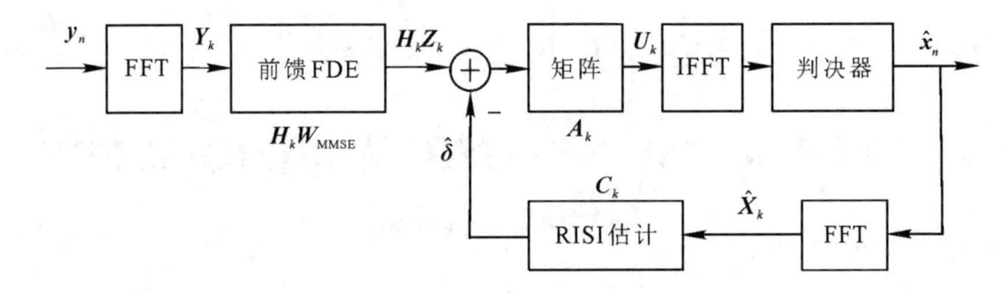

图 9.3 MMSE-RISIC 均衡的结构框图

下面对 MIMO-SCFDE 系统中的 MMSE-RISIC 各均衡系数矩阵进行详细推导。基于 MMSE 准则的前馈 FDE，均衡后的信号可表示为

$$\begin{aligned} \boldsymbol{Z}_k &= \bar{\sigma}^2 \boldsymbol{H}_k^{\mathrm{H}} (\bar{\sigma}^2 \boldsymbol{H}_k \boldsymbol{H}_k^{\mathrm{H}} + \sigma^2 \boldsymbol{I}_{N_{\mathrm{R}}})^{-1} \boldsymbol{Y}_k \\ &= \boldsymbol{H}_k^{\mathrm{H}} (\boldsymbol{H}_k \boldsymbol{H}_k^{\mathrm{H}} + \rho \boldsymbol{I}_{N_{\mathrm{R}}})^{-1} \boldsymbol{H}_k \boldsymbol{X}_k + \widetilde{\boldsymbol{N}}_k \\ &= \boldsymbol{H}_k^{\mathrm{H}} (\boldsymbol{H}_k \boldsymbol{H}_k^{\mathrm{H}})^{-1} [\boldsymbol{I}_{N_{\mathrm{R}}} - \rho (\boldsymbol{H}_k \boldsymbol{H}_k^{\mathrm{H}} + \rho \boldsymbol{I}_{N_{\mathrm{R}}})^{-1}] \boldsymbol{H}_k \boldsymbol{X}_k + \widetilde{\boldsymbol{N}}_k \end{aligned} \tag{9.21}$$

其中，$\rho = \sigma^2 / \bar{\sigma}^2$，$\widetilde{\boldsymbol{N}}_k = \boldsymbol{H}_k^{\mathrm{H}} (\boldsymbol{H}_k \boldsymbol{H}_k^{\mathrm{H}})^{-1} \boldsymbol{N}_k$。

由式(9.21)可知，这里并不能像 SISO 系统一样直接从 $\boldsymbol{Z}_k$ 中分离出 $\boldsymbol{X}_k$。考虑在等式两边同时乘以 $\boldsymbol{H}_k$ 来进一步分离期望信号和残余符号间干扰，以便

后续对其进行消除，即

$$\begin{aligned}\boldsymbol{H}_k\boldsymbol{Z}_k &= [\boldsymbol{I}_{N\mathrm{R}} - \rho(\boldsymbol{H}_k\boldsymbol{H}_k^{\mathrm{H}} + \rho\boldsymbol{I}_{N_\mathrm{R}})^{-1}]\boldsymbol{H}_k\boldsymbol{X}_k + \widetilde{\boldsymbol{N}}_k \\ &= \boldsymbol{H}_k\boldsymbol{X}_k - \rho(\boldsymbol{H}_k\boldsymbol{H}_k^{\mathrm{H}} + \rho\boldsymbol{I}_{N_\mathrm{R}})^{-1}\boldsymbol{H}_k\boldsymbol{X}_k + \hat{\boldsymbol{N}}_k \\ &= \boldsymbol{H}_k\boldsymbol{X}_k + \hat{\boldsymbol{\delta}} + \hat{\boldsymbol{N}}_k \end{aligned} \tag{9.22}$$

其中，$\hat{\boldsymbol{N}}_k = \boldsymbol{H}_k\widetilde{\boldsymbol{N}}_k$，$\hat{\boldsymbol{\delta}} = -\rho(\boldsymbol{H}_k\boldsymbol{H}_k^{\mathrm{H}} + \rho\boldsymbol{I}_{N_\mathrm{R}})^{-1}\boldsymbol{H}_k\boldsymbol{X}_k$。

则判决前的数据向量可表示为

$$\begin{aligned}\boldsymbol{U}_k &= \boldsymbol{H}_k^{\mathrm{H}}(\boldsymbol{H}_k\boldsymbol{H}_k^{\mathrm{H}})^{-1}(\boldsymbol{H}_k\boldsymbol{Z}_k - \hat{\boldsymbol{\delta}}) \\ &= \boldsymbol{A}_k(\boldsymbol{H}_k\boldsymbol{Z}_k - \boldsymbol{C}_k\boldsymbol{X}_k)\end{aligned} \tag{9.23}$$

其中，$\boldsymbol{C}_k$ 为 RISI 估计部分的系数矩阵，且

$$\boldsymbol{A}_k = \boldsymbol{H}_k^{\mathrm{H}}(\boldsymbol{H}_k\boldsymbol{H}_k^{\mathrm{H}})^{-1} \tag{9.24}$$

$$\boldsymbol{C}_k = -\rho(\boldsymbol{H}_k\boldsymbol{H}_k^{\mathrm{H}} + \rho\boldsymbol{I}_{N_\mathrm{R}})^{-1}\boldsymbol{H}_k \tag{9.25}$$

RISI 的估计值 $\hat{\boldsymbol{\delta}}$ 能够被用于有效消除 MIMO 系统中的残余符号间干扰，并且具有很低的计算复杂度，仅需要进行一次 FFT 和 IFFF 运算。

9.2.2　MMSE-NP-RISIC 均衡

影响系统 MMSE 均衡性能的因素除 RISI 以外还有噪声的影响，因此如能进一步去掉噪声的影响，系统性能将会进一步提高。MMSE-NP-RISIC 均衡能够同时考虑残余符号间干扰和噪声的影响，其结构框图如图 9.4 所示。

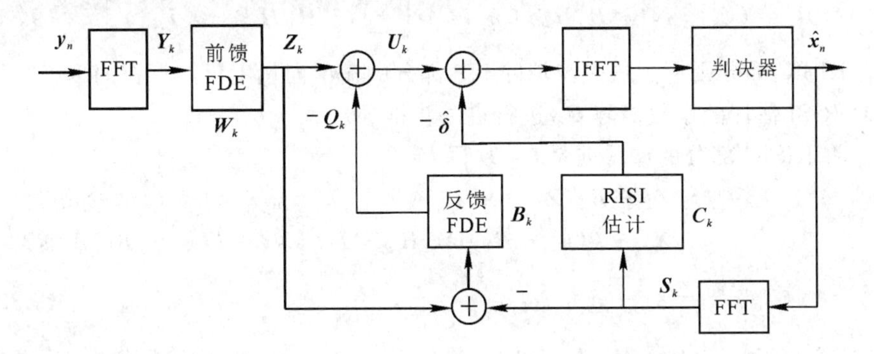

图 9.4　MMSE-NP-RISIC 均衡的结构框图

在对噪声预测(Noise Prediction，NP)部分和 RISIC 部分的系数矩阵进行推导时，均以 MMSE 为准则，且都在频域进行。而传统的 NP-DFE 均衡，其噪声预测是在时域进行的，这与 MMSE-NP-RISIC 均衡有所不同。

对于 NP 部分，输出向量 $\boldsymbol{U}_k$ 可表示为

$$\boldsymbol{U}_k=\boldsymbol{Z}_k-\boldsymbol{Q}_k=\boldsymbol{Z}_k-\boldsymbol{B}_k(\boldsymbol{Z}_k-\boldsymbol{S}_k) \tag{9.26}$$

假设 $\boldsymbol{S}_k=\boldsymbol{X}_k$，则 NP 部分在频域的误差向量为

$$\begin{aligned}\boldsymbol{E}_k&=\boldsymbol{U}_k-\boldsymbol{X}_k=\boldsymbol{Z}_k-\boldsymbol{B}_k(\boldsymbol{Z}_k-\boldsymbol{X}_k)-\boldsymbol{X}_k\\&=(\boldsymbol{I}_{N_\mathrm{R}}-\boldsymbol{B}_k)\boldsymbol{Z}_k-(\boldsymbol{I}_{N_\mathrm{R}}-\boldsymbol{B}_k)\boldsymbol{X}_k\\&=(\boldsymbol{I}_{N_\mathrm{R}}-\boldsymbol{B}_k)(\boldsymbol{W}_k\boldsymbol{H}_k\boldsymbol{X}_k+\boldsymbol{W}_k\boldsymbol{N}_k)-(\boldsymbol{I}_{N_\mathrm{R}}-\boldsymbol{B}_k)\boldsymbol{X}_k\\&=(\boldsymbol{I}_{N_\mathrm{R}}-\boldsymbol{B}_k)(\boldsymbol{W}_k\boldsymbol{H}_k-\boldsymbol{I}_{N_\mathrm{R}})\boldsymbol{X}_k+(\boldsymbol{I}_{N_\mathrm{R}}-\boldsymbol{B}_k)\boldsymbol{W}_k\boldsymbol{N}_k\end{aligned} \tag{9.27}$$

其中，$\boldsymbol{B}_k$ 为 NP 部分的反馈 FDE 系数矩阵，$\boldsymbol{W}_k$ 为前馈 FDE 系数矩阵。时域误差向量 $\boldsymbol{e}_n$ 的自相关矩阵为

$$E\{\boldsymbol{e}_n\boldsymbol{e}_n^\mathrm{H}\}=\frac{1}{N}E\left\{\sum_{k=1}^{N}\boldsymbol{E}_k\boldsymbol{E}_k^\mathrm{H}\right\} \tag{9.28}$$

前馈均衡系数矩阵 $\boldsymbol{W}_k$ 和噪声预测的系数矩阵 $\boldsymbol{B}_k$ 可通过 MMSE 准则求解，即最小化式(9.28)的迹。将式(9.27)代入式(9.28)，并对 $\boldsymbol{W}_k$ 求偏导令其为零，可求得

$$\boldsymbol{W}_k=\bar{\sigma}^2\boldsymbol{H}_k^\mathrm{H}(\bar{\sigma}^2\boldsymbol{H}_k\boldsymbol{H}_k^\mathrm{H}+\sigma^2\boldsymbol{I}_{N_\mathrm{R}})^{-1} \tag{9.29}$$

此外，为保证期望信号不被先前的符号所消减，引入限制条件：

$$\sum_{k=1}^{N}\boldsymbol{B}_k=\boldsymbol{0} \tag{9.30}$$

并采用求偏导方法求解 $\boldsymbol{B}_k$，可得

$$\boldsymbol{B}_k=\boldsymbol{I}_{N_\mathrm{R}}-N(\bar{\sigma}^2\boldsymbol{H}_k\boldsymbol{H}_k^\mathrm{H}+\sigma^2\boldsymbol{I}_{N_\mathrm{R}})\left[\sum_{m=1}^{N}(\bar{\sigma}^2\boldsymbol{H}_m\boldsymbol{H}_m^\mathrm{H}+\sigma^2\boldsymbol{I}_{N_\mathrm{R}})\right]^{-1} \tag{9.31}$$

RISIC 部分则用于进一步消除 NP 部分的输出向量中仍然存在的 RISI，这里对 RISI 估计的系数矩阵 $\boldsymbol{C}_k$ 进行进一步推导。

将 RISIC 部分的输入向量 $\boldsymbol{U}_k$ 改写为

$$\begin{aligned}\boldsymbol{U}_k&=\boldsymbol{Z}_k-\boldsymbol{B}_k(\boldsymbol{Z}_k-\boldsymbol{S}_k)\\&=\boldsymbol{X}_k+(\boldsymbol{I}_{N_\mathrm{R}}-\boldsymbol{B}_k)(\boldsymbol{W}_k\boldsymbol{H}_k-\boldsymbol{I}_{N_\mathrm{R}})\boldsymbol{X}_k+(\boldsymbol{I}_{N_\mathrm{R}}-\boldsymbol{B}_k)\boldsymbol{W}_k\boldsymbol{N}_k\\&=\boldsymbol{X}_k+\hat{\boldsymbol{\delta}}+\hat{\boldsymbol{N}}_k\end{aligned} \tag{9.32}$$

其中，$\hat{\boldsymbol{\delta}}=(\boldsymbol{I}_{N_\mathrm{R}}-\boldsymbol{B}_k)(\boldsymbol{W}_k\boldsymbol{H}_k-\boldsymbol{I}_{N_\mathrm{R}})\boldsymbol{X}_k$，$\hat{\boldsymbol{N}}_k=(\boldsymbol{I}_{N_\mathrm{R}}-\boldsymbol{B}_k)\boldsymbol{W}_k\boldsymbol{N}_k$。则 $\boldsymbol{C}_k$ 可表示为

$$\boldsymbol{C}_k=(\boldsymbol{I}_{N_\mathrm{R}}-\boldsymbol{B}_k)(\boldsymbol{W}_k\boldsymbol{H}_k-\boldsymbol{I}_{N_\mathrm{R}}) \tag{9.33}$$

显然，求解矩阵 $\boldsymbol{C}_k$ 前必须先计算出 $\boldsymbol{W}_k$ 和 $\boldsymbol{B}_k$。针对 MIMO-SCFDE 系统推导出的 MMSE-NP-RISIC 均衡算法，能同时消除信道噪声和残余符号间干

扰的影响，有效提升系统的均衡性能。

9.2.3　仿真分析

为验证本节所提出的 MMSE-NP-RISIC 均衡方法应用于 MIMO-SCFDE 系统时的均衡性能，对其 NMSE 性能和 BER 性能曲线进行仿真分析，并与其他均衡方法进行比较。

MIMO-SCFDE 系统的仿真参数设置为：发送和接收天线数量为 $N_T = N_R = 2$，采用码率为 1/2、约束长度为 5、八进制的生成多项式为(23，35)的标准卷积码，编码后的数据采用 QPSK 方式进行符号映射，传输块长度 $K=512$，其中数据长度 $P=488$，独特字(Unique Word，UW)长度为 24。

假设在一个数据块周期内信道冲激响应保持不变，即慢时变衰落信道。仿真时信道选用表 2.5 所示的一个典型的频率选择性瑞利衰落信道，其多径数量为 $L=9$，不同的多径信号可用相对时延、路径平均功率以及多普勒频移表征。

为便于讨论，传统的基于 MMSE 线性均衡的方法记为 MMSE-FDE，反馈部分具有理想判决符号的判决反馈均衡记为 NP-DFE，Ideal 和 MMSE-NP-RISIC，Ideal。此外，匹配滤波器界(Matched Filter Bounds，MFB)作为均衡性能的极限用于对其他均衡方法进行评估。

ZF 线性均衡能将符号间干扰强制为零，但并没有考虑到噪声放大现象；因此，MMSE-FDE 通过对干扰消除部分和噪声减少部分在 MMSE 准则下的最优折中，来提升均衡性能。NP-DFE 均衡包含一个能减小噪声方差的线性预测部分，通过相对简单的运算即可实现噪声的预测和减小。MMSE-RISIC 均衡则考虑非理想均衡仍然存在的会严重降低系统性能的 RISI，在进行 MMSE 均衡的基础上进一步对 RISI 进行估计和消除。而 MMSE-NP-RISIC 均衡结合了 NP-DFE 均衡和 MMSE-RISIC 均衡的优点，能同时对噪声和 RISI 进行减小和抑制。

频率选择性信道条件下各种均衡方法的 BER 性能如图 9.5 所示。对于 NP-DFE，Ideal 和 MMSE-NP-RISIC，Ideal 而言，反馈到 FBF 的是无错误的判决符号，由于信道噪声和 RISI 的存在，仍然会不可避免地出现错误判决。

由图 9.5 可知，MMSE-NP-RISIC 均衡可比其他均衡方法获得更好的性能。误码率为 10^{-4} 时，与 MMSE-NP-RISIC，Ideal 相比，MMSE-NP-RISIC 均衡方法性能降低大约为 1 dB。与 NP-DFE 以及 MMSE-RISIC 相比，MMSE-NP-RISIC 均衡在误码率为 10^{-3} 时可获得 2 dB 和 8.5 dB 的信噪比增益，这归结为噪声预测部分和 RISIC 部分的共同作用。事实上，噪声预测部分还可以抑制误差传播现象，尤其是在低信噪比情况下。在 SNR=10 dB 时，与 NP-DFE 相比，MMSE-NP-RISIC 均衡方法的 BER 降低了大约一个数量级。此外，随着

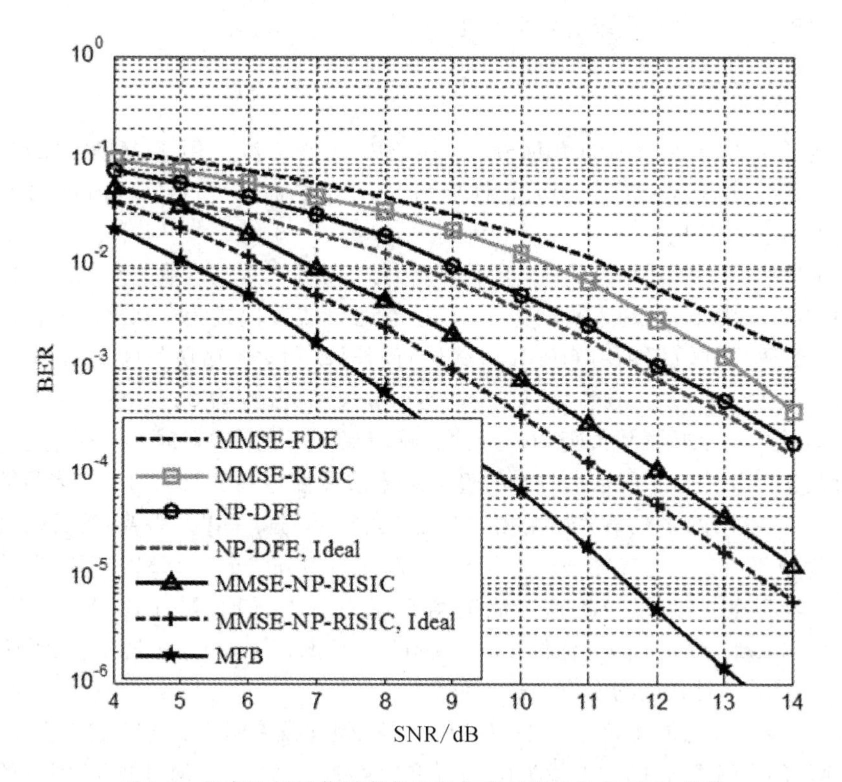

图 9.5 频率选择性信道条件下的各种均衡方法的 BER 性能

信噪比(SNR)的不断增大，各均衡方法的 BER 性能差距将逐渐变大，这表明 MMSE-NP-RISIC 均衡在高信噪比条件下的优势更加明显。

然而，与 MFB 相比，MMSE-NP-RISIC 均衡的 BER 性能仍然有一定差距，且随着 SNR 的增大而变大。这是由于在高信噪比的信道条件下，ISI 将成为影响系统均衡性能的决定因素。因此，NP-DFE 均衡和 MMSE-RISIC 均衡方法仅能在一定程度上提升 MIMO-SCFDE 系统的 BER 性能，而 MMSE-NP-RISIC 均衡算法则能更有效地提升系统性能。

频率选择性信道条件下各种均衡方法的 NMSE 性能如图 9.6 所示。当信噪比满足 SNR<6 dB 时，MMSE-NP-RISIC 均衡与 NP-DFE 和 MMSE-RISIC 均衡均具有相似的 NMSE 性能，尽管各均衡算法计算复杂度相差很大。然而当 SNR>8 dB 时，MMSE-NP-RISIC 均衡具有更小的 NMSE，尤其是在高信噪比的信道情况下。此外，误差传播会导致后续的符号判决出现错误的概率增大，因此，与 MMSE-NP-RISIC，Ideal 相比，MMSE-NP-RISIC 均衡具有更优的 NMSE 性能。

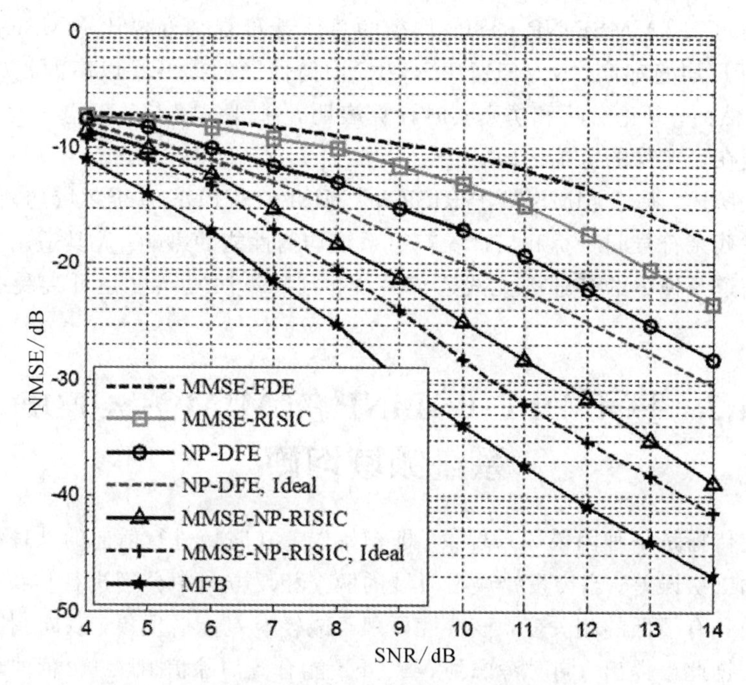

图 9.6　频率选择性信道条件下的各种均衡方法的 NMSE 性能

均衡算法的计算复杂度也是衡量均衡性能的重要方面。这里从信号处理和滤波器设计两个方面，对其计算复杂度进行分析。为简化处理，复杂度分析时仅仅考虑其复乘(Complex MULtiplications，CMULs)运算次数。各个均衡方法的复杂度分析如表 9.1 和表 9.2 所示。

表 9.1　系统信号处理所需的计算复杂度

均衡器	复乘次数	仿真情形
MMSE-RISIC	$(K\ \mathrm{lb}K+K)/P$	11
NP-DFE	$(K\ \mathrm{lb}K+K+BK)/P$	20($B=9$ 时)
MMSE-NP-RISIC	$(2K\ \mathrm{lb}K+3K)/P$	22

表 9.2　系统均衡器设计所需的计算复杂度

均衡器	复乘次数	仿真情形
MMSE-RISIC	$2K$	1024
NP-DFE	$B\cdot B+(B+1)K$	5201($B=9$ 时)
MMSE-NP-RISIC	$5MK+3MQ$	5264

由表可知，MMSE-NP-RISIC 均衡的总体计算复杂度要比 MMSE-RISIC 和 NP-DFE 均衡都高，MMSE-NP-RISIC 均衡性能的提升是以高的复杂度为代价的。然而，理论分析和仿真实时计算表明，通过分频点进行均衡时，其算法复杂度在可接受的范围之内。

综上所述，基于 MMSE-NP-RISIC 的 MIMO-SCFDE 系统频域均衡方法，综合考虑残余符号间干扰和信道噪声对系统均衡性能的影响，尤其适用于较高信噪比信道条件下的高速率无线通信系统，且其算法复杂度在可接受的范围之内。

9.3 基于 DFE-FDBiNP 的 MIMO-SCFDE 系统频域均衡

误差传播是一种因果关系现象，即初始误差在时域进行前向的处理时会产生突发的二次误差。当突发错误在时域的两个相反方向中分别进行传播时，突发错误间具有很低的相关度，该特性可用于减轻误差传播现象，双向判决反馈均衡方法据此被提出。同时考虑到 NP-DFE 能有效消除信道噪声，但时域的噪声预测部分的复杂度随反馈器阶数的增大而增大，因此将 NP-DFE 均衡的时域噪声预测部分拓展到频域。进一步，将双向判决反馈均衡和频域噪声预测判决反馈均衡结合，提出了频域双向噪声预测判决反馈均衡(DFE-FDBiNP)算法，可用于克服误差传播现象，同时可有效减小信道噪声的影响。

9.3.1 频域噪声预测判决反馈均衡

频域噪声预测判决反馈均衡(Frequency Domain Noise Prediction Decision Feedback Equalization，DFE-FDNP)与传统的 NP-DFE 有所不同，其前馈 FDE 以及反馈 FDE 均在频域中进行，结构框图如图 9.7 所示。

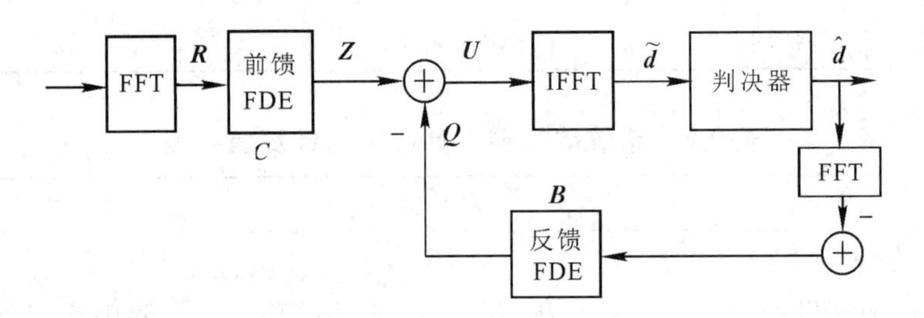

图 9.7 DFE-FDNP 均衡的结构框图

对于 DFE-FDNP 均衡来说，其前馈和反馈均衡系数矩阵的推导可参考 MMSE-NP-RISIC 均衡进行。由于 MMSE-NP-RISIC 均衡中 NP 部分的推导在 RISIC 部分之前，且在 MMSE 准则下最优，因此 DFE-FDNP 均衡中的各系数矩阵可直接使用 MMSE-NP-RISIC 均衡中的推导结论。这里仍采用分频点方法进行均衡处理，即

$$\boldsymbol{C}_k=\bar{\sigma}^2\boldsymbol{H}_k^{\mathrm{H}}(\bar{\sigma}^2\boldsymbol{H}_k\boldsymbol{H}_k^{\mathrm{H}}+\sigma^2\boldsymbol{I}_{N_{\mathrm{R}}})^{-1} \tag{9.34}$$

$$\boldsymbol{B}_k=\boldsymbol{I}_{N_{\mathrm{R}}}-N(\bar{\sigma}^2\boldsymbol{H}_k\boldsymbol{H}_k^{\mathrm{H}}+\sigma^2\boldsymbol{I}_{N_{\mathrm{R}}})\left[\sum_{m=1}^{N}(\bar{\sigma}^2\boldsymbol{H}_m\boldsymbol{H}_m^{\mathrm{H}}+\sigma^2\boldsymbol{I}_{N_{\mathrm{R}}})\right]^{-1} \tag{9.35}$$

其中，$\boldsymbol{C}_k$ 和 $\boldsymbol{B}_k$ 分别表示在第 k 个频点处的前馈和反馈均衡系数。由于发送天线的数量 N_{R} 往往不是很大，因此求解 $\boldsymbol{B}_k$ 中涉及的矩阵求逆运算的计算复杂度也不会太高。

9.3.2　DFE-FDBiNP 均衡

DFE-FDBiNP 包含两个均衡器，即一个直接判决 DFE-FDNP 和一个时间反转 DFE-FDNP。该均衡在前馈部分仍采用频域线性均衡，在反馈部分则分别使用直接频域噪声预测判决反馈均衡器和时间反转频域噪声预测判决反馈均衡器，并对两路判决反馈的时域输出信号进行合并后重新进行判决。DFE-FD-BiNP 均衡的结构框图如图 9.8 所示。

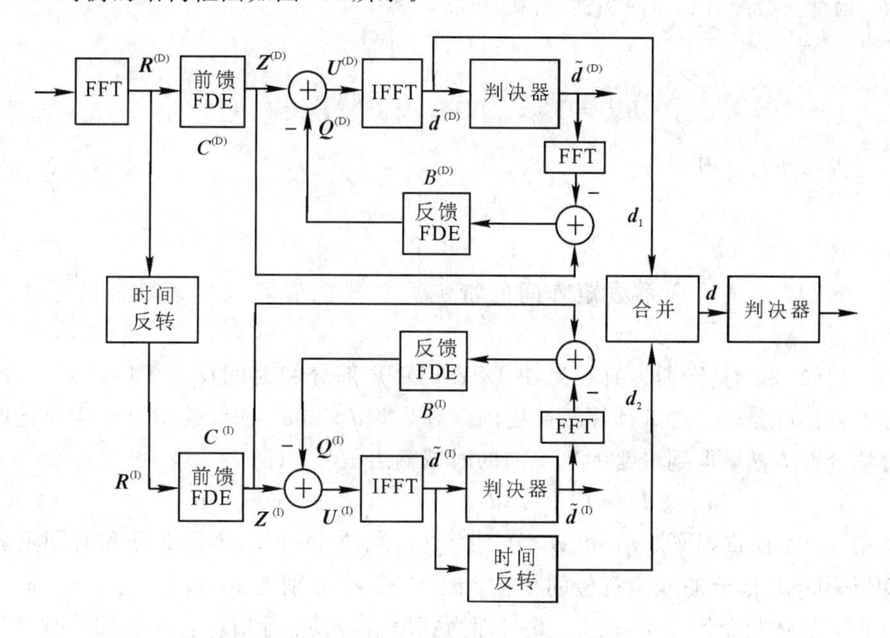

图 9.8　DFE-FDBiNP 均衡的结构框图

记 $\boldsymbol{C}^{(\mathrm{D})}$ 和 $\boldsymbol{C}^{(\mathrm{I})}$ 分别为直接判决 DFE-FDNP 部分和时间反转 DFE-FDNP 部分的频域 FFF 系数矩阵，$\boldsymbol{B}^{(\mathrm{D})}$ 和 $\boldsymbol{B}^{(\mathrm{I})}$ 则分别为相应的频域 FBF 系数矩阵。在 $\boldsymbol{H}_k$ 已通过信道估计获知后，采用分频点的方式对频域接收信号进行均衡。

现对直接判决 DFE-FDNP 部分的各均衡系数矩阵进行推导。

记 $\boldsymbol{R}_k^{(\mathrm{D})}$ 为第 k 个频点处的频域接收信号，可表示为

$$\boldsymbol{R}_k^{(\mathrm{D})}=\boldsymbol{Y}_k=\boldsymbol{H}_k\boldsymbol{X}_k+\boldsymbol{N}_k \tag{9.36}$$

则基于 MMSE 准则，可推导出频域 FFF 系数矩阵和 FBF 系数矩阵，即

$$\boldsymbol{C}_k^{(\mathrm{D})}=\bar{\sigma}^2\boldsymbol{H}_k^{\mathrm{H}}\boldsymbol{\Gamma}_k^{-1} \tag{9.37}$$

$$\boldsymbol{B}_k^{(\mathrm{D})}=\boldsymbol{I}_{N_\mathrm{R}}-N\boldsymbol{\Gamma}_k\left[\sum_{m=1}^{N}\boldsymbol{\Gamma}_m\right]^{-1} \tag{9.38}$$

其中，$\boldsymbol{\Gamma}_k=\bar{\sigma}^2\boldsymbol{H}_k\boldsymbol{H}_k^{\mathrm{H}}+\sigma^2\boldsymbol{I}_{N_\mathrm{R}}$ 。

接着对时间反转 DFE-FDNP 部分的各均衡系数矩阵进行推导。对于时间反转的 DFE-FDNP，其信道冲激响应可表示为

$$\boldsymbol{h}_{-k}^{(\mathrm{I})}=\boldsymbol{h}_k^{(\mathrm{D})}=\boldsymbol{h}_k \tag{9.39}$$

将其变换到频域可得

$$\boldsymbol{H}_k^{(\mathrm{I})}=\boldsymbol{H}_{N+1-k} \tag{9.40}$$

时间反转 DFE-FDNP 部分与直接判决 DFE-FDNP 部分在结构上完全一致，因此，参照式(9.37)和式(9.38)可得

$$\boldsymbol{C}_k^{(\mathrm{I})}=\bar{\sigma}^2\boldsymbol{H}_{N+1-k}^{\mathrm{H}}\boldsymbol{\Gamma}_{N+1-k}^{-1} \tag{9.41}$$

$$\boldsymbol{B}_k^{(\mathrm{I})}=\boldsymbol{I}_{N_\mathrm{R}}-N\boldsymbol{\Gamma}_{N+1-k}\left[\sum_{m=1}^{N}\boldsymbol{\Gamma}_m\right]^{-1} \tag{9.42}$$

进一步，可得到

$$\boldsymbol{C}_k^{(\mathrm{I})}=\boldsymbol{C}_{N+1-k}^{(\mathrm{D})} \tag{9.43}$$

$$\boldsymbol{B}_k^{(\mathrm{I})}=\boldsymbol{B}_{N+1-k}^{(\mathrm{D})} \tag{9.44}$$

显然，上述均衡系数矩阵间的特定关系式能够降低均衡算法的总体复杂度。

记 $\boldsymbol{d}_1$ 和 $\boldsymbol{d}_2$ 分别为直接判决 DFE-FDNP 部分和时间反转 DFE-FDNP 部分的输出向量。考虑到计算复杂度的问题，将 $\boldsymbol{d}_1$ 和 $\boldsymbol{d}_2$ 的线性组合作为简化的分集合并方法，得到最终的判决前的时域输出信号，即

$$\boldsymbol{d}=\alpha\boldsymbol{d}_1+(1-\alpha)\boldsymbol{d}_2=\boldsymbol{x}_k+\alpha\boldsymbol{\eta}_1+(1-\alpha)\boldsymbol{\eta}_2 \tag{9.45}$$

其中，α 为权重因子，$\boldsymbol{\eta}_1$ 和 $\boldsymbol{\eta}_2$ 分别为直接判决 DFE-FDNP 部分和时间反转 DFE-FDNP 部分的残余符号间干扰。记 σ_1^2 和 σ_2^2 分别为 $\boldsymbol{\eta}_1$ 和 $\boldsymbol{\eta}_2$ 的方差，$\sigma_1^2=\sigma_2^2$ 时，最优权重因子 $\alpha=0.5$，此时即为等增益合并。等增益合并能够同时对信道噪声和残余符号间干扰进行减小和抑制，能够获得比单一的直接判决 DFE-

FDNP 均衡或时间反转 DFE-FDNP 均衡更好的 MSE 性能。

9.3.3　仿真分析

为验证 DFE-FDBiNP 均衡的系统性能，对其均方误差(Mean Squared Error，MSE)和误符号率(Symbol Error Rate，SER)曲线进行仿真分析，并与其他均衡方法进行比较。

MIMO-SCFDE 系统的仿真参数设置为：发送和接收天线数量为 $N_T = N_R = 4$，采用码率为 1/2、约束长度为 5、八进制的生成多项式为(23，35)的标准卷积码，编码后的数据采用二进制相移键控(Binary Phase Shift Keying，BPSK)来进行符号映射，传输块长度 $N = 512$，其中数据长度 $P = 488$，UW 长度为 24。

考虑具有经典功率谱的准静态频率选择性 MIMO 信道的系统均衡性能，信道采用如图 9.9 给出的六径信道，用相对时延和平均功率表征各径主要参数，各径功率相互独立且服从瑞利分布。发送端采用滚降系数为 13.5% 的 SRRC 脉冲成形滤波器进行符号成形。由于 Chu 序列在时域和频域都具有恒定幅值，可避免 PAPR 较高的问题，因此选用 Chu 序列作为 UW。在对系统均衡性能进行仿真分析时，假设接收端已获得理想同步，且能够获得理想信道状态信息。

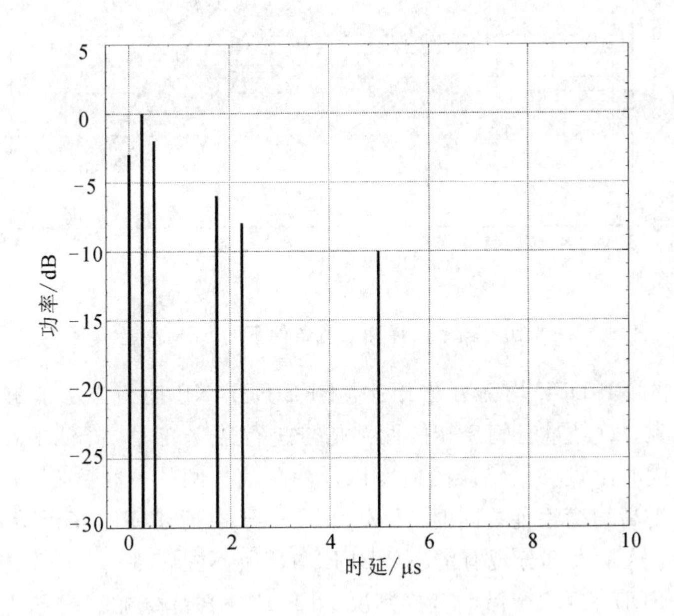

图 9.9　多径信道的各径功率分布图

图 9.10 给出了频率选择性信道条件下 DFE-FDBiNP 均衡方法的 SER 性能，并与直接判决 DFE-FDNP 和时间反转 DFE-FDNP 方法的 SER 性能进行对比。为便于讨论，尽管 MFB 在实际中不可能达到，这里仍然以 MFB 作为性能基准。对于频率选择性衰落信道，在 SER=10^{-3}时，与直接判决 DFE-FDNP 的方法相比，DFE-FDBiNP 均衡方法能获得大约 1 dB 的信噪比增益，而 MFB 能够获得大约 1.2 dB 的信噪比增益。与 MFB 相比，DFE-FDBiNP 均衡方法的 SER 性能差距则很小。仿真结果表明，DFE-FDBiNP 均衡方法能够为 MIMO-SCFDE 系统的信道频域均衡提供良好的 SER 性能。

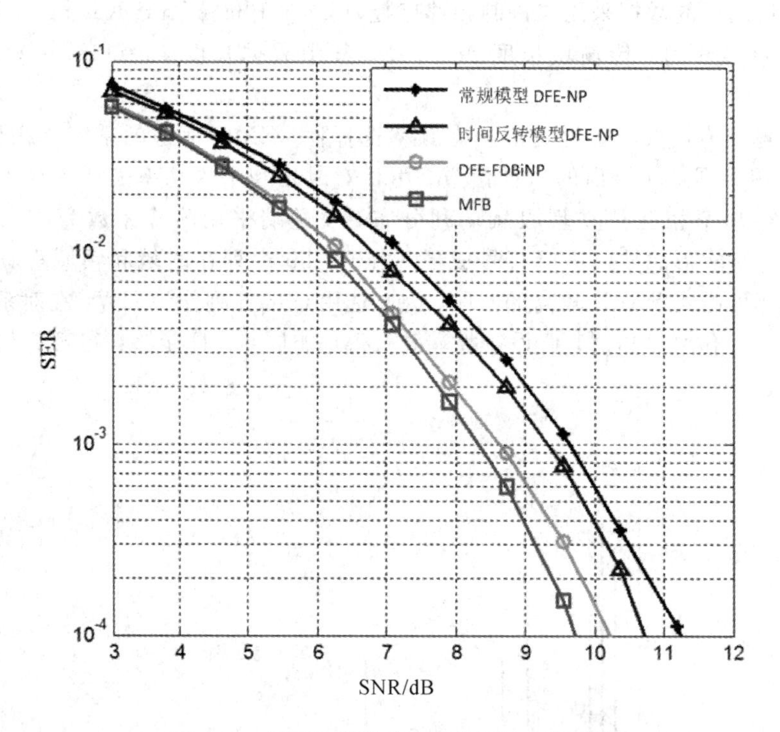

图 9.10　频率选择性信道条件下的 SER 性能

与现有的 NP-DFE 均衡方法相比，DFE-FDBiNP 均衡方法能够有效抑制误差传播现象。对经过时间反转的两路信号进行独立处理，降低了在某一时段某一位置处同时出现突发错误的概率以及两路信号间的关联性，通过分集合并还能进一步提高均衡性能。同时，DFE-FDBiNP 均衡还能够获得接近于 MFB 的均衡性能，这是大部分现有的 NP-DFE 均衡所不能实现的。在理想反馈的假设下，DFE-FDBiNP 均衡借助直接判决 DFE-FDNP 部分能获得理想的已传输符号，借助时间反转判决 DFE-FDNP 部分能获得理想的未传输符号。随 SNR

增大，DFE-FDBiNP 均衡与 MFB 的差距变大，这是由于在高 SNR 区域，ISI 将成为主要的不利影响因素。

图 9.11 给出了频率选择性信道条件下的 DFE-FDBiNP 均衡方法的 MSE 性能，并与直接判决 DFE-FDNP 和时间反转 DFE-FDNP 方法的 MSE 性能进行对比。由图 9.11 可知，直接判决 DFE-FDNP 和时间反转 DFE-FDNP 方法具有相似的 MSE 性能。DFE-FDBiNP 均衡方法相比于直接判决 DFE-FDNP 方法以及时间反转 DFE-FDNP 方法，具有很大的 MSE 性能优势，在 MSE＝－10 dB时能获得约 1 dB 的性能增益。这得益于 DFE-FDBiNP 均衡中的等增益分集合并，它能同时减弱信道噪声以及残余符号间干扰对系统 MSE 性能的影响，使得 DFE-FDBiNP 均衡性能与 MFB 的差距进一步缩小。此外，在 DFE-FDBiNP 均衡中，FFF 和 FBF 的均衡系数矩阵的计算均在频域进行，并且直接判决 DFE-FDNP 部分和时间反转 DFE-FDNP 部分的系数矩阵存在特定关系，这使得该均衡方法的计算复杂度得到降低。

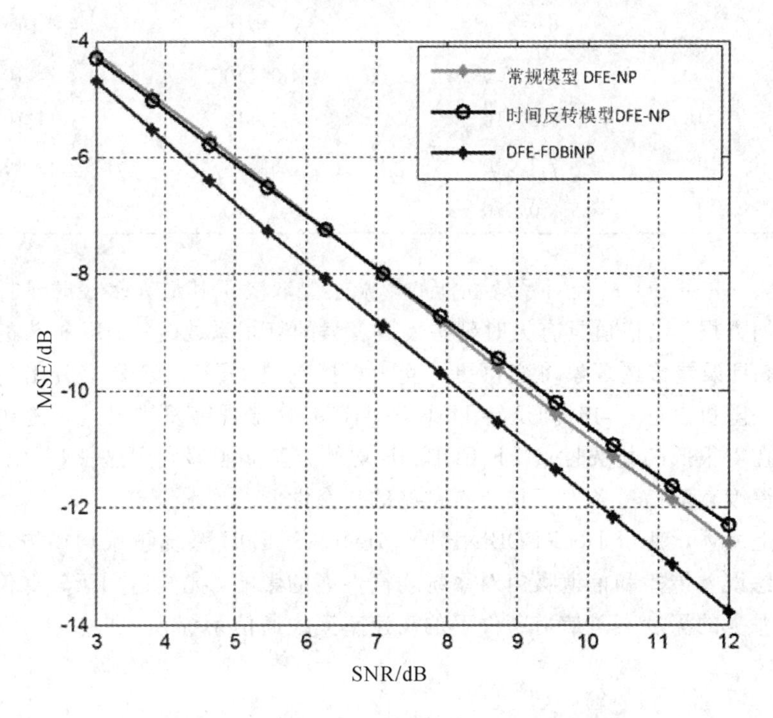

图 9.11 频率选择性信道条件下的 MSE 性能

为进一步验证 DFE-FDBiNP 均衡方法在其他信道条件下的性能，改变信道中各参数设置，同时对映射方式和脉冲成形滤波器等进行对应的设置。为简化描述，这里仅仅给出各信道条件的主要信道参数。对于信道1，其参数设置与上述仿真的参数设置保持一致；对于信道2，多径数量由6变为12；对于信道3，各径的衰减系数都变大；对于信道4，多径信道的最大时延扩展增大。当信道的上述参数改变时，其他参数均保持不变。

在不同的信道条件下，更新FFF和FBF的均衡系数矩阵。为不失一般性，分别在低信噪比条件下(SNR＝4 dB)和高信噪比条件下(SNR＝10 dB)下，对DFE-FDBiNP均衡方法在不同信道下的SER性能进行仿真，仿真结果如表9.3所示。

表9.3　不同信道条件下各均衡方法在特定信噪比下的SER性能

信道编号	SNR/dB	直接判决DFE-FDNP	时间反转DFE-FDNP	DFE-FDBiNP
1	4	6.5×10^{-2}	5.0×10^{-2}	4.0×10^{-2}
2	4	6.8×10^{-2}	5.2×10^{-2}	4.1×10^{-2}
3	4	8.3×10^{-2}	7.8×10^{-2}	4.9×10^{-2}
4	4	9.1×10^{-2}	8.0×10^{-2}	5.4×10^{-2}
1	10	6.0×10^{-4}	4.0×10^{-4}	1.5×10^{-4}
2	10	6.2×10^{-4}	4.2×10^{-4}	1.6×10^{-4}
3	10	7.7×10^{-4}	5.8×10^{-4}	2.2×10^{-4}
4	10	8.0×10^{-4}	6.1×10^{-4}	2.3×10^{-4}

由表9.3可知：多径对系统性能的影响主要取决于其最大多径时延扩展和功率的均方根。当信道具有大时延扩展或者大的衰减系数时，FBF抽头的幅值将变大，且误差传播现象将变得更严重。直接判决DFE-FDNP部分出现突发错误这一随机事件，与时间反转DFE-FDNP部分出现突发错误这一随机事件之间存在着很低的相关性；DFE-FDBiNP均衡方法，能够利用这一特性，在较恶劣的深度衰落信道条件下仍获得良好的均衡性能。

综上所述，基于DFE-FDBiNP的MIMO-SCFDE系统频域均衡方法，将综合考虑误差传播和信道噪声对系统均衡性能的影响，尤其适用于较低信噪比以及较恶劣的深度衰落信道条件下的高速率无线通信系统。

第 10 章　MIMO-SCFDE 系统联合信道估计与均衡技术

将信道估计和均衡分开进行讨论，只能得到信道估计部分或均衡部分的一个局部最优。为了使信道估计和均衡达到全局最优，必须进行联合信道估计与均衡。本章重点讨论 MIMO-SCFDE 系统的联合信道估计与均衡技术，针对时间频率双选择性信道下的 MIMO-SCFDE 系统，分别提出基于排序的连续干扰消除的联合信道估计与均衡方法、基于双环迭代的联合信道估计与均衡方法以及联合迭代信道估计与迭代均衡的方法，实现对流层散射通信系统中信道估计和均衡的联合优化。

10.1　单载波联合信道估计与均衡技术

通常情况下，在对 MIMO-SCFDE 系统信道估计或频域均衡进行分析时，都是将信道估计和均衡过程分开进行单独讨论的。具体讲，在讨论系统频域均衡方法时，一般都将信道状态特性视为已知，并不考虑信道估计的准确度对均衡性能的影响。同样，在讨论系统信道估计方法时，一般并不太关注频域均衡方面；在分析信道估计性能时，通常直接采用最简单的频域线性均衡方法进行信道均衡。

显然，将信道估计和均衡分开进行分析，只会得到信道估计部分或均衡部分的一个局部最优，对整个 MIMO-SCFDE 系统而言，并非全局最优的方法，在有些极端情况下甚至与全局最优时的系统性能相差很大。因此，有必要将二者合在一起进行考虑，讨论 MIMO-SCFDE 系统联合信道估计与均衡技术。

10.1.1　联合信道估计与均衡的优势

联合信道估计与均衡，是将信道估计部分和均衡部分进行综合优化，在这两部分之间实现信息交互和联合优化。尤其是在时变信道或时间频率双选择性信道条件下，信道时间选择性衰落和频率选择性衰落使 MIMO-SCFDE 系统性能恶化，此时只有对信道估计和频域均衡进行联合优化才能使系统获得整体最优的性能。

MIMO-SCFDE系统联合信道估计与均衡，能通过迭代在信道估计部分与均衡部分之间进行信息交互和更新。其基本思想是：通过对导频位置处的信道状态信息的估计，得到数据位置处的信道的估计，将其作为信道估计的初始值；再进行初始的频域均衡，均衡后的符号经判决器判决以后再反馈至信道估计部分进行估计，得到新的信道状态信息；同时用更新后的信道状态信息对均衡部分的均衡系数矩阵进行更新，用于下一次均衡；重复上述过程，直至满足迭代终止条件。

在时变信道或时间频率双选择性信道条件下，与单独进行信道估计或者单独进行频域均衡相比，MIMO-SCFDE系统的联合信道估计与均衡方法能够通过迭代更新不断提高信道估计和频域均衡的性能，最终达到较理想的系统性能，这对于传统的信道估计方法与频域均衡方法而言是很难实现的。

10.1.2 联合信道估计与均衡的常用方法

下面对MIMO-SCFDE系统的联合信道估计与均衡的常用方法进行初步探讨。这里为描述方便，将系统频域均衡部分和符号判决部分视为一个整体进行描述，统称为数据检测。

1. 基于信道估计和串行干扰消除的联合信道估计与均衡方法

图10.1给出基于信道估计和串行干扰消除(Serial Interference Cancellation, SIC)的联合信道估计与均衡(Joint Channel Estimation and Equalization, JCEE)方法的结构框图。信道估计1部分被用于从接收信号和发送的已知导频中对信道进行初始估计；然后利用SIC检测和硬判决获得初始判决符号；当初始的判决符号得到以后，频率间干扰IFI项就可被估计出来，进而从原始的接收信号中消除；将经过IFI消除后的新接收信号输入到信道估计2部分进行信道估计；之后再进行SIC检测；如此循环迭代，直至满足终止条件。

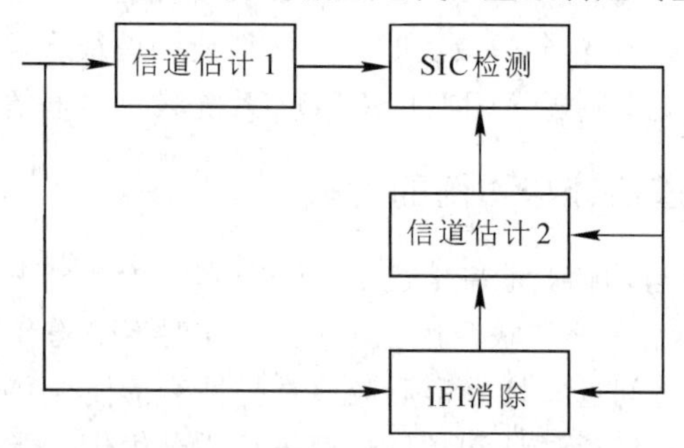

图10.1 基于信道估计和SIC的JCEE方法的结构框图

2. 基于信道估计和 IFI 消除的联合信道估计与均衡方法

图 10.2 给出了基于信道估计和 IFI 消除的 JCEE 方法的结构框图。信道估计部分被用于从接收信号和发送的已知导频中对信道进行初始的粗估计；基于 IFI 的 MMSE 均衡和硬判决被用于进行数据检测，得到初始的判决符号；当初始判决符号得到以后，频率间干扰 IFI 项就可以被估计，进而从原始的接收信号中消除；经 IFI 消除后的新的接收信号，重新输入到信道估计部分进行估计；之后再进行基于 IFI 的 MMSE 均衡和硬判决；如此循环迭代，直至满足终止条件。

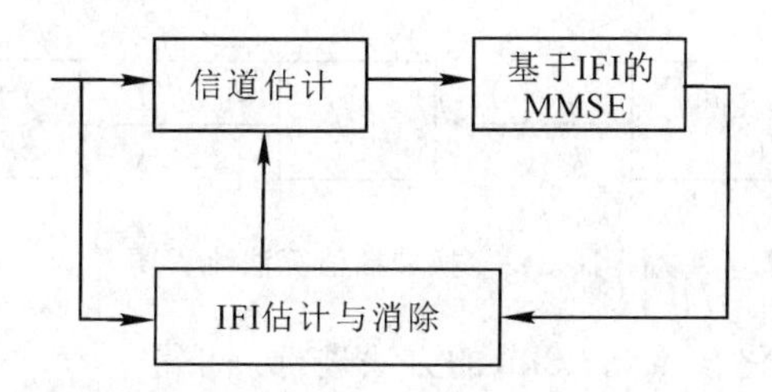

图 10.2　基于信道估计和 IFI 消除的 JCEE 方法的结构框图

这两种方法的主要不同之处在于，SIC 检测是基于先检测再消除干扰的思想，类似于判决反馈均衡器；而基于 IFI 的 MMSE 均衡则将 IFI 的功率一起考虑进来，进行 MMSE 的均衡。这里仅是对适用于 MIMO-SCFDE 系统的两类常用的 JCEE 方法进行了初步讨论。针对具体的时变信道或时频双选信道，下面提出几种新的 MIMO-SCFDE 系统的 JCEE 方法。

10.2　基于 OSIC 的 MIMO-SCFDE 系统联合信道估计与均衡方法

不同于线性均衡通过乘以矩阵伪逆来一次性求出所有发送信号的估计值方法，排序的连续干扰消除(Ordered Successive Interference Cancellation，OSIC)方法是：首先对当前信道矩阵通过排序算法，求出增益最大的发射天线，并在首次求伪逆的结果中仅保留该天线的估计值；再用当前天线的估计值乘以先前的信道转移矩阵，得到该天线对所有发射天线的干扰；最后从接收天线向量中减去该干扰，并将信道转移矩阵相应的列置零，得到去除最强干扰的 MIMO 系统。

10.2.1　导频块和数据块的初始化

采用图 8.1 所示的正交梳状导频，导频块的初始化参照 8.2.2 节的方法进行，可得

$$G_t(n,k)=\frac{P_t(n,k)^*}{|P_t(n,k)|^2+\sigma_n^2\cdot\sigma_h^2/(\sigma_r^2-\sigma_n^2)},\ k\in\Psi_t \tag{10.1}$$

然而，式(10.1)仅仅推导出了导频位置在 $k\in\Psi_t$ 频点的信道频域响应(CFR)。为获得信道在导频位置所有频点处的 CFR，可采用变换域插值方法，如图 10.3 所示。

图 10.3　变换域插值算法流程图

数据块的初始化参照 8.3.3 节的方法进行，可得

$$\begin{aligned}&\hat{H}_{r,t}(mN_S+n,k)\\&\quad=\boldsymbol{\varphi}(n)^T(\boldsymbol{\psi}^T\boldsymbol{\psi})^{-1}\boldsymbol{\psi}^T\hat{\boldsymbol{\eta}}_{r,t}(m,k),\ n=N_P+1,\cdots,N_S\end{aligned} \tag{10.2}$$

显然，$\boldsymbol{\varphi}(n)^T(\boldsymbol{\psi}^T\boldsymbol{\psi})^{-1}\boldsymbol{\psi}^T$ 是与 m 无关的常矢量，式(10.2)中参数的定义与 8.2.3 节中的完全相同，这里不作赘述。为不失一般性，可设置 $J=2$，且多项式的阶数 $q=3$。

10.2.2　基于 OSIC 的联合信道估计与均衡方法

误差传播现象的存在，使先前判决符号的影响准确度对后续的符号判决产生直接影响，因此对 OSIC 检测而言，需要采用某种方法确定检测顺序。这里采用信道矩阵的列向量范数的降序进行检测。该方法复杂度较低，只需要计算 N_T 个范数，同时只进行一次排序。

信道矩阵元素的估计值 $\tilde{H}_{r,t}(n,k)$ 可被视为一个随机变量，其均值和方差可以通过信道估计器获得，信道矩阵元素 $H_{r,t}(n,k)$ 可表示为

$$H_{r,t}(n,k)=\tilde{H}_{r,t}(n,k)+\Delta_{r,t}(n,k) \tag{10.3}$$

其中，$\Delta_{r,t}(n,k)$ 表示第 k 个频点处的信道估计误差，为零均值的变量，其方差可以通过对信道频域响应的均方误差计算得到。

由信道估计误差导致的频域干扰可以表示为

$$\boldsymbol{I}_k(n)=\boldsymbol{\Delta}_k(n)\boldsymbol{X}_k(n) \tag{10.4}$$

其中，

$$\boldsymbol{\Delta}_k(n)=\begin{bmatrix}\Delta_{1,1}(n,k) & \cdots & \Delta_{1,N_\mathrm{T}}(n,k)\\ \vdots & & \vdots\\ \Delta_{N_\mathrm{R},1}(n,k) & \cdots & \Delta_{N_\mathrm{R},N_\mathrm{T}}(n,k)\end{bmatrix} \tag{10.5}$$

$\boldsymbol{I}_k(n)$的方差矩阵可通过下式计算得到，即

$$E\{\boldsymbol{I}_k(n)\boldsymbol{I}_k(n)^\mathrm{H}\}=\sigma_\mathrm{d}^2\sum\nolimits_k(n)=\mathrm{diag}\left\{\sigma_\mathrm{d}^2\sum_{t=1}^{N_\mathrm{T}}\sigma_{\Delta 1,t(n,k)}^2,\ \cdots,\ \sigma_\mathrm{d}^2\sum_{t=1}^{N_\mathrm{T}}\sigma_{\Delta N_\mathrm{R},t(n,k)}^2\right\} \tag{10.6}$$

基于 OSIC 的联合信道估计与均衡方法可进行如下的描述。在初始检测阶段，设置 $i=1$，此时 $\boldsymbol{Y}_k^{(i)}(n)=\boldsymbol{Y}_k(n)$，$\boldsymbol{H}_k^{(i)}(n)=H_k^{(0)}(n)$，则在第 i 个检测阶段，当采用 MMSE 滤波器时，置零矩阵 $\boldsymbol{G}_k^{(i)}(n)$ 可通过下式计算得到

$$\boldsymbol{G}_k^{(i)}(n)=[\boldsymbol{H}_k^{(i)}(n)\boldsymbol{H}_k^{(i)}(n)^\mathrm{H}+\sigma_\mathrm{d}^2\sum\nolimits_k(n)+\sigma_\mathrm{n}^2\boldsymbol{I}_{N\mathrm{R}}]^{-1}\boldsymbol{H}_k^{(i)}(n) \tag{10.7}$$

采用欧式范数的最小均方的排序方法对检测顺序进行选择，即

$$s_i=\underset{p\notin\{s_1,s_2,\cdots,s_{i-1}\}}{\arg\min}\ \|[\boldsymbol{G}_k^{(i)}(n)]_p\|^2,\ p=1,2,\cdots,N_\mathrm{T} \tag{10.8}$$

其中，$[\boldsymbol{G}_k^{(i)}(n)]_p$ 表示矩阵 $\boldsymbol{G}_k^{(i)}(n)$ 的第 p 行。向量 $[\boldsymbol{G}_k^{(i)}(n)]_{si}$ 可用于将经最优排序所获得的第 s_i 层以外的信号置零，通过置零向量可计算出检测符号，即

$$\hat{X}_{s_i}(n,k)=Q([\boldsymbol{G}_k^{(i)}(n)]_{s_i}\boldsymbol{Y}_k^{(i)}(n)) \tag{10.9}$$

其中，$Q(\cdot)$表示信号星座图的一个切片值。当第 i 层被检测后，通过修正第 $i+1$个检测阶段的接收向量 $\boldsymbol{Y}_k^{(i+1)}(n)$，后续检测中来自 $\hat{X}_{si}(n,k)$ 的干扰可以被消除，即

$$\boldsymbol{Y}_k^{(i+1)}(n)=\boldsymbol{Y}_k^{(i)}(n)-\hat{X}_{s_i}(n,k)\{\boldsymbol{H}_k^{(i)}(n)\}_{s_i} \tag{10.10}$$

其中，$\{\boldsymbol{H}_k^{(i)}(n)\}_{s_i}$ 为 $\boldsymbol{H}_k^{(i)}(n)$ 的第 s_i 列。由于第 s_i 层已被检测，通过减去 $\boldsymbol{H}_k^{(i)}(n)$ 的第 s_i 层，第 $i+1$ 个检测阶段的信道矩阵 $\boldsymbol{H}_k^{(i+1)}(n)$ 可由下式得到

$$\boldsymbol{H}_k^{(i+1)}(n)=\mathrm{null}<\boldsymbol{H}_k^{(i)}(n)>_{si} \tag{10.11}$$

其中，符号 $\mathrm{null}<\cdot>_{s_i}$ 表示矩阵的第 s_i 个列向量的置零操作。式(10.7)至式(10.11)重复进行，并使 $i:=i+1$，直至所有的符号被检测。

基于 OSIC 算法的 MIMO-SCFDE 系统 JCEE 方法的伪代码如表 10.1 所示。

表 10.1　基于 OSIC 的 MIMO-SCFDE 系统联合信道估计与均衡算法的伪代码

输入：$\boldsymbol{H}_k^{(0)}(n)=\boldsymbol{H}_k^{(0)}(n)$，$\boldsymbol{Y}_k^{(0)}(n)=\boldsymbol{Y}_k(n)$ N_T（发射天线数量）
Do with：$i=1,\cdots,N_\mathrm{T}-1$，$\boldsymbol{H}_k^{(i)}(n)=\boldsymbol{H}_k^{(0)}(n)$ 1. 计算置零矩阵 $\boldsymbol{G}_k^{(i)}(n)$： $\boldsymbol{G}_k^{(i)}(n)=[\boldsymbol{H}_k^{(i)}(n)\boldsymbol{H}_k^{(i)}(n)^\mathrm{H}+\sigma_\mathrm{d}^2\sum_k(n)+\sigma_\mathrm{n}^2\boldsymbol{I}_{N_\mathrm{R}}]^{-1}\boldsymbol{H}_k^{(i)}(n)$ 2. $s_i=\underset{p\notin\{s_1,s_2,\cdots,s_{i-1}\}}{\arg\min}\Vert[\boldsymbol{G}_k^{(i)}(n)]_p\Vert^2$，$p=1,2,\cdots,N_\mathrm{T}$， 3. $\hat{X}_{s_i}(n,k)=Q([\boldsymbol{G}_k^{(i)}(n)]_{s_i}\boldsymbol{Y}_k^{(i)}(n))$， 4. $\boldsymbol{Y}_k^{(i+1)}(n)=\boldsymbol{Y}_k^{(i)}(n)-\hat{X}_{s_i}(n,k)\{\boldsymbol{H}_k^{(i)}(n)\}_{s_i}$， 5. $\boldsymbol{H}_k^{(i+1)}(n)=\mathrm{mull}<\boldsymbol{H}_k^{(i)}(n)>s_i$， 6. end do 7. 返回

当 $i=N_\mathrm{T}-1$ 时，$\boldsymbol{Y}_k^{(N_\mathrm{T})}(n)$ 中仅包含来自一个发射天线上的发送信号。假设该发射天线为第 $t_1(t_1\in\{1,\cdots,N_\mathrm{T}\})$ 个发射天线，对 $\boldsymbol{Y}_k^{(N_\mathrm{T})}(n)$ 进行均衡和检测操作，可得到来自第 t_1 个发射天线的信号，即

$$\begin{cases}\boldsymbol{W}_k^{(N_\mathrm{T})}(n)=[\boldsymbol{H}_k^{(N_\mathrm{T})}(n)\boldsymbol{H}_K^{(N_\mathrm{T})}(n)^\mathrm{H}+\sigma_\mathrm{d}^2\sum_k(n)+\sigma_\mathrm{n}^2\boldsymbol{I}_{N\mathrm{R}}]^{-1}\\ \boldsymbol{w}_k^{(N_\mathrm{T})}(n)=[\boldsymbol{W}_k^{N_\mathrm{T}}(n)]_1\\ \hat{X}^{N_\mathrm{T}}(n,k)=Q(\boldsymbol{w}_k^{N_\mathrm{T}}(n)\boldsymbol{Y}_k^{(N_\mathrm{T})}(n))\\ \hat{X}_{t_1}(n,k)=\hat{X}^{(N_\mathrm{T})}(n,k),\ k=0,\cdots,N-1\end{cases}\tag{10.12}$$

同时，第 t_1 个发射天线与所有的接收天线间的信道估计矩阵可更新为

$$\begin{cases}\widetilde{\boldsymbol{H}}_{r,t_1}(n)=\boldsymbol{F}_{N\times L}\boldsymbol{F}_{N\times L}^\mathrm{H}\hat{\boldsymbol{X}}_{t_1}^{-1}(n)\boldsymbol{Y}_{r,t_1}(n)\\ \widetilde{\boldsymbol{H}}_{r,t_1}(n)=[\widetilde{H}_{r,t_1}(n,0),\cdots,\widetilde{H}_{r,t_1}(n,N-1)]^\mathrm{T}\\ \hat{\boldsymbol{X}}_{t_1}(n)=\mathrm{diag}\{\hat{X}_{t_1}(n,0),\cdots,\hat{X}_{t_1}(n,N-1)\}\\ \boldsymbol{Y}_{r,t_1}(n)=[Y_r^{(N_\mathrm{T})}(n,0),\cdots,Y_r^{(N_\mathrm{T})}(n,N-1)]^\mathrm{T}\end{cases}\tag{10.13}$$

通过上述的估计和更新过程后，从接收信号中减去已检测得到的信号，即

$$\begin{cases}\boldsymbol{Y}'_k(n)=\boldsymbol{Y}_k(n)-\widetilde{\boldsymbol{H}}_{k,t_1}(n)\hat{X}_{t_1}(n,k)\\ \widetilde{\boldsymbol{H}}_{k,t_1}(n)=[\widetilde{H}_{1,t_1}(n,k),\cdots,\widetilde{H}_{N_R,t_1}(n,k)]^{\mathrm{T}}\end{cases}\tag{10.14}$$

显然，$\boldsymbol{Y}'_k(n)$ 中并不包含来自第 t_1 个发射天线上的信号。因此，此时可通过对 $\boldsymbol{Y}'_k(n)$ 重复上述的基于 OSIC 算法的 JCEE 方法，在 $i=N_T-2$ 时得到仅来自一个发射天线上的发送信号。同样地，假设该发射天线为第 $t_1(t_1\in\{1,\cdots,N_T\})$ 个发射天线，对 $\boldsymbol{Y}_k^{(N_T)}(n)$ 进行均衡和检测操作，可得到来自第 $t_2(t_2\in\{1,\cdots,N_T\}/\{t_1\})$ 个发射天线的信号。重复式(10.12)至式(10.14)，直到所有的符号都被检测。基于 OSIC 算法的 MIMO-SCFDE 系统联合信道估计与均衡方法，通过迭代的 OSIC 算法、上述的信道估计以及更新过程来实现联合信道估计和均衡。

10.2.3　仿真分析

为验证所提出来的基于 OSIC 算法的 MIMO-SCFDE 系统联合信道估计与均衡方法的 SER 和 MSE 性能，在不同 MIMO-SCFDE 系统和信道参数条件下对其进行仿真。

在进行仿真分析时，选用抽头数量为 60 的频率选择性瑞利衰落信道。信道的功率延迟谱设置为：前 20 个抽头的平均功率线性增加，后 40 个抽头的平均功率线性减小，且信道总的平均功率归一化为 1。

系统仿真参数设置为：数据块长度 $N=256$，CP 的长度 $N_{CP}=64$，采用分块传输，每个块包含 16 个导频符号和 256 个数据符号，即 $N_P=16$，$N_D=256$，$N_S=N_P+N_D=272$。符号周期 $T_S=0.25\ \mu\mathrm{s}$，信道带宽为 10 MHz。最大多普勒频移 $f_d=300$ Hz 。

针对实际系统中常见的快速时变频率选择性衰落信道，即时间频率双选择性衰落信道，对天线配置为 2×2 和 4×4 的 MIMO-SCFDE 系统分别进行算法性能的仿真和分析。采用 V-BLAST 进行空时编码，对基于迭代块判决反馈均衡(Iterative Block Decision Feedback Equalization，IBDFE)的迭代分层空时算法和理想 CSI 条件下的系统性能，以及本节提出的基于 OSIC 算法的 JCEE 方法进行仿真比较。

1. 天线配置为 2×2 的系统

对天线配置为 2×2 的 MIMO-SCFDE 系统的在不同算法下的 SER 和平均 MSE 性能进行仿真比较与分析。发送和接收天线数量为 $N_T=N_R=2$，而映

射方法将分别采用 QPSK 映射以及十六进制正交幅度调制(16QAM)映射。

图 10.4 和图 10.5 给出了在 $f_d=300$ Hz 和天线配置为 2×2 时所提出的 JCEE 方法的 SER 和 MSE 性能。可见，即使与理想信道条件下的系统性能相比，本节所提出的 JCEE 方法的 SER 性能和平均 MSE 性能损失也很小。然而，无论是 SER 性能还是平均 MSE 性能，各算法在 QPSK 调制方式下都具有明显优于 16QAM 调制的情形，尤其是在较高的信噪比区域。此外，对基于 IBDFE的迭代分层空时算法的分析表明，在很少迭代次数(四次)后该算法就可达到接近于匹配滤波器界(MFB)的系统性能。然而，为计算最优前馈系统矩阵和最优反馈系数矩阵，必须在每层的每次迭代中对每个频点进行 N 个等式的求解。可见，基于 IBDFE 的迭代分层空时算法的性能提升建立在复杂度大幅度提高的基础之上。本节提出的基于 OSIC 的 JCEE 方法，其 SER 性能和 MSE 性能与基于 IBDFE 的方法相比，只有很小程度的性能下降，且性能下降几乎可忽略不计。

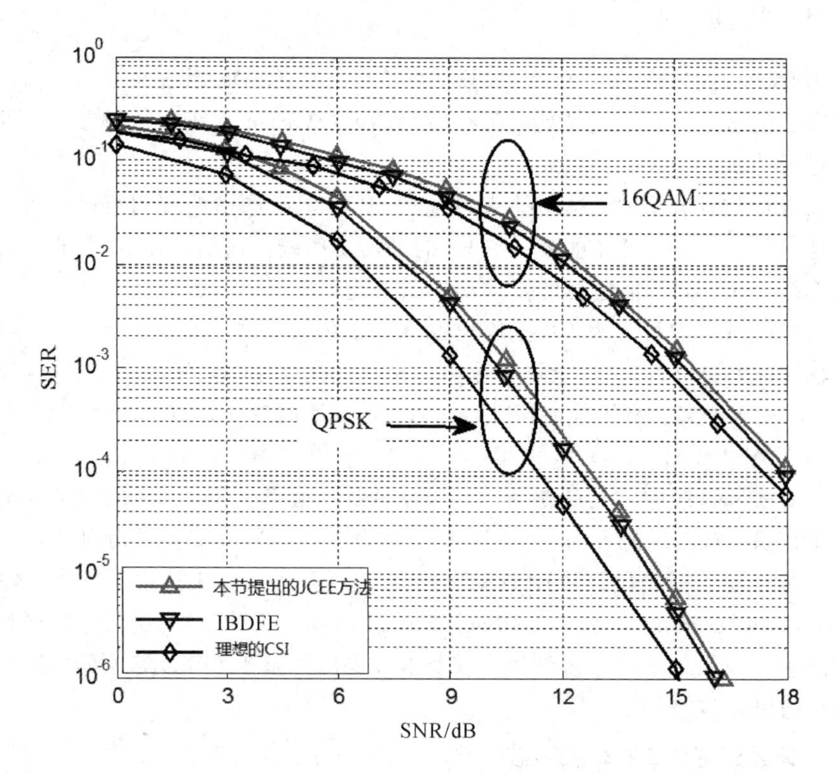

图 10.4　天线配置为 2×2 时 QPSK 和 16QAM 调制下各算法的 SER 性能

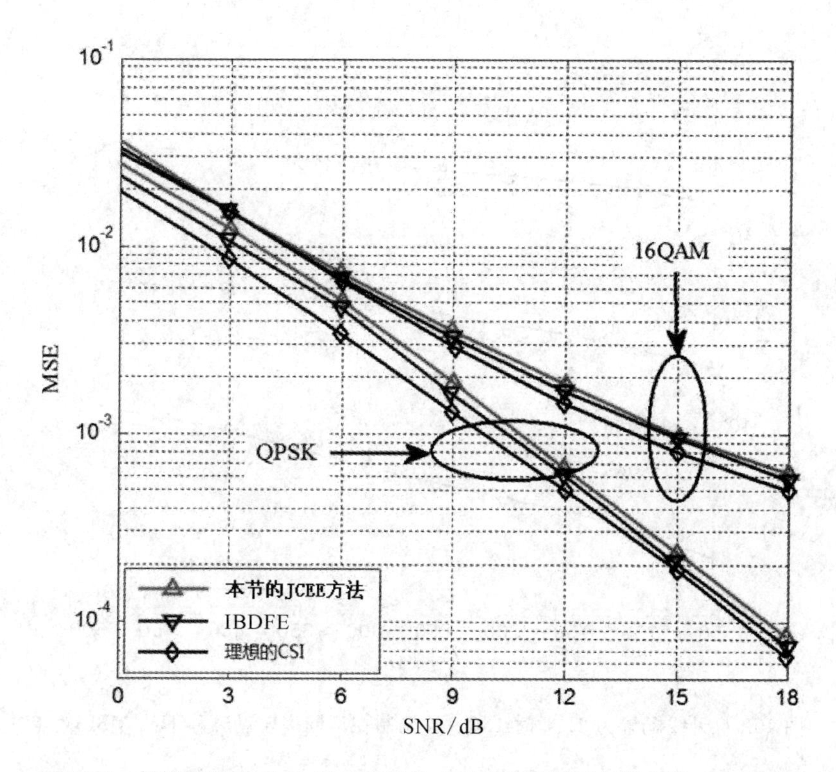

图 10.5 天线配置为 2×2 时 QPSK 和 16QAM 调制下各算法的 MSE 性能

高动态信道环境会导致大的多普勒频移和信道时变，可以为接收机提供时间分集。在理想 CSI 情况下，系统能够充分利用时间分集。在非理想的 CSI 情况下，分集增益会受到信道估计误差和调制方式复杂度的影响。本节所提出的基于 OSIC 的 JCEE 方法的性能，与初始信道估计的准确度密切相关，信道系数的初始化可以通过 MMSE 方法得到。在信道估计与均衡间进行不断的迭代和更新，其 SER 性能和 MSE 性能将逐渐收敛，并且与理想 CSI 情况下的系统性能差距始终保持在一个很低的水平。

图 10.6 给出了天线配置为 2×2 时 16QAM 调制在不同多普勒频移下所提算法的 MSE 性能。可见，本节所提出的基于 OSIC 的 JCEE 方法对多普勒扩展具有很好的鲁棒性，尤其是在低信噪比条件下。仿真结果表明，该算法在快时变频率选择性衰落信道条件下具有良好的系统性能。

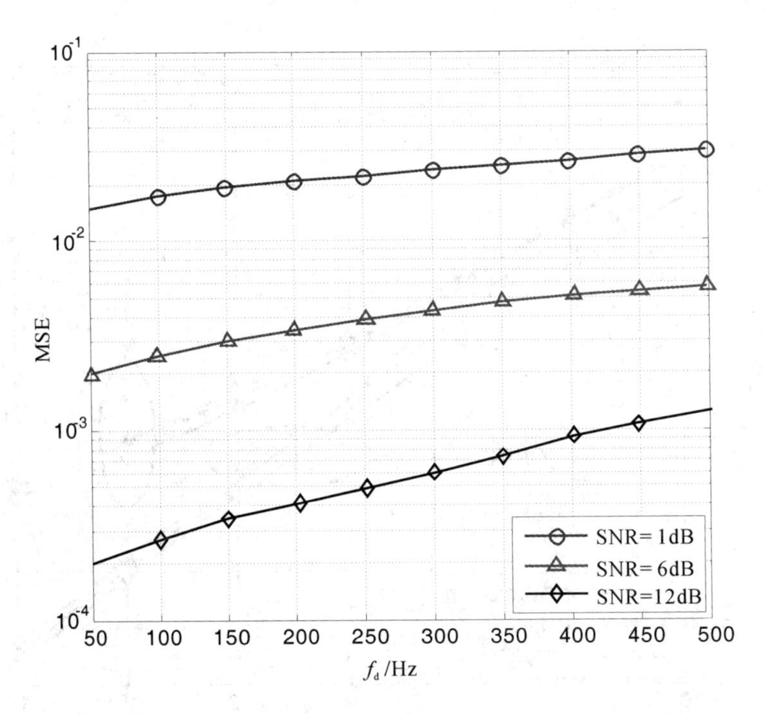

图 10.6　天线配置为 2×2 时 16QAM 调制在不同多普勒频移下的 MSE 性能

2. 天线配置为 4×4 的系统

对天线配置为 4×4 的 MIMO-SCFDE 系统在不同算法下的 SER 和平均 MSE 性能进行仿真分析，即发送和接收天线数量为 $N_T = N_R = 4$，而映射方法将分别采用 QPSK 和 16QAM 调制。

图 10.7 和图 10.8 给出了在 $f_d = 300$ Hz 和天线配置为 4×4 时所提出的 JCEE 方法的 SER 和 MSE 性能。可见，与天线配置为 2×2 时的情形相比，天线配置为 4×4 时的 SER 和 MSE 性能均有很大程度的提升。本节所提出的 JCEE 方法能够消除来自许多发送和接收天线的天线间干扰以及符号间干扰。利用 MIMO-SCFDE 系统的 V-BLAST 空时码，该方法能进一步获得相对准确的信道估计和信道均衡，这表明 V-BLAST 的 MIMO 空时编码在获得最大的空间复用增益的同时，也可获得一定的空间分集增益。此外，在进行信道均衡的过程中，信道估计误差被视为干扰，并用于修正系统的均衡系数；之后，将均衡的结果反馈至信道估计部分用来对信道系数进行修正。通过上述不断的迭代，系统 SER 性能和 MSE 性能得到了较大幅度的提升，即使是在时频双选信道条件下。

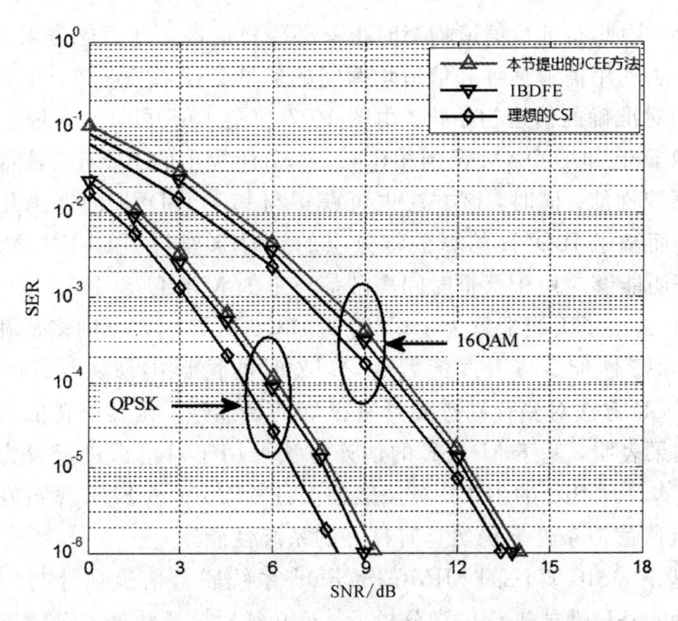

图 10.7　天线配置为 4×4 时 QPSK 和 16QAM 调制下各算法的 SER 性能

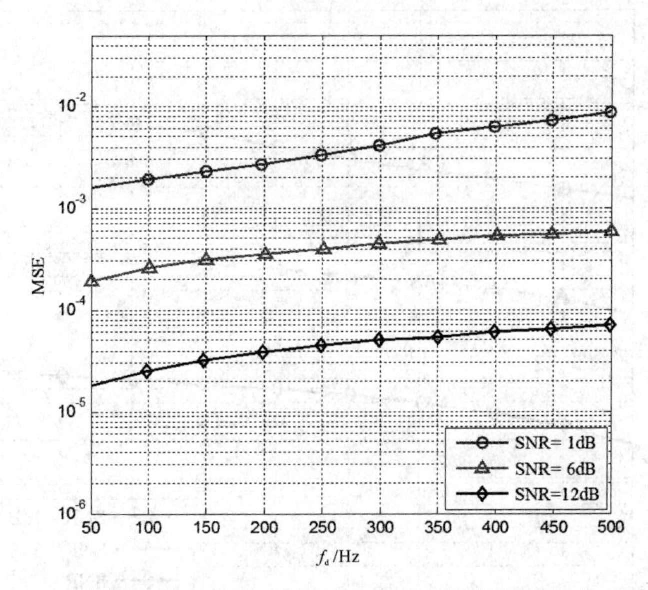

图 10.8　天线配置为 4×4 时 QPSK 和 16QAM 调制下各算法的 MSE 性能

一般来说，对大部分的 MIMO 信道均衡的研究都是在假设理想的 CSI 的情况下进行的，这对于慢衰落信道是合理的；但是对于快衰落信道，尤其是对时频双选信道而言，这并不合理。在非理想 CSI 情况下，MIMO-SCFDE 系统的性能下降，因此在进行信道均衡时很有必要将信道估计考虑进来。本节提出的JCEE方法利用信道估计和信道均衡间的信息交互来实现联合的最优，能够获得一个相对准确的信道初始化。由图10.7和图10.8可知，在理想CSI条件下将QPSK调制和16QAM调制相比时，本节所提出的JCEE方法能够获得接近最优的系统性能。同时，该方法也可获得与基于IBDFE的算法几乎相同的系统性能；而基于IBDFE的算法将分层的空时原理与IBDFE均衡技术相结合，已被证明能够应用于严重时间离散信道下的MIMO-SCFDE系统。

图10.9给出了天线配置为4×4时的16QAM调制在不同多普勒频移下所提算法的MSE性能。与天线配置为2×2时的情形类似，本节提出的基于OSIC的JCEE方法对多普勒扩展具有很好的鲁棒性，尤其是在低信噪比条件下。仿真结果表明，基于MMSE的估计方法可用于对信道进行较为准确的初始化，并且基于OSIC的JCEE算法能够保证MIMO-SCFDE系统在快时变频率选择性衰落信道条件下仍然具有良好的系统性能。

在对基于OSIC算法的MIMO-SCFDE系统联合信道估计与均衡方法的SER性能和MSE性能进行仿真分析后，还必须对该算法的复杂度进行分析。

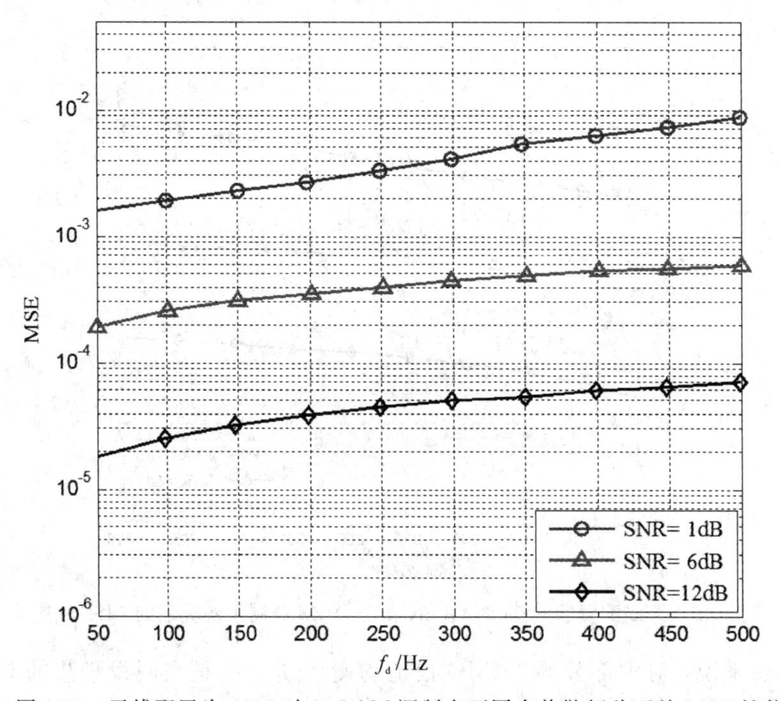

图10.9　天线配置为4×4时16QAM调制在不同多普勒频移下的MSE性能

3. 复杂度分析

复杂度也是衡量算法性能的重要指标。下面对基于 IBDFE 的算法和本节提出的基于 OSIC 的 JCEE 算法的复杂度进行进一步分析。为简化处理，复杂度分析仅仅考虑 CMULs 运算次数。

在基于 IBDFE 的算法中，前馈和反馈系数通过对应的相关系数将每次检测的块的可靠性考虑在内。计算最优前馈系统矩阵和最优反馈系数矩阵，必须在每层的每次迭代中的每个频点处进行 N 个等式的求解，尤其是在快速时变信道条件下。总体的计算复杂度为 $O(N^2 N_T)$ 。

然而，本节提出的基于 OSIC 的 JCEE 算法复杂度为 $O(NN_T)$ ；作为系统性能和算法复杂度的折中，该算法与基于 IBDFE 的迭代分层空时算法相比，具有相似的系统性能，但是具有更低的计算复杂度。

10.3　基于双环迭代的 MIMO-SCFDE 系统联合信道估计与均衡方法

针对时频双选信道下的 MIMO-SCFDE 系统，基于 EM 的迭代 LS 估计方法和分段线性模型被用于信道估计初始化，基于 IFI 的 MMSE 均衡和理想 MMSE 均衡、IFI 消除和硬判决被用于内环迭代进行符号均衡和判决，信道估计、均衡和硬判决共同组成外环进行迭代。基于这种双环迭代的 MIMO-SCFDE 系统的 JCEE 方法，收敛速度快且复杂度不高，适用于时频双选信道下的 MIMO-SCFDE 系统。

10.3.1　系统模型

考虑有 N_T 个发射天线和 N_R 个接收天线的空间复用 MIMO-SCFDE 系统，采用 V-BLAST 来获取复用增益。发射端采用分块方式进行传输，每 N 个数据符号构成一个 SC-FDE 符号。假设信道多径数目和 CP 长度都为 L，CP 能够完全消除 IBI。

定义 $x_i(n)$为第 i 个发射天线上的第 n 个传输符号($n=0, 1, \cdots, N-1$)，则在接收端，快速时变多径信道条件下的 MIMO-SCFDE 系统时域模型可表示为

$$y_j(n) = \sum_{i=1}^{N_T} \sum_{l=0}^{L-1} h_{ij}(n, l) x_i(n-l) + z_j(n) \tag{10.15}$$

其中，$y_j(n)$为第 j 个接收天线上的第 n 个符号。$h_{ij}(n, l)$表示第(j, i)收发

天线对间第 l 个多径在第 n 时刻的信道时域响应。$z_j(n)$表示零均值的加性高斯白噪声，其方差为σ^2。定义 $H_{ij}(n, f)$为 $h_{ij}(n, l)$对应的信道时变频域传输函数，可表示为

$$H_{ij}(n, f)=\sum_{l=0}^{L-1} h_{ij}(n, l)\mathrm{e}^{-\frac{\mathrm{j}2\pi fl}{N}} \tag{10.16}$$

通过对其进行 FFT 变换，可得到对应的 MIMO-SCFDE 系统频域模型，即

$$Y_j(k)=\frac{1}{N}\sum_{i=1}^{N_\mathrm{T}}\sum_{f=0}^{N-1}\sum_{n=0}^{N-1} X_i(f)H_{ij}(n, f)\mathrm{e}^{-\frac{\mathrm{j}2\pi(k-f)n}{N}}+Z_j(k) \tag{10.17}$$

其中，

$$X_i(k)=\frac{1}{\sqrt{N}}\sum_{n=0}^{N-1} x_i(n)\mathrm{e}^{-\frac{\mathrm{j}2\pi kn}{N}},\ Z_j(k)=\frac{1}{\sqrt{N}}\sum_{n=0}^{N-1} z_j(n)\mathrm{e}^{-\frac{\mathrm{j}2\pi kn}{N}} \tag{10.18}$$

定义 $G_{ij}(k, f)$为信道频域响应，可表示为

$$G_{ij}(k, f)=\frac{1}{N}\sum_{n=0}^{N-1} H_{ij}(n, f)\mathrm{e}^{\frac{\mathrm{j}2\pi(f-k)n}{N}} \tag{10.19}$$

则式(10.17)可进一步表示为

$$Y_j(k)=\sum_{i=1}^{N_\mathrm{T}} X_i(k)G_{ij}(k, k)+Z_j(k)+\sum_{i=1}^{N_\mathrm{T}}\sum_{f=0,\ f\neq k}^{N-1} X_i(k)G_{ij}(k, f) \tag{10.20}$$

其中，$G_{ij}(k, f)(f\neq k)$表示第 f 个频点对第 k 个频点处信道的干扰系数。式(10.20)中的第三项是频率间干扰项 $I_j(k)$，可表示为

$$I_j(k)=\sum_{i=1}^{N_\mathrm{T}}\sum_{f=0,\ f\neq k}^{N-1} X_i(k)G_{ij}(k, f)=\sum_{i=1}^{N_\mathrm{T}} I_{ij}(k) \tag{10.21}$$

其中，$I_{ij}(k)$表示第(j, i)收发天线对在第 k 个频点处的频率间干扰项，即

$$I_{ij}(k)=\sum_{f=0,\ f\neq k}^{N-1} X_i(k)G_{ij}(k, f) \tag{10.22}$$

定义 $\bar{H}_{ij}(k)=G_{ij}(k, k)$，则式(10.20)可化简为

$$Y_j(k)=\sum_{i=1}^{N_\mathrm{T}} X_i(k)\bar{H}_{ij}(k)+I_j(k)+Z_j(k) \tag{10.23}$$

为描述方便，定义长度为 N 的接收信号矢量$\boldsymbol{Y}_j=[Y_j(0), \cdots, Y_j(N-1)]^\mathrm{T}$，长度为 N 的矢量 $\boldsymbol{I}_j$ 和 $\boldsymbol{Z}_j$ 以相同方式构建。因此，系统模型可进一步表示为

$$\boldsymbol{Y}_j=\boldsymbol{X}\bar{\boldsymbol{H}}_j+\boldsymbol{I}_j+\boldsymbol{Z}_j \tag{10.24}$$

其中，$\boldsymbol{X}=[\boldsymbol{X}_1, \boldsymbol{X}_2, \cdots, \boldsymbol{X}_{N_\mathrm{T}}]$，$\boldsymbol{X}_i=\mathrm{diag}\{X_i(0), X_i(1), \cdots, X_i(N-1)\}$；

$\bar{\boldsymbol{H}}_j=[\bar{\boldsymbol{H}}_{1j}^{\mathrm{T}}, \bar{\boldsymbol{H}}_{2j}^{\mathrm{T}}, \cdots, \bar{\boldsymbol{H}}_{N_{\mathrm{T}}j}^{\mathrm{T}}]^{\mathrm{T}}$，$\bar{\boldsymbol{H}}_{ij}=[\bar{H}_{ij}(0), \bar{H}_{ij}(1), \cdots, \bar{H}_{ij}(N-1)]^{\mathrm{T}}$。同时，式(10.24)也可表示为

$$\boldsymbol{Y}_j=\sum_{i=1}^{N_{\mathrm{T}}}[\boldsymbol{X}_i\bar{\boldsymbol{H}}_{ij}+\boldsymbol{I}_{ij}+\boldsymbol{Z}_{ij}]=\sum_{i=1}^{N_{\mathrm{T}}}\boldsymbol{Y}_{ij} \tag{10.25}$$

其中，$\boldsymbol{I}_{ij}=[I_{ij}(0), I_{ij}(1), \cdots, I_{ij}(N-1)]^{\mathrm{T}}$。$\boldsymbol{Z}_{ij}$ 为第(j, i)收发天线对间的长度为 N 的噪声向量，噪声项 $\boldsymbol{Z}_j$ 为 N_{T} 个独立的 $\boldsymbol{Z}_{ij}$ 向量的总和。$\boldsymbol{Y}_{ij}$ 表示第 j 个接收天线上来自第 i 个发送天线的信号分量。定义 $\boldsymbol{I}'_{ij}$ 为噪声项 $\boldsymbol{Z}_{ij}$ 和频率间干扰项 $\boldsymbol{I}_{ij}$ 的总和，则

$$\boldsymbol{Y}_{ij}=\boldsymbol{X}_i\bar{\boldsymbol{H}}_{ij}+\boldsymbol{I}'_{ij} \tag{10.26}$$

此外，将式(10.19)代入 $\bar{H}_{ij}(k)$，则可得到

$$\bar{H}_{ij}(k)=\frac{1}{N}\sum_{n=0}^{N-1}\sum_{l=0}^{L-1}h_{ij}(n, l)\mathrm{e}^{-\frac{\mathrm{j}2\pi kl}{N}}=\sum_{l=0}^{L-1}\left[\frac{1}{N}\sum_{n=0}^{N-1}h_{ij}(n, l)\right]\mathrm{e}^{-\frac{\mathrm{j}2\pi kl}{N}}=\sum_{l=0}^{L-1}\bar{h}_{ij}(l)\mathrm{e}^{-\frac{\mathrm{j}2\pi kl}{N}} \tag{10.27}$$

其中，

$$\bar{h}_{ij}(l)=\frac{1}{N}\sum_{n=0}^{N-1}h_{ij}(n, l) \tag{10.28}$$

则由式(10.27)可得到

$$\bar{\boldsymbol{H}}_{ij}=\boldsymbol{F}\bar{\boldsymbol{h}}_{ij} \tag{10.29}$$

其中，$\bar{\boldsymbol{h}}_{ij}=[\bar{h}_{ij}(0), \bar{h}_{ij}(1), \cdots, \bar{h}_{ij}(L-1)]^{\mathrm{T}}$。$N\times L$ 维矩阵 $\boldsymbol{F}$ 的第(n, m)个元素可表示为

$$\boldsymbol{F}[n, m]=\mathrm{e}^{-\frac{\mathrm{j}2\pi nk}{N}}, 0\leqslant n\leqslant N-1, 0\leqslant m\leqslant L-1 \tag{10.30}$$

进一步，式(10.24)可重写为

$$\boldsymbol{Y}_j=\boldsymbol{X}\boldsymbol{F}\bar{\boldsymbol{h}}_j+\sum_{i=1}^{N_{\mathrm{T}}}\boldsymbol{I}'_{ij} \tag{10.31}$$

其中，$\bar{\boldsymbol{h}}_j=[\bar{\boldsymbol{h}}_{1j}^{\mathrm{T}}, \bar{\boldsymbol{h}}_{2j}^{\mathrm{T}}, \cdots, \bar{\boldsymbol{h}}_{N_{\mathrm{T}}j}^{\mathrm{T}}]^{\mathrm{T}}$。

10.3.2　基于 EM 的 LS 信道估计

基于 EM 的 LS 信道估计方法是一种基于导频辅助的估计方法，适用于因信道时变特性导致的 IFI 存在的 MIMO-SCFDE 系统的多径信道估计。定义导频符号位置处的频点数量为 M，导频符号在频域的周期为 P_{S}。第 j 个接收天线上的导频接收向量 $\boldsymbol{Y}_{j(\mathrm{P})}$ 和发送的已知导频矩阵 $\boldsymbol{X}_{i(\mathrm{P})}$ 可表示为

$$\boldsymbol{Y}_{j(\mathrm{P})}=[Y_j(0), Y_j(P_{\mathrm{S}}), \cdots, Y_j((M-1)P_{\mathrm{S}})]^{\mathrm{T}} \tag{10.32}$$

$$\boldsymbol{X}_{i(\mathrm{P})}=\operatorname{diag}\{X_i(0),\ X_i(P_\mathrm{S}),\ \cdots,\ X_i((M-1)P_\mathrm{S})\} \tag{10.33}$$

其中，$X_i(mP_\mathrm{S})$ 为发送的时域导频符号的 FFT 变换。由式(10.31)，$\boldsymbol{Y}_{j(\mathrm{P})}$ 可表示为

$$\boldsymbol{Y}_{j(\mathrm{P})}=\boldsymbol{X}_{(\mathrm{P})}\boldsymbol{F}_{(\mathrm{P})}\bar{\boldsymbol{h}}_j+\sum_{i=1}^{N_\mathrm{T}}\boldsymbol{I}'_{ij(P)}=\boldsymbol{Q}_{(\mathrm{P})}\bar{\boldsymbol{h}}_j+\sum_{i=1}^{N_\mathrm{T}}\boldsymbol{I}'_{ij(\mathrm{P})} \tag{10.34}$$

其中，$M\times1$ 维向量 $\boldsymbol{I}'_{ij(\mathrm{P})}$ 的第 k 个元素为 $\boldsymbol{I}'_{ij}(kP_\mathrm{S})$，且

$$\boldsymbol{Q}_{(\mathrm{P})}=[\boldsymbol{X}_{1(\mathrm{P})}\boldsymbol{F}_{(\mathrm{P})},\ \boldsymbol{X}_{2(\mathrm{P})}\boldsymbol{F}_{(\mathrm{P})},\ \cdots,\ \boldsymbol{X}_{N_\mathrm{T}(\mathrm{P})}\boldsymbol{F}_{(\mathrm{P})}] \tag{10.35}$$

且 $M\times L$ 维矩阵 $\boldsymbol{F}_{(\mathrm{P})}$ 的第$(n,\ m)$个元素可表示为

$$\boldsymbol{F}_{(\mathrm{P})}(n,\ m)=\mathrm{e}^{-\frac{\mathrm{j}2\pi kl}{N}P_\mathrm{S}},\ 0\leqslant n\leqslant M-1,\ 0\leqslant m\leqslant L-1 \tag{10.36}$$

令 $M\geqslant N_\mathrm{T}L$，则 $\bar{\boldsymbol{h}}_j$ 的 LS 估计可由下式得到

$$\bar{\boldsymbol{h}}_j=(\boldsymbol{Q}_{(\mathrm{P})}^\mathrm{H}\boldsymbol{Q}_{(\mathrm{P})})^{-1}\boldsymbol{Q}_{(\mathrm{P})}^\mathrm{H}\boldsymbol{Y}_{j(\mathrm{P})} \tag{10.37}$$

然而，矩阵 $\boldsymbol{Q}_{(\mathrm{P})}^\mathrm{H}\boldsymbol{Q}_{(\mathrm{P})}$ 的求逆通常具有很高的复杂度，须采取必要手段加以解决。在 MIMO-SCFDE 系统中，接收信号为来自所有的发送天线上的信号的叠加。此时，$\boldsymbol{Y}_j$ 通常被称为不完备数据，因为发送的数据 $\boldsymbol{X}$ 隐藏于观测数据 $\boldsymbol{Y}_j$ 中。

EM 算法可将一个多输入信道的估计问题，转化为多个单输入信道的估计问题，特别适用于可用数据不完整的情形。下面对 EM 算法进行具体阐述。

由式(10.26)和式(10.34)可得

$$\boldsymbol{Y}_{ij(\mathrm{P})}=\boldsymbol{X}_{i(\mathrm{P})}\boldsymbol{F}_{(\mathrm{P})}\bar{\boldsymbol{h}}_{ij}+\boldsymbol{I}'_{ij(\mathrm{P})} \tag{10.38}$$

其中，$\boldsymbol{Y}_{ij(\mathrm{P})}$ 表示来自第 i 个发送天线的导频接收向量。基于 EM 算法的信道估计中，$\boldsymbol{Y}_{ij(\mathrm{P})}$ 和 $\boldsymbol{X}_{i(\mathrm{P})}$ 分别为观测向量和隐藏变量，$\bar{\boldsymbol{h}}_{ij}$ 为待估计的参数。由于接收信号能够在各子信道被分解和估计，由 EM 算法和 LS 算法结合形成的基于 EM 的 LS 算法，可用于对 MIMO 信道进行有效估计。

基于 EM 的 LS 算法由两个迭代的步骤组成，即期望(E)和最大化(M)两步。该算法的详细步骤如下所示：

E-step：对于 $i=1,\ 2,\ \cdots,\ N_\mathrm{T}$，计算：

$$\boldsymbol{Y}_{ij(\mathrm{P})}^{(g)}=\boldsymbol{X}_{i(\mathrm{P})}\boldsymbol{F}_{(\mathrm{P})}\bar{\boldsymbol{h}}_{ij}^{(g)} \tag{10.39}$$

$$\boldsymbol{R}_{ij}^{(g)}=\boldsymbol{Y}_{ij(\mathrm{P})}^{(g)}+\frac{1}{N_\mathrm{T}}\left[\boldsymbol{Y}_{j(\mathrm{P})}-\sum_{i=1}^{N_\mathrm{T}}\boldsymbol{Y}_{ij(\mathrm{P})}^{(g)}\right] \tag{10.40}$$

M-step：为最小化检测误差，计算：

$$\bar{\boldsymbol{h}}_{ij}^{(g+1)}=\arg\min_{\bar{\boldsymbol{h}}_{ij}}\{\|\boldsymbol{R}_{ij}^{(g)}-\boldsymbol{X}_{i(\mathrm{P})}\boldsymbol{F}_{(\mathrm{P})}\bar{\boldsymbol{h}}_{ij}\|^2\} \tag{10.41}$$

因此式(10.41)的最小化问题可用有等式约束的拉格朗日乘子法求解得到，即

$$\bar{\boldsymbol{h}}_{ij}^{(g+1)}=\boldsymbol{F}_{(\mathrm{P})}^{\mathrm{H}}\boldsymbol{X}_{i(\mathrm{P})}^{-1}\boldsymbol{R}_{ij}^{(g)} \tag{10.42}$$

将式(10.39)和式(10.40)代入式(10.42)，可得

$$\bar{\boldsymbol{h}}_{ij}^{(g+1)}=\bar{\boldsymbol{h}}_{ij}^{(g)}+\frac{1}{N_{\mathrm{T}}}\left[\boldsymbol{F}_{(\mathrm{P})}^{\mathrm{H}}\boldsymbol{X}_{i(\mathrm{P})}^{-1}\boldsymbol{Y}_{j(\mathrm{P})}-\sum_{i=1}^{N_{\mathrm{T}}}\bar{\boldsymbol{h}}_{ij}^{(g)}\right] \tag{10.43}$$

由于 $\boldsymbol{X}_{i(\mathrm{P})}$ 为对角矩阵，因此 $\boldsymbol{X}_{i(\mathrm{P})}^{-1}$ 可以通过简单的除法求得。信道估计初始化可设置为 $\bar{\boldsymbol{h}}_{ij}^{(0)}=\boldsymbol{I}_{L+1}(1\leqslant j\leqslant N_{\mathrm{R}},1\leqslant i\leqslant N_{\mathrm{T}})$。对大部分的 MIMO-SCFDE 系统而言，其性能会随着迭代次数的增加而快速收敛。

基于 EM 的 LS 信道估计方法获得了 $\bar{\boldsymbol{h}}_{ij}$ 的估计值。与此同时，由式(10.28)可得

$$h_{ij}(n,l)=\bar{h}_{ij}(l)+(h_{ij}(n,l)-\bar{h}_{ij}(l))=\bar{h}_{ij}(l)+\Delta h_{ij}(n,l) \tag{10.44}$$

其中，$0\leqslant n\leqslant N-1$，$0\leqslant l\leqslant L-1$，$\Delta h_{ij}(n,l)=h_{ij}(n,l)-\bar{h}_{ij}(l)$。对归一化多普勒频移 $F_{\mathrm{d}}=f_{\mathrm{d}}T_{\mathrm{S}}$ 不超过 20%的系统而言，可将 $h_{ij}(n,l)$合理假设为其在相邻的两个 SC-FDE 符号间呈现出线性变化，即可以通过 $\bar{\boldsymbol{h}}_{ij}(l)$ 和分段线性模型求解 $h_{ij}(n,l)$，如图 10.10 所示。

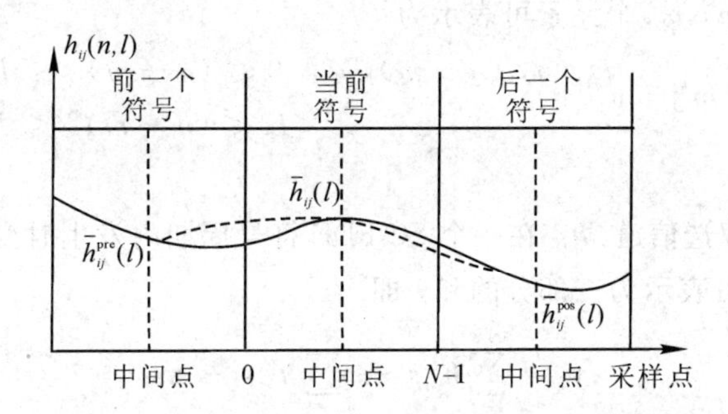

图 10.10　利用前后相邻符号辅助的分段线性模型

由图 10.10 可知，只利用三个连续的 SC-FDE 符号即可获得对 $\Delta h_{ij}(n,l)$ 的估计。对当前符号而言，其中间位置的估计可表示为

$$h_{ij}\left(\frac{N}{2}-1,l\right)=\bar{h}_{ij}(l) \tag{10.45}$$

基于分段线性模型，式(10.44)可进一步写为

$$\begin{aligned}h_{ij}(n,l)&=\bar{h}_{ij}(l)+\Delta h_{ij}(n,l)\\&=h_{ij}\left(\frac{N}{2}-1,l\right)+\Delta h_{ij}(l)\cdot\left(n+1-\frac{N}{2}\right)\end{aligned} \tag{10.46}$$

其中，$\Delta h_{ij}(l)$ 为 $h_{ij}(n, l)$ 的斜率，对于当前符号持续时间，$\Delta h_{ij}(l)$ 能够通过对应于后一个 SC-FDE 符号的 $\bar{h}_{ij}^{\text{pos}}(l)$ 和对应于前一个 SC-FDE 符号的 $\bar{h}_{ij}^{\text{pre}}(l)$ 估计得到，即

$$\Delta h_{ij}(l)=\begin{cases}\dfrac{\bar{h}_{ij}^{\text{pre}}(l)-\bar{h}_{ij}(l)}{N}, & 0\leqslant n\leqslant \dfrac{N}{2}-1\\[2ex] \dfrac{\bar{h}_{ij}(l)-\bar{h}_{ij}^{\text{pos}}(l)}{N}, & \dfrac{N}{2}-1\leqslant n\leqslant N-1\end{cases} \tag{10.47}$$

10.3.3　基于 MMSE 的信道频域均衡

定义 $\boldsymbol{y}_j=[y_j(0), \cdots, y_j(N-1)]^{\text{T}}$ 为第 j 个接收天线上的时域接收信号，可表示为

$$\boldsymbol{y}_j=\sum_{i=1}^{N_{\text{T}}}\boldsymbol{h}_{ij}\boldsymbol{s}_i+\boldsymbol{z}_j \tag{10.48}$$

其中，$\boldsymbol{s}_i=[x_i(0), \cdots, x_i(n), \cdots, x_i(N-1)]^{\text{T}}$，时域噪声向量 $\boldsymbol{z}_j=[z_j(0), \cdots, z_j(n), \cdots, z_j(N-1)]^{\text{T}}$。$\boldsymbol{h}_{ij}$ 为由 $h_{ij}(n, l)$组成的 $N\times N$ 维卷积矩阵，其第(n, m)个元素可表示为

$$\boldsymbol{h}_{ij}[n, m]=\begin{cases}h_{ij}(n, (n-m)_N), & 0\leqslant (n-m)_N\leqslant L-1\\ 0, & L<(n-m)_N\leqslant N-1\end{cases} \tag{10.49}$$

考虑时频双选信道，$\boldsymbol{h}_{ij}$ 在一个 SC-FDE 符号周期内发生时变，则式(10.48)中的接收信号可表示为三部分的和，即

$$\boldsymbol{y}_j=\sum_{i=1}^{N_{\text{T}}}\boldsymbol{h}'_{ij}\boldsymbol{s}_i+\sum_{i=1}^{N_{\text{T}}}\boldsymbol{h}''_{ij}\boldsymbol{s}_i+\boldsymbol{z}_j \tag{10.50}$$

其中，$\boldsymbol{h}'_{ij}$ 为由 $\bar{h}_{ij}(l)$ 组成的 $N\times N$ 维 Toeplitz 矩阵，$\boldsymbol{h}''_{ij}$ 为由 $\Delta h_{ij}(n, l)$组成的 $N\times N$ 维矩阵；矩阵 $\boldsymbol{h}'_{ij}$ 和 $\boldsymbol{h}''_{ij}$ 的结构图如图 10.11 和图 10.12 所示。

因此，$\boldsymbol{h}'_{ij}$ 为在一个 SC-FDE 符号周期内保持不变的时不变 Toeplitz 矩阵，但在不同的 SC-FDE 符号周期内 $\boldsymbol{h}'_{ij}$ 发生改变。$\boldsymbol{h}''_{ij}$ 为在一个 SC-FDE 符号周期内时变的稀疏矩阵。定义：

$$\boldsymbol{y}_{j,1}=\sum_{i=1}^{N_{\text{T}}}\boldsymbol{h}'_{ij}\boldsymbol{s}_i, \quad \boldsymbol{y}_{j,2}=\sum_{i=1}^{N_{\text{T}}}\boldsymbol{h}''_{ij}\boldsymbol{s}_i \tag{10.51}$$

可以证明，$\boldsymbol{y}_{j,1}$ 和 $\boldsymbol{y}_{j,2}$ 分别为时域的无 IFI 项和 IFI 项。定义 $\boldsymbol{S}_i=\boldsymbol{F}_N\boldsymbol{s}_i$，可得到

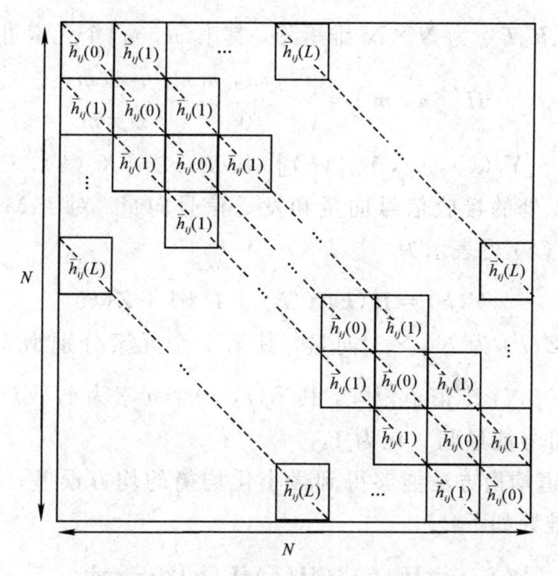

图 10.11　Toeplitz 矩阵 $\boldsymbol{h}'_{ij}$ 的结构图

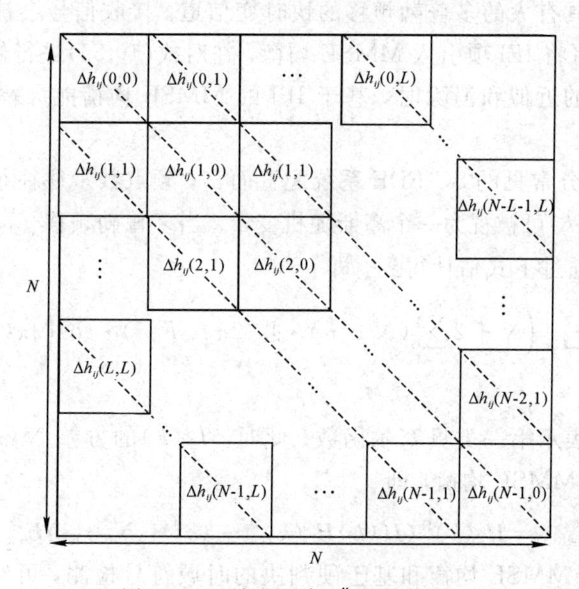

图 10.12　稀疏矩阵 $\boldsymbol{h}''_{ij}$ 的结构图

$$\boldsymbol{Y}_j = \sum_{i=1}^{N_{\mathrm{T}}} (\boldsymbol{H}'_{ij}\boldsymbol{S}_i + \boldsymbol{H}''_{ij}\boldsymbol{S}_i) + \boldsymbol{Z}_j \tag{10.52}$$

其中，$\boldsymbol{H}'_{ij}$ 为 $N\times N$ 维对角线矩阵，可表示为

$$\boldsymbol{H}'_{ij} = \boldsymbol{F}_N \boldsymbol{h}'_{ij} \boldsymbol{F}_N^{\mathrm{H}} = \mathrm{diag}\{\bar{H}_{ij}(0),\ \bar{H}_{ij}(1),\ \cdots,\ \bar{H}_{ij}(N-1)\} \tag{10.53}$$

而 $\boldsymbol{H}''_{ij}=\boldsymbol{F}_N\boldsymbol{h}''_{ij}\boldsymbol{F}_N^{\mathrm{H}}$ 为 $N\times N$ 维矩阵，其第(n, m)个元素可表示为

$$\boldsymbol{H}''_{ij}[n, m]=\begin{cases}G_{ij}(n, m), & n\neq m\\ 0, & n=m\end{cases} \tag{10.54}$$

定义 $\boldsymbol{Y}(k)=[Y_1(k), \cdots, Y_{N_{\mathrm{T}}}(k)]^{\mathrm{T}}$ 和 $\boldsymbol{X}(k)=[X_1(k), \cdots, X_{N_{\mathrm{R}}}(k)]^{\mathrm{T}}$ 分别为第 k 个频点处的接收信号向量和发送信号向量。对于 MIMO-SCFDE 系统，接收向量 $\boldsymbol{Y}(k)$ 可表示为

$$\boldsymbol{Y}(k)=\bar{\boldsymbol{H}}(k)\boldsymbol{X}(k)+\boldsymbol{I}(k)+\boldsymbol{Z}(k) \tag{10.55}$$

其中，$\boldsymbol{I}(k)$ 和 $\boldsymbol{Z}(k)$ 为 $N_{\mathrm{R}}\times 1$ 向量，其第 j 个元素分别为 $I_j(k)$ 和 $Z_j(k)$。$\bar{\boldsymbol{H}}(k)$ 表示 $N_{\mathrm{R}}\times N_{\mathrm{T}}$ 维信道矩阵，其第(i, j)个元素为 $\bar{H}_{ij}(k)$。为简化表达，可将各频点的符号能量归一化为 1。

MMSE 信道均衡方法能够得到最小化均衡的均方误差，不考虑 IFI 时最优均衡矩阵可推导如下：

$$\boldsymbol{W}_{\mathrm{MMSE}}=\bar{\boldsymbol{H}}(k)^{\mathrm{H}}(\bar{\boldsymbol{H}}(k)\bar{\boldsymbol{H}}(k)^{\mathrm{H}}+\sigma^2\boldsymbol{I}_{N_{\mathrm{R}}})^{-1} \tag{10.56}$$

然而，在具有大的多普勒频移的快时变信道，接收信号会被 IFI 造成严重影响。因此，可将 IFI 项引入 MMSE 均衡，并对式(10.55)进行修正。当还未开始进行 IFI 项的近似和消除时，基于 IFI 的 MMSE 均衡能大幅提升接收端符号检测准确度。

对于大部分常见的 SC-FDE 系统配置而言，频点数量往往很大。根据中心极限定理，$I_{ij}(k)$可被视为一个高斯随机变量。当多普勒频移 f_{d} 已知时，$I_{ij}(k)$ 的方差 σ_{IFI}^2 可通过下式估计得到，即

$$\sigma_{\mathrm{IFI}}^2=\frac{1}{N^2}\sum_{f=0,\ f\neq k}^{N-1}\left(N+2\sum_{n=1}^{N-1}(N-n)\cdot \mathrm{J}_0(2\pi f_{\mathrm{d}}T_{\mathrm{S}}n)\cdot\cos\left(2\pi(f-k)\frac{n}{N}\right)\right) \tag{10.57}$$

其中，$\mathrm{J}_0(\cdot)$表示第一类贝塞尔函数。此时，$I_j(k)$的方差 $N_{\mathrm{T}}\sigma_{\mathrm{IFI}}^2$ 可被用于进行基于 IFI 的 MMSE 均衡，即

$$\boldsymbol{W}'_{\mathrm{MMSE}}=\bar{\boldsymbol{H}}(k)^{\mathrm{H}}(\bar{\boldsymbol{H}}(k)\bar{\boldsymbol{H}}(k)^{\mathrm{H}}+(\sigma^2+N_{\mathrm{T}}\sigma_{\mathrm{IFI}}^2)\boldsymbol{I}_{N_{\mathrm{R}}})^{-1} \tag{10.58}$$

通过频域 MMSE 均衡和基于硬判决的时域符号检测，可对第 i 个发送符号块进行估计，即

$$\hat{\boldsymbol{s}}_i=\mathrm{dec}(\boldsymbol{F}_N\boldsymbol{W}\boldsymbol{Y}(k)) \tag{10.59}$$

其中，$\mathrm{dec}(\cdot)$表示硬判决函数。在内环中，首先利用 $\boldsymbol{W}=\boldsymbol{W}'_{\mathrm{MMSE}}$ 进行均衡以得到瞬时的硬判决，之后 $\boldsymbol{W}=\boldsymbol{W}_{\mathrm{MMSE}}$ 再次进行均衡。值得注意的是，MMSE 均衡同时将噪声项和 IFI 项考虑在内；并且由于是对角矩阵的求逆，因此 $\boldsymbol{W}=$

$\boldsymbol{W}'_{\mathrm{MMSE}}$ 和 $\boldsymbol{W}=\boldsymbol{W}_{\mathrm{MMSE}}$ 的计算都只需要简单的除法运算即可。

再通过 IFI 项 $\boldsymbol{y}_{j,2}$ 的计算在时域进行 IFI 的消除，即

$$\boldsymbol{y}'_j=\boldsymbol{y}_j-\boldsymbol{y}_{j,2}=\boldsymbol{y}_j-\sum_{i=1}^{N_{\mathrm{T}}}\hat{\boldsymbol{h}}''_{ij}\hat{\boldsymbol{s}}_i \tag{10.60}$$

更新后的时域接收信号 $\boldsymbol{y}'_j$ 变换到频域，得到频域接收信号 $\boldsymbol{Y}'_j$，在下一次的迭代中，通过单抽头的 MMSE 均衡和硬判决，第 i 个发送符号块的估计值 $\hat{\boldsymbol{s}}_i$ 的准确度也不断得到提升。

10.3.4　基于双环迭代的联合信道估计与均衡方法

基于双环迭代的 MIMO-SCFDE 系统联合信道估计与均衡方法，内环经迭代可获得 IFI 减小的时域数据判决，判决结果可用于外环的迭代过程；外环可通过瞬时的判决值和基于 EM 的 LS 估计算法来更新信道状态信息，同时，基于 IFI 的 MMSE 均衡和传统的 MMSE 均衡系数也相应更新。基于双环迭代的联合信道估计与均衡方法的结构框图如图 10.13 所示。

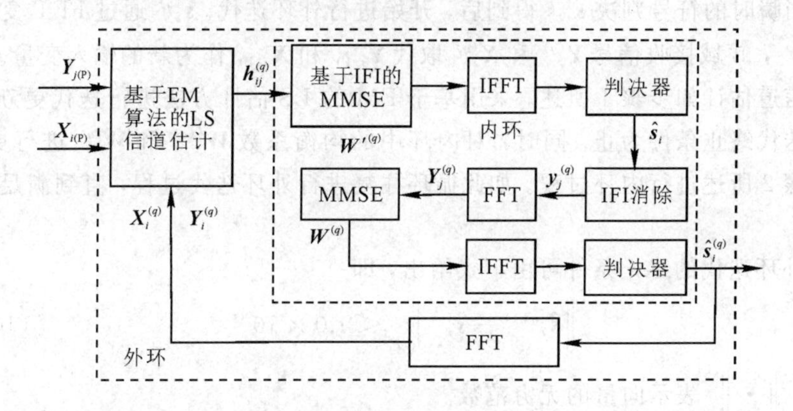

图 10.13　基于内外环迭代的联合信道估计与均衡算法结构框图

步骤 1：信道估计的初始化

信道冲激响应 $h_{ij}(n,l)$的初始估计，可通过插入的已知导频序列，使用基于 EM 的 LS 估计方法和分段线性模型假设获得。$\boldsymbol{Y}_{j(\mathrm{P})}$ 和 $\boldsymbol{X}_{i(\mathrm{P})}$ 作为输入变量，根据式(10.43)，$\bar{\boldsymbol{h}}_{ij}$ 可通过迭代不断修正，最终的迭代结果被定义为 $\boldsymbol{h}_{ij}^{(0)}$ 用于进行均衡和判决过程。

基于 EM 的 LS 迭代信道估计方法的迭代终止条件由下式给出，即

$$\frac{1}{N^2}\left\|\boldsymbol{F}_{(\mathrm{P})}^{\mathrm{H}}\boldsymbol{X}_{i(\mathrm{P})}^{-1}\boldsymbol{Y}_{j(\mathrm{P})}-\sum_{i=1}^{N_{\mathrm{T}}}\bar{\boldsymbol{h}}_{ij}^{(g)}\right\|_{\mathrm{F}}\leqslant 1.0\times 10^{-3} \tag{10.61}$$

其中，$\left\|\cdot\right\|_{\mathrm{F}}$ 表示矩阵的 F 范数。

步骤 2：均衡和判决的初始化(内环)

在内环中，$\boldsymbol{Y}(k)$作为输入向量。$\boldsymbol{W}=\boldsymbol{W}'^{(0)}$可由式(10.57)得到，使用单抽头的基于 IFI 的 MMSE 均衡(考虑 IFI 的影响)和 IFFT 变换，则传输符号的硬判决的瞬时值 $\hat{\boldsymbol{s}}_i$ 可由式(10.58)得到。

传输符号的瞬时判决值 $\hat{\boldsymbol{s}}_i$ 用于计算式(10.51)中的 IFI 项 $\boldsymbol{y}_{j,2}$ 以及式(10.59)中更新后的时域接收信号 $\boldsymbol{y}_j'$。定义 $\boldsymbol{y}_j^{(q)}=\boldsymbol{y}_j'$，则 $\boldsymbol{Y}_j^{(q)}$ 可由 FFT 变换得到。对于 MMSE 均衡，$\boldsymbol{W}=\boldsymbol{W}^{(0)}$ 可以由式(10.55)得到。之后，IFFT 变换和基于硬判决的时域符号检测相继进行。此时，更新后的时域接收信号 $\hat{\boldsymbol{s}}_i^{(0)}$ 作为初始判决的最终输出。考虑到系统性能并不能仅通过内环迭代得到大幅度提升，因此在内环并不进行迭代。

步骤 3：JCEE 方法的迭代过程(外环)

当瞬时的符号判决 $\hat{\boldsymbol{s}}_i^{(q)}$ 得到后，开始进行外环迭代。$\hat{\boldsymbol{s}}_i^{(q)}$ 通过 FFT 变换得到 $\boldsymbol{X}_i^{(q)}$，频域接收信号 $\boldsymbol{Y}_j^{(q)}$ 和 $\boldsymbol{X}_i^{(q)}$ 取代 $\boldsymbol{Y}_{j(\mathrm{P})}$ 和 $\boldsymbol{X}_{i(\mathrm{P})}$ 作为新的输入变量。

信道估计如步骤 1 所述，采用基于 EM 的 LS 估计方法进行迭代更新，到满足迭代终止条件为止。同时，对内环中的均衡系数 $\boldsymbol{W}'^{(q)}$ 和 $\boldsymbol{W}^{(q)}$ 进行更新，如步骤 2 所述进行内环过程。如此循环往复进行外环迭代过程，直到满足终止条件。

外环迭代的终止条件可由下式给出，即

$$\left\|\hat{\boldsymbol{s}}_i^{(q+1)}-\hat{\boldsymbol{s}}_i^{(q)}\right\|_{\infty}\leqslant 1.0\times 10^{-3} \tag{10.62}$$

其中，$\left\|\cdot\right\|_{\infty}$ 表示向量的无穷范数。

在内环，基于 IFI 的 MMSE 的均衡和传统的 MMSE 均衡都包含一个对角矩阵的求逆运算，这通过简单的除法运算即可实现，且式(10.56)中方差 σ_{IFI}^2 可提前计算出并储存。FFT 和 IFFT 的计算需要 O(N lb$N$) 的复杂度，IFI 消除模块仅需要在时域进行乘法运算，因此具有很低的计算复杂度。

对于外环的迭代过程，注意到 $\boldsymbol{X}_{i(\mathrm{P})}$ 为对角矩阵，因此式(10.43)中的矩阵求逆运算仅需要简单的除法运算。对于基于 EM 的 LS 估计算法方法，其迭代次数很小，因此复杂度很低。并且均衡系数的更新也只需要除法运算，如上所述，内环迭代具有较低的复杂度。综上，外环的迭代过程也具有较低的复杂度。

10.3.5　仿真分析

为验证所提出来的基于双环迭代的 MIMO-SCFDE 系统联合信道估计与均衡方法的 BER 和 NMSE 性能，在不同的系统和信道参数条件下对其进行仿真。

在进行仿真分析时，选用抽头数量为 60 的频率选择性瑞利衰落信道。信道的功率延迟谱设置为：前 20 个抽头的平均功率线性增加，后 40 个抽头的平均功率线性减小，且信道总的平均功率归一化为 1。

系统仿真参数设置为：数据块长度 $N=256$，CP 的长度 $N_{\mathrm{CP}}=64$，采用分块传输，每个块包含 16 个导频符号，即 $M=16$。采用码率为 1/2、约束长度为 5、八进制的生成多项式为(23，35)的标准卷积码，编码后数据采用 16 - QAM 进行符号映射。符号周期 $T_{\mathrm{S}}=0.25\ \mu\mathrm{s}$，最大多普勒频移 $f_{\mathrm{d}}=300$ Hz。

这里对时间频率双选择性衰落信道下 MIMO-SCFDE 系统中各算法性能进行仿真分析，天线配置为 2×2，采用 V-BLAST 来获取复用增益。对理想 CSI 条件下的系统性能，传统的 LS 信道估计与 MMSE 均衡结合的方法(下图中简记为“经典方法”)进行仿真，并与本节提出的基于双环迭代的 JCEE 方法进行比较。同时，将本节所提方法与用于时频双选信道下的 MIMO-SCFDE 系统频域 Turbo 均衡结合迭代信道估计的方法(下图中简记为“传统方法”)也进行了仿真比较，以此验证本节提出的基于双环迭代的 JCEE 方法的系统性能。

图 10.14 给出了多普勒频移 $f_{\mathrm{d}}=300$ Hz 时所提算法与其他算法的 BER 性能比较。经典方法具有最差的系统性能，且在高信噪比区域出现误码平层现

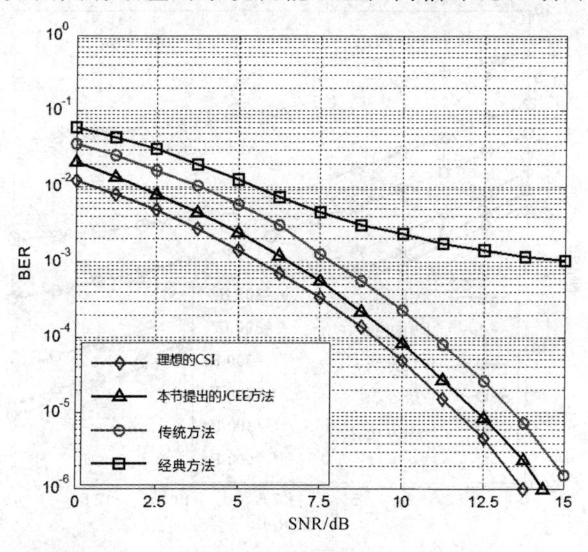

图 10.14　多普勒频移 $f_{\mathrm{d}}=300$ Hz 时所提算法与其他算法的 BER 性能比较

象；显然经典方法并不适用于时变信道。先前方法通过将频域 Turbo 均衡和迭代信道估计结合，针对 MIMO 信道提出了一种迭代接收机方案；软判决符号不仅被反馈至均衡器用于消除 ISI 以及共信道干扰，而且被作为训练序列在信道估计器中对 MIMO 信道进行重新估计。与经典方法相比，传统方法具有非常好的系统性能；然而，性能提升是以增加计算复杂度为代价的。

本节提出的基于双环迭代的 JCEE 方法由一个内环和一个外环组成，它利用基于 EM 的 LS 迭代信道估计方法和 MMSE 均衡(包括基于 IFI 的和传统的 MMSE)来提升系统性能。与此同时，IFI 消除模块用于对 IFI 项进行计算并从接收信号中消除。与理想 CSI 下的系统性能相比，基于双环迭代的 JCEE 方法仍然能够获得与之接近的 BER 性能。同时，由于基于 EM 的 LS 迭代信道估计算法的迭代次数以及外环的迭代次数都很小，因此基于双环迭代的 JCEE 方法的总体计算复杂度的增加很少。

图 10.15 给出不同多普勒频移下各算法的 NMSE 性能比较。显然，多普勒频移越小，对应的系统性能越好。对于相同的数据传输速率，多普勒频移能表征信道时变的快慢程度。如图 10.15 所示，经典方法仍然具有最差的系统性能；信道时变程度加剧时，经典方法与其他方法相比，性能下降非常大。不同的是，先前方法包含两步，在初始迭代时，插入数据块前的导频作为训练序列；在接下来的迭代中，由先前迭代得到的软判决符号反馈至信道估计器，作为新的训练序列对 MIMO 信道进行重新估计。然而，先前方法并未将由快速时变

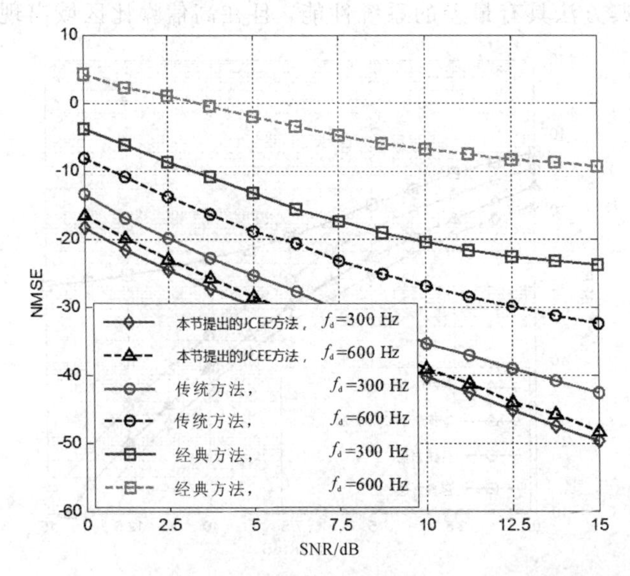

图 10.15　不同多普勒频移下各算法的 NMSE 性能比较

衰落信道造成的 IFI 的不利影响考虑在内；因此，随着多普勒频移的增大，先前方法的 NMSE 性能将不可避免地急剧下降。对于本节所提出的基于双环迭代的 JCEE 方法，借助于迭代信道估计，以及基于 IFI 的 MMSE 均衡和 IFI 消除，能够提升系统的 NMSE 性能，并且基于双环迭代的 JCEE 方法对于多普勒扩展具有很好的鲁棒性。而对先前的方法而言，当多普勒频移 f_d 由 300 Hz 增加到 600 Hz 时，会导致非常明显的性能下降。

以载波频率为 9.7 GHz 的 MIMO-SCFDE 系统为例，$f_d=600$ Hz 可视为一个相当大的多普勒频移。此时，归一化多普勒频移 $F_d=f_d NT_S\approx 0.03$。因此，本节提出的基于双环迭代的 JCEE 方法即使在快速时变的时频双选信道下仍具有很好的鲁棒特性。值得注意的是，在内环中基于硬判决的时域符号检测可以被软判决所取代。软判决已大量用于 Turbo 接收机，且能够充分利用处理增益。然而，为凸显由信道估计和均衡部分的联合优化带来的系统性能的提升，同时为减小算法复杂度，这里仅采用基于硬判决的时域符号检测。

10.4　MIMO-SCFDE 系统联合迭代信道估计与迭代均衡方法

信道频域均衡是 MIMO-SCFDE 系统实现可靠传输的关键步骤，但在信道均衡前必须准确获知 CSI，这需要信道估计来实现。高速率的信号在无线信道中传输时，通常会经历时间和频率双选择性衰落，这使得静态或准静态信道假设不再成立，必须对信道在一个 SC-FDE 符号周期内的变化进行估计。

10.4.1　现有联合信道估计与均衡方法的局限性

对于时频双选信道下的 MIMO-SCFDE 系统，半盲和盲信道估计方法并不适用，而基于导频辅助的信道估计方法能有效解决信道估计的准确性和实时性问题。

传统的基于导频辅助的 MIMO-SCFDE 系统信道估计，都是假设 CSI 在一个 SC-FDE 块内是时不变的。然而，由于高速率无线通信信道的时变特性，估计得到的 CSI 与真实的 CSI 存在较大偏差，严重降低系统性能。针对时频双选信道，利用信道频域响应矩阵的近似带状特性，逐个符号进行的频域均衡和信道估计被提出；利用 CIR 矩阵的稀疏特性，较低复杂度的时域均衡和信道估计方法被提出。

上述方法中，估计的 CSI 均没有进行迭代更新，利用导频得到的 CSI 直接用于信道均衡，迭代仅仅在与信道均衡相关模块中进行，这无疑限制了系统性能的提升。迭代信道估计与迭代均衡被视为时频双选信道下进行信道估计和信道均衡的有效方法之一。在实际系统中，信道估计准确度与信道均衡的性能之间相互影响，通常是将信道估计和均衡视为两个独立的过程分开考虑，这些也会影响到系统性能。因此，需要进一步探索可适用于时频双选信道下的MIMO-SCFDE系统联合信道估计与均衡方法。

10.4.2 提出的联合迭代信道估计与迭代均衡方法

考虑有 N_{T} 个发射天线和 N_{R} 个接收天线的空间复用MIMO-SCFDE系统，采用V-BLAST来获取复用增益。发射端采用分块方式进行传输，每 N 个数据符号构成一个SC-FDE符号。假设信道多径数目和CP长度都为 L，CP能够完全消除IBI。

在接收端，利用已知的导频位置信息，可以得到接收端去除CP后的时域导频接收信号，即

$$\boldsymbol{z}_r=\sum_{t=1}^{N_{\mathrm{T}}}\boldsymbol{s}_t\boldsymbol{h}_{r,t}+\boldsymbol{w}_r \tag{10.63}$$

式中，$\boldsymbol{z}_r=[z_{r,1},\ z_{r,2},\ \cdots,\ z_{r,K_{\mathrm{P}}}]^{\mathrm{T}}$ 为去除CP之后第 r 个接收天线上的时域导频接收信号。$\boldsymbol{w}_r=[w_{r,1},\ w_{r,2},\ \cdots,\ w_{r,K_{\mathrm{P}}}]^{\mathrm{T}}$ 为第 r 个接收天线上的时域噪声信号，其均值为0，方差为 σ_0^2。$\boldsymbol{h}_{r,t}=[h_{r,t}^{(0)},\ h_{r,t}^{(1)},\ \cdots,\ h_{r,t}^{(L-1)}]^{\mathrm{T}}$ 为第 r 个接收天线与第 t 个发射天线间子信道的CIR。记 $s_{i,t}$ 为来自第 t 个发射天线上的第 i 个发送导频符号，则 $\boldsymbol{s}_t$ 可表示为

$$\boldsymbol{s}_t=\begin{bmatrix} s_{1,t} & 0 & \cdots & 0 \\ s_{2,t} & s_{1,t} & \cdots & 0 \\ \vdots & \vdots & \ddots & \vdots \\ s_{L,t} & s_{L-1,t} & \cdots & s_{1,t} \\ \vdots & \vdots & \ddots & \vdots \\ s_{K_{\mathrm{P}},t} & s_{K_{\mathrm{P}}-1,t} & \cdots & s_{K_{\mathrm{P}}-L+1,t} \end{bmatrix} \tag{10.64}$$

记 $\boldsymbol{s}=[\boldsymbol{s}_1,\ \boldsymbol{s}_2,\ \cdots,\ \boldsymbol{s}_{N_{\mathrm{T}}}]$，$\boldsymbol{h}_r=[\boldsymbol{h}_{r,1}^{\mathrm{T}},\ \boldsymbol{h}_{r,2}^{\mathrm{T}},\ \cdots,\ \boldsymbol{h}_{r,N_{\mathrm{T}}}^{\mathrm{T}}]^{\mathrm{T}}$，则根据MMSE信道估计可得

$$\hat{\boldsymbol{h}}_r^{\mathrm{MMSE}}=(\boldsymbol{s}^{\mathrm{H}}\boldsymbol{s}+\sigma_0^2\boldsymbol{I}_{LN_{\mathrm{T}}})^{-1}\boldsymbol{s}^{\mathrm{H}}\boldsymbol{z}_r \tag{10.65}$$

图10.16给出了提出的联合迭代信道估计和迭代均衡方法的流程图。针对迭代信道估计部分，进行如下迭代：

$$\hat{\boldsymbol{h}}_r(k+1)=\hat{\boldsymbol{h}}_r(k)+\mu(k)\frac{e^*(k)}{\delta+\boldsymbol{s}(k)^{\mathrm{T}}\boldsymbol{s}(k)}\boldsymbol{s}(k) \tag{10.66}$$

式中，$\hat{\boldsymbol{h}}_r(k)=[\hat{\boldsymbol{h}}_{r,1}(k)^{\mathrm{T}}, \hat{\boldsymbol{h}}_{r,2}(k)^{\mathrm{T}}, \cdots, \hat{\boldsymbol{h}}_{r,N_{\mathrm{T}}}(k)^{\mathrm{T}}]^{\mathrm{T}}$，$\hat{\boldsymbol{h}}_{r,t}(k)=[\hat{h}_{r,t}^{(0)}(k), \hat{h}_{r,t}^{(1)}(k), \cdots, \hat{h}_{r,t}^{(L-1)}(k)]^{\mathrm{T}}$ 为第 r 个接收天线与第 t 个发射天线间的子信道在 k 时刻的信道冲激响应的估计值。$\boldsymbol{s}(k)=[\boldsymbol{s}_1(k)^{\mathrm{T}}, \boldsymbol{s}_2(k)^{\mathrm{T}}, \cdots, \boldsymbol{s}_{N_{\mathrm{T}}}(k)^{\mathrm{T}}]^{\mathrm{T}}$，$\boldsymbol{s}_t(k)=[s_{k,t}, s_{k-1,t}, \cdots, s_{k-L+1,t}]^{\mathrm{T}}$，$e(k)=z_{r,k}-\boldsymbol{s}_t(k)^{\mathrm{T}}\hat{\boldsymbol{h}}_{r,t}(k)$。

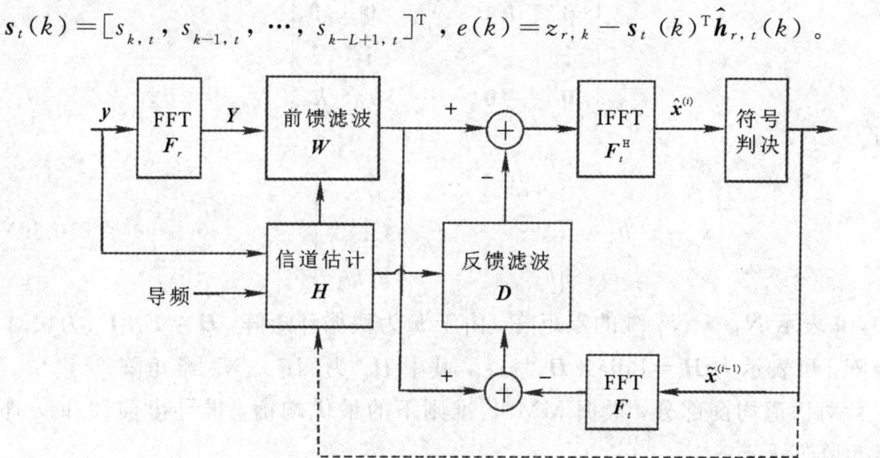

图 10.16　提出的联合迭代信道估计与迭代均衡算法的流程图

δ 为极小的正数以确保分母部分不为零，$\mu(k)$ 为迭代步长，$\mu(k)=1$ 时可加速迭代过程收敛。

初始迭代时，$\hat{\boldsymbol{h}}_r(k)$ 由 $\hat{\boldsymbol{h}}_r^{\mathrm{MMSE}}$ 给出，$s_{i,t}$ 为发射端插入的原始的导频符号，$\boldsymbol{s}_t$ 为如前所述的由 $s_{i,t}$ 构成的 $K_{\mathrm{P}}\times LN_{\mathrm{T}}$ 维矩阵；在后续迭代时，将接收端均衡后得到的判决符号作为新的已知导频 $s_{i,t}$，此时 $\boldsymbol{s}_t(k)$ 为由如前所述的 $\{s_{i,t}\}_{i=k}^{i=k-L+1}$ 构成的 $L\times 1$ 维列向量，反馈至信道估计模块，用于对 CSI 的估计值进行更新。

记 $\boldsymbol{y}_k=[y_{1,k}, y_{2,k}, \cdots, y_{N_{\mathrm{R}},k}]^{\mathrm{T}}$ 和 $\boldsymbol{x}_k=[x_{1,k}, x_{2,k}, \cdots, x_{N_{\mathrm{T}},k}]^{\mathrm{T}}$ 分别为第 k 时刻的数据接收信号和发射信号，$\boldsymbol{w}_k=[w_{1,k}, w_{2,k}, \cdots, w_{N_{\mathrm{R}},k}]^{\mathrm{T}}$。与去除 CP 后的时域导频接收信号不同，对于数据接收信号，可表示为

$$\boldsymbol{Y}=\boldsymbol{H}\boldsymbol{F}_t\boldsymbol{x}+\boldsymbol{F}_r\boldsymbol{w} \tag{10.67}$$

式中，$\boldsymbol{Y}=\boldsymbol{F}_r\boldsymbol{y}$，$\boldsymbol{y}=[\boldsymbol{y}_1^{\mathrm{T}}, \boldsymbol{y}_2^{\mathrm{T}}, \cdots, \boldsymbol{y}_K^{\mathrm{T}}]^{\mathrm{T}}$ 和 $\boldsymbol{x}=[\boldsymbol{x}_1^{\mathrm{T}}, \boldsymbol{x}_2^{\mathrm{T}}, \cdots, \boldsymbol{x}_K^{\mathrm{T}}]^{\mathrm{T}}$ 分别为时域数据接收信号以及时域数据发射信号，$\boldsymbol{w}=[\boldsymbol{w}_1^{\mathrm{T}}, \boldsymbol{w}_2^{\mathrm{T}}, \cdots, \boldsymbol{w}_K^{\mathrm{T}}]^{\mathrm{T}}$ 为时域噪声。$\boldsymbol{F}_r=\boldsymbol{F}\otimes\boldsymbol{I}_{N_{\mathrm{R}}}$，$\boldsymbol{F}_t=\boldsymbol{F}\otimes\boldsymbol{I}_{N_{\mathrm{T}}}$，$\boldsymbol{F}$ 为 K 点归一化快速傅里叶变换矩阵，$\boldsymbol{I}_{N_{\mathrm{R}}}$ 为 N_{R} 维的单位矩阵。$\boldsymbol{H}=\boldsymbol{F}_r\boldsymbol{h}\boldsymbol{F}_t$，其中 $\boldsymbol{h}$ 为块循环矩阵，可表示为

$$\boldsymbol{h}=\begin{bmatrix}\boldsymbol{h}_0 & \boldsymbol{0} & \cdots & \boldsymbol{h}_2 & \boldsymbol{h}_1\\ \boldsymbol{h}_1 & \boldsymbol{h}_0 & \cdots & \boldsymbol{h}_3 & \boldsymbol{h}_2\\ \vdots & \vdots & & \vdots & \vdots\\ \boldsymbol{h}_{L-1} & \boldsymbol{h}_{L-2} & \cdots & \boldsymbol{0} & \boldsymbol{0}\\ \boldsymbol{0} & \boldsymbol{h}_{L-1} & \cdots & \boldsymbol{0} & \boldsymbol{0}\\ \vdots & \vdots & & \vdots & \vdots\\ \boldsymbol{0} & \boldsymbol{0} & \cdots & \boldsymbol{h}_1 & \boldsymbol{h}_0\end{bmatrix} \tag{10.68}$$

其中，

$$\boldsymbol{h}_l=\begin{bmatrix}h_{1,1}^{(l)} & \cdots & h_{1,N_\mathrm{T}}^{(l)}\\ \vdots & & \vdots\\ h_{N_\mathrm{R},1}^{(l)} & \cdots & h_{N_\mathrm{R},N_\mathrm{T}}^{(l)}\end{bmatrix} \tag{10.69}$$

式中，$\boldsymbol{0}$ 表示 $N_\mathrm{R}\times N_\mathrm{T}$ 维的零矩阵。由于 $\boldsymbol{h}$ 为块循环矩阵，$\boldsymbol{H}=\boldsymbol{F}_r\boldsymbol{h}\boldsymbol{F}_t$ 为块对角矩阵，可表示为 $\boldsymbol{H}=\mathrm{Bdiag}\{\boldsymbol{H}_k\}_{k=1}^{K}$，其中 $\boldsymbol{H}_k$ 为 $N_\mathrm{R}\times N_\mathrm{T}$ 维矩阵。

针对信道均衡部分，根据 MMSE 准则下的最优均衡，推导出前馈和反馈均衡矩阵如下：

$$\boldsymbol{W}=\mathrm{Bdiag}\{\boldsymbol{W}_k\}_{k=1}^{K},\ \boldsymbol{D}=\mathrm{Bdiag}\{\boldsymbol{D}_k\}_{k=1}^{K} \tag{10.70}$$

其中，

$$\boldsymbol{W}_k=\boldsymbol{H}_k^\mathrm{H}(\boldsymbol{H}\boldsymbol{H}_k^\mathrm{H}+\sigma_0^2\boldsymbol{I}_{N_\mathrm{R}})^{-1} \tag{10.71}$$

$$\boldsymbol{D}_k=\boldsymbol{I}_{N_\mathrm{R}}-N(\boldsymbol{H}_k\boldsymbol{H}_k^\mathrm{H}+\sigma_0^2\boldsymbol{I}_{N_\mathrm{R}})\left[\sum_{k=1}^{K}\boldsymbol{H}_k\boldsymbol{H}_k^\mathrm{H}+\sigma_0^2\boldsymbol{I}_{N_\mathrm{R}}\right]^{-1} \tag{10.72}$$

当迭代的信道估计值更新后，前馈和反馈均衡系数矩阵同步更新，更新后可提高判决符号的准确度，重新反馈至信道估计部分作为新的已知导频序列，进行新的信道更新，如此循环迭代直至满足迭代终止条件。MIMO-SCFDE 系统的联合迭代信道估计和迭代均衡方法具体包括以下步骤：

步骤 1：选取时频二维均正交的离散导频作为导频图案，每个 SC-FDE 块有 K_P 个导频，各发射天线上的导频插入方式和数量都相同，导频位置信息由导频位置索引 $\boldsymbol{P}$ 表示，对收发端来说都已知；

步骤 2：由导频和数据组成的信息序列插入 CP 后通过发送端进行发射，在通过时频双选信道后，接收端去除 CP 后得到时域接收信号；

步骤 3：按照导频位置索引，在各个接收天线上选择接收信号中导频位置对应的时域信号，进行组合构成导频序列矩阵；

步骤 4：利用最小均方误差(MMSE)信道估计方法得到初始的 CIR，再进行 FFT 得到初始的 CFR；

步骤 5：利用 CFR 的初始估计值对接收信号进行前馈和反馈滤波均衡，再经过判决器进行初始符号判决。

步骤 6：下一次迭代时，将初始判决符号反馈至信道估计模块，作为已知导频序列用于迭代信道估计，实现对 CSI 估计值的更新；

步骤 7：下一次迭代时，根据更新后的信道估计值，对前馈滤波均衡系数矩阵 $\boldsymbol{W}$ 和反馈滤波均衡系数矩阵 $\boldsymbol{D}$ 进行更新；

步骤 8：利用更新后的 $\boldsymbol{W}$ 和 $\boldsymbol{D}$ 进行均衡，得到更加准确的判决符号；

步骤 9：重复步骤 6 至步骤 8，直到满足迭代终止条件。

10.4.3　仿真分析

MIMO-SCFDE 系统有 2 个发射天线和 2 个接收天线。信道模型为抽头数量为 60 的时间频率双选信道，前 20 个抽头上的平均功率线性增加，后 40 个抽头上的平均功率线性减小，总抽头功率归一化为 1。符号周期为 0.25 μs，SC-FDE 符号块的数据长度为 256，插入的 CP 长度为 64，导频数量为 $K_{\mathrm{P}}=16$。归一化多普勒频移 f_{d}可表征信道时变的快慢，此处 $f_{\mathrm{d}}=0.2$ 和 $f_{\mathrm{d}}=0.02$ 分别表示快时变和慢时变信道情形。在发送端采用卷积编码、随机交织和 QPSK 映射进行调制，接收端采用对应的解映射、解交织和解码进行解调；且设置迭代次数为 4，对接收信号进行迭代估计和迭代均衡。

针对不同信噪比环境，对所提出的联合迭代信道估计与迭代均衡方法的 BER 和 NMSE 性能进行仿真，并与传统的非迭代 MMSE 信道估计和 MMSE 均衡方法(以下简称传统方法)和理想信道条件下的系统性能进行对比。

图 10.17 为本节所提出的联合迭代信道估计与迭代均衡方法的 MIMO-SCFDE 系统的 BER 性能与在传统方法和理想信道条件下的对比示意图。对于慢时变信道，本节所提方法可获得与理想信道条件下相近的 BER 性能；且随着信道时变程度的加剧，本节所提方法的 BER 性能略有下降，但下降程度较小。传统方法在慢时变的信道条件下其 BER 性能已经很差，表明其不适用于时变信道；对于快时变信道，其 BER 性能大幅度下降，且出现明显的误码平层。因此，本节所提方法利用信道估计和均衡的联合迭代，能够有效改善时变多径信道条件下 MIMO-SCFDE 系统的误码率性能。

图 10.18 为本节所提出的联合迭代信道估计与迭代均衡方法的 MIMO-SCFDE 系统的 NMSE 性能与在传统方法和理想信道条件下的对比示意图，由图可知：同 BER 性能类似，在同等的信道条件下，本节所提方法的 NMSE 性能明显优于传统方法，且随着信道时变的加剧，其 NMSE 性能依然能够保持在一个较好水平。因此，本节所提出的联合迭代信道估计与迭代均衡方法能够

提升系统信道估计的 NMSE 性能。

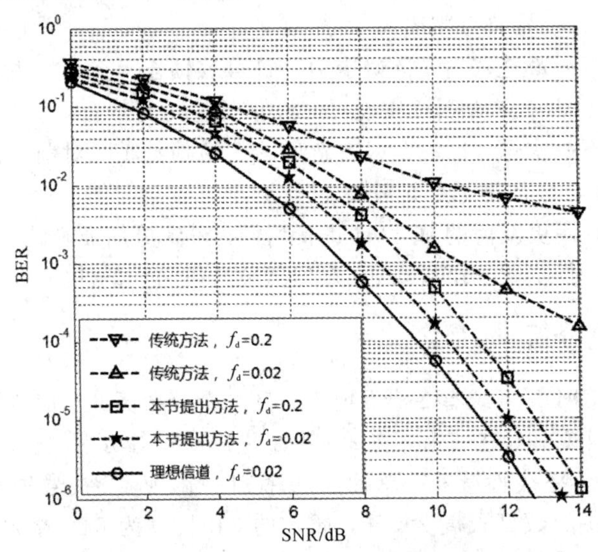

图 10.17　各算法在不同信噪比和不同归一化多普勒频移下的 BER 性能对比

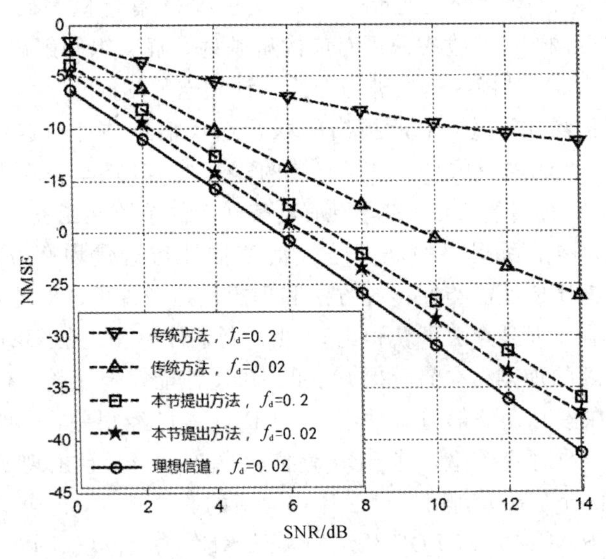

图 10.18　各算法在不同信噪比和不同归一化多普勒频移下的 NMSE 性能对比

仿真结果表明，本节所提出的联合迭代信道估计与迭代均衡方法可以较明显地提高 MIMO-SCFDE 系统信道估计和均衡的准确度，利用反馈至信道估计器部分的判决信号作为新的导频序列，还能够较显著地减少导频数量，提升频谱利用率。

10.5　时频双选信道下的三种联合信道估计与均衡方法对比

在对时频双选信道条件下 MIMO-SCFDE 系统的联合信道估计与均衡研究的基础上，对 10.2,10.3,10.4 节提出的三种方法进行对比分析。

10.5.1　三种方法的特点

基于 OSIC 的 MIMO-SCFDE 系统联合信道估计与均衡方法，基于先检测再消除干扰的思想，类似于判决反馈均衡器，其导频块的初始化是基于 MMSE 估计算法和变换域插值实现的，数据块的初始化是基于多项式插值得到的。随着信道时变特性的加剧，信道初始化的准确性下降，也影响到后续基于初始化所进行的干扰消除。

基于双环迭代的 MIMO-SCFDE 系统联合信道估计与均衡方法，内环经迭代可获得 IFI 减小的时域数据判决，判决结果可用于外环的迭代过程；外环可通过瞬时的判决值和基于 EM 的 LS 估计算法来更新信道状态信息，同时，基于 IFI 的 MMSE 均衡和传统的 MMSE 均衡系数也相应更新。基于 IFI 的 MMSE 均衡将 IFI 的功率一起考虑进来以进行 MMSE 的均衡，可大幅度降低 IFI 项对信道估计和均衡的影响。此外，基于 EM 的 LS 信道估计，可用于对由于信道时变特性导致 IFI 存在的 MIMO 系统多径信道进行有效估计。

MIMO-SCFDE 系统联合迭代信道估计与迭代均衡方法，则是在频域噪声预测的判决反馈均衡的基础上进行的改进。用基于导频的 MMSE 信道估计方法来获得初始的信道状态信息，再根据 MMSE 准则下的最优均衡，推导出前馈和反馈均衡矩阵；得到的判决符号则重新反馈至信道估计部分来作为新的已知导频序列，进行新的信道更新，如此循环迭代直至满足迭代终止条件。

三种方法是从不同的侧重点提出的联合信道估计与均衡方法，有必要进一步评估各方法在同样的时频双选信道下的系统性能。

10.5.2　仿真分析

为比较 10.2、10.3、10.4 节所提出来的三种 MIMO-SCFDE 系统联合信道估计与均衡方法的 BER 和 NMSE 性能，在不同的信道参数条件下对其进行仿真。

在进行仿真分析时，选用抽头数量为 60 的频率选择性瑞利衰落信道。信道的功率延迟谱设置为：前 20 个抽头的平均功率线性增加，后 40 个抽头的平均功率线性减小，且信道总的平均功率归一化为 1。

系统仿真参数设置为：数据块长度 $N=256$，循环前缀(CP)的长度 $N_{CP}=64$，采用分块传输，每个块包含 16 个导频符号和 256 个数据符号，即 $N_P=16$，$N_D=256$，$N_S=N_P+N_D=272$。符号周期 $T_S=0.25\ \mu s$，信道带宽为 10 MHz，归一化多普勒频移 $f_d=0.2$。在发送端采用卷积编码、随机交织和 QPSK 映射进行调制，接收端采用对应的解映射、解交织和解码进行解调。

针对实际系统中常见的快速时变频率选择性衰落信道，即时间频率双选择性衰落信道，对天线配置为 2×2 的 MIMO-SCFDE 系统分别进行算法性能的仿真和分析。为方便描述，将基于 OSIC 的联合信道估计与均衡方法记为“方法 1”，将基于双环迭代的联合信道估计与均衡方法记为“方法 2”，将联合迭代信道估计与迭代均衡方法记为“方法 3”。

图 10.19 和图 10.20 给出了在 $f_d=0.2$ 和天线配置为 2×2 时，所提出的三种联合方法的 BER 和 NMSE 性能。可见，方法 2 和方法 3 能获得明显优于方法 1 的系统性能；与方法 3 相比，方法 2 能获得稍优的性能，但性能优势并不明显。

针对快时变信道，方法 1 中的导频块和数据块的初始化方法已不能获得很好的效果，导致信道初始化误差偏大，直接限制了该方法系统性能的提升。对于方法 2，基于 EM 算法的 LS 信道估计，可用于对由于信道时变特性导致 IFI 存在的 MIMO 系统多径信道进行有效估计，且经过双环迭代，信道估计和均衡的总体性能得以提升。而对于方法 3，虽然也存在方法 1 中的初始值不准确的问题，但是初始判决得到的发送符号被反馈至信道估计部分，作为新的导频序列重新进行信道估计和均衡过程，因此系统总体性能也得以提升。

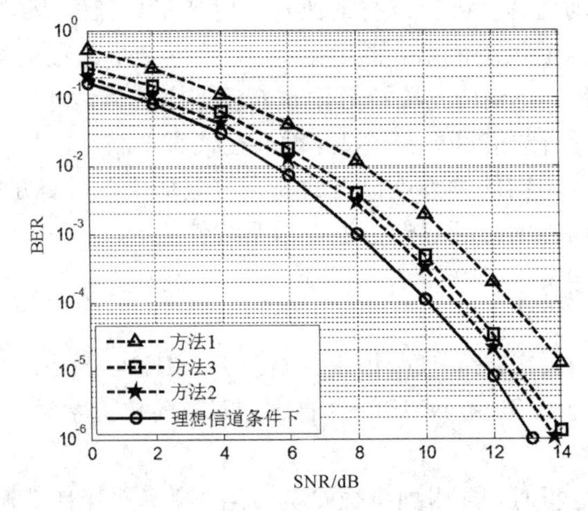

图 10.19 各算法在不同信噪比条件下的 BER 性能对比

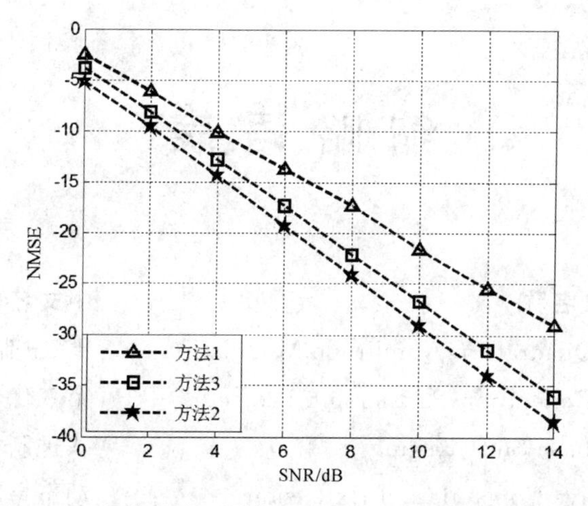

图 10.20　各算法在不同信噪比条件下的 NMSE 性能对比

仿真结果表明，在快速时变的时频双选信道条件下，选用方法 2 或方法 3 来进行 MIMO-SCFDE 系统的联合信道估计与均衡；而在一般的时频双选信道下，则也可选用方法 1 进行联合信道估计和均衡。

缩 略 语 表

英文缩写	英文名称	中文名称
16QAM	16 Quadrature Amplitude Modulation	十六进制正交幅度调制
3GPP	3th Generation Partnership Project	第三代合伙伙伴
8PSK	8 Phase-Shift Keying	八进制相移键控
ACE	Active Constellation Extension	动态星座扩展
ADC	Analog to Digital Converter	模数转换
AFB	Analysis Filter Bank	分析滤波器组
ALPC	Adaptive Link Power Control	自适应链路功率控制
AP	Auxiliary Pilot	辅助导频
AWGN	Additive White Gaussian Noise	加性高斯白噪声
BER	Bit Error Rate	误码率
BP	Basis Pursuit	基追踪
BPSK	Binary Phase Shift Keying	二进制相移键控
CB	Coherent Bandwidth	相干带宽
CCDF	Complementary Cumulative Distribution Function	互补累计分布函数
CCFO	Coarse Carrier Frequency Offset	整数倍频偏
CFO	Carrier Frequency Offset	载波频率偏差
CFR	Channel Frequency Response	信道频率响应
CIR	Channel Impulse Response	信道冲激响应
CMULs	Complex MULtiplications	复乘
CoSaMP	Compressed Sample Matching Pursuit	压缩采样匹配追踪
CP	Cyclic Prefix	循环前缀
CS	Compressed Sensing	压缩感知
CSI	Channel State Information	信道状态信息
CSP	Conjugate Symmetry Property	共轭对称性

CT	Coherent Time	相干时间
DAC	Digital to Analog Converter	数模转换
DAR	Distortion Adaptive Receiver	失真自适应接收
DFE	Decision Feedback Equalization	判决反馈均衡
DFT	Discrete Fourier Transform	离散傅里叶变换
DSSS	Direct Sequence Spread Spectrum	直接序列扩频
EGF	Extended Gaussian Filter	扩展高斯滤波器
EM	Expectation Maximization	期望最大化
FBF	Feedback Filter	反馈滤波器
FBMC	Filter Group Multicarrier Technology	滤波组多载波技术
FCFO	Fine Carrier Frequency Offset	小数倍频偏
FDBiNP	Frequency Domain Bidirectional Noise Prediction	频域双向噪声预测
FDNP	Frequency Domain Noise Prediction	频域噪声预测
FFF	Feed Forward Filter	前馈滤波器
FFT	Fast Fourier Transform	快速傅里叶变换
FSK	Frequency Shift Keying	频移键控
FWGN	Filtered White Gaussian Noise	滤波后的高斯白噪声
GI	Guard Interval	保护间隔
H-DFE	Hybrid Decision Feedback Equalization	混合判决反馈均衡
HPA	High Power Amplifier	高功率放大器
IAM	Interference Approximation Method	干扰近似法
IBDFE	Iterative Block Decision Feedback Equalization	迭代块判决反馈均衡
IBI	Inter Block Interference	块间干扰
ICI	Inter Carrier Interference	子载波间干扰
ICM	Interference Cancellation Method	干扰消除法
IDFT	Inverse Discrete Fourier Transform	离散傅里叶逆变换
IFFT	Inverse Fast Fourier Transform	逆快速傅里叶变换
IFI	Inter Frequency Interference	频率间干扰
IOTA	Isotropic Orthogonal Transform Algorithm	各向同性正交滤波器
ISI	Inter Symbol Interference	符号间干扰

JCEE	Joint Channel Estimation and Equalization	联合信道估计与均衡
LFM	Linear Frequency Modulation	线性调频
LMS	Least Mean Square	最小均方
LS	Least Square	最小二乘
LSB	Least Significant Bits	最低有效比特
MAP	Maximum A Posteriori	最大后验概率
MDS	Multi-Dimensional Shaping	多维成形
MF	Matched Filter	匹配滤波器
MFB	Matched Filter Bounds	匹配滤波器界
MIMO	Multiple Input and Multiple Output	多输入多输出
MLSE	Maximum Likelihood Sequence Estimation	最大似然序列估计
MMSE	Minimum Mean Square Error	最小均方误差
MP	Matching Pursuit	匹配追踪
M-PSK	Multi-base Phase Shift Keying	多进制移相键控
M-QAM	Multi-base Quadrature Amplitude Modulation	多进制正交振幅调制
MSB	Most Significant Bits	最高有效比特
MSE	Mean Squared Error	均方误差
NLMS	Normalized Least Mean Square	归一化最小均方
NMSE	Normalized Mean Squared Error	归一化均方误差
NP-DFE	Noise Prediction Decision Feedback Equalization	噪声预测判决反馈均衡
OFDM	Orthogonal Frequency Division Multiplexing	正交频分复用
OFDP	Optimal Finite Duration Pulse	最佳有限脉冲滤波器
OMP	Orthogonal Matching Pursuit	正交匹配追踪
OQAM	Offset Quadrature Amplitude Modulation	交错正交幅度调制
OSIC	Ordered Successive Interference Cancellation	排序的连续干扰消除
OSLM	Overlapped-SeLective Mapping	重叠选择映射法
PAPR	Peak to Average Power Ratio	峰均功率比
PAS	Power Azimuth Spectrum	功率角度谱
PDF	Probability Density Function	概率密度函数
PDP	Power Delay Profile	功率时延分布

PMMSE	Partial Minimum Mean Square Error	部分最小均方误差
POP	Pair Of Pilots	成对导频
PSD	Power Spectral Density	功率谱密度
PSK	Phase-Shift Keying	相移键控
QAM	Quadrature Amplitude Modulation	正交幅度调制
QCQP	Quadratically Constrained Quadratic Program	二次分式二次规划
QPSK	Quadrature Phase Shift Keying	四进制相移键控
RIP	Restricted Isometry Property	有限等距特性
RISI	Residual Inter Symbol Interference	残余符号间干扰
RISIC	Residual Inter Symbol Interference Cancellation	残余符号间干扰消除
RLS	Recursive Least Square	递推最小二乘
RSINR	Reciprocal of the Signal to Interference plus Noise Ratio	信号与干扰和噪声比值的倒数
SaCoMP	Sample CoMpressed Pursuit	采样压缩追踪法
SBS	Sign Bit Shaping	符号比特成形
SC-FDE	Single-Carrier Frequency Domain Equalization	单载波频域均衡
SCS	Scattering Cross-Section	散射交叠区
SDP	Semi-Definite Programming	半定规划
SDR	Semi-Definite Relaxation	半定松弛
SER	Symbol Error Rate	误符号率
SFB	Synthesis Filter Bank	综合滤波器组
SIC	Serial Interference Cancellation	串行干扰消除
SIMO	Single Input Multiple Output	单输入多输出
SINR	Signal to Interference plus Noise Ratio	信号与干扰和噪声的比值
SIR	Signal-to-Interference Ratio	信号干扰比
SISO	Single Input Single Output	单输入单输出
SJR	Signal-to-Jamming power Ratio	信干比(载波间干扰)
SLM	Selective Mapping	选择性映射
SNR	Signal to Noise Ratio	信噪比
SNR	Signal-to-Noise power Ratio	信噪比

SRRC	Square Root Raised Cosine	平方根升余弦滤波器
STBC	Space-Time Block Coding	空时块码
STFT	Short-Time Fourier Transform	短时傅里叶变换
STO	Symbol Timing Offset	符号定时偏差
STTC	Space Time Trellis Codes	空时网格码
TDL	Tapped Delay Line	抽头延迟线
TFL	Time Frequency Localization	时频聚焦特性
TPC	Turbo Product Code	涡轮乘积码
TI	Tone Injection	多音内插
TR	Tone Reservation	预留子载波
TS	Trellis Shaping	格状成形
UW	Unique Word	独特字
V-BLAST	Vertical Bell Labs Layered Space Time	垂直分层空时码
WLS	Weighted LS	加权最小二乘
WSSUS	Wide Sense Stationary Uncorrelated Scattering	广义平稳非相干散射
ZF	Zero Force	迫零

参 考 文 献

[1] 张明高. 对流层散射传播[M]. 北京：电子工业出版社，2009.

[2] 李志勇，秦建存，梁进波. 对流层散射通信工程[M]. 北京：电子工业出版社，2017.

[3] 张冬辰，周吉. 军事通信：信息化战争的神经系统. [M]. 2 版. 北京：国防工业出版社，2008.

[4] 中国人民解放军总参谋部通信部. 散射通信技术[M]. 北京：解放军出版社，1997.

[5] 尹长川，罗涛，乐光新. 多载波宽带无线通信技术[M]. 北京：北京邮电大学出版社，2004.

[6] 陈西宏，刘强，刘继业. 基于对流层散射信道的时间同步技术[M]. 北京：科学出版社，2019.

[7] 陈西宏. 地空导弹网络化作战通信系统关键技术研究[D]. 西安：空军工程大学，2010.

[8] 赵宇. 基于 OQAM/OFDM 的大容量散射通信技术研究[D]. 西安：空军工程大学，2015.

[9] 谢泽东. MIMO-SCFDE 系统的信道估计与均衡技术研究[D]. 西安：空军工程大学，2018.

[10] 胡茂凯. 地空导弹对流层散射通信多载波抗干扰技术研究[D]. 西安：空军工程大学，2013.

[11] 刘晓鹏. 对流层散射通信中的 OQAM/OFDM 技术研究[D]. 西安：空军工程大学，2017.

[12] 刘永进. 基于 OQAM/OFDM 的符号脉冲成形与同步技术研究[D]. 西安：空军工程大学，2020.

[13] 袁迪喆. 滤波器组多载波降低峰均比技术研究[D]. 西安：空军工程大学，2019.

[14] 邱上飞. OQAM/OFDM 系统信道估计与时频偏估计技术研究[D]. 西安：空军工程大学，2018.

[15] 吴奔. 基于散射通信的 OFDM/OQAM 信道估计研究[D]. 西安：空军工程大学，2015.

[16] 张凯. 对流层散射通信中 OQAM/OFDM 系统信道估计技术研究[D]. 西安：空军工程大学，2017.

[17] 吴鹏. 对流层散射通信中 OQAM/OFDM 峰均比降低技术研究[D]. 西安：空军工程大学，2018.

[18] 齐永磊. 基于 MIMO-SCFDE 的频域均衡与信道估计技术研究[D]. 西安：空军工程

大学，2018.

[19] FRANCOIS H，ANDRE B. Comparison of the sensitivity of OFDM and SC-FED to CFO，SCO，and IQ imbalance[C]. IEEE Communications，Control and Signal Processing (ISCCSP)，2008：111 - 116.

[20] RAZAVI R，XIAO P，TAFAZOLLI R. Information Theoretic Analysis of OQAM/OFDM with Utilized Intrinsic Interference[J]. IEEE Signal Processing Letters，2015，22(5)：618 - 622.

[21] ROSTOM Z，DIDIER L R. Theoretical Analysis of the Power Spectral Density for FFT-FBMC Signals[J]. IEEE Communications Letters，2016，20(9)：1748 - 1751.

[22] BARHUMI I，LEUS G，MOONEN M. Optimal training design for MIMO OFDM systems in mobile wireless channels[J]. IEEE Transactions on Signal Processing，2003，51(6)：1615 - 1624.

[23] ZHAO Yu，CHEN Xihong，XUE Lunsheng，et. al. Design of Robust Pulses to Insufficient Synchronization for OQAM/OFDM Systems in Doubly Dispersive Channels[J]. Mathematical Problems in Engineering，2015，2015(6)：1 - 10.

[24] 姚文珺. OFDM技术在对流层散射系统中的应用[J]. 无线电工程，2007，37(2)：58 - 60.

[25] 张凯，薛伦生，陈西宏，等. 瑞利多径衰落信道下OQAM/OFDM系统容量分析[J]. 空军工程大学学报(自然科学版)，2017，18(01)：81 - 85.

[26] CHEN Xihong，WU Peng，QIU Shangfei，et. al. A Capacity of OQAM/OFDM System Calculation Method Under the Effect of HPA[J]. Journal of Physics：Conference Series，2019，1169(1).

[27] 陈西宏，胡茂凯，薛伦生，等. 对流层散射信道下多天线分集OFDM系统研究[J]. 空军工程大学学报(自然科学版)，2014，15(01)：53 - 56.

[28] 刘赞，陈西宏，薛伦生，等. 恶劣环境下对流层散射信道衰减模型[J]. 无线电工程，2019，49(01)：47 - 51.

[29] 陈西宏，胡茂凯，孙际哲，等. 多径衰落信道下多音干扰OFDM系统性能分析[J]. 北京理工大学学报，2014，34(01)：83 - 87.

[30] 谢泽东，陈西宏. 对流层散射信道下MIMO-OFDM系统性能分析[J]. 空军工程大学学报(自然科学版)，2013，14(06)：64 - 67.

[31] 刘晓鹏，陈西宏，刘强. MIMO技术在对流层散射通信中的性能分析[J]. 电子科技，2011，24(09)：70 - 72.

[32] 刘强，陈西宏，周进. MIMO-SC-FDE系统在Nakagami-m衰落信道下的性能分析[J]. 电测与仪表，2010，47(09)：39 - 42.

[33] 刘永进，陈西宏，赵宇. OQAM/OFDM系统信道估计改进方法[J]. 国防科技大学学报，2021，43(01)：72 - 78.

[34] 邱上飞，薛伦生，陈西宏. 改进的时频同步与信道联合估计方法[J]. 探测与控制学

报，2020，42(06)：61-67.

[35] 邱上飞，薛伦生，陈西宏. 一种改进的 OQAM/OFDM 信道估计方法[J]. 无线电工程，2018，48(11)：925-929.

[36] 张凯，薛伦生，陈西宏，等. OQAM/OFDM 系统改进的预编码信道估计[J]. 探测与控制学报，2017，39(06)：72-77.

[37] 吴鹏，陈西宏，邱上飞，等. OQAM/OFDM 系统限幅补偿 IAM 信道估计方法[J]. 系统工程与电子技术，2018，40(09)：2092-2099.

[38] 张凯，薛伦生，陈西宏，等. 基于压缩感知的 OQAM/OFDM 系统 POP 方法信道估计[J]. 测控技术，2017，36(12)：33-38.

[39] 刘晓鹏，陈西宏，谢泽东，等. OQAM/OFDM 系统中基于压缩感知的离散导频信道估计方法[J]. 国防科技大学学报，2017，39(05)：102-107.

[40] 陈西宏，谢泽东，刘晓鹏，等. 混合退火粒子滤波在 MIMO-OFDM 信道估计中的应用[J]. 空军工程大学学报(自然科学版)，2016，17(02)：47-52.

[41] 谢泽东，陈西宏，胡邓华，等. 基于低峰均比最优导频序列的 MIMO-OFDM 信道估计[J]. 电讯技术，2014，54(03)：332-337.

[42] 陈西宏，刘晓鹏，肖军，等. OQAM/OFDM 中基于干扰消除的插值信道估计[J]. 探测与控制学报，2017，39(04)：113-118.

[43] 刘强，陈西宏，周进. 对流层散射多径信道估计性能分析[J]. 电子技术应用，2011，37(03)：94-97.

[44] LIU Xiaopeng ，CHEN Xihong，XUE Lunsheng，et. al. Channel Estimation of OQAM/OFDM Based on Compressed Sensing[J]. IEICE Transactions on Communications，2017，E100.B(6).

[45] ZHAO Yu，CHEN Xihong，XUE Lunsheng，et. al. Iterative Preamble-Based Time Domain Channel Estimation for OQAM/OFDM Systems[J]. IEICE Transactions on Communications，2016，E99.B(10).

[46] 袁迪喆，陈西宏，吴鹏，等. OQAM/OFDM 系统中改进的重叠选择性映射方法[J]. 系统工程与电子技术，2019，41(09)：1961-1966.

[47] 李贻韬，陈西宏，袁迪喆，等. 基于凸优化的 MIMO-FBMC 系统峰均比抑制方法[J]. 系统工程与电子技术，2020，42(08)：1835-1840.

[48] 袁迪喆，陈西宏，谢泽东，等. OQAM/OFDM 散射系统格状成形峰均比抑制方法[J]. 探测与控制学报，2019，41(02)：104-109.

[49] 吴鹏，陈西宏，薛伦生. 基于 OQAM/OFDM 的散射通信系统 PAPR 降低算法[J]. 无线电工程，2018，48(11)：930-933.

[50] LIU Hui，LI Guoqing. OFDM-Based Broadband Wireless Networks：Design and Optimization[M]. Moncao：A John Wiley & Sons，2005.

[51] Al-Dhahir N. Single-carrier frequency-domain equalization for space-time block-coded transmissions over frequency-selective fading channels[J]. IEEE Communications Letters，2001，

5(7)：304 - 306.

[52] REINHARDT S, BUZID T, HUEMER M. MIMO extensions for SC/FDE systems [C]. 2005 European Conference on Wireless Technologies, 2005：109 - 112.

[53] LIU Xiaoming, CAI Ziwei, JIA Ali, et al. A Novel Channel Estimation Method Based on Compressive Sensing for OQAM/OFDM Systems[J]. Journal of Computational Information Systems, 2013, 9(15)：5955 - 5963.

[54] HE Xueyun, SONG Rongfang, ZHU Weiping. Optimal Pilot Pattern Design for Compressed Sensing-based Sparse Channel Estimation in OFDM Systems[J]. Circuits System Signal Processing 2012, 31：1379 - 1395.

[55] JAVAUDIN J P, LACROIX D, ROUXEL A. Pilot-aided channel estimation for OQAM/OFDM [C]. Proccedings of the 57th IEEE Semiannual Vehicular Technology Conference, Jeju, South Korea, 2003.

[56] LELE C, LEGOUABLE R, SIOHAN P, Channel estimation with scattered pilots in OQAM/OFDM [C]. IEEE Workshop on Signal Processing Advances in Wireless Communications, SPAWC, Recife, Brazil 2008.

[57] LELE C, JAVAUDIN J P, LEGOUABLE R. Channel estimation methods for preamble-based OQAM/OFDM modulations[C] // European Wireless Conference, Paris, France, New Jersey：Wiley, 2007.

[58] KOFIDIS E, KATSELIS D. Improved interference approximation method for preamble-based channel estimation in FBMC/OQAM[C]. Proc. 2011 Eur. Signal Process. Conf. (EUSIPCO), 2011：1603 - 1607.

[59] 程国兵，肖丽霞，肖悦. 一种改进的OQAM/OFDM系统信道估计算法[J]. 电子与信息学报，2012，34(2)：427 - 432.

[60] 陈西宏，胡茂凯，刘斌. 一种降低PAPR的低复杂度交织分割PTS方法[J]. 电视技术，2009，33(S2)：172 - 174.

[61] DONGJUN N, KWONHUE C. Low PAPR FBMC[J]. IEEE Transactions on Wireless Communications, 2018, 17(1)：182 - 193.

[62] 刘晓鹏，陈西宏，肖军. OQAM/OFDM系统中快速时变信道和CFO联合估计[J]. 无线电工程，2018，48(11)：920 - 924.

[63] 刘永进，陈西宏. OQAM/OFDM系统中基于信道估计的原型滤波器设计[J]. 系统工程与电子技术，2020，42(01)：191 - 197.

[64] LIU Yongjin, CHEN Xihong. A prototype filter design based on channel estimation for OQAM/OFDM systems[J]. Annals of Telecommunications, 2020, 75(11).

[65] LIU Yongjin, CHEN Xihong, ZHAO Yu. Prototype Filter Design Based on Channel Estimation for FBMC/OQAM Systems[J]. Mathematical Problems in Engineering, 2019, (8)：1 - 11.

[66] 赵宇，陈西宏，薛伦生. OQAM/OFDM系统中基于BEM信道模型的盲载波频偏估计

算法[J]. 系统工程与电子技术，2016，38(06)：1435－1439.

[67] FUSCO T，PETRELLA A，TANDA M. Data-aided symbol timing and CFO synchronization for filter bank multicarrier systems[J]. IEEE Transactions on Wireless Communications，2009，8(5)：2705－2715.

[68] 齐永磊，陈西宏，谢泽东. 基于人工免疫粒子滤波算法的 MIMO-SCFDE 系统信道估计方法[J]. 探测与控制学报，2018，40(05)：82－86.

[69] XIE Zedong，CHEN Xihong，LIU Xiaopeng，et. al. MMSE-NP-RISIC-Based Channel Equalization for MIMO-SC-FDE Troposcatter Communication Systems[J]. Mathematical Problems in Engineering，2016，2016(9)：1－9.

[70] BOLCSKEI H. Blind estimation of symbol timing and carrier frequency offset in wireless OFDM systems[J]. IEEE Trans. on Communications，2001，49(6)：988－999.

[71] FUSCO T，TANDA M. Blind frequency-offset estimation for OQAM/OFDM systems[J]. IEEE Trans. Signal Processing，2007，55：1828－1838.

[72] FUSCO T，PETRELLA A，TANDA M. Data-aided symbol timing and CFO synchronization for filter-bank multicarrier systems[J]. IEEE Trans. on Wireless Communications，2009，8(5)：2705－2715.

[73] 戴晖，姜晓斐，杨万君. OQAM/OFDM 技术在时频弥散信道中的应用[J]. 无线电工程，2019，49(01)：36－41.

[74] BELLANGER M G. Specification and design of a prototype filter for filter bank based multicarrier transmission[C]//Proc. 2001 IEEE International Conf. Acoustics，Speech，Signal Process.，New York：IEEE，2001，4：2417－2420

[75] BELLO P. Characterization of randomly time-variant linear channels[J]. IEEE Transactions on Communications，1963，11(4)：360 － 393.

[76] CHENG G，XIAO Y，HU S，et al. Interference cancellation aided channel estimation for OQAM/OFDM system[J]. SCIENCE CHINA Information Sciences，2013，56(12)：1－8.

[77] 耿欣，胡捍英. 一种基于均匀分布型的 MIMO OFDM 系统最优导频设计[J]. 电路与系统学报，2012，17(4)：70－75.

[78] 齐永磊，陈西宏，谢泽东. SC-FDE 系统中一种改进的 MMSE-RISIC 均衡算法[J]. 空军工程大学学报(自然科学版)，2018，19(03)：83－87.

[79] 吴新华，陈鸣. 基于散射信道的单载波频域均衡算法仿真[J]. 无线电通信技术，2011，14(3)：19－23.

[80] ZHOU S，GIANNAKIS G G. Single-carrier space-time block-coded transmissions over frequency-selective fading channels[J]. IEEE Transactions on Information Theory，2003，49(1)：164－179.

[81] ZHANG C，WANG Z，YANG Z，et al. Frequency Domain Decision Feedback Equalization for Uplink SC-FDMA[J]. IEEE Transactions on Broadcasting，2010，56(2)：

253 - 257.

[82] COON J, ARMOUR S, BEACH M, et al. Adaptive frequency-domain equalization for single-carrier multiple-input multiple-output wireless transmissions [J]. IEEE Transactions on Signal Processing, 2005, 53(8): 3247 - 3256.

[83] QI Yonglei, CHEN Xihong, LIU Tang, et. al. An Improved Iterative Frequency Domain Decision Feedback Equalization for STBC-SC-FDE[J]. Journal of Physics: Conference Series, 2018, 1087(2).

[84] XIE Zedong, CHEN Xihong, LIU Xiaopeng, et. al. Decision Feedback Equalizer with Frequency Domain Bidirectional Noise Prediction for MIMO-SCFDE System [J]. IEICE Transactions on Communications, 2017, E100.B(3).

[85] XIE Zedong, CHEN Xihong, LI Chenglong. A novel joint channel estimation and equalization algorithm for MIMO-SCFDE systems over doubly selective channels[J]. Digital Signal Processing, 2018, 75: 202 - 209.

[86] XIE Zedong, CHEN Xihong, LIU Xiaopeng. Joint channel estimation and equalization for MIMO-SCFDE systems over doubly selective channels.[J]. Journal of Communications and Networks, 2017, 19(6).

[87] NGEBANI I, LI Y, XIA X G, et al. EM-based phase noise estimation in vector OFDM systems using linear MMSE receivers[J]. IEEE Transactions on Vehicular Technology, 2016, 65(1): 110 - 122

[88] PIECHOCKI R J, NIX A R, MCGEEHAN J P. Joint semi-blind detection and channel estimation in space-frequency trellis coded MIMO-OFDM[C]. IEEE International Conference on Communica-tions, 2003: 3382 - 3386.

[89] LI Chengyang, ROY S. Subspace-based blind channel estimation for OFDM by exploiting virtual carriers[J]. IEEE Transactions on Wireless Communications, 2003, 2(1): 141 - 150.